A Monsieur Philippe Boulanger

Hommage de l'auteur

L'ATOME
DANS L'HISTOIRE
DE LA PENSÉE HUMAINE

Bernard Pullman
Membre de l'Institut

L'ATOME DANS L'HISTOIRE DE LA PENSÉE HUMAINE

Fayard

« Si toute la connaissance scientifique disparaissait dans un cataclysme, quelle phrase unique pourrait préserver le maximum d'information pour les générations futures ? Comment pourrions-nous leur transmettre au mieux notre compréhension du monde ? Je propose : "Toutes choses sont faites d'atomes, petites particules animées d'un mouvement incessant, qui s'attirent lorsqu'elles sont distantes les unes des autres, mais se repoussent lorsqu'on les force à se serrer de trop près." Cette seule phrase contient, vous le verrez, une quantité énorme d'information sur le monde, pour peu que l'on y mette un peu d'imagination et de réflexion ».

Richard P. Feynman

(Cité par James Gleick dans *Genius. The Life and Science of Richard Feynman,* New York, Pantheon Books, 1992.)

PRÉFACE

Ce livre se propose de décrire vingt-cinq siècles de coexistence mouvementée de la théorie atomique avec les philosophies et les religions. Or, je ne suis pas un philosophe, les spécialistes s'en apercevront bien vite. Je ne suis pas non plus un homme de religion, Dieu le sait. Je suis, mais tout le monde l'est, formé de molécules, elles-mêmes formées d'atomes, donc essentiellement de vide, même si le vide d'aujourd'hui est moins vide que ne l'était celui de jadis. Ma seule particularité, justifiant l'entreprise que représente ce livre, est d'avoir, pour des raisons professionnelles, vécu longuement dans l'intimité des atomes, auxquels j'ai pu ainsi poser beaucoup de questions et dont j'ai reçu quelques réponses. Du reste, si poser des questions ne présente pas de difficulté – on a beaucoup interrogé les atomes depuis vingt-cinq siècles –, obtenir des réponses est autrement délicat. J'ai pourtant eu la chance de vivre au XXe siècle, à l'époque où les atomes, devenus enfin accessibles à l'exploration scientifique, consentent à nous livrer quelques-uns de leurs secrets.

Née il y a vingt-cinq siècles « sur les bords de la mer divine », l'hypothèse atomique, contribution à consonance scientifique à la fois la plus importante et la plus durable de l'Antiquité, fut à l'origine une proposition essentiellement philosophique, un maillon dans la chaîne de réflexions des penseurs grecs en quête de l'universel et de l'essentiel. Elle devait rester dans ce domaine d'abstraction pratiquement jusqu'au XIXe siècle. Sa carrière scientifique est donc relativement récente, alors que son passé philosophique est ancien. Ancien et prestigieux car associant les noms les plus illustres de l'épopée intellectuelle de l'humanité. De plus, englobant dans sa doctrine tout un ensemble de propositions cosmogéniques et cosmologiques, s'occupant aussi bien de l'âme que du corps, professant une éthique spécifique, adoptant vis-à-vis de Dieu (ou plutôt des dieux) une attitude ambiguë, la théorie atomique ne pouvait pas laisser – et n'a pas laissé, loin de là – indifférents les théologiens et les autorités religieuses.

De par sa longévité, l'envergure des débats et des controverses qu'elle a suscités, l'originalité et la variété des arguments échangés – combinant dans une rhétorique souvent passionnée et parfois véhémente des concepts scientifiques, philosophiques et religieux –, la théorie atomique a fourni un champ à une joute d'idées unique couvrant vingt-cinq siècles de l'histoire de la pensée. Les discussions philosophiques sur sa signification n'ont d'ailleurs guère cessé avec l'avènement de l'atomisme scientifique. Au contraire, elles y ont trouvé une impulsion nouvelle.

Il est émouvant de penser que nous devons cette extraordinaire aventure de l'esprit à l'imagination créatrice d'un couple de penseurs grecs de la lointaine Antiquité. Même si l'atome scientifique d'aujourd'hui n'a qu'une vague ressemblance avec l'atome tel que ces penseurs l'ont entrevu, le concept dont ils ont fait cadeau à l'humanité s'est révélé un des plus fondamentaux et des plus riches de conséquences pour son existence et son avenir parmi tous ceux qu'elle ait jamais reçus, que ce soit des hommes ou des cieux. Je frémis à la pensée de tout ce que l'humanité aurait perdu si, à la place de Démocrite, le sort avait fait naître, à Abdère, au Ve siècle av. J.-C., un Auguste Comte.

J'aurais aimé pouvoir réunir ensemble, dans un « Symposium » transhistorique – que j'aurais couronné par un banquet pour respecter le sens étymologique du terme –, tous ceux qui, à un moment ou à un autre, ont participé à cette longue quête du fondamental, afin qu'ils puissent confronter leurs points de vue et, face à l'évolution des connaissances, mesurer leur fragilité et leur fréquente témérité. À défaut de pouvoir le faire, je leur donne la parole à tour de rôle, et en les citant souvent textuellement, car j'ai la conviction que pour apprécier pleinement la richesse et la profondeur de ce débat exceptionnel il faut se faire le contemporain des protagonistes, percevoir leurs arguments dans l'optique de leur temps, les entendre s'exprimer dans la langue de l'époque, autrement dit, revivre l'histoire.

Je tiens à remercier les nombreux collègues et amis qui, d'une manière ou d'une autre, m'ont aidé dans la préparation de cet ouvrage. Ma gratitude toute particulière va à MM. Henri Berthod et Gaston Berthier pour avoir soigneusement étudié, le premier l'ensemble du manuscrit, le second la partie relative à la période des découvertes scientifiques, et pour m'avoir fait bénéficier de leurs observations et de leurs commentaires. J'exprime ma grande reconnaissance à Mme Isabelle Lépine, ma secrétaire, pour ses efforts continus, patients et courageux dans la réalisation pratique du manuscrit. Je remercie le Professeur Hans Dehmelt, le Professeur René Clément, les Centres de recherches de la Compagnie IBM aux États-Unis (Almaden Research Center et T. J. Watson Research Center), la Compagnie IBM France, le Burleigh Instruments GmbH et l'Omicron Vakuumphysik GmbH pour m'avoir fourni et autorisé à reproduire leurs magnifiques images illustrant la réalité des atomes.

Enfin et surtout, je suis heureux d'avoir cette occasion d'exprimer toute ma reconnaissance à mes fils, Michel et Bertrand, pour avoir consacré une large part de leurs vacances à passer le manuscrit au crible de leurs critiques constructives et à mon épouse Alberte pour son aide inestimable, constante et patiente, durant toute la période de la conception, de la préparation et finalement de la réalisation de ce livre. Sans sa présence continue à mes côtés, sans ses encouragements et conseils avisés, il n'aurait jamais vu le jour.

B. P.

PREMIÈRE PARTIE

La naissance de la théorie atomique

CHAPITRE PREMIER

La toile de fond : le miracle grec

« L'esprit européen a passé sa jeunesse en Grèce. »
G. W. F. Hegel

« La Grèce, berceau des arts et des erreurs. »
Voltaire

L'idée des atomes, destinée après une histoire mouvementée au triomphe que nous connaissons, est née il y a presque vingt-cinq siècles en Grèce antique. À moins de supposer une origine purement fortuite (qui n'est pas à exclure), on est naturellement tenté de se référer aux lieux et circonstances de sa naissance pour en comprendre les facteurs déterminants (les « causes ») et en saisir la signification dans le contexte des courants d'idées d'alors. Pourquoi en ce lieu et pourquoi à ce moment ? Il n'est évidemment pas facile de répondre à de telles interrogations et le risque est grand de s'égarer sur de fausses pistes. La question est cependant fascinante et a préoccupé nombre d'historiens. Jusqu'à preuve du contraire (dont on ne voit pas très bien d'où elle viendrait), c'est un jeu de l'esprit qui peut ne pas être inutile.

Au commencement était « le miracle grec », remarquable expérience, unique en son genre, effort d'une poignée de penseurs hellènes en vue de fournir du monde observable – que la majorité des habitants de l'époque croyait sous la tutelle d'une kyrielle de dieux aux faiblesses et appétits étrangement humains mais aux pouvoirs extraordinaires – une explication rationnelle ne faisant intervenir que des causes et des effets naturels, sans immixtion aucune de ces puissances extérieures. Ce n'est pas qu'ils niaient nécessairement l'existence même de ces puissances mais ils savaient ne pas mélanger les genres, et, pour reprendre une expression de Farrington[1], ils « laissaient les dieux à la porte » de leurs réflexions et du monde, dans « l'intermonde », disons dans l'arrière-scène pour être en phase avec notre vocabulaire théâtral. Si nous n'en sommes pas encore à une véritable démarche scientifique telle que nous la concevons aujourd'hui, avec son cortège d'hypothèses, d'expérimentations, de démonstrations, nous assistons néanmoins à la naissance d'une philosophie de la nature qui ne veut reconnaître que ce que notre raison conçoit et approuve[2]. De la démarche scientifique, nous y trouvons les ingrédients principaux : l'ambition d'explorer l'universel et l'essentiel, la croyance que la nature, sous sa complexité et sa multiplicité apparentes, cache un ordre qu'il est possible d'expliciter en termes d'éléments simples et de leurs interactions ; l'espoir que, dans le meilleur des cas, une raison unitaire puisse même présider à l'extraordinaire diversité et aux changements incessants des êtres de la nature ; et, surtout, la conviction que, dans le jeu de ce grand puzzle cosmique, seuls interviennent des éléments et activités rationnels, autrement dit, qu'il n'y a pas de place pour des interventions surnaturelles.

Pour illustrer cette démarche, il suffit de rappeler brièvement la contribution de ce qui fut probablement la première école de pensée rationnelle de la Grèce antique (VIᵉ-Vᵉ siècles av. J.-C.), celle de Milet en Ionie (au bord de la mer Égée, en Asie Mineure), dont les représentants les plus éminents sont Thalès, Anaximandre et Anaximène[3]. Ceux-ci ont en commun la recherche, à caractère cosmogénique, de la « cause rationnelle » ou « naturelle » des choses, qu'ils envisagent sous forme d'une « réalité première », d'une « substance primordiale ». Ils se différencient en revanche par leur choix de cette substance – l'eau chez

1. B. Farrington, *Greek Science*, Londres, 1944. Voir chapitre II pour les nuances à apporter à cette affirmation.
2. Science et philosophie se confondent alors, ce qui n'est évidemment pas le cas aujourd'hui. Citons, par exemple, L. de Crescenzo (*Les Grands Philosophes de la Grèce antique*, vol. I, « Les Présocratiques », Julliard, Paris, 1985) : « L'homme a atteint les sommets de civilisation les plus élevés à travers deux disciplines fondamentales : la science et la religion. Or, alors que la science, ayant recours à la raison, étudie les phénomènes de la nature, la religion, satisfaisant un intime besoin de l'âme humaine, cherche quelque chose d'absolu, quelque chose qui surclasse la faculté de connaître au moyen des sens et de l'intellect. Eh bien, la philosophie est une chose qui se situe à mi-chemin de la science et de la religion, plus voisine de l'une ou de l'autre selon qu'elle a ou non affaire avec les philosophes soi-disant rationalistes ou avec ceux plus enclins à une vision mystique des choses. » Pour Bertrand Russell, philosophe anglais de l'école rationaliste, « la philosophie est une sorte de no man's land, entre la science et la théologie, et sujette aux attaques des deux bords ».
3. Signalons que Leucippe, l'hypothétique fondateur de l'atomisme (Épicure niait son existence), vient, selon certaines sources (Diogène Laërce, Simplicius, saint Épiphane), également de Milet.

Thalès, l'air chez Anaximène et l'« apéiron » (« l'Illimité » ou « l'Indéterminé », une substance indifférenciée, indéfinie) chez Anaximandre – et aussi dans la représentation des mécanismes par lesquels ces éléments simples pouvaient conduire à la multiplicité des choses observables : mécanisme inconnu pour Thalès, consistant en des processus de raréfaction et de condensation selon Anaximène, en une croissance, une « poussée » pour Anaximandre[4].

La présence d'une telle variété de propositions sur un même thème général illustre les deux caractéristiques essentielles de la démarche scientifique naissante, qui forment la condition *sine qua non* de son existence et de son développement. D'une part, une liberté d'expression, un respect, ou tout au moins l'acceptation des divergences d'opinions, une ouverture à la discussion, une absence de dogme, de prétention à l'infaillible, au sein de la communauté scientifico-philosophique. D'autre part, une relative tolérance de la part des pouvoirs publics, qui n'interviennent pas dans ce débat, au moins aussi longtemps qu'il reste dans le domaine du matériel et n'offense pas les croyances admises.

Nous reviendrons plus loin sur cet aspect essentiel de l'aventure scientifique de la Grèce antique. Pour l'instant il convient de retourner au thème central de ce chapitre : pourquoi en ce lieu ? Plus précisément et plus ponctuellement, pourquoi Milet en Ionie ?

Plusieurs arguments peuvent être avancés pour répondre à cette question.

– *Argument géographique.* L'Ionie se trouve au carrefour de nombreuses routes et des échanges entre l'Ouest et l'Est, en particulier ceux de la Grèce avec le Proche-Orient et l'Égypte. Milet, qui est située en son extrémité méridionale, en bordure de mer, était ainsi ouverte à des influences intellectuelles nombreuses et son niveau culturel était élevé. Ne dit-on pas que Thalès aurait voyagé en Mésopotamie et en Égypte, d'où il aurait rapporté les germes de l'astronomie et des mathématiques ? Anaximandre n'est-il pas considéré comme le premier à avoir dessiné une carte de géographie ? En fait, il apparaît que les philosophes présocratiques ont tous beaucoup voyagé.

– *Argument ethnographique.* Certains, tel Robert Cohen[5], croient en la vertu stimulante des mélanges interraciaux locaux : « Les Éoliens et les Ioniens, issus de Phocide, du Péloponnèse et de l'Attique, ont garni

4. Pythagore qui vers la même époque proposait à Crotone comme « réalité première » non pas une substance naturelle mais les nombres, dont toutes « les choses » étaient, selon lui, constituées, était né dans l'île de Samos, proche de Milet. Hippocrate, le plus célèbre médecin de l'Antiquité, vient d'une autre île également proche de Milet, l'île de Cos.

5. Cité par J. Voilquin dans *Les Penseurs grecs avant Socrate. De Thalès de Milet à Prodicos,* Paris, Flammarion, 1964.

depuis longtemps les golfes de Smyrne, d'Éphèse et de Milet. Les villes qui s'y trouvent encadrées au nord et au sud par d'autres cités se groupent en une puissante confédération. Partout, sur cette côte d'Asie Mineure, surgit une nouvelle Grèce où la fusion entre les Hellènes et les populations indigènes devait produire les plus heureux résultats, principalement un extraordinaire mouvement de pensée. »

De même, Nietzsche[6] écrit : « Rien de plus absurde que d'attribuer aux Grecs une culture autochtone ; ils se sont au contraire assimilés à la culture vivante de tous les autres peuples et s'ils sont allés si loin, c'est parce qu'ils ont su ramasser pour le lancer plus loin le javelot que quelques autres peuples avaient laissé gisant. »

– *Argument économique.* Il est parallèle aux précédents : Milet était du VIIIe au VIe siècle av. J.-C. (tout au moins jusqu'à sa destruction par les Perses en - 497[7]) la plus importante cité littorale asiatique de l'Égée, une cité commerciale importante et riche, avec de larges avenues, des places magnifiques, des temples somptueux, de plus fondatrice de nombreuses colonies[8]. L'époque de sa grandeur coïncide d'ailleurs avec des inventions (dont la plus importante est probablement l'introduction au VIIe siècle av. J.-C. de la monnaie garantie par l'État) qui ont accéléré les processus de développement économique. L'argument est certainement fort valable : Aristote ne disait-il pas déjà que pour que la science naisse et se développe il faut qu'il y ait des hommes disposant de loisirs[9] ?

– *Argument socio-politique.* Il est lié à la nature, unique dans le monde de l'époque, de l'évolution de la société hellène dans son ensemble vers l'institution de cités-États, allant de pair avec un développement parallèle des discussions sur le problème de la meilleure forme de Constitution politique et de gouvernement. Il en résulte une habitude de débat ouvert, de heurts d'opinions, la perception de la pluralité possible des

---

6. F. Nietzsche, *La Naissance de la philosophie à l'époque de la tragédie grecque*, Paris, Gallimard, 1938.
7. Cette destruction est probablement responsable de l'extinction de l'école de Milet avec Anaximène. Plus tard, Milet fut dévastée par Alexandre et finalement saccagée par les Goths (263 apr. J.-C.).
8. Dont Abdère, patrie de Démocrite, créateur de l'atomisme. (Selon certaines sources, Démocrite serait même né à Milet.) De même, Élée, au sud de Naples, siège de l'importante école de philosophes dite des Éléates (Parménide, Zénon, Mélissos), a été établie par les Phocéens, également enfants de l'Ionie. On pense aux belles paroles de Jean d'Ormesson appelant Ségeste et Agrigente « morceaux de Grèce égarés en Sicile ». Le fondateur de l'École, Xénophane, vient de Colophon, en Ionie.
9. En fait, presque tous les philosophes de l'époque pour lesquels des informations sont disponibles (Thalès, Pythagore, Héraclite, Parménide, Empédocle, Mélissos, Démocrite, Anaxagore) appartiennent à de riches familles de notables.

solutions. Que ce fonds d'ouverture, de mouvance ait pu avoir un effet incitatif sur l'émergence d'une réflexion philosophico-scientifique critique paraît plausible. De plus, ce développement et son expression semblent s'être exercés sans tutelle, donc sans intervention restrictive des pouvoirs publics ou religieux. Comme le dit Lenoble[10] : « Libres, les Grecs surent fonder des cités, se débarrasser des tyrans, et concevoir qu'il n'y a pas de liberté sans loi. Ce fut le commencement du miracle. La règle établie par les sociologues, suivant laquelle une représentation cohérente du monde suppose une société organisée, trouve dans leur cas un exemple magnifique. » Ou, comme le pense A. Pichot[11] : « La démocratie et les lois constitutionnelles donnent à l'homme une place dans la société qui influence la conception qu'il a de sa place dans la nature et donc sa vision générale du monde. La démocratie, en donnant à la société ses lois propres (ni naturelles ni divines), peut incliner à la recherche, pour la nature, d'un ordre qui lui est propre, un ordre naturel, accessible à l'homme, et non plus divin. » E. Schrödinger[12] souligne explicitement la circonstance favorable qui tenait au fait que les communautés grecques, à la différence de celles de Mésopotamie ou d'Égypte, n'étaient pas dominées par des castes sacerdotales privilégiées, rétives au développement des idées nouvelles en raison de leur crainte que tout changement des conceptions du monde ne se retourne contre leurs privilèges.

Bien sûr, il n'est guère possible de savoir jusqu'à quel point les considérations précédentes se rattachent à la réalité historique ou ne représentent que des tentatives de rationalisation *a posteriori* d'événements fortuits.

Face à une telle situation, on peut tenter de mieux cerner ce problème en réfléchissant, à l'inverse, sur les raisons de l'absence de « miracle » analogue chez un autre peuple de l'Antiquité dont les performances intellectuelles ne le cèdent pas, par ailleurs, à celle de la Grèce. Ainsi, de tout l'héritage de l'Antiquité, les concepts qui ont le plus fortement marqué l'humanité sont dus aux Grecs et aux Hébreux. Les deux peuples ont été de toute évidence doués de qualités spirituelles exceptionnelles, avec une tendance également marquée vers l'universel (ce qui, d'ailleurs, explique la permanence de leur message encore aujourd'hui). Néanmoins, leurs contributions durables se placent sur des plans extrêmement différents. Notamment, en ce qui concerne le problème que nous examinons ici, on peut se demander

---

10. R. Lenoble, *Histoire de l'idée de nature,* Paris, Albin Michel, 1969.
11. A. Pichot, *La Naissance de la science,* vol. II, « Grèce présocratique », Paris, Gallimard, 1991.
12. E. Schrödinger, *La Nature et les Grecs,* Paris, Éd. du Seuil, 1992.

pourquoi, durant leur longue existence politique et leur longue carrière spirituelle, les Hébreux de la Bible, à la différence des Grecs païens, n'ont apporté pratiquement aucune contribution significative à la naissance de la science et à son développement. Circonscrire les raisons de cette absence permettrait, peut-être, de mieux comprendre celles qui ont assuré l'éclosion et la poursuite de la philosophie de la nature chez les Grecs.

Je crois que l'explication de ce que les Hébreux ne nous ont pas donné réside dans la nature de ce qu'ils nous ont donné. Ainsi, quelque douze à treize siècles avant les philosophes de Milet, au XIXe siècle av. J.-C., Abraham, cherchant comme eux la « cause première », le « principe de toutes choses », a trouvé Dieu, Dieu unique, créateur et moteur de l'univers. Non pas l'eau ou l'air ou une « substance » indéfinie ou les nombres, mais Dieu. Il a, par là, marqué d'un sceau indélébile l'avenir de son peuple. Au temps de l'apogée de l'école milésienne (VIe siècle av. J.-C.), la vision du monde des Hébreux était déjà, depuis au moins trois siècles, en voie de codification écrite. La « canonisation » du Pentateuque a lieu vers le milieu du Ve siècle av. J.-C. et elle donne des origines du monde (y compris de celles de l'homme) et des lois de son fonctionnement une version définitive, incontestable, indiscutable, érigée en code de pensée unique et placée sous la surveillance des autorités religieuses et politiques.

La vérité étant ainsi donnée et figée, nulle possibilité n'est laissée, à moins d'entrer en conflit avec les autorités gouvernantes, à une recherche scientifique ou à des développements philosophiques indépendants. Nul espace non plus pour des discussions contradictoires sur les thèmes fondamentaux de la connaissance. La certitude d'une vérité absolue ôte tout besoin de s'interroger sur sa validité. Les Hébreux ne ressentent point l'urgence de se poser les questions qui préoccupent les philosophes grecs. « Dieu a créé... » satisfait pleinement leur curiosité et la croyance en la vérité immuable de la Révélation rend superflue et inutile toute recherche sur l'origine et le pourquoi des choses, sur le rôle de l'homme dans le monde. Flavius Josèphe, historien juif du Ier siècle de notre ère, proclame hautement la gloire de son peuple qui possède « non pas une multitude d'œuvres pleines de contradictions » mais « un ensemble unique, le Livre des Livres », auquel il peut se référer continuellement, « avec révérence »[13]. Il n'existe aucun doute dans son esprit ou dans celui de ses concitoyens sur le fait que sa signification est littérale et décrit la réalité immuable du monde. Il faudra attendre des siècles pour que devienne envisageable, justement sous l'influence des

13. Argument repris quelques siècles plus tard par des penseurs chrétiens : Cyrille d'Alexandrie, Basile de Césarée, Jean Chrysostome, saint Augustin et autres.

développements scientifiques externes, l'idée d'une signification allégorique de certains passages de la Bible, dont ceux, en particulier, qui correspondent aux préoccupations des philosophes grecs.

Quel contraste par rapport à l'univers intellectuel milésien évoqué plus haut ! Au fond, tout s'est joué sur la proposition initiale. Dieu, cause première, créant le monde et lui imposant ses lois, fournit une réponse toute faite aux questions sur l'origine des choses, leurs variétés et leurs changements, préoccupations essentielles des penseurs à l'origine de la science. En revanche, la promotion de l'eau comme « substance primordiale » (Thalès) entraîne quasi automatiquement des contre-propositions : celle de l'air (Anaximène), ou du feu (Héraclite d'Éphèse, deuxième ville ionienne de grande importance). Comme aucune de ces substances ne peut, naturellement, donner une réponse satisfaisante aux questions soulevées, les jalons sont posés vers des tentatives plus élaborées : théorie des deux éléments, dont se fait écho Parménide d'Élée, puis théorie des quatre éléments : eau, air, feu et terre d'Empédocle d'Agrigente, adoptée par Aristote (qui y ajoutera même un cinquième, l'éther), théorie de l'infinité des substances d'Anaxagore de Clazomènes, un autre enfant d'Ionie, etc. Dans la même ferveur intellectuelle, une tentative autrement réussie sera celle des atomes, entraînant à sa suite, comme nous le verrons, les problématiques du discontinu, du vide, de l'infini, etc. Ainsi, un heureux départ sur une idée fausse permet, par un effet boule de neige, un développement de propositions contradictoires ou complémentaires qui, à force de restructurations, de perfectionnements, dans une dialectique de discussions, assurent une dynamique intellectuelle à la base du développement de la science. Que l'on ne s'y trompe donc pas : le miracle grec est prodigieux, non pas tant par son contenu que par les horizons qu'il a ouverts. Comme l'écrit M. A. Rey dans la *Jeunesse de la science grecque* : « Voici le grand tournant... Voici l'entrée en scène de la Science, conçue dans son universalité, sous son aspect logique et rationnel. Ce qu'a laissé l'école (de Milet) en résultats positifs : peu de chose, on pourrait presque dire : rien[14]. Ce qu'elle a ébauché et légué comme esprit, méthode, pensée : tout ; l'Ionie a fondé une science qui est devenue notre science occidentale, notre civilisation intellectuelle. Elle est la première réalisation du miracle grec et elle en est la clef. »

On peut aussi citer Daniel Rops[15] : « Athènes et Jérusalem incarnent parfaitement l'une et l'autre les deux attitudes adverses de l'esprit : celle

---

14. Jugement trop négatif, comme nous le verrons au chapitre II. On doit tout de même à cette école, et en premier lieu à Thalès, pour le moins la notion de l'unité de l'univers, le principe que « Tout est Un », ce qui n'est pas rien.
15. D. Rops, *Histoire sainte. Le peuple de la Bible,* Paris, Fayard, 1943.

qui demande à l'intelligence seule l'explication du monde, de la vie et de l'homme, et celle qui, pour cette élucidation suprême, ne se repose que sur la foi[16]. Au ve siècle, ces deux expériences se poursuivent très loin l'une de l'autre, et s'ignorent totalement. Un jour viendra où elles s'affronteront... ; l'histoire aura préparé ce face-à-face par un long détour. »

Ou encore, comme l'écrit Georges Minois[17] à propos d'événements plus tardifs, il est vrai, mais qui ne représentent qu'un prolongement, dans un cadre plus vaste et plus ouvert, du conflit latent de l'Antiquité : « Jamais la question des rapports entre science et foi, science et Église, science et raison ne se serait posée s'il n'y avait eu l'existence de ce Livre sacré, considéré comme l'expression de la pensée divine elle-même, écrit par des auteurs "inspirés" directement par Dieu. Jusqu'à nos jours, tous les combats livrés entre Église et science proviennent du fait que l'Écriture comporte un ensemble de récits explicatifs de la structure du monde qui semblent fixer un cadre immuable à la connaissance scientifique. Toute théorie qui semblera sortir de ce cadre sera *a priori* fausse. »

L'antagonisme, caché, entre science et religion se joue ainsi dans ces temps anciens sur deux scènes différentes. Mais la pièce ne fait que commencer. Elle se déroulera tout au long de l'histoire de notre civilisation avec des hauts et des bas, des ruptures et des tentatives plus ou moins sincères de réconciliation, sinon de synthèse.

Faut-il ajouter que, pour nombre de philosophes grecs, la science sera en fait un antidote à la crainte religieuse, à la peur inspirée par des dieux inconnus aux humeurs imprévisibles – le Dieu unique d'Israël était autrement contraignant – et que l'obstacle qu'ont représenté les conceptions cosmologiques et cosmogéniques de la Bible au développement de la science n'enlève rien à la portée universelle et morale du Livre des Livres, dont la valeur éternelle se situe justement sur ce plan. Il ne faudrait pas croire non plus que des préoccupations morales étaient absentes de l'esprit des philosophes de Milet. La présence de Thalès parmi les « sept sages » de la Grèce présocratique[18] (il est même l'un des quatre d'entre ceux qui figurent dans toutes les énumérations) atteste l'inverse. Citons ainsi quelques-uns de ses apophtegmes, tels

---

16. Clément d'Alexandrie, philosophe chrétien né à Athènes vers le milieu du IIe siècle apr. J.-C., défenseur de l'hellénisme au sein du christianisme, a résumé cette dualité dans la phrase percutante : « Dieu donna aux Hébreux la Loi et aux Grecs la Philosophie. »

17. G. Minois, *L'Église et la science. Histoire d'un malentendu,* vol. I, « De saint Augustin à Galilée », Paris, Fayard, 1990.

18. Comme dit Nietzsche[6] : « D'autres peuples ont des saints, les Grecs ont des sages. »

qu'ils nous ont été transmis par Démétrios de Phalère : « Souviens-toi de tes amis, qu'ils soient absents ou présents. N'embellis pas ton extérieur, c'est par ton genre de vie qu'il faut t'embellir. Ne t'enrichis pas malhonnêtement. Prends garde de te rendre odieux par tes paroles à ceux qui sont liés à toi par serment. Rejette tout ce qui est malhonnête. L'oisiveté est pénible. L'intempérance est un mal. L'ignorance est un lourd fardeau. Apprends et enseigne ce qui vaut le mieux. Repousse l'oisiveté même si tu es riche. Fais preuve de mesure. Si tu commandes, gouverne-toi toi-même. » Des vérités, simples certes, mais néanmoins importantes.

Il me paraît que cette comparaison, entre les conditions qui président à l'essor de la philosophie scientifique en Grèce aux VIe-Ve siècles av. J.-C. et celles qui s'opposent à l'éclosion de toute tendance de cet ordre chez le peuple hébreu, permet de dégager l'élément responsable de cette différenciation : le climat de la structure politico-sociale et tout particulièrement la portée de l'engagement religieux de ces peuples.

À moins que l'on ne se contente tout simplement, face à l'énigme grecque, de l'appréciation d'Emil Ludwig[19] : « Celui qui vit au bord de la mer et porte constamment son regard vers les grands horizons lointains aura une vue plus profonde des modèles humains, Dieu, amour, musique... Des Éléates, les anciens disaient déjà que l'esprit, qui les avait menés sur la mer occidentale, les avaient aussi guidés sur l'océan de la pensée pure. »

Bien qu'elle évoque les Éléates, l'appréciation s'adresse à la Grèce entière et peut certainement s'appliquer aussi bien aux Milésiens.

19. E. Ludwig, *Méditerranée. Histoire d'une mer,* New York, Éd. de la Maison française, 1943.

CHAPITRE II

Les décors rapprochés : l'« archè », la substance primordiale

« Le savant n'est pas l'homme qui fournit les vraies réponses, c'est celui qui pose les vraies questions. »

C. Lévi-Strauss

La théorie des atomes, notamment lorsqu'on la considère dans ses relations avec la philosophie et la religion, s'insère dans l'effort intellectuel des penseurs grecs aspirant à élucider la structure de la matière, son origine, son polymorphisme et ses transformations, la signification du changement au sein de l'immuable, à l'échelle universelle, inanimé et animé, terre et ciel confondus. Elle en représente un des maillons, *a priori* nullement plus significatif que les autres, en fait au contenu plus abstrait que dans la majorité des propositions énoncées vers la même époque. Néanmoins – mais seule l'histoire le démontrera –, elle constitue un des exemples les plus remarquables et les plus féconds d'imagination intuitive à portée scientifique immense.

Pour bien comprendre l'originalité et la signification de la théorie des atomes, il convient de la situer par rapport aux autres courants de pensée, à finalité apparentée, de l'époque. Cette époque s'étend sur les VIe-Ve siècles av. J.-C. Les fondements de la théorie atomique seront posés au Ve siècle. Les décors rapprochés sont ceux des théories des substances primordiales, dont les premières voient le jour au VIe siècle, mais dont certaines seront contemporaines des origines de la théorie atomique et se développeront parallèlement à celle-ci. Dans cette lointaine époque, il est difficile de localiser avec exactitude les périodes d'existence des principaux acteurs de ces développements. Nous connaissons rarement avec certitude leurs dates de naissance et de

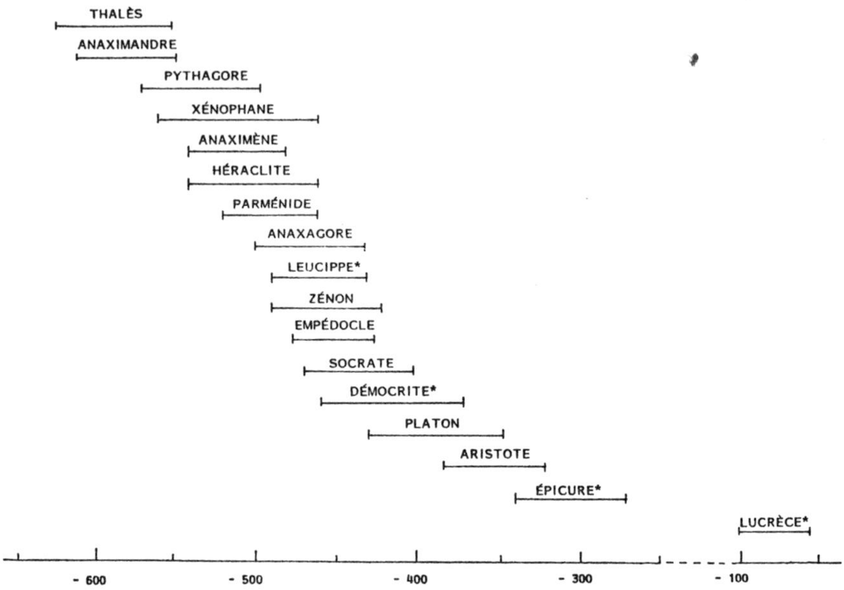

Figure 1. – Représentation schématique des périodes d'existence des principaux philosophes de la nature grecs.

décès. Les divergences dans les indications fournies à ce sujet par les différentes sources peuvent même être sensibles. Je me contenterai donc de donner, dans la figure 1, une représentation schématique des périodes d'existence des protagonistes de la thématique qui nous préoccupe.

Sur cette figure, quatre noms sont distingués par un astérisque : ce sont ceux des quatre atomistes les plus célèbres de l'Antiquité (le dernier, Lucrèce, est romain et nettement éloigné dans le temps des trois premiers, qui sont grecs). Les autres philosophes ont en commun d'avoir tous conçu ou adopté l'idée d'une substance primordiale (ou de plusieurs) comme la « première des choses », source(s) originelle(s) de l'ensemble de la matière présente dans le cosmos, aussi diversifiée qu'elle paraisse être. C'est à cet aspect spécifique de leur philosophie de la nature que nous limiterons ici notre présentation et la discussion de leurs propositions. Par ailleurs, étant donné les recouvrements fréquents de leurs existences, nous ne respecterons pas toujours rigoureusement le développement chronologique des théories avancées, mais tâcherons de les regrouper selon leurs affinités internes afin de dégager ainsi les lignes de force essentielles des idées.

À l'extrémité gauche de la figure 1, les noms de deux personnes se détachent, du fait de leur apparition au VIIe siècle av. J.-C. Ce sont ceux de Thalès et d'Anaximandre. Le premier est le fondateur de l'école de Milet et le deuxième son élève et successeur à la tête de celle-ci.

1. L'école de Milet

– Thalès

« La plupart des premiers philosophes estimaient que les principes de toutes choses se réduisaient aux principes matériels. Ce à partir de quoi sont constituées toutes les choses, le terme premier de leur génération et le terme final de leur corruption – alors que, la substance demeurant, seuls ses états changent – c'est cela qu'ils tiennent pour l'élément et le principe des choses ; aussi estiment-ils que rien ne se crée et que rien ne se détruit, puisque cette nature est à jamais conservée. » Ces mots d'Aristote posent bien le problème. La grande aventure de l'esprit scientifique a commencé apparemment lorsque l'homme a entrepris d'expliquer le visible compliqué par du visible naturel simple ou parfois par de l'invisible également simple. Il y a, entre ces deux voies d'explication, du similaire et du profondément différent. Cela est illustré par l'exemple de Thalès et d'Anaximandre.

L'explication par du visible simple est sans doute l'attitude la plus pragmatique. Thalès, fondateur de cette conception philosophique, a considéré que la substance primordiale, « cause matérielle » des choses (selon l'expression d'Aristote), était l'eau. Nous n'avons de lui aucun document direct et l'information provient d'affirmations d'auteurs postérieurs. Selon Aristote et Simplicius, il aurait été conduit à cette théorie par l'observation que « toute nourriture est humide et que le chaud lui-même en tire génération et vie (or, ce dont procède la génération est principe de toutes choses) ; et aussi le fait que les semences de toutes choses ont une nature humide » et qu'en revanche « les cadavres qui se nécrosent se dessèchent ». Selon d'autres sources, il y aurait été incité par l'observation du polymorphisme de l'eau, liquide qui peut être transformé en glace solide et vapeur gazeuse (identifiée peut-être avec l'air). C'était, en son temps, la seule substance pour laquelle un tel exploit était observable. D'autres encore suggèrent qu'au cours de ses séjours en Égypte il aurait été influencé par la croyance qui y régnait, liée aux crues du Nil, selon laquelle la vie germait dans l'eau. Ou qu'il aurait repris l'enseignement antique des Sumériens, dont la mythologie considérait l'eau comme la matière primordiale, l'élément de vie par excellence, animée déjà d'esprit. À moins que ce ne soit un écho transposé des vers d'Homère (*L'Iliade* XIV, 201) qui célèbrent l'Océan, fleuve puissant qui entoure le monde, l'irrigue et le fertilise.

Si l'eau est, pour Thalès, l'élément primitif, source de toutes les substances, on ignore la façon dont il concevait la formation de ces dernières. Il se peut qu'il ait envisagé la formation initiale, à partir de l'eau, de trois autres éléments : l'air et le feu, qui ne sont, selon lui, que les simples exhalaisons de l'eau, et la terre, qui en est en quelque sorte la lie ou le dépôt. Pour la suite, citons Galien, qui affirme reproduire un passage d'un livre *Sur les principes* de Thalès lui-même : « Quant aux célèbres quatre éléments, dont nous disons que le premier est l'eau, que nous posons en quelque sorte en élément unique, ils se mélangent mutuellement par combinaison, solidification et composition des choses du monde. »

Cette brève présentation résume l'essentiel de nos connaissances sur les conceptions de Thalès relatives à l'origine et à la composition de la matière. C'est certes peu par leur contenu, mais comme le dit de Crescenzo[1] : « Thalès occupe une place très importante dans l'histoire de la philosophie[2] non tant pour les réponses qu'il a données à certaines questions que pour les questions mêmes qu'il a tenu à se poser. » En fait, il serait peut-être plus juste de dire qu'il doit surtout cette place à la *nature* des réponses qu'il a proposées, qui traduit sa volonté de substituer une explication rationnelle, de type physique, aux interprétations mythiques, alors en vigueur. Citons G. Lloyd[3] : « Si naïves que soient ces explications, leur signification ne réside pas tant dans ce qu'elles contiennent que dans ce qu'elles omettent, à savoir les volontés arbitraires et les motivations quasi humaines de dieux anthropomorphes. » Mais le jugement le plus complet est probablement celui de Nietzsche[4] : « La philosophie grecque semble commencer par cette idée absurde, que l'eau serait l'origine et le sein maternel de toute chose. Y a-t-il lieu de s'y arrêter et de la prendre au sérieux ? Oui, et pour trois raisons : d'abord parce que c'est un axiome qui traite de l'origine des choses, ensuite parce qu'il en parle sans image et sans fable, enfin parce qu'il contient, bien qu'à l'état de chrysalide, cette idée que "tout est un". La première de ces trois raisons laisse Thalès dans la communauté des hommes religieux et superstitieux, mais la seconde le

---

1. L. de Crescenzo, *Les Grands Philosophes de la Grèce antique,* vol. I, « Les Présocratiques », *op. cit.*
2. Nous dirions dans l'histoire de la philosophie de la nature, qui, à cette époque, représente la forme rudimentaire de la science.
3. G. Lloyd, *Les Débuts de la science grecque : de Thalès à Aristote,* Paris, Éd. La Découverte, 1990.
4. F. Nietzsche, *La Naissance de la philosophie à l'époque de la tragédie grecque, op. cit.*

sépare de cette communauté et montre en lui le savant naturaliste, la troisième fait de lui le premier philosophe grec »... et plus loin : « Les observations médiocres, incohérentes et toutes empiriques, qu'il avait faites sur la présence et les métamorphoses de l'eau ou, plus précisément, de l'humidité, n'auraient nullement permis ni même suggéré cette généralisation gigantesque ; ce qui l'y a poussé, c'est un axiome philosophique dont l'origine est une intuition mystique et que nous rencontrons dans toutes les philosophies, avec des efforts toujours renouvelés pour l'exprimer mieux ; c'est ce principe que *tout est un.* »

Puisque nous venons de mentionner le « mystique », que devient Dieu dans cet ensemble ? Y a-t-il une place pour la notion du divin dans la conception « rationnelle » du monde de Thalès ? Nous disions au chapitre premier que les philosophes grecs laissaient les dieux à l'arrière de la scène mais n'en niaient pas nécessairement l'existence. Nous reviendrons à plusieurs reprises dans ce chapitre sur l'attitude, variable, des philosophes grecs antiques vis-à-vis des dieux ou de Dieu. Il est intéressant de préciser ici l'attitude de Thalès pour ce qu'elle a de typique, entre autres par sa confusion, de celle de beaucoup d'autres. On cite souvent à ce sujet l'affirmation d'Aristote selon laquelle Thalès pensait que « toutes choses étaient remplies de dieux ». S'il est difficile d'affirmer la signification absolue de ce polythéisme apparent, il est douteux que Thalès ait attribué à ces divinités multiples un rôle effectif dans la marche de l'univers, et il paraît exclu qu'elles correspondent, dans son esprit, aux divinités mythiques classiques. En fait, il semble avoir eu une idée d'un Dieu plus abstrait et apparemment dominant et actif. Citons Aétius : « Thalès disait que Dieu est l'Intellect du monde, que le tout est animé et plein de démons ; et encore, qu'à travers l'humidité élémentaire chemine une force divine qui la meut », et Cicéron : « Thalès de Milet, qui le premier entreprit des recherches à ce sujet, a dit que l'eau est le principe des choses et que Dieu est l'Intellect qui façonne toutes choses à partir de l'eau[5]. »

Si donc Thalès sublime l'idée de divinité suprême, la rupture avec les tendances d'alors sur la représentation du monde n'est pas encore complète. F. M. Cornford dans son ouvrage *From Religion to Philosophy* insiste sur cet aspect de la philosophie ionienne dans son ensemble. Comme le résument Vernant et Vidal-Naquet[6] : « La physique ionienne transpose dans une forme laïcisée, sur un plan d'une pensée plus abstraite, le système de représentation que la religion a élaboré...

---

5. La quasi-totalité des citations de doxographes provient du volume *Les Présocratiques*, J.-P. Dumont (éd.), Paris, Gallimard, « Bibliothèque de la Pléiade », 1988.
6. J.-P. Vernant et P. Vidal-Naquet, *La Grèce ancienne*, vol. I, « Du mythe à la raison », Paris, Éd. du Seuil, 1990.

En devenant “nature” les “éléments” ont dépouillé l’aspect de dieux individualisés ; mais ils restent des puissances actives, animées et impérissables senties comme divines. » Jugement peut-être trop radical qui amoindrit l’innovation mentale que nous devons aux Ioniens. Vernant écrit encore exprimant cette fois son sentiment : « Les éléments des Milésiens sont des “puissances” divines et naturelles à la fois... Elles se bornent à produire un effet physique pleinement naturel. » Par rapport au monde d’Homère, un autre Milésien, le progrès est sensible.

L’idée de l’eau comme substance primordiale sera reprise aux époques ultérieures par certains, tel Hippon de Samos au milieu du Vᵉ siècle av. J.-C., cela tout au moins d’après Simplicius, Jean Philopon et Aétius ; selon d’autres – Hippolyte et Sextus Empiricus –, il admettait deux « principes » : l’eau et le feu. On retrouvera l’écho de l’idée de Thalès jusqu’à l’aube de la science moderne : par exemple, chez Jean-Baptiste Helmont, médecin belge (1579-1644).

Il faudra attendre à la fin du XVIIIᵉ siècle, donc vingt-trois siècles, pour que la nature composée, donc non élémentale, de l’eau soit établie, en particulier grâce aux travaux de Priestley (1733-1804), Lavoisier (1743-1794) et Cavendish (1731-1810). Le chimiste français Guyton de Morveau s’exclamera, en 1789 : « L’eau est un composé ! Il est difficile de se défendre d’une impression de surprise la première fois qu’on entend une proposition aussi contraire à la tradition de tous les siècles, aux principes enseignés jusqu’à ce jour dans toutes les Écoles ;... une autre génération s’approche, qui, n’ayant pas été déçue par l’autorité d’une tradition uniforme, n’aura besoin, pour se décider, que d’une simple exposition. »

– Anaximandre

Après la proposition provocatrice de Thalès conférant à l’eau la dignité suprême de « substance primordiale », l’on se serait normalement attendu à ce que ses collègues, donc concurrents, essaient de détrôner ce postulant de cette enviable position, pour lui substituer leurs propres candidats. De tels candidats, visibles et simples, ne manquaient pas et, comme nous le verrons très bientôt, de nombreuses tentatives seront effectivement faites en ce sens. Il est donc d’autant plus surprenant que l’élève et successeur immédiat de Thalès à la tête de l’école de Milet, Anaximandre, n’ait pas suivi cette voie naturelle mais, au contraire, ait hissé le débat en posant comme élément et principe primitif[7] un *invisible* simple : l’*apéiron*, l’illimité, une matière infinie,

7. Anaximandre est, selon Simplicius et Hippolyte, le premier à user du terme « archè » ou principe.

éternelle et immuable dont sont issus, sous « l'effet d'un mouvement éternel », tous les « éléments », en premier lieu, l'eau, l'air, le feu, la terre, cela « par dissociation des contraires » tels que le chaud et le froid, l'interaction harmonieuse de ceux-ci étant par ailleurs indispensable à « la justice » (l'équilibre) du monde[8]. Ainsi, « l'Illimité est la cause universelle de toute génération et corruption, cause dont se sont "discriminés" les cieux et tous les mondes, qui sont innombrables ». Génération *et* corruption, car « c'est à l'Illimité que retournent toutes choses ».

On peut s'interroger sur les raisons qui ont conduit Anaximandre à faire ce saut d'une substance primordiale simple et visible comme l'eau, postulée par son maître, à une substance au contour indéfini et invisible qu'est l'*apéiron*. S'était-il rendu compte tout simplement de la difficulté qu'il y avait à admettre, par exemple, que le feu pouvait provenir de l'eau, alors que l'observation courante démontre l'incompatibilité de ces deux éléments ? En désignant comme « archè » une substance indéterminée et indifférenciée, mais dont on peut alors concevoir qu'elle contient potentiellement en son sein de quoi produire les substances du monde, il s'affranchit, tout au moins formellement, de cette difficulté et propose une amorce d'explication du problème du « changement », dont la nature est un des pôles d'intérêt essentiel des présocratiques.

En même temps, il manifeste là une originalité bien supérieure à celle des avocats, nombreux, des « archès » plus naturels, qu'ils soient uniques ou multiples.

Il est par ailleurs remarquable qu'il effectue cette substitution de l'*archè* visible par un *archè* invisible sans pour autant s'éloigner du « matériel », du « naturel ». Certes, comme la quasi-totalité des présocratiques, il n'exclut pas les dieux de son univers. Citons Aétius : « Anaximandre déclara que les cieux illimités sont des dieux », et Cicéron : « L'opinion d'Anaximandre est que les dieux sont sujets à la génération, puisqu'ils naissent et meurent à des longs intervalles et qu'ils constituent des mondes innombrables. » D'où la question chez l'écrivain romain : « Mais nous, comment pourrions-nous concevoir un dieu qui ne serait pas éternel ? » Les dieux d'Anaximandre ne sont même plus dans l'arrière-scène : ils paraissent presque relégués au vestiaire.

---

8. L'importance de l'équilibre des choses dans la conception du monde d'Anaximandre est manifeste dans sa proposition que « la terre demeure en repos du fait de son équilibre », restant là où elle est par suite de son égale distance à l'égard de toutes choses. Thalès supposait que la terre reposait sur l'eau et Anaximène, comme nous le verrons dans la section suivante, sur l'air.

– Anaximène

Avec le successeur d'Anaximandre à Milet, Anaximène, nous revenons au mode de pensée de Thalès. La proposition fondamentale du disciple lointain n'est, à première vue, qu'une variante de celle du fondateur de l'école : l'air remplace l'eau en tant que substance primordiale. Si la contribution d'Anaximène devait se limiter à cette substitution, elle aurait évidemment une signification très restreinte. En fait, l'importance et l'originalité d'Anaximène résident dans sa proposition explicite sur la manière dont les autres corps naturels proviendraient de cette substance primordiale. Il envisageait pour cela deux processus essentiels, la raréfaction et la condensation, liées à l'augmentation ou à la diminution de la température. Ainsi, l'air, en se raréfiant, deviendrait feu, alors qu'en se condensant il conduirait successivement au vent, à l'eau, à la terre, aux pierres. Les autres objets proviennent des précédents. Sous-jacente à cette représentation, il y a donc la croyance que les différents éléments naturels diffèrent entre eux d'un point de vue quantitatif et non qualitatif, étant tous, y compris l'âme, constitués fondamentalement par la même substance. Le caractère mécanique de l'univers paraît ainsi réaffirmé.

Si la proposition d'Anaximène de considérer l'air comme substance primordiale peut paraître comme un recul sur la voie de l'abstraction par rapport à l'*apéiron* d'Anaximandre, une interprétation élégante d'André Pichot[9] suggère toutefois qu'il pourrait en être différemment. Remarquant qu'Anaximène adjoint au principe « air » l'épithète d'apéiron – que son principe devient donc « l'air indéterminé » ou « illimité » – et rappelant que la corporéité de l'air n'était pas encore établie à cette époque, il estime que le fait que l'air immobile, invisible, impalpable, sans forme, devient perceptible dans certaines conditions (air en mouvement, chaud, froid...) représente, en quelque sorte, l'apéiron d'Anaximandre *et* ses possibilités de « concrétisation ».

En même temps, au vu de la prééminence accordée par Anaximène à l'air, on ne saurait guère s'étonner que, dans les circonstances qui prévalaient à l'époque, il ait assimilé cet élément à Dieu. Ainsi, Aétius affirme : « Anaximène disait que l'air est Dieu. » Quant à Cicéron, il confirme cette assimilation, tout en la ridiculisant quelque peu : « Ensuite Anaximène établit que l'air est Dieu, qu'il est engendré, qu'il est immense, infini et toujours en mouvement, comme si l'air pouvait être Dieu en étant dépourvu de toute forme, d'autant plus que non seulement Dieu doit avoir une forme mais encore la plus belle de toutes, et

9. A. Pichot, *La Naissance de la science*, vol. II, « Grèce présocratique », Paris, Gallimard, 1991.

comme si tout ce qui a été engendré n'était pas naturellement voué à la mort. »

La proposition d'Anaximène faisant de l'air la substance primordiale a été reprise par plusieurs présocratiques : Idaios d'Himère (vers 450 av. J.-C.), Archélaos de Milet (vers la même époque) et Diogène d'Apollonie (environ 450-400 av. J.-C.). Nous possédons quelques fragments des écrits de ce dernier, dont il est intéressant de reproduire ici des extraits, significatifs du cheminement de la pensée des substantialistes grecs[10] : « À mon avis, et pour tout dire d'un mot, toutes les choses proviennent des modifications d'une même substance primordiale et sont cette même substance. Et cela est facile à voir. En effet, si ce qui se trouve dans notre monde actuellement : terre, eau, air et feu, et tout ce qui apparaît à nos yeux dans ce monde ; si, dis-je, ces choses différaient les unes des autres par leur nature et si, malgré leurs changements et modifications multiples, elles ne restaient pas la même essence primordiale, elles ne pourraient ni se mêler les unes aux autres, ni exercer les unes sur les autres une action, ou favorable ou nuisible. Aucune plante ne pourrait naître de la terre, aucun animal ni quoi que ce soit ne pourrait être créé, si ce n'était une loi de nature qu'il y a une substance une et identique... » « À mon avis, la substance primordiale qui contient l'intelligence est ce que les hommes appellent l'air ; c'est lui qui gouverne tout et qui régit tout ; c'est encore lui qui, à mes yeux, est dieu ; il est partout présent et ordonnateur de tout, et en tout existant. Et il n'est rien, absolument rien, qui ne participe de l'air ; mais cette participation est différente selon les choses, et il y a beaucoup de degrés pour l'air même comme pour l'intelligence. Il est, en effet, très divers, tantôt plus chaud, tantôt plus froid, tantôt plus sec, tantôt plus humide, tantôt plus calme, tantôt plus violemment agité. Il en résulte bien des modifications et des degrés infinis dans les sensations du goût et de la couleur. Chez tous les êtres vivants, l'âme est composée de la même substance, à savoir l'air qui est plus chaud que l'air extérieur répandu autour de nous, mais beaucoup plus froid que l'air qui se trouve à proximité du soleil. Mais chez aucun des êtres vivants, le degré de cette chaleur de l'air n'est identique. »

Comme pour l'eau, il faudra attendre vingt-quatre siècles avant que le chimiste anglais Joseph Priestley (1733-1804) ne démontre que l'air est un corps composé et ne saurait donc être considéré comme un « élément ».

---

10. J. Voilquin, *Les Penseurs grecs avant Socrate. De Thalès de Milet à Prodicos*, *op. cit.*

2. Héraclite

Héraclite d'Éphèse s'insère dans la lignée des protagonistes d'une substance primordiale unique. Selon lui, cette substance est le feu, qui, en se condensant, engendre l'eau, puis, par une condensation encore plus poussée, la terre. Le processus peut se renverser, régénérant le feu. Le monde repose sur ces trois éléments auxquels Héraclite paraît avoir ajouté plus tard l'air[11].

Si nous aimons considérer les présocratiques comme une combinaison de physiciens et de philosophes, Héraclite est plutôt philosophe que physicien. Tout en affirmant que « tout est un et un est tout », que le monde est éternel et « n'a pas été créé par aucun Dieu », il est essentiellement philosophe du devenir, du changement continuel. Le monde se transforme sans cesse. Chacun connaît ses célèbres aphorismes qui illustrent cette croyance, tels que « on ne peut entrer deux fois dans le même fleuve », ou « le soleil est nouveau chaque jour ». L'arrangement existant du monde est le fruit de l'opposition et de l'équilibre des contrastes. « Ce qui est contraire est utile et c'est de ce qui est en lutte que naît la plus belle harmonie, tout se fait par discorde. » Par ailleurs, le feu d'Héraclite revêt chez ce philosophe une signification qui transcende celle de la substance primordiale : il est notamment assimilé au *logos*, qui est l'harmonie et l'intelligence universelles régissant toutes choses. Le *logos* est libre dans le monde ; une partie s'emprisonne dans l'homme pour la durée de sa vie (elle est son âme, qui est donc ignée) et sa communication avec le *logos* extérieur est la source de notre connaissance du monde.

Selon Simplicius et d'autres doxographes (Aétius, Clément d'Alexandrie et Aristote), le pythagoricien Hippasos de Métaponte faisait aussi du feu le principe dont tout naissait, par raréfaction et condensation.

Finalement, dans un domaine plus général, il est un aphorisme d'Héraclite qui mérite d'être signalé : « Un grand savoir n'apprend pas à devenir sensé. Autrement il l'aurait appris à Hérode et Pythagore, ainsi qu'à Xénophane et Hécatée. » Démocrite exprimera un jour le même avis : « Bien des gens farcis de connaissances n'ont aucune raison. »

---

11. J. R. Partington, *A History of Chemistry*, Londres, MacMillan and Co, vol. I, 1970.

3. L'école éléate

– Xénophane de Colophon

Xénophane de Colophon est souvent considéré comme le fondateur de l'école éléate. Il nous intéresse ici surtout en tant que protagoniste de la terre comme substance primordiale. Théodoret lui attribue la phrase : « Tout sort de la terre et tout retourne à la terre. » Ce choix de la terre, confirmé par Stobée et Olympiodore, est toutefois mis en doute par Galien. Par analogie avec l'attitude des Milésiens, qui faisaient dépendre la position de la terre dans l'espace de la nature de la substance qu'ils avaient choisie comme primordiale, l'affirmation de Xénophane, rapportée par Aristote et quelques doxographes, selon laquelle « la partie d'en bas de la terre est illimitée » ou « plonge ses racines dans l'illimité », incite à croire à la véracité du choix de la terre comme substance primordiale par Xénophane.

D'après certaines sources (Jean Philopon, Sextus Empiricus), le monde dériverait, selon Xénophane, de la terre et de l'eau. D'après A. Pichot[9], qui souligne l'attitude exceptionnelle de Xénophane attribuant le caractère primordial à un élément solide, la terre, l'adjonction de l'eau paraît faite pour fluidifier et rendre cet élément modelable. Quoi qu'il en soit, l'attribution d'une telle priorité à deux substances placerait Xénophane entre les premiers présocratiques, partisans d'une substance primordiale unique, et les philosophes plus tardifs qui postuleront explicitement l'existence de quatre substances. Bien que Xénophane ne soit pas le seul, les partisans d'un choix de deux substances sont dans l'ensemble rares[12].

Quoi qu'il en soit, Xénophane voit dans le cosmos une remarquable unité. Ainsi, Cicéron lui attribue l'affirmation que « toutes choses sont un et cet Un n'est pas sujet au changement et est Dieu. Jamais il n'est né et il est éternel ». Il est regrettable que la solennité de cette phrase soit quelque peu amoindrie par ce qui suit : « Sa forme (celle de Dieu) est sphérique », encore que, selon toute probabilité, elle corresponde surtout à une exigence d'esthétique, la sphère étant considérée comme une forme parfaite. De même Galien écrit : « Xénophane a formulé des apories à propos de toutes choses, mais il y a une chose qu'il a affirmée dogmatiquement : que tout est un et que cet Un est Dieu, beauté, raisonnable, immuable. »

---

12. Parmi les partisans de deux substances primordiales on peut signaler, outre Parménide, dont nous parlerons dans la section suivante, Ornopide de Chio (425 av. J.-C. env.), qui a choisi le feu et l'air.

On peut déceler dans ces postulats une préfiguration de ce qui sera l'une des propositions essentielles de l'école éléate, à savoir la négation du changement.

– Parménide

Parménide est considéré comme le membre le plus éminent de l'école éléate. Il joue effectivement un rôle particulièrement significatif dans l'histoire de la philosophie antique, pour avoir été le premier à formuler le concept de l'« Être », nécessaire, éternel, non engendré, parfaitement homogène, non divisible et non destructible, excluant tout mouvement et tout devenir. Le sens précis du concept n'est évidemment pas facile à expliciter. Selon A. Pichot, l'être de Parménide représente « la face cachée de la nature », « l'autre face des apparences », « ce dont la nature sensible est la manifestation », « ce qui existe au-delà des qualités sensibles » et « ne peut être saisi que par l'intellect pur », « une sorte de matière-espace ». Du point de vue qui nous intéresse, il convient de remarquer surtout que ce concept implique la négation de la divisibilité, de la discontinuité de la matière, ainsi que la négation du vide dont l'existence sera, au contraire, le thème essentiel de la théorie atomique, comme nous le verrons abondamment plus loin.

Les successeurs de Parménide, Zénon d'Élée (connu surtout par ses célèbres paradoxes qui tendent à nier la pluralité et le changement, donc le mouvement) et Mélissos de Samos, partagent les mêmes vues : l'univers est non créé et éternel, plein de matière indestructible, dépourvu de vide. Mouvement, changement, en fait toutes les impressions perçues par les sens ne sont qu'illusion. Cette attitude leur a attiré les foudres d'Aristote, ainsi que le rapporte Sextus Empiricus : « Les disciples de Parménide et de Mélissos ont nié l'existence du mouvement. Aristote les a qualifiés d'immobilistes et d'antiphysiciens : immobilistes venant d'immobilité, et antiphysiciens parce que la nature est le principe du mouvement et que prétendre, comme eux, que rien ne se meut, revient à abolir la nature. »

Dans le contexte du présent chapitre, il est intéressant de signaler que Parménide est partisan, comme Xénophane, de deux substances primordiales, le feu et la terre, qu'il considérait, selon Clément d'Alexandrie, comme des dieux. L'eau et l'air représentent deux éléments secondaires, intermédiaires, provenant de leur mélange. Les deux principes primordiaux ne paraissent pas d'ailleurs jouer le même rôle dans sa doctrine, la terre étant considérée plutôt comme matière et le feu comme cause et agent. Selon Aristote, « il pose deux causes et deux principes, le chaud et le froid, autrement dit le feu et la terre ». Dans ces conditions, « étant donné que, d'après eux [les éléates], le chaud exerce naturellement une fonction séparante et le froid une action rassemblante, et étant donné que chacun des autres éléments est naturellement sujet à l'agir et au pâtir, c'est à partir d'eux et grâce à eux qu'ils expliquent la génération et la corruption de toutes les autres choses ».

Zénon d'Élée et Mélissos partagent les idées principales de Parménide mais paraissent attribuer quasiment la même importance aux quatre substances fondamentales. Ils récusent le vide. Diogène Laërce présente ainsi l'opinion de Zénon : « Il existe plusieurs mondes, mais le vide n'existe pas. Toutes choses tirent leur nature du chaud, du froid, du sec et de l'humide, qui se changent mutuellement les uns en les autres... l'âme est constituée par un mélange des quatre éléments, sans qu'aucun ne prédomine. » Selon Galien, Mélissos aurait envisagé l'existence d'une substance commune qui sert de support aux quatre éléments, qui est non engendrée et indestructible, et qu'il appelle l'Un et le Tout.

4. Les plurisubstantialistes

– Empédocle d'Agrigente

Avec Empédocle, la théorie des substances primordiales atteint, au milieu du ve siècle av. J.-C., l'apogée de son expression, la forme – subissant peu de variantes et peu d'opposition – qu'elle conservera pendant vingt siècles, jusqu'à l'avènement des théories chimiques modernes. Parmi les propositions antiques, elle représente d'ailleurs, par certains de ses aspects, l'amorce d'une approche déjà chimique de la structure de la matière existante ; par d'autres, elle nous fait entrer dans l'antichambre de la théorie atomique.

L'idée qu'il est possible de distinguer dans la nature plusieurs et, en particulier, *quatre constituants essentiels* apparaît chez de nombreux philosophes de l'époque, même lorsqu'ils n'en considèrent qu'un (ou deux) comme substance(s) primordiale(s). L'originalité et, comme en témoigne sa durée, la force persuasive de la théorie d'Empédocle était de proposer l'existence de *quatre substances primordiales d'importance équivalente*[13], dont dériveraient toutes les autres substances présentes

13. Avec peut-être une certaine prédominance du feu (de la chaleur, voir plus loin) surtout dans les systèmes vivants : ainsi le sommeil est considéré comme un refroidissement temporaire et la mort comme un refroidissement définitif, par la séparation de l'élément igné contenu dans les corps.

dans l'univers. Ces quatre éléments[14] primordiaux sont le feu, l'air, l'eau et la terre. Ils sont éternels, incréés, irréductibles, Empédocle faisant sienne la doctrine selon laquelle rien ne peut venir à être à partir du non-être. Pour bien souligner leur caractère primordial, Empédocle les appelle « racines ». Cette multiplicité des substances originales, par opposition à l'unicité clamée en particulier par Parménide, restaure la notion du changement. Celui-ci s'obtient essentiellement par leur mélange et leur séparation, ces opérations s'effectuant sous l'influence de deux agents externes (agents *matériels* que l'on ne doit pas assimiler aux *forces* attractives et répulsives, mais qui en sont néanmoins une prémonition), l'amour et la haine, qui, ensemble, représentent la « nécessité ». Le devenir s'explique donc comme ayant lieu *dans* l'être plutôt que comme étant celui *de* l'être. Il n'y a ni génération ni destruction mais seulement changement dans la composition des choses.

Trois caractéristiques de ces processus d'assemblage et de dispersion, fondement de la structuration de l'univers visible, illustrent l'avancée faite par Empédocle par rapport aux idées antérieures, trahissant même des accents de modernité.

Chaque substance primordiale est considérée comme étant constituée de petites particules homogènes, invariables, insécables et éternelles, séparées par des pores (mais non par le vide, qu'Empédocle récuse). L'ensemble des corps observables se forme par la pénétration des particules d'une substance dans les interstices qui séparent les particules de l'autre, le mélange étant facilité lorsque ces interstices ont la dimension appropriée. Bien que les conceptions d'Empédocle soient fort éloignées, comme nous le verrons, de celles des atomistes, il convient de relever l'apparition, chez ce précurseur, de la notion de corpuscule élémentaire. C'est par cette innovation qu'Empédocle nous fait pénétrer dans l'antichambre de la théorie atomique.

Les substances primordiales n'étaient probablement pas considérées par Empédocle comme des substances « chimiques pures » dans le sens que nous donnons aujourd'hui à ce terme : ainsi le terme « terre » s'applique à une grande variété de substances solides, celui d'« eau » à divers liquides, celui d'« air » à n'importe quel gaz. Il peut être intéressant d'ajouter qu'Empédocle (comme, vers la même époque, Anaxagore) avait une notion claire de la corporéité de l'air, ce qui n'était pas

14. Le mot élément *(stoïchéion)*, qui ne fut d'ailleurs introduit que par Platon, peut, de toute évidence, être utilisé avec une double signification : une rigoureuse, telle qu'elle intervient dans la chimie d'aujourd'hui, et l'autre plus littéraire. C'est évidemment dans ce sens plus vaste qu'on l'utilise à propos des philosophes de la nature anciens.

nécessairement le cas de certains avocats du rôle primordial de cet élément.

Comme nous l'avons dit, Empédocle posait que toutes les substances existantes provenaient d'une combinaison de ses quatre substances primordiales. Une proposition complémentaire, élaborée manifestement afin de rendre compte du nombre pratiquement illimité des corps existants, précisait que les quatre « racines » étaient capables de se combiner dans des *proportions différentes*, une proportion particulière, fixe et définie, étant associée à chacun de ces corps. Empédocle prend même le risque d'indiquer ces propositions pour certaines substances courantes : ainsi il déclare, par exemple, que l'os est composé d'eau, de terre et de feu dans la proportion de deux parts d'eau et de terre pour quatre parts de feu. Comment ne pas voir, dans cette élégante idée, une prescience de la loi des proportions définies qui deviendra, vingt-trois siècles plus tard, un des fondements de la chimie moderne ?

Par ailleurs, signalons que, sans leur être identifiables, les quatre substances primordiales sont étroitement liées aux deux couples d'« oppositions » ; le froid et le chaud, l'humide et le sec. Le feu et l' air sont chauds et secs, la terre et l'eau sont froids et humides. L'association de ces éléments avec ces « qualités » doit être mentionnée ici, dans la mesure où ces thèmes seront repris plus tard chez certains philosophes de la nature, en particulier Aristote (voir chapitre V). Selon Pichot, les « racines » devraient sans doute être comprises comme des « qualités substantifiées ».

Ajoutons encore deux remarques de portée plus générale.

Nombre d'auteurs ont souligné l'influence possible des croyances étrangères dans l'adoption et le choix par Empédocle des quatre substances primordiales. Ce pourraient être des influences égyptiennes, mésopotamiennes, perses et même indiennes. De telles influences sont en fait perceptibles chez tous les philosophes de la nature de la Grèce présocratique. Toutefois, s'il est certain que les Grecs ont puisé dans ces sources beaucoup de renseignements et des connaissances sur le monde des objets, ce sont eux qui, les premiers, ont eu la volonté de systématiser l'ensemble de ces données dans un effort rationnel d'élaboration des principes explicatifs de la nature et de ses manifestations.

Comme chez les autres penseurs présocratiques, la construction intellectuelle proposée par Empédocle n'est pas imperméable à une présence surnaturelle, divine, sans pour autant qu'il lui soit assigné un rôle explicite. Ainsi, il introduit ses « racines » sous des noms de divinités (Zeus-eau, Héra-terre, Aidoneus-air et Nestis-feu). Par ailleurs, selon Aétius : « Il pense que les quatre éléments sont des dieux... Il pense que les âmes sont divines. »

La théorie des quatre substances primordiales sera adoptée par certains autres philosophes présocratiques, en particulier par Philistion de Locroi (427-347 av. J.-C.) et Dioclèse de Carystos (400-350 av. J.-C.). Plus tard, Platon et Aristote en feront également un des fondements de leurs philosophies de la nature (voir chapitres IV et V). Il faut en outre signaler sa pénétration dans le champ de la médecine. La doctrine des « quatre humeurs », pierre angulaire des enseignements d'Hippocrate (460-377 av. J.-C.) et de Galien (129-201), les plus célèbres médecins de l'Antiquité, est en relation directe avec la théorie des quatre éléments et des quatre « qualités ». De même, Pline l'Ancien (62-114), dont *Histoire naturelle* a exercé une influence immense sur les esprits pendant de nombreux siècles, sera un protagoniste résolu de la doctrine des quatres éléments, même s'il l'enveloppe de quelques spéculations mystiques.

Ainsi, dans l'ensemble, les penseurs grecs nous offrent le choix d'une (école milésienne), deux (école éléate) ou quatre (Empédocle) substances primordiales. Seul manque le nombre trois. Il ne se trouve apparemment que chez Ion de Chio (452-421 av. J.-C.), classé parmi les pythagoriciens récents, auxquels Jean Philopon attribue le choix du feu, de la terre et de l'air, alors que, d'après Harpocration, ce seraient plutôt l'intelligence, la force et la fortune.

– Anaxagore de Clazomènes

Dans la lignée des protagonistes des substances primordiales, Anaxagore de Clazomènes se place à l'opposé des Milésiens, partisans déclarés de l'attribution de cette qualité à une matière unique. Partant du principe (admis par pratiquement tous les philosophes présocratiques, on l'a vu) que rien ne peut venir à être à partir du non-être et que rien ne périt, il affirme que toutes les choses existantes contiennent des particules infiniment petites, enfermant les qualités de toutes les autres choses existantes : « En toute chose il y a une parcelle de toute chose. » Ce sont les « homéoméries ». Les substances premières sont donc, pour lui, quantitativement et qualitativement infinies : la substance unique des milésiens est remplacée par un conglomérat de qualités enfermées dans des particules infinitésimales, le « changement » provenant de leur mélange et de leur séparation, ce qui évite de faire appel à leur génération et à leur disparition.

Tous les objets de la nature contiennent toutes les homéoméries possibles mais dans des proportions variables, la nature observable de chaque objet étant liée à la prédominance d'un type particulier d'homéomérie. Ainsi, ce que nous identifions comme étant, par exemple, de l'or est en effet essentiellement de l'or mais contient, en même temps, de petites portions de toutes les autres substances. Citons Simplicius : « En toute chose se trouve renfermée une partie de chacune des choses et chaque unique chose est et était formée de celles qui, étant les plus nombreuses, sont de ce fait les plus visibles. » Les particules élémentaires n'ont donc pas une même structure, comme le dit Aétius : « Les homéoméries revêtent des aspects multiples. » Par ailleurs, elles sont divisibles à l'infini et, bien qu'elles soient séparées par des pores, le vide n'existe pas. La différence par rapport à la théorie atomique, que nous examinerons plus loin, sera évidente[15].

Ajoutons que certains considèrent comme contribution essentielle d'Anaxagore sa formulation de l'idée d'un intellect *(nous)*, architecte du monde, non pas son créateur mais cause première de l'ordre et de l'arrangement universel. C'est l'intervention de cet intellect qui a conduit à la formation du monde et de son contenu à partir du chaos initial des homéoméries. Citons Diogène Laërce parlant d'Anaxagore : « Le premier, il imposa un intellect à la matière, écrivant au commencement de son œuvre, en un style élégant et élevé : Toutes les choses étaient ensemble. Ensuite vint l'intellect qui les mit en ordre. » Et encore une fois Aétius : « Anaxagore déclare qu'au commencement les corps ignoraient tout mouvement et que c'est l'intellect divin qui les a ordonnés et a été l'agent de génération de toutes les choses. » Ou encore : « Anaxagore dit que Dieu est l'Intellect, agent de l'ordre du monde. »

Prenons garde, toutefois, à l'interprétation de ces citations. Ainsi Voilquin écrit : « Cette intelligence, conçue comme une substance plus subtile, ne saurait être douée de personnalité. On se tromperait en lui assignant un rôle d'une providence, d'un esprit gouvernant le monde. À partir du premier mouvement, tout est justiciable d'une explication mécaniste. » De même, d'après J.-P. Dumont[16] : « L'action de l'Intellect universel prend la forme principale d'une intervention initiale... Il

---

15. Outre leur divisibilité à l'infini, les particules minimales d'Anaxagore diffèrent des atomes de Leucippe et de Démocrite par leur nature qualitativement diversifiée, alors que les atomes des penseurs antiques ne comportaient que des différences quantitatives de dimension et de forme. C'est, conceptuellement, une différence essentielle que l'on rencontrera à d'autres occasions et qui ne trouvera de solution que dans l'atomistique moderne. Au XIXe siècle, le physicien anglais James Clerk Maxwell considérera la théorie d'Anaxagore comme la plus fondamentalement opposée à la théorie atomique et écrira : « À Anaxagore, plus connu dans le monde comme professeur de Socrate, nous devons le plus important service rendu à la théorie des atomes, qui restait à faire, après sa formulation par Démocrite. Anaxagore conçoit une théorie qui contredit si précisément la théorie des atomes de Démocrite que la véracité ou la fausseté de l'une impliquent la fausseté ou la véracité de l'autre » (*Nature,* 1873, 8, 437-441, reproduit dans *Les Atomes. Une anthologie historique,* B. Bensaude-Vincent et C. Konnelis (éd.), Paris, Presses Pocket, 1991).

16. Dans *Dictionnaire des philosophes,* D. Huisman (éd.), Paris, PUF, p. 81, 1984.

est clair que l'Intellect est une cause uniquement mécanique et en aucun cas finale. »

En définitive, le *nous* rappelle fort le *logos* d'Héraclite. Citons A. Pichot : « Tout comme le *logos*, le *nous* commanderait au monde mais une partie de lui-même (dans laquelle il serait tout entier) serait intérieure (sinon emprisonnée) aux êtres vivants, et spécialement à l'homme ; cette intériorité permettant une "participation" des êtres vivants à ce *nous*, rendant ainsi possible l'intelligibilité et la connaissance du monde. »

5. Pythagore et l'école pythagoricienne

De Pythagore lui-même, qui a été contemporain des premiers milésiens, on ne connaît aucun écrit. Bien qu'elle puisse paraître éloignée de notre propos, la doctrine de l'ensemble de l'école qui porte son nom et qui s'est élaborée au fil des siècles mérite néanmoins d'être esquissée, en raison, d'une part, de la relation possible que l'on peut discerner entre certains de ses concepts et l'idée atomique ou les concepts apparentés des philosophes tels que Platon et, d'autre part, parce qu'elle représente la première tentative, bien que très particulière, de la mathématisation du monde. Cette doctrine, Dumont[17] l'a assimilée à une *théologie arithmétique*. En effet, selon les pythagoriciens, le nombre est l'essence des choses. Les nombres sont à la base du réel, ils constituent les choses et le monde. Autrement dit, le nombre est l'*archè*, l'élément primordial, le principe dont découle l'univers. Laissons la parole à Aristote : « Ceux qu'on appelle les pythagoriciens s'intéressèrent les premiers aux mathématiques et les firent progresser. Comme ils avaient été élevés dans cette science, ils crurent que ses principes étaient les principes de toutes choses ; et puisque, par nature, les nombres sont les premiers des principes mathématiques, c'est dans les nombres qu'ils pensaient voir de nombreuses similitudes avec les êtres éternels ainsi qu'avec les créatures soumises au devenir, bien plus encore que dans le feu, la terre et l'eau. »

Essence des choses, les nombres ont, en même temps, pour les pythagoriciens, une réalité concrète. Ils s'identifient à l'espace et sont liés aux figures : le nombre 1 est un point, 2 une droite, 3 un plan, 4 un volume, et « puisque tout a une forme on peut toujours décomposer cette forme en un ensemble de points, lignes ou surfaces donc, en définitive, de nombres[1] ». Les pythagoriciens poussent leurs fantaisies

17. J.-P. Dumont, *La Philosophie antique*, Paris, PUF, coll. « Que sais-je ? », 1962.

encore plus loin. Citons encore Aristote : « De toute évidence, le nombre est, toujours pour les pythagoriciens, principe, aussi bien comme matière pour les êtres qu'en tant qu'il constitue leurs propriétés et leurs manières d'être. » Ainsi, ils identifient, par exemple, le nombre 8 à l'amour (mais aussi à la ruse). En forçant un peu l'imagination, on peut voir dans un tel système une propension de la physique pythagoricienne vers une sorte d'atomisme. Tel est l'avis de Pichot, qui écrit[9] : « En effet, si l'on procède de la sorte, on donne aux unités (dont sont composés les nombres, mais aussi les choses) une étendue et une matière (encore mal distinguées l'une de l'autre). Les Pythagoriciens passent ainsi pour avoir eu une conception dans laquelle l'unité (et les nombres qu'elle compose) n'était pas une abstraction, mais une particule ayant épaisseur et consistance. S'il ne s'agit pas vraiment d'atomisme, il y a là une conception où les choses sont faites de particules, qui pourrait le préfigurer. [...] Le seul point concret de la physique pythagoricienne serait l'ébauche d'une physique particulaire, dans laquelle les unités (qui composent les nombres et les choses) ont une épaisseur et une consistance tout en étant indivisibles, ce sont des atomes (conception qui serait due à Ekphantos, qui aurait été un Pythagoricien de la fin du Ve siècle av. J.-C., mais dont l'existence n'est pas assurée). »

Remarquons que, tout en assignant aux nombres le rôle primordial, les pythagoriciens ont attribué un rôle intermédiaire significatif, dans l'élaboration pratique de l'univers, aux quatre éléments : feu, eau, terre et air. Diogène Laërce écrit : « Dans ses *Successions des philosophes*, Alexandre [il s'agit ici d'Alexandre Polyhistor, qui a vécu dans la première moitié du Ier siècle av. J.-C.] affirme avoir fait cette autre découverte dans des mémoires pythagoriciens : la monade est le principe de toutes choses ; produite par la monade, la dyade indéfinie existe en tant que substrat matériel pour la monade, qui est cause ; c'est la monade et la dyade indéfinie qui (engendrent) les nombres, puis les nombres qui (engendrent) les points, puis les points qui (engendrent) les lignes. À leur tour celles-ci produisent les figures planes, lesquelles produisent les figures à trois dimensions, lesquelles produisent les corps sensibles dont les éléments sont précisément au nombre de quatre : le feu, l'eau, la terre et l'air, qui changent et se transforment entièrement les uns en les autres ; ce sont eux qui donnent naissance à un monde animé, intelligent et sphérique au centre duquel se trouve la Terre, elle-même sphérique et habitée sur toute sa surface. »

En outre, selon Aristote, les pythagoriciens admettaient le vide et leur physique du changement était basée sur le dualisme des oppositions (pair-impair ; clair-obscur, etc.), dont les contraintes gouvernaient, selon eux, les affaires du monde. Cette dualité se retrouve dans leur division de l'univers en deux régions : la sublunaire, où règnent le changement, la naissance et la mort, et la céleste, où les corps sont incorruptibles, division adoptée par Aristote et promise à une longue carrière (voir chapitre V).

On attribue souvent au pythagoricien Philolaos de Tarente (vers 430 av. J.-C.) la proposition d'une relation entre les quatre éléments et les polyèdres réguliers, selon les identités : terre = cube, feu = tétraèdre, air = octaèdre, eau = icosaèdre. À ces relations s'ajoute une cinquième : éther = dodécaèdre. Elle sera reprise et amplifiée par Platon (voir chapitre IV). Quelques phrases attribuées à Philolaos méritent d'être signalées : « Selon Philolaos la géométrie est le principe et la patrie de toutes les sciences » (d'après Plutarque) ; « Selon Philolaos, le nombre est le lien tout-puissant et engendré par soi qui unit éternellement les objets du monde » (d'après Jamblique).

6. Vue synthétique sur les promoteurs des substances primordiales

Arrivé à ce point de notre exposé et avant d'aborder l'avènement de la théorie atomique, il peut être utile de résumer les efforts des philosophes grecs de la nature en vue de définir le (ou les) « principe(s) » dont découle et sur le(s)quel(s) se fonde la structure matérielle de l'univers et, en particulier, de schématiser l'ensemble des propositions qui considèrent comme de tels principes une ou plusieurs « substances primordiales ». Une telle tentative est esquissée dans la figure 2.

Sur cette figure, nous avons marqué par des flèches dirigées vers les quatre « éléments » les noms des philosophes qui les proposent comme des « substances primordiales ». Lorsque, à côté d'un nom, figure entre parenthèses un chiffre – par exemple (+ 3) à côté du nom d'Anaximène – cela signifie que, en plus de l'air, considéré par ce philosophe comme « la substance primordiale », les trois autres substances (eau, terre, feu) sont admises comme des substances privilégiées dans la construction du monde. Par ailleurs, nous avons indiqué en bas du tableau, pour mémoire, les trois philosophes dont les « principes » n'étaient pas des « substances », dans le sens classique du terme. Le chiffre (+ 4) à côté du nom de Pythagore indique que, tout en plaçant ses « principes » ailleurs (dans les nombres), il attribuait un rôle intermédiaire important aux quatre éléments dans l'élaboration du monde.

Quelles conclusions générales pouvons-nous avancer, à ce stade de notre exploration, sur la signification, historique évidemment bien plus que physique, des propositions exposées, sachant qu'une telle démarche ne traduit que les choix personnels de l'auteur pour privilégier les données auxquelles il attache le plus d'importance ? Il me

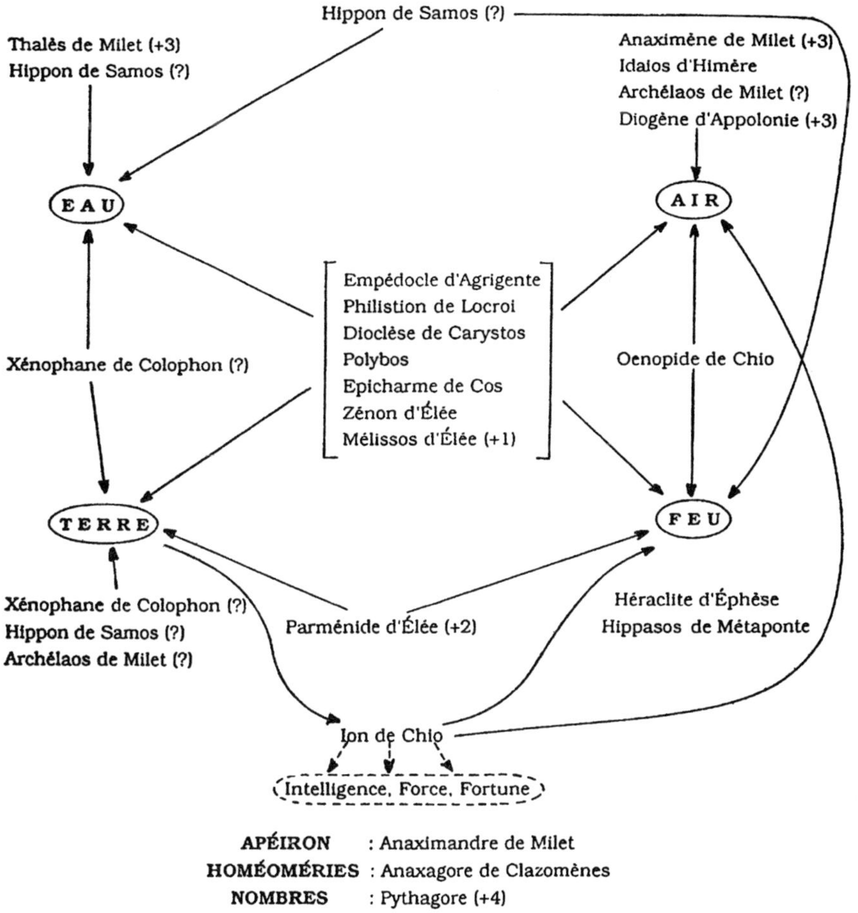

Figure 2. – Les substances primordiales et leurs protagonistes.

semble que les contributions les plus significatives, tout au moins dans le domaine des substances primordiales, sont celles de Thalès, d'Anaximandre et d'Empédocle. Thalès, parce qu'il a été le premier à envisager l'existence de telles substances et aussi en raison de la valeur symbolique de sa conception de l'unité de la matière. Anaximandre, parce que, tout en reconnaissant lui aussi cette unité, il en place l'essence au-delà d'une substance matérielle observable. Enfin Empédocle, parce que sa proposition des quatre substances primordiales, bien que s'écartant de cette notion d'unité, sera admise par pratiquement tous les philosophes de la nature pendant près de deux millénaires. Il faut également porter à son crédit d'avoir envisagé la notion d'une structure corpusculaire de la matière.

Une place à part dans cette rapide synthèse doit être attribuée à Pythagore. En effet, comme nous l'avons vu, en forçant un peu l'imagination, on peut considérer qu'il a avancé l'ébauche d'une physique corpusculaire, une sorte d'atomisme arithmétique (il paraît même avoir admis l'existence du vide), dont le défaut majeur sera toutefois de comporter un aspect nettement théologique, sinon mystique. À son passif, on doit porter une malencontreuse division du monde en deux régions : la céleste et la sublunaire. Reprise par Aristote, cette division sera lourde de conséquences négatives pour l'évolution de la physique.

Finalement, Dieu (ou des dieux), tout en étant présent(s) dans le monde tel que le conçoivent les philosophes grecs, n'est (ne sont) pas impliqué(s), en général, ni dans sa création ni dans sa marche. Signalons néanmoins dès à présent la position d'Anaxagore pour qui Dieu, qui est l'Intellect, s'il n'en est pas le créateur, est néanmoins l'architecte, l'agent de l'ordre du monde.

CHAPITRE III

L'entrée en scène des atomistes

« Démocrite avait trouvé la manière la plus philosophique de jouir de la nature et des hommes ; savoir, d'étudier l'une et de rire des autres. »

D'Alembert

1. Leucippe et Démocrite

Dans la perspective générale du développement de la philosophie de la nature, l'éclosion de la théorie atomique ne représente, à première vue, qu'une étape dans la longue et obsédante recherche par les penseurs grecs des substances, ou « principes », ou « éléments » primordiaux. Dans le contexte de l'époque et des courants d'idées qui la traversent – les fondateurs de cette théorie, Leucippe et Démocrite, s'ils apparaissent après les grands philosophes de l'école milésienne et les premiers pythagoriciens, sont contemporains des philosophes de l'école éléate, d'Empédocle et d'Anaxagore, voir figure 1 –, elle constitue une tentative originale de résoudre le problème central des penseurs présocratiques, à savoir celui de la venue à l'être et de la nature du changement, une tentative de synthèse entre des positions souvent farouchement opposées. Historiquement, le père de la théorie est Leucippe, pour autant que l'on admette son existence, qui ne fut d'ailleurs niée que par Épicure. On ne possède malheureusement pas de documents originaux attestant sa doctrine. Son continuateur, Démocrite, nous a laissé, en revanche, des écrits plus substantiels. Il n'est donc pas facile de distinguer ce qui, dans la forme primitive de la théorie, est dû à l'un ou à l'autre de ces penseurs, et cela d'autant moins qu'ils sont souvent associés dans les présentations anciennes. Nous ferons donc de même, tout en essayant d'individualiser, dans les rares cas où cela apparaîtra possible, leurs contributions respectives.

Les idées fondamentales de la théorie paraissent avoir été formulées par Leucippe. Diogène Laërce écrit explicitement : « Leucippe fut le premier à ériger les atomes en principes[1]. »

Aétius et Cicéron sont plus complets et traduisent plus rigoureusement l'essence de son enseignement en écrivant, le premier : « Leucippe de Milet dit que le plein et le vide sont les principes et les éléments », et le second : « Leucippe admet deux principes : le plein et le vide. »

En effet, si, pour le grand public, la théorie atomique ne met en jeu qu'une seule réalité fondamentale, les corpuscules atomiques, la doctrine, dès sa formation, en présente *deux* : les corpuscules et le vide, compléments réunis indissociablement dans une même proposition. Si, en raison de l'intervention du vide, il faut abandonner la référence aux « substances » primordiales, la notion de « principe » ou d'« élément » persiste et il est clair que la théorie atomique de Leucippe et de Démocrite en postule deux. Il est d'autant plus important de le souligner que le caractère « primordial » attribué au vide jouera un rôle important dans la longue bataille qu'aura à mener cette théorie avant ses succès modernes.

La signification philosophique de cette dualité de « principes » devient évidente lorsqu'on la considère par rapport à la trame continue de la pensée grecque antique relative à la question de l'être et du devenir. En premier lieu, elle constitue une réplique à la doctrine restrictive des Éléates, et en particulier de Parménide, de l'« être » un et immuable, parfaitement homogène, non divisible et non destructible, excluant tout mouvement et tout devenir. La primordialité attribuée à la fois au vide et aux atomes, c'est-à-dire à la matière, signifie que, pour les atomistes, le « non-être », le « non-quelque chose » a la même réalité que l'« être », le « quelque chose ». En outre, l'enseignement de Leucippe et de Démocrite peut être conçu comme effectuant le démembrement à l'infini de l'être unique en d'infimes portions, une poussière d'atomes, et peut donc être assimilé à sa transformation en une pluralité infinie d'uns éléatiques. Il permet ainsi de concevoir la multiplicité des choses et, simultanément, la possibilité du changement ; cela tout en préservant le concept d'une substance élémentaire unique. Finalement, l'existence du vide (niée par les Éléates), qui rend possible le mouvement, permet à la doctrine de traduire la réalité du monde observable. Elle permet, en particulier, de séparer l'espace de la matière dont

1. *Les Présocratiques*, Paris, Gallimard, « Bibliothèque de la Pléiade », 1988.

l'identification implicite empêchait souvent leur formulation strictement mécaniste dans les systèmes philosophiques antérieurs à l'atomisme.

Tout en concédant au vide son caractère de « principe » primordial, c'est néanmoins des atomes qu'il nous faut nous occuper maintenant avec plus de détails.

En premier lieu, et comme leur nom l'indique, les atomes, corpuscules élémentaires de la matière, sont insécables, cette caractéristique provenant, selon Leucippe et Démocrite, à la fois de leur petitesse et de leur « impassibilité » (dureté, incompressibilité). Ils sont compacts et pleins, sans parties, de composition homogène, ne présentant aucune différence qualitative. Ils sont en nombre infini, animés d'un mouvement constant et éternel. En revanche, ils se différencient entre eux par trois caractéristiques géométriques, à savoir la forme, l'arrangement (l'ordre) et la position. À cela il convient d'ajouter deux autres propriétés individuelles des atomes, la grandeur et la pesanteur, cette dernière propriété toutefois ne paraissant pas dans la version primitive de la théorie telle que l'a conçue Leucippe ; les avis divergent pour savoir si elle y a été introduite par Démocrite ou seulement, beaucoup plus tard, par Épicure.

Les atomes sont doués d'un mouvement continu et éternel, non concerté et aléatoire, déterminé par leurs chocs mutuels. La diversité des conséquences qui en découlent provient de la variété des caractéristiques quantitatives et mécaniques des atomes mis en jeu. Ainsi, les atomes, en se heurtant, peuvent soit rebondir « dans la direction où le hasard les jette », soit « s'agglutiner selon la congruence des formes, des grandeurs, des positions et des arrangements et demeurer ensemble pour achever de la sorte la génération des composés » (Simplicius). L'agglutination est facilitée par la multiplicité des formes des atomes – polis, rugueux, ronds, pointus, en forme de hameçons, recourbés, crochus – et, leur nombre étant infini, leur association peut produire un nombre infini d'objets et de mondes car, comme dit Aristote, « après tout, ce sont les lettres du même alphabet qui composent tragédie et comédie ». C'est une vision frappante par sa simplicité et sa cohérence que Simplicius résume magistralement dans une formule : « Leucippe et Démocrite soutiennent que les mondes, en nombre illimité et résidant dans le vide illimité, sont formés à partir d'un nombre illimité d'atomes. » Les concepts de l'infinitude de l'univers et de l'uniformisation de la matière qui le constitue forment des composantes essentielles de la doctrine atomique.

Dans leurs associations, les atomes ne perdent pas leur identité, ils demeurent en contact, agglutinés, juxtaposés, séparés par un vide absolu (à la différence des homéoméries d'Anaxagore, séparées par des pores remplis d'une matière légère, subtile). L'individualité, l'impénétrabilité, la pérennité absolue des atomes rendaient, en effet, inconcevable la notion de molécule, telle que nous la connaissons aujourd'hui. Aristote a bien senti cette difficulté. Selon Simplicius, il aurait remarqué que, dans la conception de Démocrite, « les atomes finissent par adhérer et se rassembler sans pour autant que soit engendrée à partir d'eux une nature une, quelle qu'elle soit, car il serait absurde de croire que deux ou plusieurs puissent jamais engendrer l'un » (voir aussi chapitre IV). De même, Galien rejetait l'atomisme pour la même raison, ne pouvant pas concevoir comment l'association des atomes était capable de produire des composés dont les propriétés différaient des leurs.

Comme presque tous les philosophes antiques, les atomistes ont bâti à partir de leurs principes toute une cosmogonie, dont certaines propositions méritent d'être mentionnées dans le contexte de nos préoccupations.

Selon cette cosmogonie, au commencement, les atomes étaient assemblés en une masse infinie dont ils se sont séparés dans l'espace en des agrégats et des tourbillons, au sein desquels s'aggloméraient des atomes similaires. Citons Diogène Laërce : « Voici maintenant la doctrine de Démocrite. Les principes de toutes choses sont les atomes et le vide, et tout le reste n'existe que par convention. Les mondes sont illimités et sujets à génération et à corruption. Rien ne saurait être engendré à partir du non-être et rien ne saurait, en se corrompant, retourner au non-être. Les atomes sont illimités en grandeur et en nombre, et animés d'un mouvement tourbillonnaire dans l'univers, ce qui a pour effet d'engendrer tous les composés : feu, eau, air et terre, qui sont justement des compositions de certains atomes, eux-mêmes exempts de pâtir et d'altération du fait de leur solidité. Le Soleil et la Lune sont composés de telles particules lisses et rondes, tout comme l'âme, qui est identique à l'intellect. »

Quelques points méritent d'être soulignés dans cette citation :

– L'apparition, à propos du mouvement créateur des mondes à partir de la matière primitive, du terme « tourbillon », terme destiné à être repris par d'autres philosophes.

– Une certaine individualisation par les atomistes du rôle, dans la constitution des mondes, de quatre matières auxquelles se réfèrent nombre de philosophes présocratiques. Naturellement, ce ne sont pas des substances primordiales. De telles substances n'existent pas, les atomes seuls représentant la forme primordiale de la matière.

– L'idée que l'âme est aussi formée d'atomes, donc faite de matière, matière subtile mais matière. Elle est corruptible, se désagrège en même temps que le corps et retourne dans le cosmos universel.

– L'affirmation intéressante de l'association préférentielle d'atomes semblables. Démocrite paraît être (avec Empédocle) un des rares penseurs présocratiques à adopter ce point de vue, la majorité optant plutôt pour l'« opposition des contrastes » comme élément moteur de la structuration des choses[2].

Ce dernier point nous amène à examiner plus attentivement le mécanisme responsable, selon les atomistes, de ce processus essentiel des chocs associatifs qui sont à la base de l'avènement des choses et des mondes. Sa formulation prend parfois deux expressions différentes : certains auteurs (Cicéron, Lactance, Simplicius) affirment que les atomistes l'attribuent aux effets du « hasard » ; d'autres (Aétius, Diogène Oenoanda, Aristote et parfois Cicéron et Simplicius en d'autres occasions) l'associent avec la « nécessité ». Cependant, l'opposition ne serait, selon certains, qu'apparente, les deux notions paraissant, dans le contexte où elles sont utilisées, équivalentes. Ainsi, J.-F. Duvernoy[3] écrit : « Les chocs atomiques se produisent au hasard ; mais précisément ils ne peuvent pas se produire autrement, ni être autres que ce qu'ils sont. On ne trouve pas dans l'atomisme une complémentarité du hasard et de la nécessité, mais une stricte identité. » D'une façon plus explicite encore, Brunschwig affirme que, dans cette conception, « la nécessité et le hasard ne s'opposent pas mais s'opposent tous deux à l'action d'une intelligence ou d'une providence, comme le feraient mécanisme et finalisme ; le hasard paraît n'être que le nom que nous donnons à la cause quand elle est inconnue ou inconnaissable[4] ». Jean d'Ormesson dira élégamment que « hasard et liberté sont les noms temporaires de la nécessité[5] ». Sans trop nous étendre sur ce point, soulignons ce que ces deux présentations ont en commun : l'affirmation du gouvernement du monde par une loi naturelle, une physique résolument mécaniste, sans intervention du divin ou de forces mystérieuses (comme l'amour et la haine d'Empédocle), sans intention et sans finalité. Selon Nietzsche[6], Démocrite (qui l'intéresse beaucoup plus que Leucippe) serait le premier à dégager la pensée de « toute conception anthropomorphique du mythe », le « premier rationaliste », partisan de causalité sans finalité. D'après lui, dans la vision du philosophe grec : « La matière qui se meut selon les lois les plus générales produit à l'aide d'un mécanisme aveugle, des effets qui *semblent* des desseins d'une sagesse suprême. »

Cette présentation serait incomplète si nous ne signalions pas ici la tentative de ces premiers atomistes d'élaborer une théorie de la sensa-

---

2. Platon, plus tard, adoptera également l'idée que les semblables s'attirent.
3. J.-F. Duvernoy, *L'Épicurisme et sa tradition antique*, Paris, Bordas, 1990.
4. J. Brunschwig, dans *Dictionnaire des philosophes*, *op. cit.*
5. J. d'Ormesson, *La Douane de mer*, Paris, Gallimard, 1993.
6. F. Nietzsche, *Naissance de la philosophie à l'époque de la tragédie grecque*, *op. cit.*

tion par la distinction entre les propriétés primaires et secondaires, objectives et subjectives, ou, en utilisant le langage de ces penseurs, tel qu'il nous est rapporté par des écrivains anciens et des doxographes, « celles qui existent par nature et celles qui existent par convention » (Aétius), ou encore, celles qui constituent « la forme de connaissance légitime et celles qui en représentent la forme bâtarde » (Sextus Empiricus). La signification de cette division est excellemment présentée par Galien : « En effet la couleur est par convention, par convention le doux, par convention l'amer et, en réalité, il n'y a que des atomes et le vide, assure Démocrite ; c'est à partir de la rencontre des atomes que sont produites toutes les qualités sensibles pour nous qui les sentons, et d'un autre côté par nature rien n'est blanc, noir, jaune, rouge, amer ou doux. Car par le terme de convention il veut dire "relatif à la coutume" et "relatif à nous", et non pas selon la nature des choses elles-mêmes, ce qu'il désigne aussi par "en réalité", en forgeant ce terme sur le terme "réel", qui désigne le vrai. Et le sens complet de cette formule est le suivant : les gens croient qu'il existe un blanc, un noir, un doux, un amer et d'autres qualités semblables ; mais en réalité toutes les choses sont faites d' "étant" et de "néant". Ce sont là ses propres termes : étant est le nom donné aux atomes, néant celui donné au vide. »

Également éloquente est la présentation de Sextus Empiricus : « Démocrite, quant à lui, abolit les phénomènes qui concernent les sens, et pense qu'aucun problème n'apparaît conformément à la vérité, mais seulement conformément à l'opinion, ce qu'il y a de vrai dans les substances consistant dans la réalité des formes et du vide : convention que le doux, dit-il en effet, convention que l'amer, convention que le chaud, convention que le froid, convention que la couleur ; et en réalité : les atomes et le vide. »

La théorie de la couleur des atomistes mérite une mention spéciale. Selon Alexandre d'Aphrodise : « Démocrite pense en effet que voir consiste à recevoir l'impression visuelle en provenance des objets vus... Lui-même pense – et avant lui Leucippe, et plus tard les disciples d'Épicure – qu'une onde formée de certains simulacres de forme semblable aux objets qui émettent cette onde (ces objets sont les objets visibles) vient frapper les yeux de ceux qui voient, et qu'ainsi se produit le voir. » Le terme « simulacre » pourrait être traduit aujourd'hui par « effluence » ou « effluve ». J.-F. Duvernoy écrit ainsi : « Les composés émettent des "petites images" matérielles, dans toutes les directions : eidolè ou simulacres. Ces petits atomes émis sont "semblables" aux composés qui les émettent. Il n'y a que les composés qui soient perceptibles, non les atomes isolés qui, eux, sont "simples" et ne peuvent pas se décomposer en atome-substrat et en simulacres. » Nous évoquerons plus en détail la théorie des sensations des atomistes dans les pages consacrées à Épicure et Lucrèce.

Quant à l'attitude des atomistes vis-à-vis des dieux, elle paraît ambiguë. Comme le montrent les propos de Sextus Empiricus, Démocrite avait une conscience très nette de l'origine « naturelle » des croyances religieuses : « Certains ont supposé que nous étions arrivés à la notion de dieux à partir des événements merveilleux qu'on rencontre dans le monde, et telle paraît être la thèse de Démocrite : Lorsque, dit-il, les Anciens virent les événements dont le ciel est le théâtre, comme le tonnerre, les éclairs, la foudre, les conjonctions d'astres ou les éclipses de Soleil et de Lune, leur terreur leur fit penser que des dieux en étaient les auteurs. »

La fluidité de la conception, ou plutôt des conceptions, de Démocrite est résumée d'une manière à la fois critique et divertissante par Cicéron : « Oui certes, Démocrite aussi, ce grand homme s'il en est, aux sources duquel Épicure a puisé l'eau qui arrose ses petits jardins, me paraît hésiter touchant la nature des dieux. Tantôt il pense que l'univers renferme des images dotées d'un caractère divin, tantôt il dit que sont dieux les principes de l'intellect qui résident dans le même univers, tantôt que ce sont des images animées qui ont coutume de nous être soit utiles, soit nuisibles, tantôt que ce sont certaines images immenses, si grandes qu'elles embrassent de l'extérieur la totalité de l'univers. Toutes ces conceptions sont assurément plus dignes de la patrie de Démocrite que de Démocrite lui-même. »

On remarque la pique à l'adresse d'Épicure. Quant à la dernière phrase, elle est une allusion à la sottise légendaire des Abdéritains. Il est, en effet, amusant que la plus remarquable conception philosophique de l'Antiquité grecque soit née dans une ville jouissant d'une si mauvaise réputation philosophique.

Malgré ce flou, peut-être savamment entretenu, il ne paraît guère y avoir de doute sur le rôle limité que Démocrite réserve aux dieux. Il est évident qu'ils n'interviennent pas dans la marche du monde, régie par des lois physiques. Selon Minois[7], Démocrite n'aurait admis leur existence que « par prudence », prudence philosophique et prudence par rapport aux autorités (n'oublions pas qu'il était contemporain de Socrate).

7. G. Minois, *L'Église et la science. Histoire d'un malentendu*, *op. cit.*

2. Épicure et Lucrèce

« L'atome n'est que le dernier refuge où l'être, rendu à ses éléments premiers, poursuivra une sorte d'immortalité sourde et aveugle. »
Albert Camus

« L'homme qui mange est le plus juste des hommes... il nourrit ses biens et ses maux. »
Socrate

La théorie atomique antique a acquis, un siècle après Démocrite *(figure 1)*, une expression plus élaborée, logiquement mieux structurée et qui restera pratiquement inchangée pendant plus de deux mille ans. L'artisan de cette remise en forme fut Épicure, dont il nous reste des écrits suffisamment abondants (en particulier ses lettres à Hérodote et à Pythoclès) pour permettre une vision probablement assez complète de sa doctrine. À ces sources originales s'ajoute le célèbre poème de Lucrèce *Sur la nature des choses* qui, bien que composé deux siècles plus tard *(figure 1)*, en donne une image, selon toute vraisemblance réorganisée, condensée dans certaines parties et agrandie dans d'autres, mais somme toute fidèle, l'apport du poète au fonds des idées reçues paraissant limité. Nous puiserons donc simultanément dans ces deux sources[8].

À la lecture de ces documents, on constate qu'Épicure, bien qu'il s'en défende, adopte toutes les propositions fondamentales de Leucippe et de Démocrite. Tel est l'avis de Cicéron, qui, dans *De la nature des dieux*, écrit : « Qu'y a-t-il dans les ouvrages de physique d'Épicure qui ne vienne pas de Démocrite ? En dépit de quelques changements, comme ce que j'ai dit un peu plus haut touchant la déviation des atomes, dans l'ensemble il répète les mêmes choses : les atomes, le vide, les images, l'infinité des espaces et la pluralité innombrable des mondes, leur naissance et leur mort ; presque tout ce qui renferme l'explication rationnelle de la nature. » Cicéron aurait pu y ajouter le principe fondamental commun à tous les atomistes, à savoir que « rien ne naît de rien et rien ne retourne au rien ».

8. Historiquement, l'intervalle Démocrite-Épicure constitue l'époque d'épanouissement de deux géants de la philosophie grecque : Platon et Aristote. Les deux formuleront des remarques et des critiques sur la théorie atomique, dont certaines influenceront la pensée d'Épicure. Néanmoins, pour des raisons de continuité dans l'exposé des idées qui ont contribué à la construction globale de cette théorie, nous reportons aux chapitres suivants la présentation des commentaires de Platon et d'Aristote.

Cependant, il existe un certain nombre d'apports par lesquels la doctrine d'Épicure complète celle de ses prédécesseurs ou s'en différencie[9].

Dans le passage précité, Cicéron mentionne la « déviation des atomes » – certains parleront de « déclinaison » *(clinamen)* – comme une des modifications méritant particulièrement d'être signalée parmi celles introduites par Épicure. Il s'agit là, en effet, d'une de ses contributions personnelles les plus originales et les plus décisives, celle aussi qui a provoqué le plus de discussions.

En réalité, à la base de cette conception de « déviation », ou de « déclinaison », se trouvent deux autres adjonctions d'Épicure à la théorie de Leucippe-Démocrite. La première est celle de la *pesanteur* comme propriété complémentaire des atomes, en plus de leur grandeur et de leur forme. En effet, bien que demeure une certaine divergence d'opinions pour déterminer qui, de Démocrite ou d'Épicure, a attribué la pesanteur aux atomes, la balance penche plutôt en faveur d'Épicure. C'était, entre autres, l'opinion d'Aristote, de Simplicius et d'Aétius. Aétius par exemple a pu écrire : « Démocrite pensait qu'il existe deux attributs : la grandeur et la figure, tandis qu'Épicure en ajoutait un troisième : la pesanteur ; car, déclare-t-il, il faut nécessairement que les corps reçoivent l'impulsion de la pesanteur pour se mouvoir. [...] Démocrite déclare que les corps primordiaux (c'est-à-dire pour lui les compacts) sont dépourvus de pesanteur, mais se meuvent par chocs mutuels dans l'illimité. »

La seconde adjonction consiste en une affirmation explicite que, dans le vide, qui rend le mouvement possible, les atomes, quels que soient leur poids et leur volume, se déplacent à la même vitesse (affirmation remarquable pour l'époque, d'autant plus qu'elle prend le contrepied de l'opinion d'Aristote).

C'est l'introduction de ces deux propositions qui a conduit Épicure à son hypothèse du *clinamen.* En effet, rappelons que, dans la théorie de Démocrite, les atomes sont animés d'un mouvement constant et éternel, mais désordonné, ce qui présente l'avantage de leur offrir la possibilité de chocs continuels qui peuvent soit les faire retomber « dans la direction où le hasard les jette », soit leur permettre de s'agglomérer, de s'agglutiner, et par conséquent, de former des choses et des mondes.

---

9. Il peut être intéressant, ou amusant pour certains, de rappeler que « la différence de la philosophie de la nature chez Démocrite et Épicure » fut le sujet de thèse de doctorat du jeune... Karl Marx. Cette thèse est reproduite dans Karl Marx, *Œuvres,* vol. II, *Philosophie,* Paris, Gallimard, « Bibliothèque de la Pléiade », 1982 (voir chapitre XVIII).

L'introduction de la notion de pesanteur, conjointement avec l'affirmation que, dans le vide, deuxième réalité du monde, tous les atomes se déplacent avec la même vitesse, induit Épicure à conclure que toutes ces particules devraient donc être animées d'un mouvement régulier, rectiligne et unidirectionnel « vers le bas ». Dans de telles circonstances, il y aurait une impossibilité de rencontres, de chocs, donc une impossibilité de création des substances et des mondes. La seule façon d'éviter cette difficulté est d'admettre que les atomes doivent occasionnellement dévier de leurs trajectoires « naturelles », d'où l'idée du *clinamen.*

Les citations de quelques auteurs antiques relatives à l'introduction du *clinamen* soulignent les deux aspects qui ont rendu cette conception intéressante, un aspect plutôt physique et l'autre plutôt philosophique. Celles de Cicéron notamment : « Épicure pense que les atomes sont emportés par leur propre poids en ligne droite vers le bas, ce mouvement étant naturel à tous les corps. Mais quand cet esprit pénétrant s'est aperçu que si tous les atomes se dirigeaient toujours en ligne droite vers le bas ils ne pourraient jamais se toucher, il eut recours à la fiction qu'ils éprouvent une déclinaison imperceptible sur le côté, ce qui leur permet de s'entrelacer et de s'agglomérer. Et c'est ainsi que se constituent le monde et ses parties et tout ce qu'ils contiennent... » « Épicure, voyant que, si les atomes se portaient en bas de leur propre poids, nous serions privés de toute liberté, étant donné que leur mouvement est déterminé et nécessaire, imagina, pour se soustraire à cette nécessité, un moyen qui avait manifestement échappé à Démocrite. Il dit que l'atome, tout en se dirigeant en ligne droite vers le bas en vertu de son poids et de sa pesanteur, dévie légèrement de côté. »

Diogène d'Oenoanda également : « Si quelqu'un se servait de la doctrine de Démocrite en affirmant, d'une part, que les atomes n'ont, à cause de leur choc mutuel, aucune liberté de mouvement et que, d'autre part, toutes choses semblent se mouvoir nécessairement vers le bas, nous lui dirions : Ne sais-tu donc pas, qui que tu sois, que les atomes ont aussi une certaine liberté de mouvement que Démocrite, certes, n'a pas découverte, mais qu'Épicure a mise en lumière. Elle consiste en une inclinaison de côté, comme il le montre par les phénomènes. »

Puis, Lucrèce : « Quoique les éléments tendent par leur propre poids vers les régions inférieures, sache néanmoins, ô Memmius ! qu'ils s'écartent tous de la ligne droite dans des temps et des espaces indéterminés ; mais ces déclinaisons sont si peu de chose, qu'à peine elles en méritent le nom. »

Cette dernière phrase de Lucrèce peut servir d'introduction à la citation un peu ironique de Plutarque : « Ils [les stoïciens et les péripatéticiens] ne pardonnent pas à Épicure d'avoir supposé, pour rendre compte des choses les plus importantes, un événement aussi petit et aussi insignifiant que la déclinaison minime d'un seul atome et cela pour introduire furtivement les astres, les êtres vivants et le hasard, et pour que notre volonté libre ne soit pas annihilée. »

Ces citations illustrent bien le double rôle du *clinamen* : mécanisme permettant des chocs entre les atomes et, par conséquent, lors des collisions favorables, l'élaboration d'entités complexes ; et source d'une certaine liberté, inhérente à l'essence même du comportement des atomes, particules fondamentales uniques dont tout ce qui existe est fait. Cette signification, matérielle et philosophique à la fois, du *clinamen* a été résumée par M. Conche[10], pour qui la déviation n'est qu'une manifestation « d'une spontanéité essentielle à la matière de l'atome ». Grâce à elle, le miracle s'accomplit : « Alors les collisions d'atomes peuvent se produire, succédant à la morne uniformité de la pluie initiale, le fécond désordre emplit l'univers, des masses se forment, des mondes avortent, des systèmes cohérents émergent enfin. Ou plutôt cela s'est toujours déjà produit (de sorte que la "pluie initiale" n'est qu'une fiction). Parce que la spontanéité est coessentielle et coéternelle à l'atome, il y a toujours eu le *clinamen* (c'est-à-dire que des déviations se sont toujours produites). Sans lui, tout aurait été mort ; et il est probable que, sans lui, tout, maintenant encore, retournerait à la mort. »

À cette euphorie poétique, l'auteur ajoute des considérations plus approfondies, d'une certaine complexité, dont je lui laisse la responsabilité : « Comme l'atome est sans rapport avec autre chose, le pouvoir de dévier de la direction où l'entraîne la pesanteur ou le choc ne peut lui venir que de lui-même. Il faut donc mettre la spontanéité dans l'atome. Il lui appartient éternellement de pouvoir dévier. On a contesté la cohérence de l'hypothèse : elle serait en contradiction avec le principe de causalité car la déviation se produirait sans cause. Il est clair cependant que le principe de la déviation se trouve *ab aeterno* dans l'atome... L'action de la cause de déviation éternellement inhérente à l'atome n'est donc liée à aucune condition extérieure. L'effet ne saurait donc être inséré dans aucune chaîne causale... Bref, il s'agit d'une causalité sans loi... Il n'y a pas indéterminisme puisqu'il y a une cause ; pourtant il y a contingence, car l'effet ne résulte en aucune façon des phénomènes antérieurs, et, par rapport à eux, semble sans cause parce que sa cause n'est pas parmi eux. » Dans le même ordre d'idées, saint Augustin dira que le *clinamen* est « l'âme de l'atome ».

Si la théorie du *clinamen*, cause par lui-même comme la pesanteur des phénomènes physiques, est intéressante et ingénieuse, il faut reconnaître qu'elle n'a jamais eu beaucoup de partisans et que, somme toute,

---

10. M. Conche, *Lucrèce*, Paris, Éd. de Magave, 1990.

le désordre inhérent des chocs atomiques de Démocrite a toujours paru décrire plus correctement le comportement intrinsèque de ces particules. Lucrèce lui-même adopte, à ce sujet, une attitude quelque peu ambiguë, car il présente tout d'abord la conception de Démocrite des chocs chaotiques sans la mettre en doute ou en diminuer la valeur, pour décrire ensuite, avec une approbation apparemment semblable, la théorie du *clinamen* d'Épicure. En fait, sa présentation des conséquences du mouvement désordonné des atomes est particulièrement remarquable dans sa prescience de la réalité : « Il convient d'observer avec plus d'attention ces corpuscules que l'on voit s'agiter en désordre dans les rayons du soleil : c'est que de tels mouvements désordonnés témoignent des mouvements sous-jacents de la matière, dissimulés et imperceptibles. Tu verras, en effet, nombre de ces corpuscules secoués par des chocs invisibles, changer de route, et repoussés, revenir en arrière, tantôt ici, tantôt là, partout, dans toutes les directions. Or, il est clair que ce va-et-vient a tout entier pour origine les atomes. Tout d'abord, en effet, les atomes se meuvent d'eux-mêmes, ensuite les plus petits des corps composés, et qui sont pour ainsi dire encore à la portée de la force des atomes, heurtés par les chocs invisibles de ces derniers, se mettent en mouvement ; puis eux-mêmes, à leur tour, ébranlent des corps un peu plus grands. C'est ainsi que, parti des atomes, le mouvement s'élève et parvient peu à peu à nos sens, en sorte qu'il se communique notamment à ces particules que nous pouvons distinguer dans un rayon de soleil, sans que nous deviennent manifestes les chocs qui les produisent. »

Ce passage constitue ni plus ni moins qu'une excellente introduction au mouvement brownien. Quiconque connaît le rôle important joué justement par l'étude de ce mouvement dans la démonstration[11] de l'existence même des atomes ne peut qu'admirer l'inspiration divinatrice du poète.

Y a-t-il alors une contradiction entre l'apparente acceptation par Lucrèce des idées de Démocrite et de celles d'Épicure dans ce domaine ? Tous ne le pensent pas. Marie Cariou écrit[12] : « Il peut paraître plus cohérent de constater que l'hypothèse du *clinamen* est tout à fait homogène à l'affirmation d'une diversité de directions. Elle ne fait guère que privilégier une des directions possibles. »

Quoi qu'il en soit, il est logique qu'Épicure attribue également aux effets des propriétés primaires des atomes toutes les sensations, auxquelles il confie le rôle primordial dans notre perception des choses.

11. Par J. Perrin, dont il convient de consulter l'ouvrage *Les Atomes*, Paris, Librairie Félix Alcan, 1936.
12. M. Cariou, *L'Atomisme*, Paris, Aubier Montaigne, 1978.

Selon lui, nos connaissances proviennent entièrement de nos sens, qui ne se trompent pas ; il ne peut y avoir d'erreurs qu'au niveau de l'interprétation, du pouvoir de discernement de la pensée. Par exemple, l'audition est due à des particules corporelles formées d'un certain nombre d'atomes frappant l'oreille, les variations de son s'expliquant par les différences de forme des atomes constituant ces particules. Le goût et l'odorat impliquent un mécanisme un peu plus complexe, la différence des impressions dans ce domaine étant attribuable, outre aux différences de forme et d'arrangement des atomes, à la variété des pores et des canaux localisés dans les organes récepteurs et qui constituent des cavités représentant l'extension du vide dans les corps eux-mêmes. Ainsi, le goût agréable et doux serait dû aux atomes lisses et sphériques, alors que le goût amer « naîtrait de l'assemblage d'atomes recourbés qui, fortement unis, ne peuvent pénétrer au siège des sentiments qu'en bruissant les fibres de nos organes ».

Dans ces processus d'interaction, un rôle particulièrement important est attribué aux « simulacres », émanations matérielles provenant de la surface des objets, qui en représentent en quelque sorte des répliques très fines, très minces, en couches monoatomiques, et qui nous fournissent des renseignements directs sur l'aspect externe de ces objets, leur contour et leur forme. Leur couleur est également liée à l'arrangement des atomes à la surface des corps et est donc transmissible par les simulacres.

Particulièrement intéressant est le rôle conféré aux simulacres dans les visions mentales et les songes. Citons Lucrèce : « Tout d'abord, je dis ceci, qu'une foule de simulacres de multiples sortes errent dans toutes les directions, de tous côtés, simulacres ténus qui, lorsqu'ils se rencontrent, se soudent dans les airs sans difficulté les uns aux autres comme des toiles d'araignée ou des feuilles d'or. C'est qu'ils sont en effet d'une texture beaucoup plus fine que ceux qui frappent les yeux et provoquent la vision lorsqu'ils pénètrent à travers les pores du corps et vont au-dedans donner le branle à la substance subtile de l'esprit dont ils excitent la sensibilité. Aussi voyons-nous des Centaures, des corps de Scyllas, des têtes de Cerbères et les simulacres des morts dont la terre recouvre les os, parce que des simulacres de toute sorte sont emportés çà et là, les uns qui se forment spontanément dans l'air même, d'autres qui s'échappent des différents objets, d'autres enfin qui se constituent par la réunion des précédents. Car, bien certainement, ce n'est pas d'un être vivant que provient l'image du Centaure, puisqu'un tel animal n'a jamais existé, mais l'image d'un cheval et celle d'un homme venant par hasard à se rencontrer adhèrent aussitôt aisément l'une à l'autre, comme nous l'avons dit auparavant, grâce à leur nature subtile et à leur texture fine. Toute autre image de cette sorte se forme de la même façon. Comme elles sont emportées, ainsi que je l'ai montré, avec une mobilité et une légèreté extrêmes, n'importe laquelle de ces images subtiles meut facilement notre esprit au premier choc, car l'esprit est lui-même étonnamment délié et mobile. »

Les paroles de Lucrèce dans la citation précédente sur « la substance subtile de l'esprit » nous amènent au concept de l'âme dans la représentation des atomistes, esquissé par Démocrite et substantiellement développé par Épicure, chez qui l'idée du *clinamen* aura un rôle particulièrement significatif et original à jouer en introduisant la possibilité du libre arbitre dans le comportement humain.

Comme chez Démocrite, l'âme chez Épicure est matérielle, composée d'atomes les plus petits possibles, lisses et ronds, d'une très grande mobilité. Elle est « disséminée dans tout l'agrégat constituant notre corps » et est, en fait, ce par quoi les différentes parties de ce corps sont tenues ensemble.

Quelle peut être alors la relation entre les simulacres, le *clinamen* des atomes de l'âme et le libre choix de notre volonté ? La liaison n'est pas claire mais elle est définitivement postulée. Laissons donc la parole de nouveau à Lucrèce, puis à deux interprètes qualifiés mais quelque peu divergents dans leurs avis.

Lucrèce : « Il faut donc reconnaître aussi dans les principes de la matière une force motrice différente de la pesanteur et du choc, de laquelle naisse la liberté, sans quoi tu admettrais un effet sans cause. La pesanteur empêche à la vérité que tous les mouvements ne soient l'effet d'une force étrangère ; mais, si l'âme n'est pas déterminée dans toutes ses actions par une nécessité intérieure, et si elle n'est pas une substance purement passive, c'est l'effet d'une légère déclinaison des atomes dans des temps et des espaces indéterminés. »

Et les interprètes. Marcel Conche[10] : « Dans la veille, règne la volonté. Exemple : nous marchons parce que nous le voulons. Des simulacres de marche suscités par un intérêt quelconque (c'est-à-dire distingués de la multitude des autres) frappent notre esprit. C'est alors, lorsque nous nous sommes vus marchant, que surgit la libre volonté de marcher. La décision prise, l'ébranlement atomique de l'esprit en lequel elle consiste se communique aux atomes de l'âme et, par l'âme, de proche en proche à tout le corps qui se met à marcher. Tout se passe mécaniquement, excepté à l'instant de la décision. C'est librement que nous voulons parce que nous aurions pu ne pas vouloir. L'esprit peut se soustraire à l'empire des simulacres. Ou en d'autres termes : grâce à la déviation de ses atomes par rapport au mouvement qui résulterait mécaniquement du choc *(clinamen)*, l'esprit peut résister au choc des simulacres. » Puis Lloyd[13] : « En matérialiste qu'il était, Épicure expli-

13. G. E. L. Lloyd, *Débuts de la science grecque, de Thalès à Aristote, op. cit.*

quait les événements mentaux en termes d'interactions physiques entre les atomes d'âme, et c'était pour lui un problème que de dire quel sens pouvait avoir la responsabilité morale dans un tel système. On a généralement supposé que sa solution consistait à postuler une déclinaison dans les atomes d'âme pour chaque acte "libre". Cependant, il n'y a pas de preuve directe que telle ait bien été sa conception ; et de fait, rendre compte du choix en imaginant l'intervention d'un événement sans cause au moment de la décision serait tout à fait bizarre. Il y a plus de vraisemblance à penser que, pour rendre compte de la responsabilité, Épicure, comme Aristote, s'appuyait sur la notion qu'il se faisait du caractère, et que la fonction de la déclinaison était seulement d'introduire une discontinuité en un point ou en un autre dans les mouvements des atomes d'âme, de façon à laisser place à la possibilité du libre choix. »

Au sujet de l'âme, il convient encore d'ajouter, en particulier à propos de l'attitude future de l'Église à l'égard de la doctrine épicurienne, que, corporelle, elle est donc, chez Épicure comme chez Démocrite, périssable et que, au moment de la mort, ses atomes constitutifs se dispersent tout simplement dans le cosmos universel. Dans la morale d'Épicure, dont nous dirons quelques mots plus loin, cette certitude devrait affranchir l'homme de la peur de la mort, source fondamentale de craintes continuelles dans son existence, et de ses croyances superstitieuses en des dieux. Citons encore une fois Lucrèce, dont les paroles sont irremplaçables : « La mort n'est donc rien pour nous et ne nous concerne en rien, puisqu'il apparaît que la substance de l'âme est mortelle. Et de même que, dans le passé, nous n'avons pas éprouvé de douleur quand les Carthaginois se ruèrent de tous côtés au combat, quand le monde, tout entier secoué par le tumulte frémissant de la guerre, trembla d'épouvante sous la haute voûte du ciel, et qu'il fut incertain auquel des deux peuples allait échoir la domination imposée aux hommes sur la terre et sur la mer, de même, quand nous ne serons plus, quand sera consommée la séparation du corps et de l'âme dont l'union constitue notre être, il est clair que rien absolument ne pourra nous atteindre, nous qui ne serons plus, et éveiller notre sensibilité, non pas même si la terre se mêle à la mer, et la mer au ciel. »

Épicure rejette donc l'enfer : selon Lactance, « Épicure dit que les châtiments dans l'enfer ne sont pas à craindre, parce que les âmes périssent après la mort et que l'enfer n'existe plus du tout ». Il est dès lors amusant de signaler qu'Épicure est le seul philosophe antique que Dante place dans son Enfer ; inexistant, bien sûr.

En plus des notions de pesanteur et du *clinamen*, Épicure a élaboré également certains compléments à propos de deux autres « qualités phénoménales » des atomes, à savoir leur grandeur et leur forme. En ce qui concerne la grandeur, à laquelle Démocrite n'a imposé aucune limite supérieure, Épicure, probablement aiguillonné par les critiques d'Aristote, n'admet qu'une « taille très petite et de ce fait imperceptible », cela « afin de ne pas contrevenir au témoignage des phénomènes ». Quant aux formes des atomes, outre le fait d'avoir considéré, de nouveau à l'encontre de Démocrite, qu'elles ne sauraient être qu'en nombre fini, bien que très grand, sa contribution la plus originale, ici encore inspirée probablement par les remarques d'Aristote, concerne le problème de leur structuration en parties. Comme nous nous trouvons, là aussi, devant des propositions qui ne sont pas d'une clarté évidente, nous allons, encore une fois, citer Épicure lui-même : « En un mot, l'extrémité d'un atome, étant un point délicat qui échappe aux sens, doit être dépourvue de parties ; c'est le plus petit corps de la nature ; il n'a jamais existé et n'existera jamais isolé, puisqu'il est lui-même une partie d'un autre corps, la première et la dernière. Joint à d'autres parties de même nature, il forme la masse de l'atome. Si donc les éléments de l'atome ne peuvent exister à part, il faut que leur union soit si intime qu'aucune force ne les puisse séparer. »

Puis un commentateur[10] : « Il convient de se demander si le caractère de simplicité de l'atome (unité, indivisibilité) n'est pas compromis par sa spatialité même. Si l'atome a la forme d'un triangle ou d'un trident, comment ne pas le penser comme constitué d'au moins trois parties. C'est en effet inévitable. L'atome ne peut être pensé que comme formé de parcelles *(partes minimae)*. Mais la distinction de chaque parcelle d'avec les autres n'est imposée que par la structure d'ensemble de l'atome ; aucune ne pourrait donc sans contradiction être pensée comme existant à part, car en ce cas la raison de sa distinction disparaîtrait. Les parcelles sont indissociables puisqu'elles ne peuvent être pensées qu'associées. » Et le même auteur : « Les formes sont en corrélation avec les grandeurs. En effet, pour une grandeur donnée, les parties de l'atome peuvent être disposées les unes par rapport aux autres de diverses façons dont chacune détermine une forme. Le nombre des formes possibles est donc beaucoup plus grand que celui des grandeurs mais fini[14]. »

Cela nous amène à évoquer les vues d'Épicure et de Lucrèce concernant la structure et les propriétés des corps composés. Force est de reconnaître que, dans ce domaine, ces penseurs n'ont guère su, ni pu, aller plus loin que Leucippe et Démocrite et que le concept essentiel, celui de la molécule telle que nous l'entendons aujourd'hui, leur était étranger. La difficulté, insurmontable à leur niveau de connaissances,

---

14. On ne peut s'empêcher de rapprocher cette vision de la conception actuelle du rôle des quarks dans la structure des particules constitutives du noyau atomique, les protons et les neutrons (voir Épilogue provisoire).

venait du fait que l'atomisme antique n'avait aucune idée des forces de liaison capables de faire fusionner les atomes en des entités, des ensembles, profondément restructurés. Étant donné qu'ils étaient convaincus de l'impénétrabilité des atomes, ils ne pouvaient guère aller au-delà d'une juxtaposition, plus ou moins organisée, plus ou moins durable de ces particules élémentaires. D'après Épicure : « Les atomes se meuvent continuellement de toute éternité, et les uns (en s'entrechoquant) s'écartent loin les uns des autres, les autres, en revanche, entrent en vibration aussitôt qu'il leur arrive d'être liés par l'entrelacement (emmêlement, enchevêtrement) ou quand ils sont enveloppés par les atomes propres à s'entrelacer. » La notion d'une vibration ordonnée, compatible en tant que condition, ou tout au moins caractéristique de l'état des atomes dans leur association, est nouvelle. Épicure rejette la théorie des tourbillons de Leucippe.

En outre, Épicure avait conscience de trois états physiques principaux de la matière, qu'il considérait comme étant déterminés par l'intimité et la force de l'agglomération des atomes. « Les corps durs et compacts (autrement dit les solides) doivent avoir des atomes plus recourbés, plus intimement liés et entrelacés comme des rameaux »... alors que « les liquides formés d'un corps fluide ne peuvent être composés que des parties lisses et sphériques ». Curieusement, les gaz, tels que « la fumée, les nuages et la flamme, ne sont pas formés d'atomes entièrement polis et globuleux, puisqu'ils déchirent nos organes ; mais comme en même temps ils pénètrent les rochers, leurs éléments ne doivent pas être recourbés et embarrassés : il faut qu'ils aient une figure moyenne, armée de pointes plutôt que de crochets » (Lucrèce). Malheureusement, Épicure n'a pas précisé quel genre de modifications il envisageait, par exemple pour les atomes de l'eau liquide lorsque celle-ci se transforme en glace ou en vapeur.

Par ailleurs, Épicure offre une conception dynamique et évolutive de l'état de l'univers et de ses composantes. Les corps subissent continuellement des pertes d'atomes (notamment par des émanations) mais également des gains (par afflux d'atomes venant de l'extérieur). « L'univers se renouvelle tous les jours » (Lucrèce). Les mondes, et notamment les astres, sièges de ces flux incessants, sont mortels. Comme le dit joliment M. Cariou[12] : « Qu'est-ce qu'un commencement ? Une rencontre. Qu'est-ce qu'une fin ? Une séparation. Entre les deux, la durée, toujours relative, d'un monde. » Seule la matière dans son ensemble est éternelle. Du reste, dans cet incessant ballet d'atomes, l'acceptation de nouvelles particules exige leur adaptabilité à la construction préexistante, ce qui peut faire apparaître dans la nature un élément de sélection, donc de spécificité et d'évolution. Cette situation est valable, en particulier, dans les organismes vivants où elle peut alors créer une illusion de finalité.

Ajoutons, enfin, une remarque importante. La primauté réservée ici à la théorie atomique d'Épicure peut donner l'impression qu'elle représente l'essence de sa philosophie. En réalité, si elle est effectivement à la base de sa vision du monde, elle est subordonnée à sa préoccupation principale qui est dirigée vers la morale. Épicure est « physicien par moralisme[15] ». Son but fondamental est de rendre les hommes heureux et, dans cette tentative, se trouvent entrelacés les dieux et les atomes. « Car les dieux existent... mais n'existent pas de la façon dont la foule se les représente », cette phrase, tirée de la lettre d'Épicure à Ménécée, offre une des clefs de son approche du problème de la morale et du bonheur humain.

L'attitude des hommes en général est soit d'admirer « le bel ordre de la nature... que la sagesse divine a construit pour l'espèce humaine », soit, le plus souvent, d'éprouver une peur profonde devant les phénomènes de l'univers, du ciel et de la terre, qu'ils ne comprennent pas, dans lesquels ils voient la manifestation des puissances invisibles, et surtout la crainte de la mort et du sort qui les attend au-delà. « L'ignorance des causes rend l'esprit perplexe et vacillant. » Or, la conviction profonde d'Épicure est que, si les dieux existent, ils n'ont, pour autant, rien à voir avec les affaires humaines. Lucrèce a traduit ce désintéressement et l'absurdité de croire en une interférence sympathisante des dieux dans la marche de ce monde défectueux en des pages inoubliables (mais malheureusement trop longues pour être reproduites ici).

Aussi, quelle sérénité dans les remarques transmises par Hippolyte de Rome (170-235) dans *Philosophumena* (n'évoquant qu'un dieu mais s'appliquant évidemment aussi bien à une multitude de dieux) : « Épicure affirme que Dieu est éternel et immortel et qu'il ne prévoit rien, qu'il n'existe, en un mot, ni Providence, ni destin, mais que toutes choses arrivent d'elles-mêmes. Il place son lieu de séjour dans les espaces qu'il appelle intermondes... Il y jouit, dans un repos parfait, de la félicité suprême, étant libre de soucis et n'en causant pas à autrui. [...] Si Dieu voulait écouter les vœux des hommes, il y a longtemps que tous auraient péri, étant donné qu'ils demandent sans cesse beaucoup de choses qui sont nuisibles à leurs semblables. » Il n'en reste pas moins que la crainte devant les mystères du cosmos et les manifestations impressionnantes de la nature, et la peur, la plus obsédante, de la mort sont bien les compagnons inséparables des humains et qu'aucun bonheur véritable n'est possible aussi longtemps que leurs ombres se projettent sur notre existence. Il faut donc se délivrer de ces craintes et quel meilleur moyen d'y parvenir que de montrer que ces mystères et ces

15. R. Lenoble, *Histoire de l'idée de nature*, Paris, Albin Michel, 1969.

manifestations sont explicables en termes d'une physique résolument et strictement mécaniste, dépourvue de toute finalité, ne mettant en jeu que des principes matériels et leurs interactions. Tel est le sens et la mission de la théorie atomique dont le pouvoir explicatif est jugé susceptible de couvrir tous les aspects de l'existence et de l'évolution des mondes. Une telle élucidation des causes des phénomènes naturels, dont la mort même ne représente qu'un échantillon, doit servir de fondement à la construction d'une morale conduisant à la sagesse et au bien-être. Manifestement, l'infini, le vide et le néant, pourvu qu'ils soient compris comme relevant de la physique naturelle du monde, effraient moins les penseurs grecs que les dieux capricieux et imprédictibles.

Quant à la base même de cette morale, elle se résume, malheureusement, en un mot, celui de « plaisir » *(hédoné)*. Malheureusement, car ce mot, qui est généralement fort mal vu des moralistes, associé à la doctrine d'Épicure, vaudra injustement beaucoup de déboires à la doctrine et à son auteur. Injustement, car dans sa signification profonde, le « plaisir », tel que le définit Épicure, ne correspond nullement au sens habituel de ce terme dans l'entendement humain. « Le plaisir est le commencement et la fin de la vie heureuse », dit effectivement Épicure dans sa lettre à Ménécée, mais il ajoute aussitôt : « Or, précisément parce que le plaisir est notre bien principal et inné, nous ne recherchons pas tout plaisir. » En fait, le plaisir, source de vie heureuse pour Épicure, n'a rien à voir avec cet abus des sens que l'on attache en général à ce terme. « Quand nous disons que le plaisir est notre but ultime, nous n'entendons pas par là le plaisir des débauchés, ni ceux qui se rattachent à la jouissance matérielle, ainsi que le disent les gens qui ignorent notre doctrine, ou qui sont en désaccord avec elle, ou qui l'interprètent dans un mauvais sens[16]. » Le plaisir tel que le prône Épicure a, en fait, une allure plutôt monacale : il faut se suffire à soi-même, savoir se contenter de peu, vivre d'une façon simple et peu coûteuse, manger modérément et sainement[17], jouir des joies de l'amitié, vivre à l'écart des ambitions de la vie publique, éviter les troubles de l'âme. En un mot : vivre en sage. « La sagesse est le principe et le plus grand bien. Elle est même plus précieuse que la philosophie » (Diogène Laërce).

Vingt siècles plus tard, Montaigne (Michel Eyquem de, 1532-1592) rendra hommage dans ses *Essais* (1580) à l'authenticité de la sagesse

16. Cicéron appelait le Jardin d'Épicure : jardin du plaisir. Nous devrons à Gassendi, à l'aube des Temps modernes, la réhabilitation de la doctrine éthique d'Épicure (voir chapitre XII).

17. Du pain et de l'eau suffisaient au bonheur d'Épicure. Un de ses disciples et amis, Métrodore de Lampsaque (330-277 av. J.-C.), a toutefois jugé nécessaire d'y ajouter du vin (M. Conche dans *Dictionnaire des philosophes, op. cit.*)

d'Epicure. Il verra surtout dans l'attitude digne et courageuse du philosophe devant la mort – « l'ultime saut du mal-être au non-être » – la manifestation d'une « sagesse tragique », qu'ont su montrer pareillement Socrate et Caton. La Mettrie (Julien Offray de, 1709-1751), philosophe matérialiste, laisse entrevoir la même opinion dans son *Système d'Epicure* (1750)[18].

18. J.O. de La Mettrie, *Œuvres philosophiques*, t. I, Paris, Fayard, 1984.

CHAPITRE IV

Un atomiste bien particulier : Platon

« Toute la philosophie occidentale n'est qu'un long commentaire à l'œuvre de Platon. »

A. N. Whitehead

Platon et Aristote sont les deux géants de la philosophie de la nature de la Grèce antique. Leurs concepts et théories, ainsi que leurs avis et commentaires sur les concepts et théories des autres, ont pesé lourdement sur l'évolution de la pensée humaine. Leur attitude vis-à-vis de la théorie atomique, telle qu'elle a été proposée et développée par Leucippe, Démocrite et Épicure, leurs silences, critiques ou tentatives de lui substituer une théorie corpusculaire concurrente appellent donc, quelle que soit la valeur réelle de ces essais, un examen, sinon extensif, tout au moins attentif.

Nous définirons d'abord la position originale de Platon, puis celle d'Aristote, plus typiquement antiatomiste.

L'œuvre philosophique de Platon est immense et couvre un large spectre des préoccupations de l'esprit humain. Il est hors de propos de la résumer ici. Nous nous contenterons donc uniquement de présenter ses aspects en rapport avec la théorie atomique et leurs incidences.

Platon a très largement puisé dans les idées de ses prédécesseurs et l'on discerne facilement dans ses travaux l'influence d'Héraclite, de Parménide, d'Empédocle et, surtout, comme nous le verrons, de Pythagore. Il a fondu ces éléments disparates en un ensemble cimenté par un certain nombre de concepts généraux qui forment la base de sa philosophie de la nature et qui le conduisent à formuler une théorie originale concernant la structure intime des éléments de la matière. Brièvement, sa vision philosophique comporte les propositions suivantes :

– Le monde changeant du devenir, celui que nous percevons, n'est que le reflet, la copie imparfaite d'un monde supérieur, éternel et immuable, celui des formes ou des idées qui, seules, représentent la réalité[1].

– Le monde a été modelé et est gouverné par une puissance ordinatrice intelligente, un artisan (démiurge), Dieu, qui opère selon un schéma définitivement finaliste, avec, comme objectif, le maximum de bien. Cette téléologie permanente imprègne les vues de Platon sur la structuration et le fonctionnement de l'univers. Insistons sur le fait que, selon Platon, le monde *a été modelé* par l'artisan. En effet, le dieu de Platon n'opère pas de création *ex nihilo*, en ce sens qu'il ne crée pas la matière dont le monde est fait. Cette matière est éternelle, comme lui-même. Son acte de création[2] consiste à façonner le monde à partir de cette donnée préexistante et primordiale. De plus, il n'est pas libre d'en faire tout ce qu'il souhaite, il doit tenir compte d'une double restriction qui découle de la nature des matériaux dont il dispose et de la finalité des objectifs qu'il s'assigne. Autrement dit, il fait, avec les meilleures intentions possibles, ce qu'il peut avec ce qu'il a (comme nous tous), sous « l'effet de la nécessité » ou de la « cause errante[3] ». Néanmoins,

---

1. Une telle proposition suscite naturellement toutes sortes d'interrogations et, donc, de réponses. L'échange le plus typique est illustré par ce dialogue simulé entre Antisthène (445-360 av. J.-C.), fondateur de la philosophie cynique, qui n'accorde d'existence qu'à l'être concret et individuel, et Platon. Antisthène : « Je vois bien le cheval, mais je ne vois pas la cabelléité. » Platon : « Précisément, pour voir un cheval il faut des yeux et tu en as, pour voir la cabelléité il faut de l'Intelligence et tu n'en as pas. »

2. Il est quasiment impossible d'éviter une certaine ambiguïté dans l'utilisation du terme « création ». Rapportées aux problèmes cosmogéniques, ses deux significations les plus courantes invoquent, l'une, la seule brusque organisation d'un monde à partir d'un chaos matériel préalable, alors que l'autre y adjoint la création de la matière primitive elle-même. La grande majorité des penseurs grecs refusent, en fait, toute idée de création. Tel est, par exemple, le cas de Démocrite, selon lequel, comme nous l'avons vu, le monde s'organise lui-même progressivement, à partir des chocs des atomes qui existent depuis l'éternité. En revanche, la tradition judéo-chrétienne prône la création par Dieu, à partir du néant, à la fois de la matière originelle et, à partir d'elle, du monde organisé. Il est probable que le récit biblique lui-même trouve ses sources dans certains mythes mésopotamiens.

3. Comme beaucoup de questions soulevées par Platon, le problème des limites possibles à la toute-puissance de Dieu sera un thème de réflexion pour de très nombreux penseurs. « Penseurs sont gens qui repensent, et qui pensent que ce qui fut pensé ne fut jamais assez pensé », disait Paul Valéry. Dans l'ensemble, ceux des philosophes grecs que les réflexions ont conduits à admettre la suprématie d'un Être unique ne lui accorderont jamais les pouvoirs illimités du Dieu judéo-chrétien, auquel la seule restriction imposée était, selon la parole du philosophe juif Mai-

puisqu'il est Dieu, il fabrique, selon Platon tout au moins, le « meilleur des mondes possibles ». Cette croyance dans le meilleur des mondes possibles, que Platon semble avoir été le premier à proclamer, se perpétuera jusqu'aux Temps modernes. Dans l'Antiquité grecque, on peut néanmoins lui opposer des vues moins optimistes comme, par exemple, celle d'Héraclite affirmant que « le plus beau des mondes est un tas d'ordures jetées au hasard sur le sol », ou celle de Philolaos cité par Athénagoras[4], affirmant que « Dieu a enfermé toutes choses dans ce qu'on peut appeler un poste de garde ». Ajoutons que le monde de Platon, à la différence de celui des atomistes classiques (mais en accord avec celui des antiatomistes, voir chapitre V), est fini.

– Si aucune explication exacte du monde en devenir, du monde sensible, n'est possible, son étude permet néanmoins d'explorer et, dans le meilleur des cas, de dévoiler ses lois, qui sont celles de la finalité divine que lui a imposée l'artisan. Dans cette démarche, entre les deux sources de la connaissance, les sensations et la raison, la préférence de Platon va nettement vers la seconde. En fait, la possibilité et le mécanisme même de la connaissance sont étroitement liés à la doctrine fondamentale des idées, complétée par celles de la réminiscence et de l'immortalité de l'âme. L'âme, qui a préexisté avant nous et transmigrera dans d'autres corps après notre mort[5], a déjà vécu et déjà vu, dans un autre monde, ce qu'elle découvre, trie et ordonne dans le nôtre. Sans cette connaissance préalable, dont la source primaire est dans le monde des idées, elle serait incapable de ce discernement et de cet ordonnancement

monide de Cordoue (1135-1204), l'incapacité de faire le mal (saint Augustin dira que le mal ne fait pas partie de la création, qu'il est « un manque d'être »). Cette restriction est présente aussi chez Platon, pour qui, on l'a vu, le bien fait partie intégrante de la finalité de l'action de l'artisan. À l'extrême, dans les Temps modernes, certains (y compris Einstein) soulèveront la question de savoir si Dieu avait réellement la possibilité de créer un univers autre que celui qu'Il a créé, l'argument étant qu'il est possible que l'univers existant soit le seul à posséder une consistance logique complète.

4. *Les Présocratiques*, *op. cit.*

5. Cette métempsycose peut prendre des allures bien surprenantes et navrantes. On lit dans *Timée* : « Celui qui aurait fait bon usage du temps qui lui est accordé retournerait habiter l'astre auquel il est affecté et vivrait heureux en sa compagnie, mais celui qui aurait manqué ce but serait transformé en femme à sa seconde naissance et, en cet état, s'il ne cessait pas d'être méchant, il serait, suivant la nature de sa méchanceté, transformé, à chaque naissance nouvelle, en l'animal auquel il ressemblerait par ses mœurs. » Et aussi : « L'espèce des animaux pédestres et des bêtes sauvages est issue des hommes qui ne prêtent aucune attention à la philosophie. » En effet : « Tous les animaux passent l'un dans l'autre, suivant qu'ils perdent ou gagnent en intelligence ou en stupidité. » Cette citation, comme toutes les autres de ce chapitre, provient de l'édition de *Timée* par E. Chambry, Paris, Flammarion, 1969.

sélectifs. Mais que l'on ne s'y trompe pas ! Dans l'ensemble, il ne s'agit, dans cette activité de l'esprit, que de « sauver les apparences », autrement dit de rendre compte, d'une façon qui nous soit intelligible, des phénomènes observés et de leurs interdépendances apparentes. La réalité vraie est ailleurs, dans le monde des formes ou des idées. L'exploration du monde sensible ne saurait donc être, au mieux, qu'une « récréation », un « passe-temps ».

– En vue du passage de ces idées générales à leur application à la structure physique du monde et de la matière, il convient encore d'adjoindre aux moteurs téléologique et éthique de l'artisan le moteur esthétique. Le meilleur des mondes sera aussi le plus beau. Nous verrons dans ce qui suit le poids de ce critère (pourtant, ô combien, discutable) dans les considérations « atomiques » de Platon.

Passons maintenant aux concepts platoniciens concernant plus directement la thématique centrale de nos discussions, celle des substances primordiales, avec une ouverture particulière vers la théorie atomique.

Remarquons d'emblée que Platon fonde, en fait, toute sa cosmogonie sur la théorie d'Empédocle de quatre substances primordiales, le feu, la terre, l'air et l'eau, tout en égratignant par ailleurs les protagonistes de propositions plus restrictives : « Une fable, voilà ce que visiblement tous ils nous racontent, comme si nous étions des enfants. L'un parle des trois éléments qui tantôt s'en vont en guerre les uns contre les autres, tantôt font amis, et alors on assiste à la noce, à la naissance de rejetons et à l'allaitement. L'autre parle de deux : l'humide et le sec, ou bien le chaud et le froid, qu'il met sous un même toit et couche dans le même lit. Chez nous, la noble branche éléate qui remonte à Xénophane, et même plus haut, ne voit que l'Un dans ce qu'on appelle le Tout et développe ses fables en ce sens » (*Sophiste,* 242c-d).

Néanmoins, s'il affirme (*Timée,* 31b-33a) que « chacun des quatre éléments est entré tout entier dans la composition du monde, car son auteur l'a composé de tout le feu, de toute l'eau, de tout l'air et de toute la terre sans laisser en dehors de lui aucune portion ni puissance d'aucun de ces éléments », il attribue un rôle primaire au feu et à la terre : « Aussi le Dieu prit d'abord, pour former l'univers, du feu et de la terre. » Dès ce commencement, le moteur esthétique entre en jeu : « Lorsque Dieu entreprit d'ordonner le tout, au début, le feu, l'eau, la terre et l'air portaient des traces de leur propre nature, mais ils étaient tout à fait dans l'état où tout se trouve naturellement en l'absence de Dieu. C'est dans cet état qu'il les prit, et il commença par leur donner une configuration distincte au moyen des idées et des nombres. Qu'il les ait tirés de leur désordre pour les assembler de *la manière la plus belle* et la meilleure possible, c'est là le principe qui doit nous guider constamment dans toute notre exposition » (*Timée,* 52c-53c).

L'étape suivante de sa pensée s'appuie également sur un emprunt : il s'agit de la proposition attribuée en général aux pythagoriciens et en particulier à Philolaos (voir chapitre II-5), qui fait correspondre à ces quatre éléments matériels quatre des cinq polyèdres réguliers. Platon attribue ainsi à ces éléments une nature particulaire et aux particules correspondantes des formes précises. C'est l'étape décisive de la *géométrisation* des substances primordiales, acte bien naturel pour quelqu'un qui a fait inscrire au fronton de son Académie : « Nul n'entre ici s'il n'est géomètre. » La correspondance, on peut dire l'identification, entre les substances et les polyèdres est : le feu = tétraèdre (4 faces), la terre = cube (6 faces), l'air = octaèdre (8 faces) et l'eau = icosaèdre (20 faces). Au cinquième polyèdre régulier, le dodécaèdre (12 faces), est réservé un sort spécial et particulièrement distingué : « Dieu s'en est servi pour achever le dessin de l'univers. » Sans aucun doute, le Démiurge de Platon est un mathématicien soucieux de l'harmonie géométrique de son œuvre. Nous y reviendrons.

Vient ensuite l'étape décisive, et cette fois-ci propre à Platon, d'une spécification complémentaire, et dans son esprit essentielle, des bases constitutives et structurales de cette géométrisation. Pour décrire cette étape originale et l'inspiration qui l'a engendrée, laissons de nouveau la parole au philosophe lui-même (*Timée,* 52c-53c) : « D'abord il est évident pour tout le monde que le feu, la terre, l'eau et l'air sont des corps. Or, le genre corporel a toujours de la profondeur, et la profondeur est, de toute nécessité, enclose par la nature de la surface, et toute surface de formation rectiligne est composée de triangles. Or, tous les triangles dérivent de deux triangles, dont chacun a un angle droit et les deux autres aigus. L'un de ces triangles a de chaque côté une partie de l'angle droit divisée par des côtés égaux ; l'autre, des parties inégales d'un angle droit divisées par des côtés inégaux. Telle est l'origine que nous assignons au feu et aux autres corps, suivant la méthode qui combine la vraisemblance avec la nécessité. Quant aux origines plus lointaines encore, elles ne sont connues que de Dieu et des hommes qu'il favorise. »

Si cette présentation évoque une origine raisonnée de l'idée clef exposée, les phrases suivantes permettent d'en découvrir le fondement esthétique : « Maintenant, il faut expliquer comment peuvent se former *les plus beaux corps*, qui sont au nombre de quatre, et dissemblables entre eux, mais tels que certains d'entre eux peuvent être engendrés les uns des autres en se dissolvant. Si nous y réussissons, nous tiendrons la vérité sur l'origine de la terre et du feu et des corps qui leur servent de termes moyens. Car nous n'accorderons à personne qu'on puisse voir des corps plus *beaux* que ceux-là, chacun d'eux formant un genre

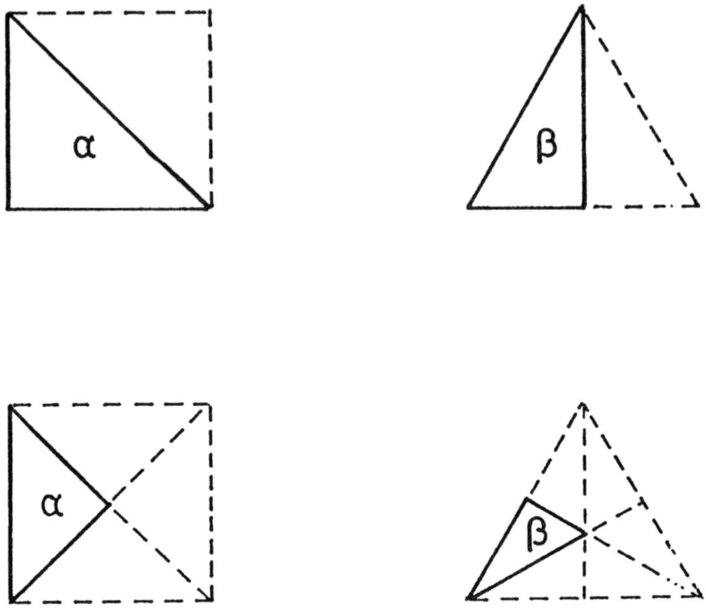

Figure 4. – La dérivation des triangles « principes » de Platon.

unique. Appliquons-nous donc à constituer harmoniquement ces quatre espèces de corps supérieurs en *beauté*, afin de pouvoir dire que nous en avons bien compris la nature. »

Essayons d'y voir plus clair. En premier lieu, si la conception de Platon relative à la structure de la matière est bien corpusculaire, la caractéristique essentielle des corpuscules élémentaires réside, selon lui, dans les surfaces qui les délimitent : la frontière devient l'attribut primordial. Parallèlement, cette approche est accompagnée d'une restriction sévère pour les formes possibles[6]. Les deux triangles que Platon choisit comme des constituants élémentaires des surfaces délimitant les corpuscules des substances primordiales, donc les deux « principes », sont le triangle rectangle isocèle (α) et le triangle rectancle scalène (β), formé de la moitié d'un triangle équilatéral, dont l'hypoténuse est donc deux fois plus longue que le plus petit côté *(figure 3)*.

Peut-être pour donner plus de solennité à la genèse de ces entités essentielles, Platon, au lieu de les définir par le procédé simple sché-

6. Rappelons que les formes des atomes étaient en nombre infini dans la théorie de Leucippe-Démocrite-Épicure.

matisé dans la *figure 3*, rattache leur origine aux opérations représentées dans la *figure 4*.

Les triangles β peuvent être utilisés pour former les triangles équilatéraux, à partir desquels sont construits les côtés du tétraèdre, de l'octaèdre et de l'icosaèdre. Les triangles α ne servent qu'à former des carrés, à l'aide desquels on peut construire le cube.

Quoi qu'on pense de la signification objective de ces propositions, leur logique interne conduit à certaines conséquences. Ainsi, par exemple, la terre, faite de triangles isocèles, est nettement séparée des trois autres éléments, formés de triangles scalènes. De plus, ces derniers sont communs aux trois éléments restants, ce qui permet d'envisager leurs transformations mutuelles les uns en les autres (mais pas avec la terre), explication élégante d'un mécanisme de changement qui sauvegarde en même temps l'unicité des éléments de base[7]. En fait, Platon a effectivement envisagé toute une arithmétique des triangles avec, par exemple, la possibilité de la transformation d'un icosaèdre d'eau (20 côtés) en deux octaèdres d'air ($2 \times 8 = 16$ côtés) plus un tétraèdre de feu (4 côtés). Une conséquence curieuse de ces possibilités de transmutation des éléments, par dislocation et recombinaison des triangles, est que ces entités constitutives s'usent et, à la longue, s'ajustent moins bien. Platon y voit l'origine du vieillissement et de la mort. Il enlève par là un peu de prestige à ses constituants ultimes de la matière. Démocrite et Épicure considéraient, eux, leurs atomes comme immuables, inusables et indestructibles.

De plus, Platon conçoit que : « Les deux triangles (α et β) construits au début ne furent pas d'une grandeur unique : il y en eut de grands et de petits, en aussi grand nombre qu'il y a d'espèces dans chaque genre. C'est pourquoi, lorsque ces triangles se mêlent entre eux et les uns avec les autres, il en résulte une variété infinie, qu'il faut étudier si l'on veut discourir de la nature avec vraisemblance » (*Timée*, 57a-58d). La géométrisation variable des éléments fournit ainsi une explication simple de la multitude des corps observés : les triangles de même dimension peuvent être assemblés de manière à produire des corpuscules d'un même type mais de dimensions variables. Ainsi, par exemple, l'accolement de huit triangles isocèles peut former un « grand » carré, constitué des quatre « petits » carrés de la *figure 3*. Lloyd[8] y voit le germe du concept d'« isotopes ». D'ailleurs, Platon ne s'est pas limité au seul exposé des principes de la structure des éléments, il a présenté aussi une vue détaillée sur la nature de nombreuses substances chimiques, au

---

7. Alors que la transmutation des « racines » était interdite chez Empédocle.
8. G. E. R. Lloyd, *Débuts de la science grecque. De Thalès à Aristote, op. cit.*

point que Partington[9] considère que *Timée* est peut-être le premier traité de chimie. On pourrait certainement en discuter, même si ce n'est pas ici notre propos.

Dans un autre développement, Platon corrèle le comportement des éléments avec leur forme : ainsi le feu devrait sa capacité de pénétration et de « dissolution » des corps à l'action coupante des pointes acérées de ses particules tétraédriques.

Les particules, pour Platon, sont des volumes. On peut donc se demander comment le Maître de l'Académie concevait matériellement l'intérieur, le contenu de ces volumes. Aristote affirme que Platon refusait le vide, d'autres sont d'un avis contraire. Telle est, par exemple, la conviction de Ch. Mugler dans ses commentaires à l'œuvre du Stagirite[10] : la théorie de la transformation des éléments de Platon impliquerait, selon lui, l'existence du vide tant à l'intérieur des polyèdres réguliers qu'à l'extérieur. Dans ces conditions, à l'encontre de Démocrite, dont les atomes étaient des solides, les assemblages des triangles ou des carrés de Platon ne feraient que délimiter un espace. Certains supposent que les triangles n'étaient pas que des surfaces et consistaient en des couches minces de matière ; d'autres suggèrent que les polyèdres contenaient une sorte de matière primaire.

Nous avons constaté que, Platon n'admettant que quatre substances fondamentales dans la constitution de l'univers alors qu'il existe cinq polyèdres réguliers, l'un de ceux-ci restait inutilisé dans l'identification élément = polyèdre. Le polyèdre « laissé-pour-compte » est le dodécaèdre, qui, à la différence des quatre autres polyèdres, est constitué de pentagones. Platon lui a réservé le rôle éminent d'être « l'image de la fondation de l'univers », qu'il considère comme sphérique, la dimension esthétique n'étant pas absente de ce choix. En effet, le dodécaèdre est, de tous les polyèdres réguliers, celui qui se rapproche le plus de la sphère. Au sujet de l'univers, soulignons que Platon n'en admettait qu'un, alors que Démocrite en concevait un nombre infini. Selon Platon, « il n'était pas versé dans les choses qu'il faut savoir » (*Timée,* 55d-56d).

Que conclure de ce mélange de raisonnement, de spéculations imaginatives et d'élans esthétiques qui paraissent constituer la base de la philosophie de la nature platonicienne ? Chambry[11] résume bien notre difficulté face à l'œuvre de Platon considérée dans son ensemble : « Qu'un lecteur moderne qui n'est pas initié à la philosophie ancienne

9. J. R. Partington, *A History of Chemistry, op. cit.* p. 54.
10. Aristote, *De la génération et de la corruption,* texte de Ch. Mungler, Paris, Les Belles Lettres, 1966.
11. E. Chambry dans sa préface à son édition de *Timée, op. cit.*

vienne à lire le *Timée*, il sera saisi d'un étonnement profond. Un monde composé d'assemblages de triangles, les quatre éléments pris pour des corps simples qui se transforment les uns dans les autres, une âme triple logée en trois endroits différents du corps, le foie réfléchissant l'intelligence et menaçant ou calmant l'âme appétitive, une explication des maladies d'une fantaisie déconcertante, la métamorphose des hommes en femmes et en animaux de toute sorte, un Dieu qui ne crée pas le monde, mais qui ordonne un monde coéternel avec lui, qui prend modèle sur des Formes ou être éternels et immuables qui existent en dehors de lui, égales, sinon supérieures à lui, qui se fait aider dans sa tâche par des dieux subalternes, des astres qui sont des dieux, des âmes où l'intelligence tourne en cercle comme les astres, tout cela lui paraîtra extravagant et l'auteur un rêveur en délire. Cependant, ce système du monde est l'œuvre d'un des esprits les plus profonds et les plus brillants qui aient honoré l'humanité. »

Nous limitant aux enseignements de Platon relatifs aux substances primordiales et à la conception corpusculaire de la matière, le plus simple est d'y séparer l'intention de l'exécution et, dans l'exécution, le noyau positif de l'habillage superflu.

L'intention vise, de toute évidence, à dépasser la croyance – la plus répandue à l'époque – en quatre substances primordiales considérées comme les ultimes constituants de la matière, dans la mesure où une telle conception ne saurait satisfaire ni ceux qui voient dans la nature surtout l'immuable, ni ceux qui y discernent surtout le changement. D'où la volonté de définir une unité de la matière à un niveau plus élémentaire, et susceptible en même temps de fournir des briques communes, donc interchangeables, aux quatre constructions élémentaires différenciées, assimilées aux polyèdres. Il s'agit là d'une pensée à caractère définitivement atomique. À cette inspiration s'ajoute un désir de *mathématisation* de la nature (le meilleur moyen, selon Platon, d'établir un pont entre le monde des idées et le monde sensible), suscité sans aucun doute par l'influence pythagoricienne. Il s'agit là d'une pensée à *caractère mécaniste.*

On ne peut certes guère objecter à de telles intentions. Que dire de leur réalisation ? Il nous paraît difficile d'échapper à la conclusion que, si sa théorie des polyèdres et des triangles omniprésents témoigne indiscutablement de la brillante imagination de Platon, elle ne le classe pas parmi les grands savants de l'histoire. Cette théorie ne représente manifestement qu'une spéculation mathématique à fondement esthétique. Bertrand Russell[12] aurait pu citer ces fantaisies pour illustrer son affirmation selon laquelle, dans les sciences, « les idées préconçues

12. B. Russell, *Science et Religion*, Paris, Gallimard, 1971.

d'origine esthétique peuvent induire en erreur tout autant que celles d'origine morale ou théologique[13] ». En ajoutant encore à ce mélange l'argument téléologique d'une finalité imposée par la pensée divine créatrice apparue dès le commencement de la création du monde structuré, nous voyons jusqu'à quel point le rôle des polyèdres-atomes de Platon diffère de celui de corpuscules-atomes de Leucippe-Démocrite. Comme dit Partington, « les atomes (de Platon) ne sont pas cause mais co-cause ». Les dieux du trio des atomistes « classiques » étaient dans l'ombre et l'univers de ces philosophes était donc purement « mécaniste ». Le Dieu de Platon ne répond pas aussi absolument à cette exigence. On a l'impression que le monde de Leucippe-Démocrite était trop « froid », trop dépourvu de transcendant pour pouvoir satisfaire l'âme plus poétique de Platon. Comme le dit Crescenzo[14] : « Pour Platon (et Aristote), qui recherchent constamment la cause première et le but final, c'était comme si Démocrite leur avait raconté la trame d'une comédie en sautant la première et la dernière scène. »

Dans ces conditions, Platon a-t-il une place dans l'histoire du « mouvement » atomique ? Je dirai oui en ce qui concerne la « pensée » atomique, non au regard de la « théorie » atomique. Ainsi, à la fois par ses intentions et par son concept des polyèdres-corpuscules, construits sur deux types, et deux types seulement, de surfaces triangulaires (même si celles-ci peuvent comporter un certain nombre de variantes dimensionnelles), il s'inscrit dans un système que certains qualifient « d'atomisme géométrique » (dénomination qu'il aurait d'ailleurs probablement récusée). D'autre part, son approche picturale de l'atomisme est si fantaisiste, ses propositions si arbitraires, ses arguments esthétiques tellement artificiels que, dans l'ensemble, on ne saurait s'étonner qu'il n'ait guère joué de rôle significatif dans la trame du développement de la théorie atomique, celle qui se rattache à sa formulation moderne[15]. Certes, la conception que nous avons du monde atomique aujourd'hui

---

13. Le cas de Platon est loin d'être unique. Il suffit de rappeler la puissance de l'argument « esthétique » de la sphère et du cercle dans l'histoire de l'astronomie et de la cosmographie (voir par exemple A. Koyré, *Études d'histoire de pensées scientifiques*, Paris, Gallimard, 1966), argument qui empêchera même Galilée et Newton d'accepter la loi de Kepler sur le mouvement elliptique des planètes.

14. L. de Crenscenzo, *Les Grands Philosophes de la Grèce antique*, vol. I, « Les Présocratiques », *op. cit.*

15. Sa propre théorie « géométrique » n'a pas trouvé beaucoup d'adeptes au cours de l'histoire. Signalons néanmoins sa défense par le diadoque de l'école néoplatonicienne d'Athènes, Proclus de Byzance (412-485), peu de temps avant la fermeture de l'Académie par un édit de Justinien en 529, après une existence quasi millénaire. Quelque vingt siècles après Platon, Kepler (Johannes, 1571-1630) utilisera une théorie géométrique des atomes inspirée de celle du philosophe grec pour expliquer la structure cristalline des flocons de neige.

diffère, de toute manière, très profondément des anticipations antiques. Il n'empêche qu'elle trouve ses racines dans les réflexions des atomistes que Platon occulte. En fait, il ne cite jamais le nom de Démocrite dans aucune de ses œuvres, même pas pour le contredire. Il aurait voulu, paraît-il, brûler tous ses livres. Jean-François Revel avance, dans un livre récent[16] que cette attitude d'ignorance voulue provient de l'horreur particulière que lui inspire Démocrite et « qui nous retient de prononcer le nom même de nos ennemis les plus haïs, afin de ne pas contribuer ainsi à confirmer leur existence et parce que, en outre, s'agissant de la haine suprême, la haine philosophique, un penseur ne se contente jamais de chercher à réfuter un adversaire : il veut qu'on l'oublie, il veut empêcher qu'on le lise, il veut faire en sorte qu'il n'ait jamais existé ». Quoi qu'il en soit, Platon contribuera par son attitude à marginaliser la conception atomique pendant les longs siècles durant lesquels son influence sur le monde philosophique et scientifique sera grande.

16. J.-F. Revel, *Histoire de la philosophie occidentale de Thalès à Kant,* Paris, Nil Éditions, 1994.

CHAPITRE V

Les antiatomistes

« Toute la philosophie moderne tourne autour de la difficulté de décrire le monde en termes de sujet et de prédicat, de substances et de qualités, de particuliers et d'universels. »

A. N. Whitehead

1. Aristote

Comme celle de Platon, l'œuvre philosophique d'Aristote (de Stagire, et que l'on appelle souvent le Stagirite) est immense. Il convient d'y ajouter une non moins considérable œuvre scientifique qui, même si elle n'est, dans une large mesure, qu'une compilation, porte le sceau personnel de la logique et, de temps à autre, de l'imagination de son auteur. Comme pour Platon, nous nous limiterons ici à présenter ce qui se rattache d'une façon directe à la théorie atomique et aux questions annexes. Remarquons immédiatement qu'à la différence de Platon, qui, tout en s'opposant à la conception des atomes de Leucippe-Démocrite-Épicure, en a proposé une variante « géométrique », Aristote adopte dans ce domaine une attitude essentiellement négative, rejetant à la fois les propositions des atomistes et celles de son maître en philosophie. Le Stagirite sera le plus illustre des antiatomistes anciens, l'ancêtre de bon nombre des futurs, et dont l'opinion comptera pendant des siècles, du fait du prestige, presque du préjugé d'infaillibilité, attachés à l'ensemble de son enseignement. En fait, nous retrouverons des traces d'un antiatomisme du type aristotélicien (modulé et quelque peu modéré, il est vrai) même à l'aube du XXe siècle (par exemple dans certaines vues de Duhem, voir chapitre XVIII, 4).

Pour bien situer la position d'Aristote, il convient de rappeler quelques principes fondamentaux de sa pensée philosophique, d'autant plus que le conflit avec l'atomisme s'y dessine immédiatement en même temps qu'y apparaît son opposition à la doctrine de Platon. C'est d'ailleurs par les contrastes avec cette dernière que l'on présente souvent la philosophie d'Aristote. Ainsi, comme nous venons de le voir dans le chapitre précédent, Platon place le monde *réel* dans celui des *Idées*, fait du monde sensible seulement sa copie et explique la connaissance comme étant un reflet de celle acquise antérieurement par l'âme dans le monde supérieur. Aristote rejette une telle séparation entre les choses sensibles et leur essence. Toute sa vision du monde repose sur le concept d'une liaison indissoluble entre matière et *forme*, qui représentent les deux « principes » de l'être, l'appellation *forme* ne se limitant pas à la signification habituelle, géométrique, du mot mais représentant l'ensemble des propriétés qui définissent la spécificité d'un objet ou d'un être, autrement dit qui font qu'il est ce qu'il est. La liaison est indissoluble, en ce sens que les deux principes, bien que discernables par la pensée, ne sauraient exister séparément l'un de l'autre. Tout objet est le produit combiné des deux. C'est la doctrine d'hylémorphisme (hylé = matière, morphé = forme).

L'opposition aux atomistes est évidente. L'originalité d'Aristote est de porter la forme au niveau de « principe » alors que, pour les atomistes, elle n'était qu'une caractéristique secondaire. Citons Aristote lui-même[1] : « Si l'on se réfère aux anciens philosophes, on pourrait croire que l'objet de la physique n'est que d'étudier la matière ; car Démocrite et Empédocle ont à peine effleuré la question de la forme et de l'essence. Mais s'il est vrai que l'art imite la nature, on peut dire que c'est à une seule et même science d'étudier jusqu'à un certain point et tout à la fois la forme et la matière... L'architecte s'occupe tout ensemble de la forme de la maison et de la matière de la maison, des murailles et des bois, et ainsi de tout le reste, on en peut conclure que la physique doit étudier les deux natures à la fois. » En même temps, cette dualité satisfait à la règle d'Aristote selon laquelle les principes sont des contraires. Chez Démocrite les principes étaient, comme le rappelle le Stagirite, le plein et le vide ou l'être et le non-être. Chez Aristote, dirions-nous, c'est l'informe et la forme. Saint Augustin écrira plusieurs siècles plus tard, dans ses *Confessions* (Livre 13, 33), s'adressant à Dieu : « Sans aucun intervalle de temps vous avez donné une forme à la matière informe... La matière vous l'avez faite de rien, la forme vous l'avez tirée de la matière informe. »

1. Aristote, *Leçons de physique*, traduction et commentaire de J.-B. Saint-Hilaire, Paris, Presses Pocket, 1990.

L'antagonisme entre le Stagirite et les atomistes devient encore plus fort si l'on se penche sur la manière dont ces philosophes envisagent la source des connaissances. Selon Aristote, cette source réside dans nos sens, même si les impressions reçues sont ensuite exploitables par la raison en vue de leur présentation sous forme d'une construction scientifique. Le monde est tel que nous le percevons, le voyons, le touchons, l'entendons ou le sentons. Un objet rouge *est* rouge, un objet sucré *est* sucré. C'est un glissement vers une conception d'un monde de *qualités* qui sont supposées constituer son authenticité intrinsèque. C'est donc, dès le départ, une conception en opposition non seulement avec celle de Platon mais aussi, d'une façon flagrante, avec la vision du monde des atomistes : ceux-ci, qu'ils reconnaissent (Épicure) ou nient (Démocrite) la portée du témoignage des sens, ne placent la réalité que dans le monde des *quantités*, celui des atomes, de leurs propriétés primaires et de leurs interactions, les qualités sensibles ne se définissant que comme une réaction de notre organisme à ces données quantitatives. Koyré dira[2] : « Basée sur la perception sensible, la physique d'Aristote est résolument antimathématique[3]. »

Lié intimement au couple de concepts « matière-forme », il y a, chez Aristote, le couple « puissance-acte », orienté vers la solution du problème du changement. Dans cette vision, la matière est un substrat, une pure potentialité, qui acquiert son expression explicite et spécifique par une mise en devenir également spécifique. L'acte réalise la puissance, détermine que la matière qui le subit devient ce qu'elle est. On conçoit immédiatement la portée qu'une telle composition des concepts – l'un permanent et plutôt statique, l'autre mutable et dynamique – offre à l'interprétation de la multiplicité des substances et à la possibilité de leurs transformations et interconversions. On peut ajouter, en particulier pour éclairer le langage ultérieur, qu'Aristote discerne une *matière première*, concept philosophique de substrat indéterminé (dont la forme sera dite substantielle et les changements substantiels également) et la *matière* tout court (matière seconde des scolastiques, plus tard) représentant un sujet substantiel déjà formé, une « substance », siège possible des changements de signification limitée, dits changements accidentels. Le monde des corps constitués auquel nous aurons affaire sera essentiellement « un immense arrangement des substances et d'accidents[4] ». Nous retrouverons la problé-

---

2. Dans l'appendice à Aristote, *Leçons de physique, op. cit.*
3. Pour une intéressante discussion sur la rivalité entre la raison et les sens chez les philosophes grecs de la nature, voir E. Schrödinger, *La Nature et les Grecs,* Paris, Éditions du Seuil, 1992.
4. R. Lenoble, *Origine de la pensée scientifique moderne. Histoire de la science,* Paris, Gallimard, Encyclopédie de la Pléiade, 1957.

matique « substance-accidents » au cœur du conflit entre l'atomistique et l'Église.

La présentation générale des concepts fondamentaux exige également le rappel des quatre causes qui président, selon Aristote, à l'avènement de chaque chose et au changement. Aux deux causes internes que sont les deux principes – la matière, qui devient cause matérielle, et la forme, qui devient cause formelle – s'ajoutent deux causes complémentaires, la cause efficiente ou motrice, représentant l'agent ou le facteur initiateur et exécuteur du processus, et la cause finale, symbolisant son but terminal, le « pourquoi » des choses[5].

C'est là une conception des causes qui s'écarte de la signification habituelle que l'on donne aujourd'hui à ce terme. C'est la notion de cause finale qui soulève le plus de questions. L'adoption de cette cause (qui agirait par l'intermédiaire de la cause efficiente qu'elle déclenche) traduit la tendance profonde d'Aristote à voir dans le monde, et tout particulièrement dans la structure des êtres vivants, le produit d'une intention rationnelle. Cette intention oriente par ailleurs l'évolution du monde vers le bien. La parenté avec la doctrine téléologique de Platon et le conflit avec celle strictement mécaniste des atomistes, qui refusent toute finalité, sont évidents.

Toutefois, la réfutation la plus directe et la plus puissante que lancera Aristote contre la théorie atomique résidera dans son affirmation de la continuité de la matière, donc dans le rejet des limites à sa divisibilité et, surtout, dans son refus du vide. Ce sera pour lui l'argument décisif, dans la mesure où, dans sa pensée, proscrire le vide équivaut à proscrire les atomes.

Avant d'examiner cet argument, il nous faut présenter tout d'abord la vision aristotélicienne de la structure intime de la matière du monde et, en particulier, sa conception de ses constituants élémentaires. Lorsqu'on refuse les atomes[6] et lorsque, en même temps, on se propose de composer le monde de matière et de formes, vers quoi se tourner sinon

---

5. Si le discernement de quatre causes peut être utile pour la présentation de certains phénomènes, son application conduit parfois Aristote à des propositions déconcertantes. Ainsi, selon le Stagirite, lors de la reproduction sexuelle des humains, seule la mère fournit la matière de l'embryon, l'homme, lui, procurant la cause formelle et la cause efficiente. Les atomistes (soutenus par Hippocrate et plus tard par Galien) étaient, eux, protagonistes (et peut-être même les auteurs) de la théorie de la pangenèse ou de la « double semence », selon laquelle la génération est le produit du mélange des semences sécrétées par la totalité des deux organismes, mâle et femelle.

6. Aristote rejette aussi la théorie des triangles de Platon. Il écrit dans *De la génération et de la corruption*, *op. cit.*, p. 46 : « Il est impossible que les figures planes de Timée soient la nourrice et la matière primordiale des choses. »

vers la ressource maintenant bien familière des substances primordiales ? Aristote, d'une façon à première vue plutôt décevante, paraît s'être tout simplement rallié à l'enseignement d'Empédocle, dont il épouse la théorie des quatre éléments primaires. En réalité, il y arrive par un cheminement de pensée qui, en même temps qu'il confère à sa proposition une tournure originale, la ramène dans la trame de ses idées fondamentales. En effet, fidèle à sa conception du rôle essentiel des *qualités* dans notre perception du monde et de l'actualisation des formes à partir des potentialités de la matière, il considère comme « principes » ultimes, non pas les quatre substances, mais quatre *qualités primordiales* auxquelles pourraient se réduire toutes les autres qualités observables. Ces quatre qualités primaires sont le chaud et le froid (dites qualités actives) et le sec et l'humide (dites qualités passives) qui, sous réserve d'éliminer les couples incompatibles (froid-chaud, sec-humide), peuvent être groupées en quatre couples : chaud-sec, chaud-humide, froid-sec et froid-humide. Dans la perspective d'Aristote du passage de la puissance à l'acte, par l'action d'une cause formelle sur la cause matérielle, les quatre substances primordiales dérivent alors de l'action exercée sur la « matière première » par les couples des qualités selon la correspondance :
chaud + sec = feu
chaud + humide = air
froid + sec = terre
froid + humide = eau

Cette correspondance donnera naissance plus tard, en particulier au Moyen Âge, à différentes représentations diagrammatiques, telles que celles illustrées dans la *figure 5* :

Cette conception présente l'avantage formel de suggérer quasi spontanément un mécanisme de transformations mutuelles des éléments : il suffit pour cela d'intervertir les qualités qui leur sont associées. On pourra même distinguer des transmutations relativement faciles, caractérisées par l'échange d'une seule qualité entre éléments adjacents sur

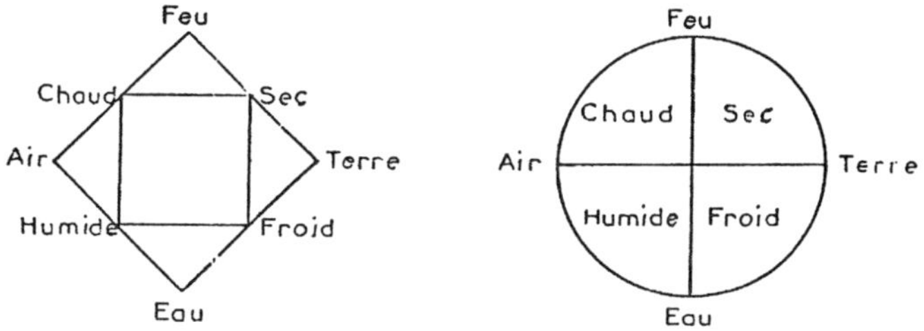

Figure 5. – Relation entre éléments et qualités d'après Aristote.

la figure (par exemple le changement eau <-> air peut être caractérisé par l'échange froid <-> chaud, l'humide étant et restant commun aux deux éléments) et des transmutations relativement plus difficiles, car impliquant l'échange de deux qualités entre les éléments opposés sur cette figure (par exemple le changement de l'eau en feu). En supposant alors que les différents éléments pourraient représenter, outre les substances concrètes dont ils portent les noms, les caractères généraux de certains types de composés, on se trouve en présence d'une théorie qui n'a pas de difficulté, tout au moins en principe, à rendre compte de la multiplicité des corps observés[7].

Si la multiplicité est donc aisément concevable, il en va autrement de l'ensemble des transformations continues et multiples dont le monde est le siège. En effet, les transmutations que nous venons d'évoquer ne se produisent que rarement. L'immense majorité des changements dans la composition des corps observables – ce qu'aujourd'hui nous appellerions des réactions chimiques – mettent en jeu des combinaisons et des séparations des éléments, dont Aristote sent qu'elles peuvent impliquer des changements allant au-delà de ceux que l'on peut obtenir par simple variation des modes de juxtaposition. Aristote paraît avoir eu une claire intuition de la distinction qu'il convient d'établir entre le simple mélange mécanique des éléments, qui n'est qu'une agglomération de leurs particules, et leur mélange « intime », que nous appellerions aujourd'hui combinaison chimique, dans laquelle les éléments constitutifs cessent d'exister en tant qu'entités distinctes (tout en y restant en puissance et pouvant être régénérés lors de sa décomposition) et subissent un changement conduisant à une substance nouvelle, composée de particules nouvelles uniformes. L'homogénéité de ces *mixtes*, qui n'était qu'une apparence pour les atomistes (la faiblesse de nos sens nous empêchant seule, selon eux, de reconnaître la juxtaposition des éléments mélangés), devient une réalité pour Aristote, qui envisage donc explicitement des « mélanges » dans lesquels les matières composantes ne restent pas les mêmes, mais constituent « une union avec altération des corps mélangés[8] ».

Certes, Aristote n'avait aucune possibilité de comprendre la nature des phénomènes impliqués dans cette association intime transformatrice. Il faudra attendre les Temps modernes pour arriver à la notion de *molécule* – car il est évident que c'est de cela qu'il s'agit – et le XXe siècle pour que, avec l'avènement de la mécanique quantique, on puisse

---

7. Signalons que Théophraste d'Érèse (372-285 av. J.-C.), le successeur d'Aristote à la tête du Lycée, avançait que le feu ne devait pas être placé au même niveau que les trois autres éléments.

8. Aristote, *De la génération et de la corruption, op. cit.*

rendre compte de la nature des échanges intimes, électroniques, impliqués dans leur formation. Les atomistes ne pouvaient pas, eux non plus, *a fortiori* dirai-je, en rendre compte, car cette avancée décisive était impossible aussi longtemps que les atomes étaient considérés comme impénétrables. Aristote a été, sans aucun doute, plus sensibilisé à ce problème que les atomistes et sa critique sur ce point s'avère une des plus efficaces parmi toutes celles qu'il leur a adressées. Elle sera constamment reprise au cours des siècles et constituera, aux yeux de beaucoup, le talon d'Achille de la théorie atomique, au point que quelques antiatomistes farouches des XIXe-XXe siècles se serviront encore des arguments du Stagirite dans leur combat d'arrière-garde contre la théorie même de la structure atomique de la matière[9]. Philosophe et épistémologue moderne, Gaston Bachelard (1884-1962) fait, de la discussion de ce thème, le motif central de ses réflexions sur l'exégèse atomique[10] : « On cherche effectivement l'atome quand on analyse le phénomène mais en même temps on ne justifie l'atomisme que dans la synthèse, en indiquant comment l'on peut concevoir *la composition.* » En fait, la pratique philosophique montrera que, s'il est relativement facile pour certains (et plus difficile pour d'autres) de décomposer la matière en atomes, il sera toujours beaucoup plus difficile de la recomposer.

Nous pouvons passer maintenant au problème crucial de la réfutation du vide et, par conséquent, au rejet de l'existence des atomes. À l'appui de son refus, Aristote avance une série d'arguments dont les plus importants sont liés à sa théorie du mouvement, domaine dans lequel, malheureusement, il a commis ses plus grandes erreurs. Malheureusement, car les conséquences de ces erreurs seront sérieuses et, abstraction faite du problème, somme toute circonscrit, des atomes, constitueront une entrave au développement de la science jusqu'à l'aube des Temps modernes. Son erreur fondamentale réside dans sa méconnaissance de ce qui deviendra « la loi d'inertie ». Aristote ne conçoit pas qu'un corps en mouvement continuera de se mouvoir et se maintiendra dans un mouvement rectiligne et uniforme aussi longtemps qu'aucune force extérieure ne s'y opposera. Pour Aristote, tout corps en mouvement doit obligatoirement être poussé et accompagné par un agent propulseur, un moteur. Nous verrons plus loin une conséquence très particulière de cette supposition.

---

9. Par exemple P. Duhem, *Le Mixte et la combinaison chimique,* Paris, 1902, rééd. Fayard, 1985.
10. G. Bachelard, *Les Intuitions atomiques,* Paris, Boivin, 1933.

À cette première erreur s'en ajoute une deuxième, non moins lourde de conséquences, qui affirme la distinction radicale entre deux types de mouvements, un mouvement « naturel » et un mouvement « contraint ». Selon lui, les quatre éléments ont une tendance « naturelle » innée à se diriger spontanément, le feu et l'air vers « le haut », la terre et l'eau vers « le bas », « lieux naturels » destinés à les recevoir. Un mouvement « naturel » différent, circulaire, caractérise les corps célestes. Tout autre mouvement est « contraint ». Ajoutons encore à ces deux propositions l'affirmation, également inexacte, selon laquelle la vitesse d'un corps en chute libre à travers un milieu est inversement proportionnelle à la densité de ce milieu et nous avons là un corpus de lois créant une dynamique largement erronée.

La critique de la notion du vide sera néanmoins fondée en partie sur cette dynamique. Alors que, chez les atomistes, le vide seul permet le mouvement (dans un milieu absolument plein, la matière y ferait obstacle), Aristote est persuadé, non seulement qu'il n'est pas nécessaire de recourir au vide pour expliquer le mouvement, mais qu'en réalité le mouvement dans le vide serait impossible. Ainsi, affirme-t-il, comme il ne saurait y avoir dans le vide des lieux ou des directions « naturels », ni de haut ni de bas, il ne pourrait y avoir de mouvement naturel des quatre éléments. Un corps placé dans le vide ne saurait pas où aller, n'aurait aucune raison de se diriger dans une direction plutôt que dans une autre, donc aucune raison de se déplacer. Les choses n'iraient pas mieux si un mouvement lui était imposé. En effet, une fois un corps mis en mouvement, sa vitesse, à laquelle ne s'oppose dans le vide aucune densité, y serait infinie, et cela quel que soit le poids de ce corps. Il n'aurait aucune raison de s'arrêter dans un endroit particulier, donc de s'arrêter du tout. Le vide est donc incompatible à la fois avec le mouvement et avec le repos. Pour Aristote, de telles conséquences rendent l'hypothèse du vide absurde. Or, s'il n'y a pas de vide, il ne peut y avoir d'atomes[11].

La divergence avec les atomistes apparaît encore à propos d'un autre problème aux conséquences importantes. Nous avons vu qu'Aristote a adopté la théorie des quatre éléments d'Empédocle. En réalité, la situation est plus complexe. Si ces quatre éléments lui suffisent pour reproduire la réalité terrestre, Aristote éprouve la nécessité de postuler l'exis-

11. En prévision des discussions sur le vide aux Temps modernes, il me paraît intéressant de signaler le passage suivant des « Leçons de physique » d'Aristote, *Leçons de physique, op. cit.,* p. 162. Après avoir défini le vide comme étant « ce qui n'est pas rempli d'un corps sensible au toucher, or ceci est sensible au toucher qui a pesanteur ou légèreté », il pose la question : « D'où une difficulté : que dire si l'intervalle contient de la couleur ou du son ; est-il vide ou non » ? Remarquable prémonition de la problématique moderne dans ce domaine.

tence d'un cinquième élément, qu'il nomme « aither » (que nous écrirons éther) comme principe constituant des corps célestes. L'un des arguments pour l'adjonction de ce nouvel élément est d'ailleurs lié au problème du mouvement naturel des éléments que nous avons évoqué. Manifestement, pour Aristote, le mouvement naturel des objets célestes, qui est circulaire, ne peut être assimilé aux mouvements naturels des quatre éléments terrestres. Par conséquent, il est « naturel », dans cette optique générale, de l'associer avec un élément différent, nouveau, l'éther dont il pourrait alors être la tendance « naturelle ». La nature précise de cet élément n'est pas explicitée. Ce qui est certain, c'est qu'il n'est pas transmutable dans aucun des quatre autres éléments.

Une des conséquences d'une telle conception est d'impliquer des principes de structure et de dynamique différents pour les cieux et la terre, le monde céleste et le monde sublunaire. Ces deux domaines deviennent absolument hétérogènes. C'est là une conclusion très en régression par rapport aux atomistes et même aux premiers philosophes de la nature, les milésiens, et qui restera longtemps lourde de conséquences négatives pour le développement de la science. Il faudra attendre Galilée (1564-1642), Kepler (1571-1630) et Newton (1642-1727) pour que la « physique céleste » et la « physique terrestre » ne fassent de nouveau qu'une physique, pour que l'on reconnaisse que « la nature est la même dans les cieux et sur la terre ».

Pour ce qui nous intéresse ici, les positions d'Aristote sur trois autres problèmes sont également significatives :

– *Dieu.* Dieu a sa place dans la philosophie d'Aristote, l'argument premier qu'il avance en faveur de son existence reposant essentiellement sur sa théorie du mouvement, dans laquelle, comme nous l'avons vu, « tout ce qui est mû reçoit son mouvement de quelque chose ». Par simple extrapolation de cette situation en direction de l'infini passé, il convient alors d'admettre qu'à l'origine du mouvement il doit y avoir un premier moteur, lui-même immobile, immuable et éternel[12]. Et ce premier moteur, pour Aristote, c'est Dieu. Par ailleurs, le dieu d'Aristote (qui s'en étonnerait !) est pure forme et pure potentialité, il est le seul à être dépourvu de substrat matériel. Comme le dieu de Platon, il est plutôt artisan, architecte du monde : la matière sur laquelle il opère est éternelle. Il est important d'ajouter que, dans la conception d'Aristote, Dieu, la première cause, est aussi la cause finale. En effet, Dieu fournit la cause du mouvement par le but qu'il lui a fixé et qui est une

12. B. Russell, *A History of Western Philosophy*, Londres, Unwin, 1946, p. 85, dira : « Toute explication causale doit avoir un commencement arbitraire. »

évolution du monde dans le sens d'une marche continue vers l'accroissement du bien, vers la perfection, et cela par le biais de l'amour qu'il suscite et que l'on a pour lui. C'est une vision téléologique du monde, en opposition formelle avec la vision strictement mécaniste, dépourvue de toute finalité, des atomistes.

– *L'âme.* L'âme qui, chez les atomistes, était constituée d'atomes et corruptible, est, chez Aristote, la forme du corps. C'est elle qui confère à ce corps son unité de fonctionnement et de but. Ainsi, si le but de l'œil est de voir, l'œil isolé ne voit rien. C'est l'âme qui voit. Elle ne peut pas exister indépendamment de la matière. Comme chez les atomistes, elle disparaît en même temps que le corps. Aristote rejette la métempsycose de Platon.

– *L'univers.* Alors que les atomistes admettent une pluralité, sinon une infinité des mondes, qui naissent et meurent en fonction des mouvements des atomes, seuls éternels, Aristote ne conçoit qu'un seul univers, non généré et non destructible, donc éternel[13]. Ce sera, par ailleurs, un monde fini.

Finalement, après avoir beaucoup insisté sur l'antiatomisme d'Aristote, il nous faut dire quelques mots à propos de ce que certains considèrent comme sa propre *théorie corpusculaire.* Cette attribution s'appuie sur une remarque incidente du Stagirite, au chapitre IV du livre 1 de sa *Physique*, dans laquelle il critique la théorie d'Anaxagore sur la divisibilité infinie de la matière, avec conservation de ses qualités : « Chair, os et les semblables sont des parties des animaux... D'où il est évident que ni la chair, ni les os, ni rien de semblable ne saurait être de dimension indéfinie ni dans la direction du plus grand ni dans celle du plus petit. » La remarque s'adresse explicitement aux êtres vivants et il n'y a pas de preuves qu'il ait eu la même opinion à propos de la matière inerte, bien que sa conception générale des composés chimiques comme des entités dans lesquelles les caractéristiques des composantes ont subi des changements substantiels, encourage à le penser. On peut d'ailleurs remarquer que des penseurs scolastiques étendront effectivement cette idée à tous les corps, en particulier Albert le Grand ou encore Thomas d'Aquin, qui écrit : « Un corps naturel ne peut pas être divisé à l'infini, sinon il se convertit en un autre. »

Quoi qu'il en soit, il est facile de voir en quoi les particules minimales envisagées par Aristote diffèrent des atomes de Démocrite. Ainsi, il

13. À la longue, toute conception possible du monde sera tôt ou tard avancée par les philosophes. Chez les atomistes, les mondes multiples sont différents les uns des autres. Quelque vingt-deux siècles plus tard, Leibniz, qui admettra aussi la multiplicité des mondes, les préférera tous semblables.

s'agit pour Aristote non pas de limites définies de la division de la matière mais de limites pratiques, permettant la conservation des qualités spécifiques de ces corps. Au-delà de ces limites, un corps, simplement, n'est plus ce qu'il était. La conception d'Aristote est donc plutôt celle d'un pseudo-atomisme qualitatif, fort différent de l'atomisme quantitatif de Démocrite.

La notion de particules minimales resurgira à diverses époques de l'histoire. Si certains commentateurs proches d'Aristote, tels Alexandre d'Aphrodise (IIe-IIIe siècles) et Jean Philopon (Ve-VIe siècles), défendront l'idée abstraite des particules minimales qualitativement variées (ils les appellent *elachista*, l'équivalent grec de *minima*), des commentateurs postérieurs essaieront de leur imposer un rôle plus substantiel dans la construction de la réalité physique. Tel sera, en particulier, le cas de certains philosophes arabes (voir chapitre XI).

En raison de l'importance historique d'Aristote, on est naturellement tenté de juger de la valeur de sa contribution scientifique, mais fonder cette critique uniquement à partir de sa prise de position sur la théorie atomique serait le défavoriser. Je préfère donc reproduire ici trois jugements plus généraux, intéressants par la qualité de ceux qui les ont émis.

Ainsi, selon l'historien de la science Alexandre Koyré[2] : « La physique aristotélicienne est fausse, nous le savons bien. Irrémédiablement périmée. Mais c'est néanmoins une physique, c'est-à-dire une théorie hautement, bien que non mathématiquement, élaborée. Ce n'est ni un prolongement brut et verbal du sens commun, ni une fantaisie enfantine, mais une théorie, c'est-à-dire une doctrine qui, partant, bien entendu, des données du sens commun, les soumet à une élaboration systématique extrêmement cohérente et sévère. »

L'éminent philosophe Bertrand Russell[12] pour sa part écrit : « En lisant n'importe lequel des philosophes importants mais surtout en lisant Aristote il est indispensable de l'étudier de deux manières : par rapport à ses prédécesseurs et par rapport à ses successeurs. Dans la première optique les mérites d'Aristote sont énormes ; dans la seconde ses démérites sont pareillement énormes. En ce qui concerne ses démérites, ses successeurs en sont toutefois plus responsables que lui-même. Il est apparu à la fin d'une époque créative de la pensée grecque et, après sa mort, il a fallu attendre deux mille ans avant que le monde ne produise un philosophe qui puisse être considéré comme étant, même approximativement, son égal. Vers la fin de cette longue période, son autorité est devenue presque aussi indiscutable que celle de l'Église et est devenue en science, comme en philosophie, un obstacle sérieux au progrès. Depuis le commencement du XVIIe siècle, presque toute avancée intellectuelle significative devait commencer par une attaque contre un aspect de la doctrine aristotélicienne ; en logique ceci est encore vrai aujourd'hui. Mais la situation aurait été au moins aussi désastreuse si l'un quelconque de ses prédécesseurs (à l'exception peut-être de Démocrite) avait acquis la même autorité. Pour lui rendre justice nous devons, pour commencer, oublier son excessive renommée posthume, et également l'excessive condamnation posthume à laquelle cette renommée a conduit. »

Enfin, l'écrivain Arthur Koestler[14] porte le jugement suivant : « La physique d'Aristote est réellement une pseudo-science, dont il n'est pas sorti en deux mille ans une seule découverte, une seule invention, une seule idée neuve ; il ne pouvait en effet rien en sortir et c'était un de ses puissants attraits. »

Pour équilibrer quelque peu cette dernière citation, reproduisons encore l'opinion de J.-M. Aubert, dans son ouvrage de propédeutique à la vision chrétienne du monde[15] : « Le mythe de la responsabilité d'Aristote dans le retard scientifique est tellement ancré en de nombreux esprits qu'il importe dès ici d'en montrer l'inanité ; la pensée d'Aristote ne peut pas être rendue responsable de ce fait, pour la simple raison qu'elle fut pratiquement éclipsée par d'autres courants de pensée, jusqu'à saint Thomas. On pourrait plutôt retourner le reproche, et se demander si le progrès scientifique n'a pas été en partie stoppé par le peu d'intérêt rencontré par la doctrine et la méthode du Stagirite dans le monde gréco-romain. »

2. Les stoïciens

« On se fait stoïcien, mais on naît épicurien. »
Diderot

La doctrine physique des stoïciens constitue probablement l'expression la plus nette de l'opposition antique aux enseignements des atomistes, et en particulier à ceux d'Épicure. Les historiens du stoïcisme ont l'habitude de distinguer, dans l'évolution de cette pensée philosophique, trois grandes périodes : celle du stoïcisme ancien (IVe-IIIe siècles av. J.-C.) dont les représentants les plus éminents sont Zénon de Cittium, Cléanthe d'Assos et Chrysippe de Soles ; celle du stoïcisme moyen (IIe-Ier siècles av. J.-C.) avec comme auteurs principaux Posidonius d'Apamée et Panétius de Lindes ; et celle du stoïcisme impérial (Ier-IIe siècles) illustrée par Sénèque, Épictète et Marc-Aurèle. Mais la

14. A. Koestler, *Les Somnambules*, Paris, Calmann-Lévy, 1960.
15. J.-M. Aubert, *Philosophie de la nature*, Paris, Beauchesne et fils, 1965, p. 69.

physique stoïcienne a été élaborée sous sa forme quasiment définitive par Zénon (332-262 av. J.-C.) et Chrysippe (277-204 av. J.-C.).

Comme celui des épicuriens, l'univers des stoïciens repose sur deux « principes » corporels, inengendrés et indestructibles. Si l'un de ces principes – qui est passif – est la matière, la structure de celle-ci est toutefois conçue à l'opposé de la nature corpusculaire que lui attribuent les atomistes. En fait, les stoïciens sont des avocats déterminés de la théorie continuiste de la matière qui est divisible à l'infini et dont les parties communiquent entre elles. Nous ne serons donc pas surpris que, corrélativement, les stoïciens refusent l'existence du vide, tout au moins à « l'intérieur du monde » (qui pour eux, comme pour Aristote – en fait pour tous les antiatomistes – est fini) car, curieusement, ils en admettent l'existence à l'extérieur. Le vide, qui était considéré par les atomistes comme condition du mouvement, ne leur paraît guère indispensable, le mouvement étant selon eux possible dans le plein, considéré comme un milieu élastique.

Le deuxième « principe » des stoïciens n'a aucune relation avec celui des épicuriens. Ce deuxième « principe » – dit actif – est le *pneuma*, qui représente à la fois le souffle vital, la raison universelle, l'âme, le destin, Dieu. Le *pneuma* et la substance sont étroitement liés, ils s'interpénètrent intimement. Il résulte de cette proposition et de ses prémisses plusieurs conséquences. L'une est une sorte de conception panthéiste grandiose de l'univers. Une autre est une ouverture vers une théorie des mixtes qui va au-delà de leur représentation comme de simples agglomérations, juxtapositions, plus ou moins imbriquées, des particules élémentaires – représentation typique, comme nous l'avons vu, de la théorie atomique antique – vers une véritable restructuration synthétique dans laquelle les substances constituantes disparaissent au profit d'une entité nouvelle. Il y a là le germe d'une théorie moléculaire de la matière.

En outre, si la substance première est éternelle, le monde, lui, est engendré et corruptible. À la base de sa formation réapparaissent les quatre éléments fondamentaux d'Empédocle : le feu, l'air, l'eau et la terre, que les stoïciens hiérarchisent toutefois quelque peu, en attribuant un rôle fondamental aux deux premiers, le feu et l'air, et parmi ceux-ci un rôle primordial au feu qui assume un caractère créateur quasiment divin, providentiel. Citons Plutarque[16] : « Dénommant éléments premiers les quatre corps, terre et eau, air et feu, ils font, je ne sais comment, des uns des êtres simples et purs, des autres des êtres

16. Les citations reproduites dans cette section proviennent du volume *Les Stoïciens*, Paris, Gallimard, « Bibliothèque de la Pléiade », textes E. Bréhier, sous la dir. de P. M. Schuhl, 1962.

composés et mélangés. Car ils savent que la terre et l'eau ne sont pas capables de se maintenir elles-mêmes ni de maintenir d'autres êtres, mais qu'elles conservent leur unité en participant à la puissance de l'air et du feu. L'air et le feu se maintiennent grâce à une tension qui leur est propre ; et c'est en se mélangeant aux deux autres éléments qu'ils fournissent à ceux-ci la tension, la stabilité et la substantialité. » Et Diogène Laërce : « La naissance du monde a lieu lorsque, à partir du feu, la substance, par l'intermédiaire de l'air, se change en humidité, dont la portion épaisse et consistante fait la terre, tandis que ses parties subtiles deviennent de l'air et, se subtilisant encore plus, engendrent le feu ; ensuite, selon le mélange des éléments viennent d'eux les plantes, les animaux, et les autres genres d'êtres. » Cette citation annonce une des conceptions caractéristiques de la vision stoïcienne de l'univers à savoir « l'éternel retour », l'évolution cyclique éternelle du monde.

On retrouve la même différence fondamentale par rapport à la conception épicurienne dans l'attitude des stoïciens à l'égard du rôle du hasard dans la formation, la marche et l'évolution du monde. Si les deux doctrines partagent la même base éthique et la même ambition essentielle de garantir le bien-être des hommes par la paix de l'esprit, la sagesse, les stoïciens refusent d'admettre que le destin du monde est l'œuvre du seul hasard. Ils y voient distinctement l'action d'une force organisatrice, le développement d'une semence, avec une finalité qualifiable de Providence. Cicéron a présenté, à plusieurs reprises, dans ses *Traités de la nature des dieux et du destin*, leurs critiques de la doctrine épicurienne et ses vues propres à ce sujet. On ne sera pas étonné de constater que le célèbre *clinamen* des épicuriens et son rôle supposé dans le pouvoir volontaire et le libre arbitre sera une des cibles privilégiées de ses objections. Ainsi écrit-il : « Ici ne m'étonnerais-je pas qu'il y ait quelqu'un pour se convaincre qu'il existe certains corps solides et indivisibles mus par leur force et par leur poids et que ce monde, si riche et si beau, résulte du concours fortuit de ces corps ? Lorsque l'on croit pareille chose possible, je ne conçois pas pourquoi on ne penserait pas aussi que, en jetant d'une manière quelconque en quantité innombrable les vingt et une lettres, il pourrait résulter de ces lettres jetées sur le sol les *Annales* d'Ennius, telles qu'on pourrait les lire ensuite. Je ne sais si le hasard pourrait seulement venir à bout même d'une seule ligne. Comment alors ces gens-là assurent-ils que le monde a été fait de corpuscules dénués de couleurs et de toute autre qualité se rassemblant au hasard et accidentellement ? ou que, à tout moment du temps, des mondes innombrables tantôt naissent tantôt périssent ? Et si le concours des atomes peut faire un monde, pourquoi ne peut-il faire un portique, une maison, une ville, choses bien moins laborieuses et beaucoup plus faciles ? Certainement, les niaiseries qu'ils disent sur le monde sont si déraisonnables qu'il ne paraît pas qu'ils aient jamais regardé cette admirable beauté du ciel, sujet de mon prochain développement. » Et dans le *Traité du destin* : « L'atome dévie, dit Épicure. Et d'abord pourquoi ? Ils tenaient de Démocrite une autre force motrice, l'impulsion qu'il appelle choc ; toi, Épicure, tu leur as donné pesanteur et poids. Quelle est donc, dans la nature, cette nouvelle cause qui fait dévier les atomes ? Est-ce qu'ils tirent au sort celui qui va dévier et celui qui ne va pas dévier ? Pourquoi dévient-ils de l'intervalle le plus petit, et non pas d'un plus grand ? D'un seul intervalle et non de deux ou trois ? C'est là faire des vœux et non pas discuter. Car tu dis que l'atome change de place et dévie sans impulsion extérieure, qu'il n'y a pas, dans le vide qu'il traverse, de cause pour qu'il soit détourné de sa trajectoire, et qu'il n'y a dans l'atome lui-même aucune modification expliquant pourquoi il ne garde pas le mouvement naturel résultant de son poids. N'ayant donc apporté aucune cause capable de produire cette déviation, il croit pourtant dire quelque chose en disant ce que la raison de tout le monde rejette et méprise. Et personne ne me paraît mieux assurer non seulement le destin, mais la nécessité violente de toute chose, et supprimer plus les mouvements volontaires de l'âme, qu'un homme qui avoue qu'il n'aurait pu s'opposer au destin s'il n'avait eu recours à ces déclinaisons imaginaires. » Et encore dans le même *Traité* : « Mais Épicure pense éviter la nécessité du destin au moyen de la déclinaison de l'atome ; en dehors de la pesanteur et du choc, il naît donc un troisième mouvement, quand l'atome dévie de la verticale de l'espace le plus petit possible : cette déclinaison, il est bien forcé d'admettre, sinon en propres termes, du moins en réalité, qu'elle est sans cause... Plus subtil était Carnéade[17], qui enseignait aux Épicuriens qu'ils pouvaient soutenir leur cause sans cette déclinaison imaginaire. »

3. Les néoplatoniciens

Un autre courant philosophique, qui se distingue par son influence sur la pensée, en particulier la pensée religieuse du Moyen Âge, a pris également une position ouvertement et fortement antiatomiste (tout en attaquant d'ailleurs aussi les stoïciens) : celui des néoplatoniciens, dont le fondateur est Plotin de Lycopolis (vers 205-270). Il ne semble pas indispensable de décrire ici les modifications ou les adjonctions que les

17. Carnéade, un dialecticien du stoïcisme qui a vécu au IIIe siècle av. J.-C., distingue le nécessaire et le fatal : ce qui arrive est fatal, mais pas nécessaire, car l'événement contraire aurait pu logiquement arriver. Il enseigne que, s'il est bien vrai que tout événement a une cause, celle-ci peut être indépendante d'autres causes. Ce serait une cause fortuite, responsable possible d'événements volontaires.

néoplatoniciens ont introduites dans l'enseignement de leur illustre maître. En revanche, il est intéressant d'exposer quelques critiques énoncées par Plotin contre certains aspects de la doctrine atomique, d'autant plus que ses arguments, qui affirment essentiellement l'impossibilité d'expliquer par les atomes l'organisation et la régularité du monde, la liberté de l'action humaine, l'essence de l'âme (qu'il conçoit incorporelle et indestructible), et qui comportent le refus du vide, se retrouveront chez d'autres antiatomistes à différentes époques de l'histoire.

Quelques citations significatives[18] permettent d'illustrer différents thèmes.

Ainsi, en ce qui concerne le hasard : « Attribuer à la spontanéité et au hasard l'existence et la formation du monde sensible, c'est l'absurdité d'homme qui ne sait ni comprendre ni regarder. Absurdité évidente avant tout raisonnement ; absurdité aussi que sont capables de prouver des raisonnements bien établis » (*Ennéades* III, 2). « L'ordre ne naît pas du désordre, ni la loi de l'inégalité, comme le croit certain philosophe » (*Ennéades* III, 2).

En ce qui concerne la liberté des choix humains : « Quant aux événements ou à ceux des êtres éternels qui n'accomplissent pas toujours le même acte, il faut dire qu'il y en a toujours des causes et il ne faut pas admettre la production sans cause ; il ne faut laisser place ni à de vaines "déclinaisons", ni à un "mouvement subit du corps qui a lieu sans que rien le précède", ni à une inclinaison inconstante de l'âme qui se produit sans que rien l'ait poussée à faire ce qu'elle ne faisait pas avant » (*Ennéades* III, 1). « Attribuer toutes choses à des corps, que ce soit des atomes ou ce qu'on appelle des éléments, engendrer avec le mouvement irrégulier qui en résulte la règle, la raison et l'âme dominatrice, c'est à la fois absurde et impossible, et il est plus impossible encore, si l'on peut dire, de partir des atomes. On a présenté sur ce point beaucoup d'arguments très justes ! Si l'on pose de tels principes, il ne s'ensuit pas même d'une façon nécessaire qu'il y ait, pour toutes choses, une nécessité ou, pour parler autrement, un destin. À supposer d'abord que ces principes soient les atomes, ils sont animés d'un mouvement oblique quelconque, chacun dans une direction différente. Aucun de ces mouvements n'est régulier, puisqu'il n'y a pas de règle, et leur résultat, une fois produit, serait régulier ! [...] Il y aura bien nécessité, pour les corps qui reçoivent le choc des atomes, de subir le mouvement que ces atomes leur impriment ; mais à quels mouvements d'atomes attribuera-t-on les actions et les passions de l'âme ? Quel est le choc

18. Ces citations proviennent de l'édition des *Ennéades* par E. Bréhier, Paris, Les Belles Lettres, 1989, vol. III et IV.

qui, en portant l'âme vers le bas, ou en la heurtant d'une manière quelconque, la fera raisonner ou vouloir de telle ou telle manière, donnera au raisonnement, à la volonté ou à la pensée une existence nécessaire et, plus généralement, l'existence ? Et lorsque l'âme s'oppose aux passions du corps ? Quels mouvements d'atomes effectueront nécessairement la pensée du géomètre, celle de l'arithméticien et de l'astronome, et enfin la sagesse ? Car enfin ce qui est nôtre dans nos actions, ce qui fait de nous des êtres vivants, tout cela disparaîtra, si nous sommes emportés où nous mènent les corps et au gré de leur impulsion, comme des choses inanimées » (*Ennéades* III, 1).

Finalement, en ce qui concerne l'essence de l'âme : « Il est impossible qu'un amas de corps fasse la vie et que des choses sans intelligence engendrent l'intelligence. – Dira-t-on : oui, mais ce mélange n'est pas un mélange quelconque ? – Il faut alors qu'il y ait un régulateur et une cause du mélange ; et c'est cette cause qui aura le rang d'âme. Car il n'y aurait pas de corps composé et pas même de corps simple dans la réalité, sans l'âme qui est dans l'univers, puisque c'est une raison survenant dans la matière qui fait un corps, et qu'une raison ne provient pas d'ailleurs que d'une âme » (*Ennéades* IV, 4). « Il est impossible qu'un corps dans sa totalité en pénètre totalement un autre ; or l'âme pénètre partout, donc elle est incorporelle [...] Si l'on dit que des atomes ou des indivisibles créent l'âme par leur concours, l'union et la sympathie des parties de l'âme réfuteront cette thèse, puisqu'il ne se produit nulle pénétration, nulle sympathie entre des corps impassibles et incapables de s'unir en un seul ; or l'âme est sympathique avec elle-même. De plus un corps et une grandeur ne peuvent provenir d'êtres indivisibles. [...] Tout ce qui, pour exister, implique une composition se décompose naturellement dans les éléments dont il est composé ; mais l'âme est une nature une, simple, et existant actuellement toute dans le fait de vivre ; alors elle ne périra donc pas. Elle peut périr, dit-on, par division et fragmentation ? Mais elle n'est ni une masse ni une quantité, on l'a montré. Est-ce par altération qu'elle viendra à se détruire ? L'altération, lorsqu'elle est cause de destruction, supprime la forme, mais laisse la matière ; et cela n'arrive qu'à un être composé. Si donc elle ne peut être détruite d'aucune de ces manières, elle est nécessairement indestructible : [...] Si l'on dit que toute âme est corruptible, il faudrait que tout eût péri depuis longtemps » (*Ennéades* IV, 7).

Cette rapide description de la contribution des penseurs grecs antiques à la problématique philosophie-religion-atomes montre la richesse et la variété quasi illimitées des modes d'approche et des propositions énoncées. En fait, il y eut bien d'autres penseurs qui entrecroisaient des éléments provenant des différentes doctrines précédentes. Citons, à titre d'exemple, Straton de Lampsaque (340-269 av. J.-C.), deuxième scolarque du Lycée après Aristote mais influencé par la philosophie épicurienne, qui admettait le vide mais rejetait les atomes (qu'il nommait « les rêveries de Démocrite », d'après Cicéron), soutenait que les principes fondamentaux étaient les deux qualités du chaud et du froid et, résolument « mécaniste », rejetait la téléologie aristotélicienne. Il affirmait, à la grande satisfaction de Cicéron, « qu'il n'y a pas besoin du travail des dieux pour fabriquer le monde ». Ainsi, dit Cicéron, « il délivre Dieu d'un grand travail et moi d'une grande crainte. Qui pourrait, en effet, avec la pensée que Dieu étend son attention jusqu'à lui-même, ne pas redouter nuit et jour la puissance divine et ne pas craindre si quelque adversité lui arrive (et à qui n'en arrive-t-il pas ?), que ce soit à bon droit ? »

Diodore Cronos offre un autre exemple : représentant de l'école de Mégare, fondée par Euclide le Socratique, il enseignait, vers la fin du IVe siècle av. J.-C., que la réalité physique est constituée à partir des « corps minimaux et sans parties », mais refusait l'existence du vide.

CHAPITRE VI

Les principes et les substances primordiales

Les chapitres III à V nous ont fait traverser une étape nouvelle de la pensée scientifico-philosophique grecque, dépassant les tentatives relativement simples des premiers philosophes de la nature, centrées autour de la définition des « substances primordiales ». En effet, tant les atomistes que Platon et Aristote ont avancé des propositions plaçant leurs « principes » avant de telles substances. Néanmoins, ils ont tous maintenu le rôle intermédiaire, important pour la construction du monde, des quatre substances primordiales d'Empédocle. La situation est illustrée sur la *figure 6,* complément de la *figure 2* mise à jour, en quelque sorte, pour la fin de l'époque antique. Sur cette *figure 6,* le cercle intérieur peut être considéré comme représentant la *figure 2.* Le cercle extérieur précise les « principes » des philosophes pour qui les « substances » ne représentent pas les éléments primordiaux de la structure de la matière. Les flèches en pointillé indiquent ceux de ces philosophes pour qui les quatre substances d'Empédocle constituent néanmoins une étape intermédiaire essentielle dans cette structuration. Il est remarquable de constater la quasi-unanimité de l'opinion à ce sujet. Forte de la caution à la fois de Platon et d'Aristote, qui se partageront dans le temps la domination philosophique du Moyen Âge, elle sera considérée comme une donnée scientifique pratiquement indiscutable pendant cette période de l'histoire du monde.

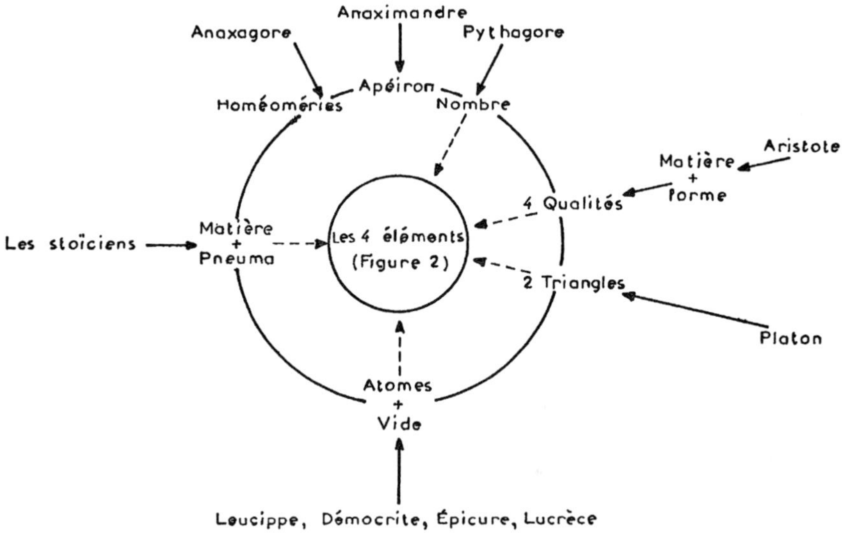

Figure 6. – Les principes et les substances primordiales des philosophes grecs.

CHAPITRE VII

L'atomisme indien

« Si l'expérience usuelle ne nous présentait pas les divers phénomènes de la poussière, il est à présumer que l'atomisme n'eût pas reçu des philosophes une adhésion si prompte et qu'il n'eût pas connu un destin si facilement renouvelé. »

Gaston Bachelard

Si la grande aventure de l'atomisme, celle qui était destinée à se dérouler à l'échelle mondiale, plonge ses racines en terre grecque, il serait injuste de ne pas mentionner ici, pour le moins, le florissement de cette même idée sur la terre lointaine de l'Inde et cela d'autant plus que, tout comme dans le monde occidental, les réflexions et les discussions sur la théorie atomique ont occupé une place significative dans la philosophie indienne pendant deux mille ans. Des historiens de la philosophie et de la science se sont interrogés sur les rapports qui ont pu exister, surtout au temps des origines, entre ces deux variantes géographiques de la même idée fondamentale, et tout particulièrement sur la question de l'antériorité et de l'influence possible de l'un de ces courants sur la genèse de l'autre. Il ne semble pas que ce débat ait reçu une conclusion définitive. Si Mabilleau[1], vers la fin du siècle précédent, défendait l'antériorité de l'atomisme indien et la probabilité de son influence sur la formulation de l'atomisme grec, des auteurs plus

1. L. Mabilleau, *Histoire de la philosophie atomistique,* Paris, Félix Alcan, 1895.

récents[2-4] penchent plutôt pour des origines distinctes. Quoi qu'il en soit, la théorie atomique indienne paraît avoir vécu une histoire relativement séparée, se suffisant à elle-même. Comme elle n'a pas eu d'incidences conséquentes sur la trame des réflexions et des discussions évoquées ici et qui se déroulent pour la plupart dans le monde occidental, nous nous bornerons à résumer ici l'essentiel de sa doctrine, ou plutôt de ses doctrines car il y en a eu plusieurs. En outre, bien que ces doctrines soient associées à plusieurs systèmes théologiques différents, nous ne discuterons pas du contenu de ceux-ci : leur complexité et leur spécificité dépasseraient le cadre de ce livre (on trouvera la description de ces grands systèmes, le brahmanisme, le bouddhisme, le jaïnisme, par exemple, dans les réf.[3-5]). Nous nous contenterons donc de décrire ici les idées fondamentales des adeptes indiens de la théorie atomique, en essayant de mettre en évidence, autant que possible, les éléments communs aux courants de pensée véhiculant cette théorie, ainsi que les différences qui les distinguent[3-6].

Les plus anciens textes sacrés du brahmanisme, religion née en Inde après l'installation des aryens, les *Veda*, composés entre les XIVᵉ et VIIᵉ siècles av. J.-C. et hérités de la religion primitive du pays, le védisme, ainsi que les *Brahmana* et les *Upanisad* qui en sont des annexes interprétatives (VIIIᵉ-VIᵉ siècles), ne contiennent aucune mention ni allusion au concept d'atome[7]. On peut suivre en revanche dans les *Upanisad* la formation progressive de la théorie des quatre éléments : terre, eau, feu, air[3]. La doctrine atomique indienne n'est donc pas une vérité révélée,

---

2. J. R. Partington, *Annals of Science,* 1939, 4, 245-283.
3. H. de Glasenapp, *La Philosophie indienne,* Paris, Payot, 1951.
4. Pour les lecteurs spécialement passionnés par les questions de priorités, signalons l'allusion, figurant dans les œuvres de Strabon, géographe grec (58 av. J.-C. - 25 apr. J.-C.), qui se réfère d'ailleurs sur ce sujet à Posidonius, stoïcien (135-50 av. J.-C.), à un Phénicien originaire de Sidon nommé Mochos « qui a vécu au temps de Troie et qui était l'auteur de l'opinion ancienne sur les atomes ». Rappelons que la guerre de Troie, l'événement le plus célèbre de l'histoire de cette cité, a eu lieu au XIIᵉ siècle avant notre ère, ce qui placerait l'origine de la théorie atomique dans un passé très lointain. À l'aube des Temps modernes, certains philosophes (Henry More, Ralph Cudworth) proposeront d'identifier Mochos avec... Moïse, ce qui leur permettra d'entrevoir un atomisme originaire dépourvu du péché d'athéisme.
5. M. Biardeau, « Philosophies de l'Inde », dans *Histoire de la philosophie,* vol. 1, Gallimard, Encyclopédie de la Pléiade, 1990.
6. M. K. Gangopadhyaya, « The atomic hypothesis », dans D. Chattopadhyaya, *History of Science and Technology in Ancient India,* vol. II, *Formation of the Theoretical Fundamentals of Natural Science,* Calcutta, 1992, et, du même auteur, *Indian Atomism, History and Sources,* Calcutta, 1980.
7. Cette absence sera un des arguments utilisés pour la réfutation de l'atomisme par les philosophes du Vedanta, dont le plus éminent est Samkara, au VIIIᵉ siècle.

mais le fruit de la réflexion et de l'intuition des penseurs, combinant souvent des croyances religieuses avec des tendances séculières. Absente aux origines, on la retrouve pourtant dans l'enseignement de la majorité des grands courants philosophiques qui se sont épanouis sur la terre indienne.

Ainsi, comme il est bien connu, l'évolution du brahmanisme a donné naissance à six grands courants philosophiques principaux que l'on associe souvent en couples d'après leurs affinités doctrinales : la Mimamsa et le Vedanta, le Nyaya et le Vaisésika, le Samkhya et le Yoga. Parmi ces doctrines, c'est le couple Nyaya-Vaisésika qui fut le défenseur le plus ardent de l'atomisme. Les idées essentielles de ce courant sont exprimées dans le *Vaisésika-sutra* de Kanada, rédigé au Ier siècle avant notre ère (ce qui fait de Kanada aux yeux de certains une sorte de Démocrite de l'Inde), et dans le *Nyaya-sutra* de Gautama, quelque peu postérieur. On rencontrera des partisans de cette doctrine jusqu'au XVIIe siècle. Si la Mimamsa et le Samkhya se montreront ouverts au concept atomique, le Vedanta en revanche sera tout à fait opposé à cet enseignement.

De même, des deux grands courants du bouddhisme (qui naît en Inde du Nord aux confins du Népal au VIe siècle av. J.-C.), seul le courant traditionnel, le Hinayana (le Petit Véhicule), sera acquis à la théorie atomique, alors que le courant schismatique du Mahayana (le Grand Véhicule) y sera opposé (surtout, en son sein, l'école de Yogacara).

Brahmanisme	Mimamsa et Vedanta		±	-
	Nyaya et Vaisésika		++	++
	Samkhya et Yoga		+	
Bouddhisme	Hinayana	Sautrantika	+	
		Vaibhasika	+	
	Mahayana	Madhyamaka	- -	
		Yogacara	- -	
Jaïnisme			+	

Tableau I : Attitude vis-à-vis de l'atomisme.

Le troisième grand courant philosophique de l'Inde, le jaïnisme, fondé vers la même époque que le bouddhisme par Mahâvîra, et qui, comme celui-ci, représente une réforme dirigée contre le brahmanisme, adopte également une vision atomique du monde matériel.

Nous voyons donc que, dans l'ensemble, la pensée philosophique ou plutôt philosophico-théologique de ce grand centre culturel de l'Antiquité qu'était l'Inde fut largement et continuellement imprégnée d'une représentation corpusculaire de la nature.

Le tableau 1 représente schématiquement, par les signes + et -, l'attitude des courants philosophiques précités de l'Inde vis-à-vis de la théorie atomique.

Regardons maintenant de plus près les enseignements essentiels de ces différentes écoles.

1. Doctrine atomiste des Nyaya-Vaisésika

Une des caractéristiques fondamentales de l'enseignement de ces écoles est que la théorie atomique vient se greffer sur celle des quatre éléments, qui sont les mêmes que dans la théorie d'Empédocle : terre, eau, air, feu. La philosophie Nyaya-Vaisésika distingue, en effet, quatre types d'atomes originaux, correspondant à ces quatre éléments matériels. Tout comme dans la conception grecque, les atomes indiens sont éternels, indestructibles, sans parties, innombrables. On remarquera toutefois l'absence, dans cette conception, de toute allusion à une matière primitive homogène, ce qui fera dire à Mabilleau[1] : « Kanada ne s'est pas élevé jusqu'à la conception de l'atomisme proprement dit, où une matière première uniforme sert de substratum à tous les corps et où les différences spécifiques proviennent des seules combinaisons. »

En réalité, les « éléments » ne constituent que quatre des neuf « substances » que distinguent les adeptes du Nyaya-Vaisésika. Les autres « substances » comprennent : l'éther, l'espace et le temps, omnipénétrants et éternels ; les âmes, dont il convient de distinguer deux sortes : Dieu, une âme omnisciente, libre de douleur et de plaisir, et les âmes individuelles dévolues à chaque corps, éternelles ; le Manas, organe de pensée qui, lui, est atomique et se présente en nombre illimité puisqu'un Manas est associé à chaque âme. Il est chargé d'établir le lien entre cette âme et les objets extérieurs.

Outre les quatre (cinq si l'on tient compte du Manas) types d'atomes, la doctrine Nyaya-Vaisésika admet l'existence de vingt-quatre qualités, divisées en deux groupes : celui des qualités « générales », qui résident dans toutes les substances (par exemple le nombre, l'étendue), et celui des qualités « spécifiques », associées d'une façon plus sélective à certaines d'entre elles (par exemple couleur, odeur, saveur, toucher, qui peuvent être de plusieurs sortes : notamment on distingue sept couleurs, six saveurs, etc.). Les atomes, qui sont tous de forme arrondie, diffèrent entre eux par des qualités spécifiques. Ainsi, à l'atome de terre sont associés la couleur (sept sortes), la saveur (six sortes), l'odeur (deux sortes) et le toucher ; à l'atome de l'eau seulement la couleur, l'odeur et le toucher (une sorte de chacune de ces qualités) ; à l'atome du feu la couleur et le toucher ; à l'atome de l'air le toucher seulement. Ces qualités sont latentes ou plutôt imperceptibles dans les atomes isolés ou « simples ». Elles n'affectent nos sens – et donc ne se manifestent à nous – qu'à partir d'une certaine dimension de leurs agrégats. Signalons que la terre et l'eau, contrairement à l'air et au feu, sont douées, en plus, de la pesanteur.

Cela nous amène à la deuxième caractéristique originale de la philosophie Nyaya-Vaisésika dans sa conception de la production des substances à partir des atomes élémentaires. Cette construction est progressive et implique des agglomérats intermédiaires et des modes de composition précis. Ainsi, le premier produit de l'association est une « dyade » ou un « atome binaire », formé par l'agglomération de deux atomes « simples ». Le deuxième produit de la construction croissante consiste en une association directe des trois dyades pour former une « triade », ou un « atome ternaire », qui comporte donc six atomes simples. Ni trois atomes ni deux dyades ne peuvent produire de substance. Et ce processus continue, trois triades produisant un « atome quaternaire », etc. De plus, seules peuvent avoir lieu des associations entre atomes de la même catégorie, par exemple, deux atomes de terre ou d'eau ; un atome de terre et un atome d'eau ne peuvent pas former de dyade et par conséquent de substance.

La triade, précédemment définie, représente la plus petite unité d'une substance perceptible par nos sens. Selon le *Vaisésika-sutra,* « l'atome est compté comme étant la sixième partie de la particule visible dans un rayon de soleil ». Y a-t-il dans cette expression la reconnaissance de l'origine du concept atomique dans la vue de la poussière flottante dans un rayon du soleil[8] ? Cela réjouirait Gaston Bachelard pour qui la théorie atomique est, à ses origines, essentiellement une « métaphysique de la poussière » : « Sans cette expérience spéciale [de la poussière], l'atomisme n'aurait guère pu se constituer que comme une doctrine savante, toute spéculative, où le risque initial de la pensée n'est justifié par aucune observation. Au contraire, du seul fait de l'exis-

8. Rappelons qu'une allusion à l'effet évocateur de l'allure granulaire de la poussière vue dans un rayon solaire a été faite également par Épicure (voir chapitre III).

tence de la poussière, l'atomisme a pu recevoir, dès son principe, une base intuitive à la fois permanente et riche en suggestions[9]. »

Un autre aspect important de la philosophie Nyaya-Vaisésika tient à l'interrogation – la même que celle qui a constitué longtemps une pierre d'achoppement à l'édification de la théorie atomique en Occident –, qui porte sur l'origine de la tendance des atomes à se combiner en agrégats. La réponse à cette question manque de clarté. Tantôt, les écrits de Nyaya-Vaisésika posent que les atomes ont été mis en mouvement (chiquenaude initiale ?) par une puissance intelligente et organisatrice qui aurait imposé un plan à l'évolution du monde ; tantôt, il est affirmé qu'ils sont doués d'une « vertu particulière invisible », tendance inhérente à se réunir selon certaines normes. Ce qui ne paraît pas faire de doute, c'est que sous l'apparence d'un comportement désordonné et arbitraire, les combinaisons atomiques traduisent, en fait, une intention téléologique d'un dieu qui serait toutefois essentiellement *l'organisateur, le démiurge,* mais pas le créateur de l'univers[1], « sa cause efficiente mais non matérielle[3] ».

Enfin, la vie et la conscience, selon la philosophie Nyaya-Vaisésika, paraissent impliquer, d'après Mabilleau[1], une intervention « des causes spéciales, dont on ne peut pas dire au juste si elles rentrent ou non dans le système général de l'atomisme ». « Deux solutions logiques étant possibles, celle de Démocrite qui considère la pensée comme le produit très compliqué et longuement élaboré de combinaisons purement mécaniques, et celle de Leibniz qui confie à une monade consciente, c'est-à-dire à un atome d'essence supérieure, le soin de mouvoir et d'animer les atomes inférieurs – Kanada semble incliner vers cette dernière. » On trouve, en effet, sous sa plume une allusion à « l'atome animé, doué de la conscience » et communiquant cette faculté à la personne ayant le privilège de posséder cet atome.

En fait, la théorie atomique de Nyaya-Vaisésika traduit son adaptation à certaines exigences fondamentales de la doctrine brahmanique, qui affirme, entre autres, un processus cosmique cyclique sans commencement ni fin, la pluralité des mondes, la causalité rétributrice de l'action, la transmigration des âmes. Ainsi, elle implique « qu'au cours de l'éternel processus cosmique, les atomes toujours s'unissent et se séparent tour à tour. Quand une période cosmique est révolue, les atomes s'isolent les uns des autres. Cet état de repos universel dure jusqu'au moment où les atomes se mettent à nouveau en mouvement et se lient en binômes, trinômes, etc., pour permettre ainsi aux âmes, non parvenues au salut dans la précédente période cosmique, de recevoir le fruit de leurs actions[3] ».

9. G. Bachelard, *Les Intuitions atomistiques, op. cit.*

2. Doctrine atomiste des bouddhistes

L'enseignement atomiste des bouddhistes (école de Hinayana) est, dans ses grandes lignes, assez semblable à celui des Nyaya-Vaisésika. Les bouddhistes reconnaissent les quatre éléments, la terre, l'eau, l'air et le feu et leur attribuent une structure atomique ; ils divisent aussi les propriétés associées aux atomes en « naturelles » et « dérivées ». Les propriétés naturelles des atomes des quatre éléments sont, respectivement : la solidité pour les atomes de la terre, la viscosité pour ceux de l'eau, le mouvement pour ceux de l'air et la chaleur pour ceux du feu. Les organes des sens sont également constitués d'atomes. D'une façon générale, les atomes sont indivisibles, invisibles, inaudibles, sans goût et intangibles. Ils n'existent jamais individuellement mais toujours sous forme d'agglomérats, qui sont essentiellement des juxtapositions, et non des combinaisons. Les plus petits agrégats perceptibles contiennent sept ou huit atomes, organisés en un atome central entouré par les six ou sept restants. En outre, les bouddhistes refusent toute qualité substantielle à l'âme et à la conscience, qui ainsi sont soustraites à l'empire des atomes. Ajoutons qu'ils nient l'existence d'un créateur ou d'un régisseur du monde et affirment que le cosmos obéit à une loi morale qui lui est immanente.

3. Doctrine atomiste des jaïnistes

Le troisième système philosophique à contenu atomique, le jaïnisme, se différencie des précédents sur plusieurs points importants. Ainsi, s'ils admettent que la matière est éternelle et composée d'atomes, eux-mêmes éternels, indestructibles, impénétrables, indivisibles, en fait ponctuels, les jaïnistes considèrent ces particules comme homogènes dans leur substance et différenciées uniquement par des qualités, tels la couleur, l'odeur, la saveur et le toucher, qui ne leur sont pas associées d'une façon permanente mais peuvent s'échanger. À la différence des adeptes de Nyaya-Vaisésika et du bouddhisme, les jaïnistes ne reconnaissent donc pas l'existence originelle de quatre types d'atomes différents correspondant aux quatre éléments. Ils se rapprochent ainsi des atomistes grecs antiques. À l'instar de ces derniers, ils admettent que les âmes sont, de toute éternité, dotées de matière, « contaminées » par elle, selon Glasenapp[3].

Une autre particularité des jaïnistes tient à leur conception des facteurs assurant l'interaction, l'agrégation des atomes. Le mouvement est, selon eux, une propriété intrinsèque de ces corpuscules qui peuvent se lier de différentes façons aboutissant à différents arrangements dans l'espace. Leur proposition la plus spécifique concerne toutefois le rôle particulier qu'ils attribuent, dans la formation des agrégats, aux atomes de l'eau, qui constitueraient en quelque sorte le ciment interatomique. Ils divisent globalement les atomes en humides et secs et considèrent qu'une combinaison ne se produit qu'entre ces deux types d'atomes et avec une efficacité dépendant du degré relatif de ces deux propriétés. Ils proposent donc plutôt une association des oppositions, contrairement aux adeptes de Nyaya-Vaisésika, qui privilégient l'association des analogues, controverse qui n'est pas sans rappeler le différend similaire qui a eu lieu en Grèce antique, à des milliers de kilomètres de l'Inde.

Remarquons encore que les jaïnistes croient que l'âme est « composée de parties » (ce que Mabilleau interprète comme signifiant de « particules »), « s'accordant en dimensions avec le corps ». Toutefois, afin de satisfaire à la possibilité de sa transmigration parmi les espèces animales, y compris l'homme, croyance fondamentale en terre indienne, ils affirment, en même temps, qu'elle « peut être augmentée ou diminuée par l'addition ou la séparation des parties constituées, pour se conformer au changement de personne ou d'individu animé ». Si cette croyance offre aux jaïnistes l'avantage d'une conception atomique homogène englobant les corps et les âmes, elle ne leur a pas évité pour autant une critique de Samkara, porte-parole éminent de la philosophie Vedanta – opposée à l'atomisme dans son ensemble, comme en témoignent plusieurs passages de *Brahma-sutra*, texte fondamental de cette école –, qui objecte que, dans ce cas, l'âme, qui est variable et par conséquent passagère, n'a plus rien du principe éternel que l'on désigne de ce nom. Ajoutons que les jaïnistes affirment aussi la structure atomique de l'espace et du temps.

Les autres écoles brahmaniques de conviction atomiste ont joué un rôle beaucoup moins significatif dans l'évolution et la propagation de cette doctrine. Il est malgré tout intéressant de signaler ici une contribution particulière des adeptes du Samkhya, qui admettent cinq éléments, mais seulement en tant que formes particulières d'une matière primitive. Ils leur attribuent une structure atomique mais les qualifient de « grossiers » et postulent qu'entre le monde des corps, émanation de ces éléments, et nos sens s'interposent cinq éléments « subtils », de nature éthérée.

En conclusion, on ne peut que constater qu'il existe donc une certaine analogie de pensée entre les écoles grecques et indiennes de l'Antiquité acquises à la description atomique du monde, bien que les détails de leurs visions diffèrent sensiblement. On est frappé par la présence de doctrines élémentales identiques, ou pour le moins très semblables, en deux endroits aussi distants du monde que le sont la Grèce et l'Inde, à une époque où le « trafic de voyageurs » devait être extrêmement réduit, pour autant qu'il ait existé, et l'on ne peut pas s'empêcher de s'interroger : sommes-nous en présence de germinations spontanées ou des conséquences de contacts inconnus ? Quoi qu'il en soit, il demeure entre ces deux protagonistes des atomes des divergences sur la nature de ces corpuscules, homogène selon les atomistes grecs et hétérogène, quadriforme, selon les adeptes des écoles indiennes de Nyaya-Vaisésika et de Hinayana (mais pas selon les jaïnistes, il faut le reconnaître). Remarquons à cet égard que si les Grecs ne refusaient pas d'attribuer des formes différentes à leurs atomes homogènes, les Indiens considéraient tous leurs atomes hétérogènes comme uniformément sphériques.

Une autre différence significative concerne la nature des « qualités » sensibles (couleur, odeur, etc.), associées aux atomes, ou plutôt à leurs agglomérats. Intrinsèques chez les philosophes indiens, elles ne sont que « secondaires, subjectives, bâtardes ou conventionnelles » chez les Grecs.

La philosophie atomique indienne se singularise en outre par sa notion de dyades, triades, etc., comme briques fondamentales à partir desquelles sont construits les corps, ainsi que par la règle stricte et quelque peu surprenante pour leur formation au-delà de la dyade. Doit-on voir dans de telles unités complexes et particulières l'embryon des molécules ? Dans ce cas, les Indiens auraient, en ce domaine, une nette avance conceptuelle sur les Grecs[10]. En revanche, l'impression prévaut que la dimension qu'ils attribuaient aux atomes était beaucoup plus grande que celle envisagée par les Grecs (et très éloignée de la réalité).

Les conceptions de l'âme chez les uns et les autres présentent également des différences. L'âme, pour les atomistes grecs, n'est qu'une combinaison d'atomes, corruptible comme tout ce qui est matériel,

10. En outre on ne peut pas s'empêcher de rapprocher, formellement bien sûr, les règles de l'atomisme indien sur les combinaisons de dyades de certaines propositions de la théorie moderne sur la formation d'éléments chimiques à la suite du « big bang ». Il est admis, dans cette théorie, qu'après la production des noyaux d'hydrogène et d'hélium, vers la centième seconde après le « commencement », la fabrication des éléments s'interrompit. Le noyau d'hélium, très stable, refusait de s'associer avec d'autres nucléons ou avec un autre noyau d'hélium. Il a fallu attendre plusieurs milliards d'années et la formation des étoiles pour que *trois* noyaux d'hélium, *mais pas deux,* consentent à s'unir, au cours des réactions thermonucléaires, pour former le noyau du carbone 12. À partir de ce moment, la fabrication des éléments nouveaux a pu progresser (voir par exemple T. X. Thuan, *La Mélodie secrète,* Paris, Fayard, 1991, ou J. Gribbin, *À la poursuite du Big Bang,* Paris, Flammarion, 1991).

destinée à se désagréger en même temps que le corps. Tout autre est la conception des Indiens, qui voient en elle une entité personnalisée, prédestinée à un long, sinon éternel, voyage à travers l'espace et le temps, avec toutes les aventures qu'une telle pérégrination suppose[11]. Ces conceptions opposées avaient pourtant essentiellement le même but : affranchir l'homme de la peur de la mort. Ainsi, au-delà de toute différence doctrinale, et où qu'il soit sur cette terre, l'homme paraît poursuivre toujours la même quête. C'était vrai jadis, c'est encore vrai aujourd'hui.

11. Voltaire placerait sûrement ici son aphorisme selon lequel il importe peu de quelle substance l'âme est faite pourvu qu'elle soit vertueuse.

DEUXIÈME PARTIE

Quelques reprises au cours d'une longue relâche (Ier-XVe siècles)

« L'histoire et les sciences de la nature furent nécessaires contre le Moyen Âge : le savoir contre la croyance. »

F. Nietzsche

La relâche est au théâtre une période où il ne se passe rien. Ce fut globalement la situation en ce qui concerne le sort de la théorie atomique pendant les quinze premiers siècles de notre ère. Nous pourrions même symboliser cet état de choses en laissant quelques pages blanches dans ce livre. Nous ne le faisons pas pour trois raisons. La première, parce qu'il n'est pas sans intérêt pour la suite de préciser les objections essentielles que l'Église opposera pendant cette longue période aux propositions de la théorie atomique. La deuxième, pour rappeler les noms des quelques – malheureusement rares – penseurs du monde chrétien qui, dans la seconde moitié de cette période, ont défendu avec courage la cause de l'atomisme, presque unanimement rejetée. La troisième, parce que cette relâche fut en fait interrompue par une période d'activité (Xe-XIIe siècles) durant laquelle l'idée atomique fut reprise, revigorée et remodelée par les philosophes musulmans, selon leurs conceptions propres, au point que nous pouvons parler sans hésitation d'un « atomisme arabe ». Dans l'histoire de l'atomisme médiéval, c'est une touche de clarté sur un fond bien gris. À cette occasion nous évoquerons aussi les positions des philosophes médiévaux juifs, fort actifs sur ce sujet vers la même période, d'autant plus que les renseignements peut-être les plus abondants et les plus précis sur l'atomisme arabe proviennent justement du plus célèbre des philosophes juifs, Moïse Maimonide, pourtant antiatomiste lui-même.

CHAPITRE VIII

La chrétienté naissante et médiévale face aux atomes

Avant de nous pencher sur le sort de la théorie atomique au sein du monde chrétien du Moyen Âge, il n'est pas inutile de rechercher dans les Saintes Écritures – le Nouveau Testament bien sûr, l'Ancien étant trop ancien pour cela – une mention quelconque sur cette doctrine (dans le sens large du terme, c'est-à-dire impliquant aussi ses aspects théologiques et moraux), sur ses fondateurs ou ses partisans. On rencontre effectivement dans les Actes des Apôtres une référence explicite aux épicuriens. Ainsi, on y lit (17, 18-25), à propos d'une visite de saint Paul à Athènes : « Quelques philosophes épicuriens et stoïciens se mirent à lui parler. Et les uns disaient : Que veut dire ce discoureur ?... Pourrions-nous savoir quelle est cette nouvelle doctrine que tu enseignes ? ... Or, tous les Athéniens et les étrangers demeurant à Athènes ne passaient leur temps qu'à dire ou à écouter des nouvelles. Paul, debout au milieu de l'Aéropage, dit : Hommes athéniens, je vous trouve à tous égards extrêmement religieux. Car, en parcourant votre ville et en considérant les objets de votre dévotion, j'ai même découvert un autel avec cette inscription : A un dieu inconnu ! Ce que vous révérez sans le connaître, c'est ce que je vous annonce. » Malheureusement, comme on le sait, ce discours n'a pas eu beaucoup de succès. « Lorsqu'ils entendirent parler de résurrection des morts, les uns se moquèrent, et les autres dirent : Nous t'entendrons là-dessus une autre fois » (17, 32).

Selon certains une autre allusion aux « philosophes » figurant dans l'Épître de Paul aux Colossiens (2, 8) : « Prenez garde que personne ne fasse de vous sa proie par la philosophie et par une vaine tromperie, s'appuyant sur la tradition des hommes, sur les rudiments du monde, et non sur Christ », vise également l'enseignement d'Épicure. Telle est du moins l'opinion de Clément d'Alexandrie, qui écrit au Livre II de ses *Stromates* : « Par là, Paul ne rejette pas toute philosophie mais celle d'Épicure parce qu'elle nie la providence et divinise le plaisir. » Toutefois, il ne s'agit là, évidemment, que d'une interprétation.

Au-delà des textes bibliques, c'est l'attitude du monde chrétien vis-à-vis de l'atomisme pendant les quinze siècles qui courent de la fin de l'Antiquité jusqu'au Moyen Âge, et à l'aube des Temps modernes, qui nous intéresse. Cette attitude est claire : l'Église, dont la pensée domine la majeure partie de cette période, adoptera d'une façon pratiquement constante une position décidément antiatomique. On ne saurait s'en étonner, rien dans son enseignement fondamental ne l'incitant à réduire l'univers entier à des éléments simples, indivisibles, identiques et éternels, obéissant aux lois d'une mécanique aveugle, bien des aspects de cet enseignement la plaçant au contraire en opposition formelle avec nombre de conceptions cosmogéniques, cosmologiques, philosophiques et éthiques des auteurs de cette théorie. Cette attitude d'opposition, disons naturelle, se trouvera renforcée par l'influence des deux plus grands philosophes de l'Antiquité, Platon et Aristote, qui ont rejeté l'atomisme et qui se sont partagé au cours des siècles les faveurs du christianisme, l'influence de Platon s'exerçant fortement jusqu'au XIIIe siècle et celle d'Aristote prédominant ensuite.

L'aversion à l'encontre des indivisibles, et d'ailleurs aussi de l'idée d'une substance primordiale unique dont dériverait l'ensemble du monde inanimé, animé et spirituel, est clairement exprimée par saint Augustin (354-430), dont les opinions pèseront lourdement sur l'établissement et l'évolution de la doctrine chrétienne pendant des siècles : « Que s'en aillent ces philosophes qui ont attribué les principes corporels de la nature à des intelligences liées à la matière, comme Thalès, qui rapporte tout à l'eau, Anaximène à l'air, les stoïciens au feu, Épicure aux atomes, c'est-à-dire à ces corps infiniment petits qu'on ne peut ni diviser ni apercevoir. Qu'il en soit de même de tous les autres philosophes qu'il n'est pas nécessaire de s'arrêter à énumérer et qui, dans les corps simples ou composés, sans vie ou vivants, enfin dans ce qu'on appelle des corps, ont proclamé trouver la cause et le principe des choses. Car certains d'entre eux ont cru que des êtres inanimés pouvaient produire des êtres vivants. Tels ont été les épicuriens, ces philosophes et les autres qui leur ressemblent n'ont pu imaginer dans leur être rien autre chose que ce que leur cœur asservi aux sens a pu leur faire voir[1]. »

Du reste, la diversité et la divergence des opinions chez les philosophes grecs offriront un argument de poids aux théologiens chrétiens pour rejeter l'ensemble de leurs propositions. Ainsi, Basile de Césarée (dit le Grand, 330-379) écrit au IVe siècle : « Quoi qu'aient pu alléguer les savants grecs sur la nature, aucune de leurs thèses ne s'est mainte-

1. Saint Augustin, *La Cité de Dieu*, Paris, Desclée de Brouwer, 1959.

nue et n'est apparue inébranlable car toujours les suivants ont détruit ce que les précédents avaient créé et par conséquent il est superflu de les contredire. Ils se sont détruits mutuellement. Et parce qu'ils ne savaient rien de Dieu, ils n'ont pu s'accorder sur le fait qu'une cause omnisciente a dirigé la création du monde. Et pourtant ils ont choisi comme base sûre cette incertitude sur l'origine des choses ; ils ont construit leurs conclusions chacun pour soi[2]. »

Cyrille d'Alexandrie, au siècle suivant, ne dit pas autre chose : « Puisque les fils des Grecs s'enorgueillissent de leurs maîtres à penser, puisqu'ils s'imaginent nous intimider en nous citant les noms des Anaximandre, des Empédocle, des Protagoras et des Platon, ajoutant à cette liste tous les autres inventeurs de leurs croyances impies et – si je puis ainsi parler – toutes les autres sources de leur ignorance, eh bien alors disons qu'on peut les voir, eux, quasiment brandir les uns contre les autres leurs doctrines divergentes et apporter à propos de n'importe quel élément du réel des justifications inconciliables. »

Saint Augustin lui-même utilise cet argument[3] : « En philosophie, dis-tu, on ne peut rien savoir de certain ; et, pour répandre en long et en large ton opinion, tu t'empares des querelles et des dissensions des philosophes, dans l'idée qu'elles te fournissent des armes contre eux. Comment, en effet, jugerons-nous le procès pendant entre Démocrite et les anciens physiciens sur la question du monde unique ou des mondes innombrables alors qu'entre Démocrite et son héritier, Épicure, la concorde n'a pu se maintenir ? Car le philosophe de la volupté, lorsqu'il permet aux atomes, qui sont comme ses petits serviteurs, c'est-à-dire aux corpuscules qu'il est heureux d'imaginer dans les ténèbres, de ne pas tenir leur chemin, mais de dévier d'eux-mêmes çà et là en d'autres directions, c'est tout son patrimoine qu'il dissipe en querelles. » La thèse de l'existence des mondes multiples, admise par les atomistes, est pour saint Augustin une autre cause du refus de leur doctrine. En effet, l'Église ne peut admettre la reproduction en de nombreux exemplaires du péché originel, de la réincarnation et de la Résurrection, que suggérerait ou même exigerait l'existence d'une multiplicité des mondes.

Au rejet des atomes, l'Église adjoint le rejet du vide, éliminant ainsi de sa vision du monde les deux « principes » sur lesquels est fondé l'enseignement de Démocrite et d'Épicure.

En revanche, l'Église accepte la théorie des quatre éléments et des couples de qualités qu'associe à chaque élément la systématique d'Aristote. L'adhésion à cette théorie est exprimée clairement par les Pères de

2. Saint Basile, *Les Homélies sur l'Hexaméron* (Homélie I).
3. Saint Augustin, *Dialogues philosophiques*, Paris, Desclée de Brouwer, 1939.

l'Église, notamment Basile de Césarée dès la seconde moitié du IVe siècle[4]. Saint Augustin se ralliera pleinement à cette doctrine, qui, dès lors, rencontrera l'agrément quasi général. Des siècles plus tard, des ouvrages, importants par leur diffusion et leur influence (par exemple *De imagine mundi* d'Honorius d'Autin ou *Heptateuchon* de Thierry de Chartres, au XIIe siècle), témoigneront encore de cette adhésion. Thierry de Chartres effectuera même une christianisation explicite des quatre éléments en les identifiant au ciel (feu + air) et à la terre (eau + terre) de la Création (voir, toutefois, chapitre IX).

La Création ! Voilà un thème de discorde majeur, en principe incontournable et insurmontable, entre l'enseignement biblique et les propositions des atomistes pour qui le monde est, nous l'avons vu, éternel, incréé, selon le principe qu'il n'est pas possible que quelque chose vienne de rien. Or, l'éternité du monde est rejetée par tous les grands théologiens et écrivains de l'Église, de Basile le Grand et saint Augustin aux premiers siècles de notre ère jusqu'à Thomas d'Aquin au XIIIe siècle. Basile écrit[2] : « Comme point de départ pour discourir sur les formes qui ont été données au monde, il convient tout d'abord de parler sur l'origine de cet ordre que nous percevons dans l'ensemble des choses et dans chacune d'elles prise séparément. Le ciel et la terre, après tout, sont des créations. Je dois vous l'apprendre. Ils ne se sont pas engendrés par eux-mêmes, comme beaucoup de gens le suggèrent, mais ils ont été créés par Dieu... Quelques-uns des savants grecs ont cherché à s'appuyer sur des points de départ matérialistes et ils ont attribué l'origine de la structure du monde à des substances qu'ils ont appelées éléments. D'autres se sont plongés dans des élucubrations, disant que tout ce qui est visible était formé d'atomes indivisibles et impérissables qui étaient séparés par des pores et que la vie apparaissait et disparaissait dès que ces atomes se liaient ou se dispersaient. Ceux qui ont attribué la structure du firmament et de la terre à des causes tellement négligeables et périssables ont certainement filé une chimère. » Quant à saint Augustin, il écrit dans la *Cité de Dieu* : « Mais pourquoi a-t-il plu au Dieu éternel de faire alors le ciel et la terre, qu'auparavant il n'avait pas fait ? Si ceux qui parlent ainsi veulent prétendre que le monde est éternel, sans aucun commencement, et n'a donc pas été fait par Dieu, ils tournent complètement le dos à la vérité et sont en proie à la folie mortelle de l'impiété. »

Un autre aspect de la controverse sur l'éternité ou l'adventicité du monde mérite d'être souligné, dans la mesure où il touche le fond du

4. Basile de Césarée remarquera toutefois que Dieu n'a créé initialement que la terre. Il laissa à l'intelligence qu'il a donnée aux hommes de « replacer dans la création les trois autres éléments », le feu, l'eau et l'air.

désaccord entre la doctrine atomique et la croyance chrétienne. En effet, non seulement les chrétiens rejettent l'éternité parce que cela est contraire à l'enseignement formel de la Bible, mais aussi parce que affirmer que le monde a existé de toute éternité impose des limites inacceptables à la liberté divine. Si un monde éternel existe nécessairement, il ne dépend donc pas d'un libre choix du créateur. Or, la contingence du monde, c'est-à-dire l'absence de sa nécessité, est une idée inséparable du dogme de la création. Seul Dieu est nécessaire. En prévision de discussions, que nous relaterons plus loin, sur le rôle de Dieu dans la marche de l'univers (voir en particulier chapitres XI et XII), rappelons l'enseignement de saint Thomas selon lequel la création est la communication de l'être à ce qui autrement n'est pas. Elle opère continûment : « Dieu conserve les choses dans l'être en tant qu'il ne cesse de leur infuser l'existence », écrit-il dans *Summa theologiae*[5].

Remarquons, néanmoins, qu'il y a, sur ce fond de désaccord sur l'éternité ou l'adventicité du monde, une convergence, ponctuelle il est vrai, entre les atomistes et les théologiens de l'Église : elle concerne la définition même du temps. Il suffit de comparer les opinions d'Épicure telles que les rapportent les doxographes et les paroles de saint Augustin dans la *Cité de Dieu.* D'une part, Sextus Empiricus écrit : « Épicure, selon l'interprétation de Démétrios Lacon, dit que le temps est l'accident des accidents ; il accompagne les jours et les nuits, les saisons, les états affectifs et impassibles, les mouvements et les états de repos. Toutes ces choses sont les accidents des attributs, et le temps qui les accompagne toutes pourrait à bon droit être appelé l'accident des accidents. » Aétius va dans le même sens : « Épicure dit que le temps est l'accident des accidents, c'est-à-dire l'accompagnement des mouvements. » D'autre part, saint Augustin : « Si, en effet, la vraie différence entre l'éternité et le temps est que le temps n'est pas sans un changement successif, tandis que l'éternité n'admet aucun changement, qui ne voit que le temps n'aurait pas existé si n'avait été faite une créature qui déplace telle ou telle chose par un mouvement quelconque. Car ce changement, ce mouvement où tel élément et tel autre qui ne peuvent exister ensemble se cèdent la place et se succèdent par des intervalles de durée ou plus courte ou plus longue, ont donné naissance au temps. »

Certes, la convergence annoncée s'arrête là : saint Augustin en effet va plus loin qu'Épicure dans son raisonnement et apporte une conclusion complémentaire : « Ainsi, puisque Dieu, dont l'éternité exclut le moindre changement, est le créateur et l'ordonnateur des temps, comment dire qu'il a créé le monde après des espaces de temps ?... Il

5. Pour un exposé plus complet voir S. Swiezawski, *Redécouvrir Thomas d'Aquin,* Paris, Nouvelle Cité, 1989.

est donc incontestable que le monde a été fait non dans le temps, mais avec le temps », autrement dit, que le temps a été créé en même temps que le monde. Il n'est pas le premier à exprimer cette opinion, Platon l'a déjà avancée dans *Timée*, ni même le premier parmi les chrétiens, Clément d'Alexandrie (180-216) l'avait énoncée dans les *Stromates*. Lui-même la tenait probablement d'un autre philosophe alexandrin célèbre, Philon, contemporain du Christ (20 av. J.-C. - 50 apr. J.-C.) et... juif. Dix siècles plus tard, Maimonide dira que la naissance simultanée du temps et de l'univers est implicite dans les enseignements de l'Ancien Testament. Les atomistes, pour qui le monde comme le temps étaient éternels et incréés, ne se posaient évidemment pas de telles questions[6].

Tout comme l'éternité, l'*infinité* de l'univers et la *pluralité* des mondes qui lui est associée, prônées par les atomistes, seront rejetées par l'Église. Saint Augustin en profite pour fustiger Épicure. Ainsi écrit-il : « Quant à ceux qui admettent avec nous que Dieu est l'Auteur du monde, mais nous objectent la question du temps du monde, voyons maintenant ce qu'eux-mêmes répondent sur le lieu du monde. Car de même qu'ils demandent : Pourquoi a-t-il été fait à tel moment plutôt qu'à tel autre ? de même peut-on leur demander : Pourquoi a-t-il été fait là plutôt qu'ailleurs ? S'ils imaginent en effet, avant le monde, des étendues infinies de temps au cours desquelles, leur semble-t-il, Dieu ne pouvait rester inactif, qu'ils imaginent aussi hors du monde des étendues infinies de lieux. Et s'ils disent que là non plus le Tout-Puissant n'a pu rester inactif, ne seront-ils pas contraints de rêver avec Épicure de mondes innombrables (à la seule différence qu'au lieu d'en attribuer comme lui la formation et la dissolution aux mouvements fortuits des atomes, ils les diront créés par Dieu) ? N'est-ce pas ce qui s'ensuit, s'ils ne veulent pas que Dieu reste inactif dans l'immensité sans borne de ces lieux s'étendant de tous côtés autour du monde, ni qu'aucune cause puisse détruire ces mêmes mondes, comme ils le pensent aussi du nôtre ? Car nous avons affaire à ceux qui pensent avec nous que Dieu est un Être incorporel, créateur de toutes les natures distinctes de la sienne. Quant aux autres, il serait révoltant de les admettre à cette discussion sur la religion. »

6. Pour égayer cette discussion, citons un extrait des *Confessions* de saint Augustin (XI, X, 12, Flammarion, 1964) : « Voici ce que je réponds à qui demande : que faisait Dieu avant de créer le ciel et la terre ? Je ne veux pas m'approprier la plaisante réponse qui servit un jour, dit-on, à éluder cette question redoutable : Il préparait la géhenne à ceux qui scrutent des mystères comme ceux-là. Je dis hardiment : Avant que Dieu créât le ciel et la terre, il ne faisait rien. »

Un autre enseignement des atomistes rencontre l'opposition la plus vive des autorités de l'Église : celui qui confie la formation et l'évolution du monde au hasard seul et en élimine donc toute finalité. C'est une conception inacceptable pour les chrétiens pour qui la Providence divine veille sur le sort de l'univers et de chacune de ses créatures. Cette croyance constitue l'un des fondements de leur foi. Lactance (185-253) en fera, dès la première moitié du IIIe siècle, un argument principal pour sa condamnation de la doctrine d'Épicure, dont il traitera le refus de la Providence de « dérisoire et blasphématoire » et son auteur de « pirate en chef et capitaine de bandits[7] ». Il fustigera tout particulièrement le refus des atomistes de voir dans les merveilles de la créature humaine la manifestation de la sollicitude particulière de Dieu. Un siècle plus tard, Basile le Grand réfutera explicitement ceux qui « n'ont pas accepté qu'une cause raisonnable (Dieu) ait présidé à la genèse de l'univers » mais ont eu recours pour cela soit aux « éléments du monde », soit aux « atomes et corps invisibles[2] ».

La matérialité de l'âme, sujette, du fait même de cet état, à la décomposition et à la mort, était également inacceptable pour l'Église dont elle heurtait de front la doctrine spirituelle. Schrödinger[8] estime même que c'est le désaccord sur la nature de l'âme qui est la cause essentielle du divorce séculaire entre l'atomisme et le christianisme.

Un autre aspect de la doctrine atomiste ne pouvait, lui aussi, que heurter les Pères de l'Église et, partant, les théologiens chrétiens des siècles suivants : la qualité de la « morale » que prônaient les épicuriens et que l'Église trouvait profondément amorale. Épicure fut, sur ce point précis de son enseignement, victime d'une présentation parfois malhabile, et souvent malveillante de ses adversaires (en particulier les stoïciens) ainsi que des abus commis par ses élèves. Saint Augustin écrit ainsi : « Qu'on demande donc à Zénon ou à Chrysippe quel est le sage : ils répondront que c'est celui qu'ils ont décrit. Par contre, Épicure ou quelque autre de leurs adversaires le niera et prétendra que, pour lui, le sage est plutôt une sorte d'oiseleur très habile à capter les plaisirs. D'où querelle : Zénon clame, et tout le Portique crie tumultueusement, que l'homme n'est pas né pour autre chose que pour la vertu, que celle-ci attire les âmes à elle par sa splendeur, absolument sans aucun avantage extérieur, sans récompense qui jouerait le rôle d'entremetteuse, que le plaisir d'Épicure ne se rencontre que chez les bêtes et qu'il est impie de rejeter l'homme et le sage dans leur société. Mais voici qu'Épicure, comme un autre Liber, appelle à son secours, de ses jardins, la troupe

7. Lactance, *Divinae Institutiones*, dans H. von Campenhauser, *Les Pères latins*, Paris, Éd. de l'Orante, 1967.
8. E. Schrödinger, *La Nature et les Grecs*, *op. cit.*

de ses disciples enivrés, cherchant cependant, dans leur fureur, qui déchirer de leurs ongles sales et de leurs dents mauvaises ; il ressasse avec emphase, en prenant le peuple à témoin, les mots de plaisir, de suavité, de repos, il affirme âprement que ce n'est que par le plaisir que l'on peut passer pour heureux. »

Même si l'argumentation n'est pas d'un très haut niveau intellectuel, on ne s'étonne pas qu'après de telles paroles, reprises, voire amplifiées par les successeurs de l'évêque d'Hippone, la théorie atomique n'ait guère eu de succès dans un monde imprégné de théologie et de morale chrétiennes[9]. Aussi, lorsque, à la Renaissance, Gassendi entreprendra de remettre en valeur le contenu philosophique et « scientifique » de la théorie atomique, il s'imposera comme première tâche la réhabilitation de la morale épicurienne (voir chapitre XII, 1).

Reste un différend à la fois très particulier et très important – pour certains le plus important – qui a opposé les chrétiens aux atomistes. Ce différend a trait au problème de l'Eucharistie. Précisons de quoi il s'agit. Pour cela commençons par citer l'Évangile : « Pendant qu'ils mangeaient, Jésus prit du pain ; et, après avoir rendu grâces, il le rompit, et le leur donna, en disant : "Prenez, ceci est mon corps." Il prit ensuite une coupe ; et, après avoir rendu grâces, il la leur donna, et ils en burent tous. Et il leur dit : "Ceci est mon sang, le sang de l'alliance qui est répandue par plusieurs" » (Marc 14, 22-23). « Ensuite il prit du pain ; et, après avoir rendu grâces, il le rompit et le leur donna, en disant : "Ceci est mon corps, qui est donné pour vous ; faites ceci en mémoire de moi." Il prit de même la coupe après le souper, et la leur donna, en disant : "Cette coupe est la nouvelle alliance en mon sang, qui est répandu pour vous" » (Luc 22, 19-20).

Ce sont ces paroles qui seront à l'origine d'un des aspects les plus graves et les plus durables du conflit entre l'enseignement de l'Église et celui des atomistes. En effet, la théorie atomique paraissait être en opposition insurmontable avec la proposition philosophico-théologique que l'Église avançait en vue d'une interprétation du mystère

---

9. Malgré leurs différences, sinon oppositions, il est arrivé que les chrétiens et les épicuriens fassent l'objet d'une même animosité, ainsi qu'en témoigne l'histoire suivante, racontée par Fontenelle (*Histoire des oracles, Œuvres complètes,* vol. II, Fayard, 1991) : « La coutume d'exclure les Épicuriens de tous les mystères était si générale et si nécessaire pour la sûreté des choses sacrées, qu'elle fut prise par ce grand fourbe dont Lucien nous décrit si agréablement la vie, cet Alexandre qui joua si longtemps les Grecs avec ses serpents. Il avait même ajouté les Chrétiens aux Épicuriens, parce qu'à son égard ils ne valaient pas mieux les uns que les autres ; et avant que de commencer ses cérémonies, il criait : Qu'on chasse d'ici les Chrétiens ; à quoi le Peuple répondait, comme en une espèce de chœur : Qu'on chasse les Épicuriens. »

eucharistique, proposition qui, tout en lui conservant son caractère de miracle, devait rester cohérente avec l'image de la physique du monde que l'Église adoptait. Le mystère, qui consiste en la transformation du pain et du vin en Corps et Sang du Christ, a reçu au concile de Latran, en 1215, la dénomination de transsubstantiation et a été proclamé dogme au concile de Trente en 1563[10].

L'interprétation appropriée de la nature de ce mystère, recherchée depuis saint Augustin, reçoit sa formulation cristallisée dans les écrits de Thomas d'Aquin (1225-1274), sept siècles plus tard. Elle est fondée sur la théorie d'hylémorphisme d'Aristote et représente un exemple particulièrement important de la réussite de l'association doctrinale naissante, opérée par le Docteur Angélique, entre l'enseignement de l'Église et l'aristotélisme. Elle contribuera d'une manière significative à la solidité de cette association.

Quel est le fond du problème ? Selon l'auteur d'un ouvrage extensif sur ce sujet[11], « la transsubstantiation était l'unique dogme qui rendait flagrante l'antinomie entre le témoignage des sens et l'affirmation de foi doctrinale. Le dogme impose en effet des phénomènes sensibles (couleur, saveur, odeur) et des propriétés mécaniques et chimiques identiques à celles de l'expérience de tous les jours, mais il postule, à côté de cette identité de l'expérience, un changement radical de la substance du pain et du vin consacrés [...]. Il n'était pas difficile de prévoir que cela ferait des victimes parmi les philosophes et les savants ». Cela en fit, effectivement.

Il convient de reconnaître que la théorie de l'hylémorphisme semblait proposer un cadre intellectuel singulièrement bien adapté à une interprétation physiquement concevable du miracle eucharistique. Rappelons, en effet, que, dans la physique d'Aristote, toute substance se compose d'une *matière* et d'une *forme*, la première étant extension, quantité, la seconde groupant l'ensemble des propriétés de ce substrat. Dans la nature, leur liaison est indissoluble en ce sens que ces deux *réalités*, bien que discernables par la pensée, ne sauraient exister physiquement séparées l'une de l'autre. La substance se présente simplement à nos sens sous un ensemble d'accidents (couleur, consistance, odeur, goût, etc.) qui lui sont spécifiques et qui nous permettent de l'identifier. Selon une telle conception, le miracle eucharistique représente alors la rupture du lien entre la substance et ses accidents. Dans ce miracle, la

10. La déclaration du concile de Trente spécifie : « Par la consécration du pain et du vin s'opère le changement de toute la substance du pain en la substance du Corps du Christ, notre Seigneur, et de toute la substance du vin en la substance de son Sang. »

11. P. Redondi, *Galilée hérétique*, Paris, Gallimard, 1985.

substance du pain disparaît, remplacée par la substance du Corps du Christ, alors que les accidents du pain subsistent. Il y a un découplage, unique dans la nature, d'un ensemble normalement indissociable, l'apparition et la persistance d'« accidents sans sujet ». Nos sens ont l'impression d'avoir toujours affaire au pain, alors que ce n'est plus du pain, ils ont l'impression d'avoir toujours affaire au vin, alors que ce n'est plus du vin.

Or, si ce découplage est envisageable dans la physique d'Aristote, bien que sous forme d'un miracle, il ne peut l'être d'aucune manière dans la théorie atomique, qui refuse l'existence réelle, indépendante des qualités sensibles. D'après cette théorie, seuls sont réels, nous l'avons vu, les atomes (et le vide) et la perception des qualités sensibles résulte uniquement des mouvements de ces particules par lesquels elles entrent en contact avec nos organes sensoriels et les impressionnent. Les qualités sensibles n'ont pas d'existence indépendante, *per se.* Quand une substance (le pain ou le vin) disparaît, il ne demeure de ses qualités que des noms. Empruntant le langage de Démocrite, nous dirions qu'elles n'existent que « par convention ». Dans ces conditions, si les effets sensibles sont produits par les atomes, la persistance de ces effets dans l'hostie consacrée implique nécessairement la persistance des atomes du pain. La substance reste donc du pain, ce qui est contraire au dogme[12].

Le conflit est donc insurmontable. Toujours présent pendant le haut Moyen Âge, il aurait, d'après une thèse récente, pris un caractère aigu à l'aube des Temps modernes en raison de l'implication suggérée de Galilée dans cette controverse. Nous reviendrons sur ce point dans le chapitre consacré à ce savant. Ici nous voudrions indiquer seulement que les atomistes chrétiens du Moyen Âge, dont nous parlerons incessamment, se recruteront justement parmi les opposants à l'hylémorphisme d'Aristote.

Finalement, les thèmes de discorde entre la théorie atomique et l'enseignement de l'Église sont si nombreux et les thèmes d'accord si rares qu'il nous paraît souhaitable de terminer ce chapitre avec l'un de ces derniers. Il concerne la question de l'homogénéité, ou non, de la matière formant l'univers, plus précisément, selon les termes dans lesquels était posé le problème à l'époque, de l'identité, ou non, de la matière céleste dont sont composés les astres et de la matière sublunaire dont est faite la terre. Les atomistes prônaient, dans le droit fil des prin-

12. Une solution de compromis pouvait être envisagée – et elle le fut –, celle de la consubstantiation, la coexistence dans l'hostie consacrée du corps du Christ et du pain. Refusée par l'Église catholique, elle fut adoptée par Luther.

cipes généraux de leur philosophie, l'identité. Aristote, au contraire, différenciait ces deux types de matière, la matière céleste étant selon lui incorruptible et non transmutable alors que la matière terrestre était corruptible, sujette aux transformations et à la décomposition. L'Église adoptera, sans le vouloir, la même doctrine que les atomistes. En effet, rien n'indique dans la Genèse, selon saint Augustin (et d'autres penseurs chrétiens tels Jean Duns Scot [1266-1308] et Guillaume d'Occam [1290-1349], des siècles plus tard[13]), que Dieu ait utilisé des matériaux différents pour créer le ciel et la terre.

13. Duns Scot était toutefois opposé à l'atomisme. Il utilisa pour le réfuter l'argument des cercles concentriques : « Des cercles concentriques sont tous rencontrés par n'importe quel rayon issu du centre ; il faudrait donc qu'ils renfermassent tous le même nombre d'atomes et par conséquent, qu'ils fussent tous égaux entre eux. » (Cité par G. Minois dans *L'Église et la science. Histoire d'un malentendu*, *op. cit.* Cet excellent ouvrage est une source d'informations extrêmement utile concernant le sujet de ce chapitre.) D'Occam, lui, sera plutôt favorable à la théorie atomique (voir chapitre IX).

CHAPITRE IX

Les atomistes chrétiens médiévaux

Peu de noms seront cités dans ce chapitre. Encore répartirons-nous ceux qui ont manifesté de l'intérêt pour la théorie atomique pendant cette longue période en trois catégories : les chroniqueurs, les sympathisants et les partisans.

Les chroniqueurs sont ceux qui, établissant en historiens le bilan de l'acquis philosophique et scientifique des connaissances de l'humanité, souvent sous une forme encyclopédique, n'omettent pas d'y mentionner l'atomisme antique. Leur but dépasse en général le recensement pur : ils soulignent tous l'intérêt qu'il y a à mettre la science antique au service de la foi, le profane au service du sacré. Parmi ces chroniqueurs comptent surtout Isidore de Séville (v. 560-636), évêque de cette cité, Bédé le Vénérable (672-735), un illustre représentant de la science monastique, Raban Maur (784-856), archevêque de Mayence, et, après une interruption de plusieurs siècles, le dominicain Vincent de Beauvais (1190-1264), auteur d'une des plus volumineuses encyclopédies de son temps.

La distinction entre sympathisants et partisans n'est pas toujours aisée. Comme sympathisants, on évoquera volontiers deux philosophes du XIIe siècle, l'un anglais, l'autre français, qui présentent beaucoup de traits communs. Le premier, Adélard de Bath († v. 1150), est un éminent traducteur occidental des textes scientifiques arabes dont la parution a contribué puissamment à l'éveil de l'intérêt pour les sciences antiques. Ajoutons à cette activité une opposition intellectuelle aux « autorités » ainsi qu'une glorification de la raison et nous entrevoyons ainsi une personnalité forte, intéressée par l'ensemble des phénomènes de la nature. En ce qui nous intéresse, s'il défend la théorie des quatre éléments, à laquelle presque tout le monde adhère au Moyen Âge, il voit au-delà d'elle la probabilité d'un monde atomique. Citons Bréhier[1] : « Il oppose la raison, d'une part aux sens, d'autre part à l'autorité. Quant aux sens, que Platon appelle irrationnels, ils sont incapables de juger dans les très grandes choses et dans les très petites (*nec in maximis nec in minimis*) : les maxima doivent désigner ici l'univers, et les minima, ces atomes, dont Lucrèce montrait si abondamment qu'ils ne sont connus que par la raison ; quant à l'autorité, la raison est seule capable de distinguer entre le vrai et le faux. » Sans qu'elle puisse pour autant se trouver en opposition avec la foi car c'est Dieu qui est l'auteur des lois de la nature.

Le second « sympathisant » de la théorie atomique est Thierry de Chartres (mort v. 1155), chancelier d'une école épiscopale qui fut un des principaux centres de réflexion scientifique et philosophique des XIe et XIIe siècles en Europe. Ce grand maître de l'école a beaucoup contribué, comme Adélard de Bath, à la résurrection des œuvres de l'Antiquité et cela en vue d'une synthèse entre la science que ces œuvres contenaient et la foi. Thierry de Chartres relève des sympathisants de l'atomisme dans la mesure où, tout en continuant à prôner la théorie des quatre éléments dont l'ensemble, selon lui, a été créé d'un seul coup lors de la genèse du monde, il semble reconnaître également que ces éléments pourraient avoir une structure corpusculaire. Jolivet traduit ainsi son attitude[2] : « De ces éléments, les deux plus grossiers – la terre et l'eau – se sont disposés au centre, les deux plus légers – l'air et le feu – au-dessus. Ce n'est pas que chaque élément soit composé de particules différentes de celles qui composent les autres : c'est par leur mouvement que le feu et l'air sont légers, et c'est ce même mouvement qui presse l'eau et la terre et leur donne leur consistance, en même temps qu'il y trouve son centre et son appui[3]. »

---

1. E. Bréhier, *La Philosophie du Moyen Âge*, Paris, Albin Michel, 1937.
2. J. Jolivet, « La philosophie médiévale en Occident », dans *Histoire de la philosophie*, Paris, Gallimard, Encyclopédie de la Pléiade, volume I, 1969.
3. À défaut d'une meilleure occasion, je voudrais profiter de cette rubrique sur les « sympathisants » de l'atomisme pour mentionner les noms de deux médecins de l'Antiquité, antérieurs donc à la chrétienté médiévale, mais à qui cette dénomination convient bien. Ce sont Asclépiade de Pruse en Bithynie (124-40 av. J.-C.) et Hero d'Alexandrie, qui a vécu au IIe siècle apr. J.-C. Certains auteurs (notamment J. R. Partington, *A History of Chemistry*, *op. cit.*, et M. Boas, *Osiris*, 1952, 10, 412-541) les considèrent comme « atomistes » parce qu'ils admettent que la matière et le corps humain sont composés de particules et de pores dans lesquels ces particules se logent. Toutefois, il est difficile de les considérer comme des adeptes de la doctrine démocritienne ou épicurienne, car les particules ne sont pas nécessairement indivisibles dans leurs systématiques. Asclépiade, en particulier, leur reconnaît la capacité de se subdiviser, sous l'effet de chocs, jusqu'à l'infini.

Parmi les véritables partisans de la théorie atomique, le premier est un médecin de Carthage, Constantin l'Africain (XIe siècle), qui a eu le double mérite de traduire en latin un grand nombre de médecins arabes, juifs et grecs et d'avoir défini explicitement les atomes comme constituants fondamentaux des corps.

Cependant, les véritables protagonistes de l'atomisme dans cette deuxième partie du Moyen Âge sont postérieurs, l'un du XIIe et deux du XIVe siècle. Guillaume de Conches (1080-1154) est issu, comme Thierry de Chartres dont il est contemporain, de la même école épiscopale, prend une position proatomique beaucoup plus nette que Thierry. S'il reconnaît que c'est l'action de Dieu qui est à l'origine du monde et de tout ce qui s'y trouve et s'y produit, il affirme en même temps que cette action s'exerce à travers les lois de la nature. Or, selon lui, c'est à la raison de découvrir ces lois, aucune autre source ne saurait y suppléer, la Bible elle-même n'a pas de compétence dans le domaine scientifique. Attitude personnelle isolée pour l'époque : Guillaume de Conches rejette la théorie des quatre éléments : « L'image ordinaire des quatre éléments, écrit-il, est bonne pour ceux qui comme des paysans ignorent l'existence de tout ce qui ne peut être saisi par les sens[4]. » À cette image désuète, il oppose fermement la vision du monde des atomistes de l'Antiquité et reconnaît dans les atomes, « particules simples et très petites », les « premiers principes ». Ce sont eux les éléments matériels qui, par leurs juxtapositions, construisent toutes les choses du monde et produisent leurs qualités sensibles. Le credo atomiste est ainsi clairement réaffirmé.

Bien que l'école de Chartres ait fourni un sympathisant et un partisan de l'idée atomique, il ne faudrait pas en déduire pour autant qu'elle était tout entière plus ou moins acquise à cette idée. L'école était, en fait, de forte inspiration platonicienne et Guillaume de Conches y a rencontré beaucoup d'hostilité. Ainsi, par exemple, Gilbert de la Porée (1080-1154), successeur de Thierry à la chancellerie de l'école, n'acceptait pas l'idée de corpuscules élémentaires purs : il considérait les plus petites particules comme constituées déjà d'un mélange de quatre éléments.

À Guillaume d'Occam (1300-1350), la cause de l'atomisme doit d'avoir reçu une stimulation philosophique sérieuse. Occam est principalement connu, dans l'histoire de la philosophie, comme l'auteur du courant d'idées appelé le *nominalisme*, selon lequel seuls sont réels et peuvent être connus les objets singuliers et les individus concrets. Les termes généraux par lesquels on a pris l'habitude de désigner des

4. Cité par E. Bréhier, *Histoire de la philosophie*, vol. I, Paris, PUF, « Quadrige », 1981.

ensembles d'objets ou d'individus, les « universaux », n'ont, eux, aucune réalité. Dans le domaine qui nous occupe, la contribution particulièrement significative de ce franciscain est sa critique de la physique d'Aristote et, en premier lieu, de sa définition de la substance comme constituée de matière et de forme. Pour Occam, la substance se réduit à l'extension, et les qualités par lesquelles nous la percevons résultent uniquement des combinaisons diverses que peuvent assumer les « parties élémentaires » qui composent la matière. Remplaçons « parties élémentaires » par « atomes », et nous retrouvons les idées fondamentales de Démocrite et d'Épicure. L'attaque d'Occam contre la physique d'Aristote l'a conduit à s'opposer à bon nombre de croyances relevant de la description aristotélo-thomiste du monde. Ainsi, Occam envisage que l'univers peut être infini et éternel, il n'est donc pas étonnant que ses thèses aient été condamnées officiellement, en 1340, par l'Église[5].

C'est également l'antiaristotélisme[6] qui est à la base de l'attitude proatomique d'un autre défenseur de la doctrine corpusculaire, Nicolas d'Autrecourt (1300-1350). Ce philosophe, s'il est persuadé que Dieu est la cause de toutes choses, récuse l'autorité des maîtres et prône l'étude de la nature. Mais surtout, à l'instar de Guillaume de Conches et Guillaume d'Occam, il rejette la conception aristotélicienne de *substance*. Or, cette conception étant, selon lui, au fondement même de toute la physique du Stagirite, il en résulte « que dans toute la philosophie naturelle et dans toute la métaphysique d'Aristote il n'y a pas deux conclusions certaines, et peut-être pas même une seule » (cité dans 1). Nicolas d'Autrecourt propose alors une philosophie et une physique de remplacement. Il les trouve toutes faites dans les enseignements de Démocrite et d'Épicure, dont il adopte complètement les propositions fondamentales : la matière, qui est éternelle, se compose d'atomes invisibles, animés d'un mouvement incessant, qui les conduit à s'associer

5. G. Minois, dans *l'Église et la science. Histoire d'un malentendu, op. cit.*, mentionne un autre franciscain, en fait le maître général de l'ordre lui-même, Gérard d'Odon, comme ayant également pris position fermement en faveur de l'atomisme. De son *Traité de prédicaments*, il cite : « Concluons donc, avec Démocrite, que tout continu est, en définitive, composé d'indivisibles, et qu'il se résout, à la fin, en ces indivisibles ; il n'est pas composé d'une infinité d'indivisibles, mais bien d'indivisibles en nombre fini. Adhère qui voudra aux péripatéticiens ou platoniciens ; Démocrite semble cependant parler d'une manière plus raisonnable. » Signalons qu'en revanche, les jésuites seront quasi unanimement et très fortement opposés à l'atomisme. On peut trouver dans le livre de Minois une excellente description de cette opposition.

6. Dans sa dialectique particulière, Bachelard désigne les atomistes chrétiens du Moyen Âge comme des « non-aristotéliciens » (G. Bachelard, *Le Matérialisme rationnel*, Paris, PUF, 1953).

dans certaines conditions et à se dissocier dans d'autres. La génération et la destruction (la corruption) des corps n'impliquent nullement, comme l'enseignait Aristote, que des formes différentes se succèdent dans un même objet, elles résultent simplement du jeu des associations et des dissociations des corpuscules. Les qualités sensibles par l'intermédiaire desquelles nous percevons ces corps ne révèlent rien d'autre que la disposition et le mouvement de leurs atomes. En tant que chrétien désireux de mettre en évidence l'accord de l'hypothèse atomique avec les certitudes de la foi, Nicolas d'Autrecourt s'écarte toutefois sur quelques points de la doctrine classique de Démocrite et d'Épicure. Ainsi l'âme consiste, pour lui, en deux esprits, qu'il nomme l'intellect et le sens. Ces deux esprits sont immortels, de sorte que, lorsque les atomes qui constituent le corps humain se désagrègent, ils continuent d'exister. Nicolas d'Autrecourt conçoit même pour eux des récompenses ou des châtiments, selon leur appartenance à des justes ou à des méchants, dans les associations futures qu'ils pourraient former soit avec les mêmes (cela ne lui paraît pas impossible), soit avec d'autres combinaisons d'atomes (pour plus de détails voir réf. 1). Malheureusement, ses efforts en faveur de l'âme n'ont pas évité à Nicolas d'Autrecourt le courroux de l'Église : ses idées furent condamnées et, le 25 novembre 1347, il dut abjurer publiquement et brûler ses écrits.

Si l'attitude courageuse de ces quelques figures marquantes des défenseurs de l'atomisme assure une pérennité à la transmission de l'essentiel du message des fondateurs de la théorie à une période où une attitude d'indépendance intellectuelle n'était manifestement pas en odeur de sainteté, force est de reconnaître qu'ils n'ont guère enrichi cette théorie par des contributions ou des extensions originales. Ceux qui ont su le faire – sans préjuger pour autant de la validité de leur apport – furent les « atomistes arabes ».

CHAPITRE X

La pensée médiévale juive face aux atomes

« Ce serait, en effet, un détail bien flétrissant pour la philosophie que l'exposition des maximes pernicieuses et des dogmes impies de ces diverses sectes : les épicuriens niaient toute providence, les académiciens doutaient de l'existence de la divinité et les stoïciens de l'immortalité de l'âme. »

Jean-Jacques Rousseau

C'est en grande partie aux critiques d'Aristote sur la théorie atomique que l'histoire doit la préservation pendant des siècles des idées de Démocrite et d'Épicure. Il est également divertissant de constater que c'est à un philosophe de tendance aristotélicienne, également anti-atomiste, et juif de surcroît, que nous devons la description la plus complète et aussi la plus limpide de l'enseignement des atomistes arabes : Moïse Maimonide. Né à Cordoue en Andalousie en 1135 et mort au Caire en 1204, Maimonide a beaucoup voyagé et séjourné dans de nombreux pays alors sous domination arabe. Il est le plus brillant et le plus célèbre penseur juif de cette remarquable période (IXe-XIIIe siècles) de grande activité intellectuelle qui voit s'épanouir dans une vaste partie du monde, allant de la Mésopotamie à travers l'Afrique du Nord jusqu'en Espagne, la réflexion philosophique aussi bien juive qu'arabe, les deux souvent liées dans une dynamique commune.

Maimonide était opposé à la théorie atomique, mais en fait tous les philosophes juifs de cette époque l'étaient expressément ou implicitement[1]. Le judaïsme sera, en fait, la seule grande religion de l'humanité au sein de laquelle il ne se trouvera guère de défenseurs de l'atomisme et cela jusqu'aux Temps modernes. L'atomisme subira des tentatives d'islamisation puis de christianisation, à la Renaissance (voir chapitre XII), mais jamais de judaïsation.

En réalité, « jamais » n'est pas tout à fait exact. Il faut, en effet, mentionner ici cette curiosité historique que représente l'adoption de la théorie atomique par une secte schismatique juive, celle des karaïtes, fondée au VIIIe siècle par Anan ben David (740-800), de l'école du judaïsme babylonien. Le phénomène est d'autant plus surprenant que cette secte, qui n'acceptait que la Bible (dont elle recommandait toutefois la libre interprétation par chacun) et rejetait tous les enseignements « oraux » des rabbins, donc le Talmud et les Midrashim, a puisé la théorie atomique dans le Kalam, l'enseignement des philosophes-théologiens musulmans, les Motekallemîn (dont nous parlerons au chapitre suivant). Cette théorie, même dans son habillage religieux, était peu conciliable, dans nombre de ses propositions, avec la doctrine biblique et a suscité une opposition très forte de la part des rabbinites, qui constituaient l'autorité religieuse établie. Un de ses adversaires les plus acharnés a été Saadia ben Joseph (882-942), chef de la célèbre école juive babylonienne de Sutra, connu comme Saadia Gaon, titre prestigieux désignant à la fois un maître spirituel et un chef politique de la diaspora juive orientale. Saadia n'était pas hostile à tout éclairage extérieur de l'exégèse biblique, il prônait au contraire, comme l'indique son *Livre des croyances et des opinions*, la nécessité d'une convergence entre la révélation religieuse et la réflexion rationnelle et cherchait dans la philosophie de la nature grecque des preuves des grandes affirmations de la Bible. Cependant, son philosophe grec préféré était Aristote, dont il suivra l'exemple en rejetant la conception atomique du monde. Défenseur du dogme de la création du monde *ex nihilo*, il reprochera à l'atomisme arabe, entre autres et pour des raisons qui deviendront claires dans le chapitre suivant, de prôner l'éternité de la matière, la

1. Adeptes, dans leur grande majorité, de la philosophie néoplatonicienne, comme Isaac ben Salomon Israeli (850-932), Salomon ibn Gabirol (Avicebron des Latins, 1021-1050) et Abraham ibn Ezra (1089-1164), ou aristotéliciens comme, outre Maimonide, Abraham ibn Daoud (1110-1180) et Levi ben Gershom, appelé aussi Gersonide (1288-1344), les philosophes juifs soit adoptent les quatre éléments qu'ils dérivent parfois d'une matière première créée par Dieu, soit envisagent leur propre ensemble de « substances simples ». (Pour les détails voir C. Sirat, *La Philosophie juive au Moyen Âge selon les textes manuscrits et imprimés*, Paris, Éd. du CNRS, 1983 ; M. R. Hayoun, *L'Exégèse philosophique dans le judaïsme médiéval*, Paris, J. C. B. Moher, 1992, et I. Husik, *A History of Mediaeval Jewish Philosophy*, Londres, MacMillan, 1930.)

récurrence de la création, et de nier l'existence des lois de la nature. Cela n'empêche pas Saadia d'adopter beaucoup d'autres thèmes du Kalam arabe, en particulier dans la version des Motazilites, une des branches des Motekallemîn – thèmes relatifs, par exemple, à l'unité de Dieu, à la justice de Dieu, etc. – de sorte qu'on le considère souvent comme le fondateur d'un Kalam juif dont la différence principale par rapport au Kalam arabe sera d'être purgé de l'atomisme. Aussi les attaques de Saadia Gaon ont-elles ébranlé le développement du karaïsme en Mésopotamie ; sa décadence dans ce pays a coïncidé d'ailleurs avec la disparition des grandes écoles du judaïsme babylonien, celle de Sutra en 940 et celle de Pumbaditha en 1040. Le karaïsme a réussi à retrouver une certaine prospérité à Jérusalem (école fondée par Daniel ben Moshe Al-Kumini). C'est, en fait, dans un ouvrage (*Le Muhtawi* ou *Le Livre compréhensif*) de l'un des membres de cette école, Yusuf al-Basir (Joseph ben Abraham ha-Cohen ha-Roeh al-Basir), qui a vécu au XIe siècle et est considéré comme l'un des penseurs karaïtes les plus importants, que l'on trouve l'affirmation la plus explicite de la nécessité d'admettre l'existence des atomes[2]. Un disciple, Josué ben Juda, poursuivra son œuvre. Le centre de Jérusalem périclitera toutefois rapidement, ce qui ne saurait étonner vu les événements politiques survenus en Palestine à partir du XIIe siècle (règne des Croisés, des Mamelouks, etc.)[3]. Un autre centre important existait en Égypte, qui a dû toutefois subir, dès la seconde moitié du XIIe siècle, de rudes assauts de la part de Maimonide : il voyait dans l'abandon par les karaïtes des croyances orthodoxes un danger de leur assimilation éventuelle par les peuples au sein desquels ils vivaient. Sa condamnation était sans appel : « Ils abandonnèrent le judaïsme, négligèrent sa doctrine et fondèrent une secte nouvelle. Ils prétendirent croire à la Thora, mais ils contestèrent la tradition orale. Ils commencèrent à élever des objections contre la doctrine, à expliquer de façon arbitraire les versets de la Bible, sans s'appuyer sur aucune autorité, et, ainsi faisant, ils agirent contre la parole de Dieu[4]. » Un penseur karaïte du XIVe siècle,

---

2. C. Sirat, *La Philosophie juive au Moyen Âge selon les textes manuscrits et imprimés*, *op. cit.* Dans cet excellent ouvrage, on trouve mention des deux écrivains karaïtes du Xe siècle, Jacob al-Qirquisani et Yefet ben Eli qui, eux, acceptent la théorie des quatre éléments et récusent le vide.
3. Une lettre d'un juif italien habitant Jérusalem, datée de 1625, signale la présence à Jérusalem de... vingt karaïtes. (Citée dans *The Jews in their Land*, Ben Gourion (éd.), New York, Doubleday, 1966.)
4. On trouve aussi une forte critique de l'exégèse karaïte dans l'œuvre de Ibn Ezra bien que ses objections portent surtout sur les problèmes internes à la vie religieuse juive, comme le calendrier, le mode de fixation des fêtes et les lois vétérotestamentaires (voir M. R. Hayoun, *La Philosophie médiévale juive*, Paris, PUF, 1991).

Aaron ben Elie de Nicomédie (1300-1369), a tenté, dans un livre publié en 1346 et intitulé *L'Arbre de la vie*, de défendre les principales théories du Kalam, et parmi elles l'atomisme, contre les critiques du grand maître[5]. L'atomisme sera également défendu, en Espagne, par Hasdai Crescas (1340-1410). De tels efforts isolés n'ont toutefois pas eu grand effet face à la condamnation de Maimonide, qui a porté un coup très sévère au développement du karaïsme. Cette secte a continué néanmoins à avoir des partisans dans la diaspora juive durant tout le Moyen Âge et au-delà[6]. Il y a aujourd'hui quelques milliers de karaïtes en Israël et une belle synagogue karaïte dans la vieille ville de Jérusalem[7].

Figure incontournable à ce point de notre exposé, il nous faut dire quelques mots à propos de la personnalité et des convictions de Moïse Maimonide. Maimonide fut à la fois médecin, théologien, philosophe et souvent chef spirituel et politique de la communauté juive au sein de laquelle il résidait. Il a passé la partie la plus importante de son existence en Égypte où il s'est installé en 1168, y fut médecin attitré à la cour de Saladin, ami du grand vizir Al Fadel, élevé à la dignité de Nagid, chef de la Communauté[8].

L'œuvre écrite, immense, de cet « aigle de la Synagogue », comme le surnomment les scolastiques chrétiens, s'attache à démontrer la

5. Voir G. Vajda, *Introduction à la pensée juive du Moyen Âge*, Paris, Librairie philosophique J. Vrin, 1947.

6. Signalons que, s'ils sont perçus par les rabbinites comme des juifs « différents », les karaïtes ne sont pas considérés comme des hérétiques, cela malgré des différences sensibles dans leur attitude vis-à-vis de certains aspects du culte, de l'observance des fêtes, des règles de pureté et des règles alimentaires (Kashrut). Par exemple, les karaïtes limitent le sens de la prescription biblique : « Tu ne feras point cuire un chevreau dans le lait de sa mère » (Exode, 23, 19), à sa signification littérale, c'est-à-dire à la seule interdiction de la consommation de la viande d'un mammifère cuite dans le lait *d'un animal de même espèce*, ce qui représente un grand assouplissement de la règle du judaïsme orthodoxe prohibant tout mélange des viandes et des produits laitiers. Voir, par exemple, E. Trevisan-Semi, *Les Caraïtes. Un autre judaïsme*, Paris, Albin Michel, 1992.

7. L'éminent spécialiste de la philosophie médiévale juive et arabe S. Munk (*Mélanges de philosophie juive et arabe*, 1857, rééd. J. Vrin, 1988) juge ainsi le rôle historique des karaïtes dans le développement de la théologie juive : « S'il est vrai que les karaïtes, manquant de principes fixes et ne reconnaissant d'autre autorité que les opinions individuelles de leurs docteurs, finirent par s'envelopper dans un labyrinthe de contradictions et de raisonnements à perte de vue bien plus difficiles à débrouiller que les discussions talmudiques, on ne saurait nier, d'un autre côté, que le karaïsme, dans son principe, n'ait dû donner aux docteurs juifs une impulsion salutaire, en se servant des armes de la raison pour combattre le rabbinisme, et en forçant les rabbins d'employer les mêmes armes pour se défendre. »

8. Pour une excellente biographie, voir A. Heschel, *Maimonide*, Paris, Fondation Sefer, 1982.

concordance entre la pensée philosophique qui, pour lui, atteint sa perfection chez Aristote et la pensée biblique. Le trait original de sa démarche, surtout dans l'optique littéraliste du judaïsme de l'époque, est de faire la distinction entre les enseignements explicites de la philosophie et ceux de la Bible qui s'expriment souvent sous forme de paraboles. Il convient donc selon lui d'interpréter ces paroles d'une façon appropriée, comme c'est le cas pour des écritures simples que l'on prépare « pour les enfants ou pour les femmes ». Dans une belle phrase, il estime que les pensées cachées dans la Bible sont comme « une perle que quelqu'un a perdue dans sa maison, laquelle est sombre et remplie de meubles. Cette perle existe mais il ne la voit pas et il ne sait pas où elle est[9] ».

Que faire quand la concordance entre la pensée philosophique et la parole biblique ne paraît pas pouvoir être établie ? La position originale de Maimonide peut être illustrée par l'exemple d'une discordance majeure, qu'il considère en fait comme la plus grave, celle qui existe entre la doctrine biblique de la création du monde par Dieu *ex nihilo* et l'enseignement d'Aristote sur l'éternité du monde : Maimonide affirme que le dilemme ne saurait être résolu par aucune preuve, ni dans un sens ni dans l'autre. Ainsi, il rejette les « preuves » de la création du monde avancées par certains philosophes (y compris, comme nous le verrons, par les atomistes arabes, mais aussi par Saadia Gaon) refusant de faire dépendre cette vérité – pour lui incontestable et essentielle[10] –

---

9. Dans une agréable autobiographie romancée de Maimonide (*Le Médecin de Cordoue*, Paris, Éd. du Seuil, 1974), Herbert Le Porrier met dans la bouche de son héros, en réponse à une affirmation de Ibn-Roschd (Averroès des Latins, natif, comme Maimonide, de Cordoue) prétendant que « dans les trois grandes religions issues du tronc commun d'un monothéisme primitif la révélation s'ouvre sur une donnée impossible (la création *ex nihilo*), ce qui leur retire toute crédibilité », les paroles suivantes : « J'objectais, car j'étais déjà en désaccord avec lui, qu'il ne convenait point de prendre la parole révélée à la lettre, et qu'il y avait lieu de l'accepter comme pure allégorie. Serait-ce que la vérité métaphysique fût mauvaise à dire ? Aucunement. Le prophète avait eu la sagesse de ne pas la formuler n'importe comment pour n'importe qui, et d'étager des degrés dans l'initiation. Je ne pus comparer cela qu'à quelqu'un qui ferait manger à un nourrisson du pain de froment et de la viande, et boire du vin ; car il le tuerait indubitablement ; non pas que ce fussent des aliments mauvais en soi et contraires à la nature de l'homme ; mais parce que celui qui les absorberait ne serait pas en état de les digérer et d'en tirer profit. »

10. Il écrit : « Si la nouveauté [du monde] était démontrée, tout ce que les philosophes ont dit pour nous réfuter tomberait ; et de même, s'ils avaient réussi à démontrer l'éternité [du monde] selon l'opinion d'Aristote, toute la religion tomberait et on serait porté vers d'autres opinions. » Cette adhésion à une vérité que l'on considère comme la clef de voûte de toute une croyance ne va pas sans rap-

de « démonstrations » sophistiquées, toujours susceptibles d'être mises en doute[11], car il avait une conscience très nette des limites de l'intelligence humaine. D'où vient alors la certitude de la création ? A. Neher caractérise ainsi la source de cette foi chez Maimonide[12] : « Ce n'est qu'en vertu d'un critère extérieur à la foi biblique et à la philosophie grecque que le débat peut être tranché : ce critère, c'est la souveraineté de Dieu, sa transcendance par rapport à la nature. Le dynamisme divin est d'un autre ordre que le dynamisme naturel, et c'est ce dynamisme transnaturel qui rend concevable, vraisemblable, nécessaire, la création *ex nihilo*... la Révélation l'emporte, en fin de compte, sur l'intelligence de cette Révélation. »

La vérité de la création représente, pour Maimonide, le fondement de tout l'édifice religieux car elle seule garantit la contingence du monde, alors que l'éternité du monde en ferait une émanation nécessaire de Dieu, dont elle limiterait ainsi le pouvoir souverain de faire selon sa volonté et son bon plaisir. C'est aussi la seule manière de concevoir « un dessein », une vision téléologique de l'avenir. Cet exemple, particulièrement important il est vrai, illustre les limites de l'attitude d'ouverture que Maimonide est prêt à assumer dans les affrontements habituels entre la philosophie et la théologie.

En relation plus directe avec le thème de notre ouvrage, Maimonide, nous l'avons dit, récuse les atomes et nous verrons les détails de sa prise de position à ce sujet en relation avec les critiques qu'il avancera contre les thèses des atomistes arabes. On constate par ailleurs que Maimonide ne se réfère presque jamais aux atomistes grecs anciens. Non parce qu'il ne connaît pas leurs travaux, car son érudition est immense. La raison, surprenante chez cet intellectuel, est clairement spécifiée dans un des rares passages du *Guide des égarés*[13], son livre le plus célèbre où il mentionne explicitement Épicure : « Quant à ceux qui n'ont pas reconnu l'existence de Dieu, mais qui ont pensé que les choses naissent et périssent par l'agrégation et la séparation, selon le hasard, et qu'il n'y a pas d'être qui gouverne et ordonne l'univers – et ce sont Épicure, sa secte et ses semblables, comme le rapporte Alexandre –, il n'est d'aucune utilité pour nous de parler de ces sectes ; car l'existence de Dieu a été démontrée, et il serait inutile de mention-

---

peler les paroles de saint Paul dans l'Épître aux Corinthiens : « Si le Christ n'est pas ressuscité, alors mangeons et buvons, car notre foi est vaine. »

11. Ibn Daoud, aristotélicien comme Maimonide, tout en croyant en la création *ex nihilo*, ne rejetait pas la doctrine aristotélicienne de l'éternité.

12. A. Neher, « La Philosophie juive médiévale », dans *Histoire de la philosophie*, Paris, Gallimard, « Encyclopédie de la Pléiade », vol. I, 1969.

13. M. Maimonide, *Le Guide des égarés*, traduction de Salomon Munk, Paris, Verdier, 1979.

ner les opinions des gens qui ont construit leur système sur une base qui déjà a été renversée par la démonstration. » Ainsi, l'erreur de l'attitude athée étant posée comme axiome, on n'a pas besoin de s'évertuer à démontrer l'inexactitude des propositions de ses partisans dans quelque domaine que ce soit.

Antiatomiste donc, Maimonide est partisan de la théorie des quatre éléments(en fait des cinq, car il admet également l'éther, alors qu'il rejette le vide), à laquelle il essaie d'apporter une caution biblique en jouant sur la double utilisation du mot terre (*eretz* en hébreu) dans le récit de la Genèse. Il est dit en effet, au chapitre I, verset 1 : « Au commencement Dieu créa les cieux et la terre » et au même chapitre, verset 9 (troisième jour de la création) : « Dieu dit : Que les eaux qui sont au-dessous du ciel se rassemblent en un seul lieu et que le sec apparaisse. Et cela fut ainsi. Dieu appela le sec terre... » Il est manifeste que la première citation a pour objet le *globe terrestre* dans son ensemble, alors que la seconde se réfère à sa partie qui constitue *la terre ferme.* Or, Maimonide identifie explicitement le globe terrestre aux quatre éléments[13] : « Ce qu'il faut savoir encore, c'est que *êretç* (terre) est un homonyme, qui s'emploie d'une manière générale et spéciale. Il s'applique, en général, à tout ce qui est au-dessous de la sphère de la lune, c'est-à-dire aux quatre éléments, et se dit aussi, en particulier, du dernier d'entre eux seulement, qui est la terre... C'est pourquoi j'ai traduit le (premier) verset... de sorte que le mot *êretç* (terre) signifie le “monde inférieur”, je veux dire les quatre éléments, tandis qu'en disant : “Et Dieu appela la partie sèche *êretç* terre”, on veut parler de la terre seule. Ceci est donc clair. »

CHAPITRE XI

L'atomisme arabe

« La philosophie n'a été qu'un épisode dans l'histoire de l'esprit arabe. Le véritable mouvement philosophique de l'islamisme doit se chercher dans les sectes théologiques... et surtout dans le Kalâm. »

Ernest Renan

L'atomisme grec cherchait, entre autres objectifs, à délivrer l'homme de la crainte que lui inspiraient les mystères d'un cosmos gouverné par des puissances invisibles, en démontrant que ces mystères étaient explicables en termes d'une physique mécaniste, ne mettant en jeu que des principes matériels et leurs interactions, sans interférence de dieux capricieux. Le but de l'atomisme arabe est, au contraire, d'affirmer la toute-puissance et la liberté absolue de Dieu, dont la volonté souveraine crée et contrôle tous les événements. Ce contrôle est permanent et perpétuel, mais discontinu, comme si, la matière et le temps étant discontinus, Dieu lui-même ne pouvait agir que par saccades.

L'atomisme arabe est donc un atomisme religieux, où le concept d'indivisible est utilisé par la théologie orthodoxe pour substantialiser la doctrine de l'islam, l'affermir dans sa pureté face à une offensive des systèmes philosophiques grecs, en particulier du néoplatonisme et de l'aristotélisme. Au cœur de cette doctrine se trouve la puissance illimitée du Dieu unique, la création volontaire du monde dans le temps, la révélation par le Prophète de la parole divine dans le Coran. Bréhier[1] définit ces composantes de la foi islamique comme « une suite d'actes

1. E. Bréhier, *La Philosophie du Moyen Âge*, Paris, Albin Michel, 1971.

discontinus » et parle du « discontinuisme » de l'islam, qu'il oppose au « continuisme platonicien » et au concept aristotélicien (mais aussi démocritien et épicurien) de l'éternité du monde qui « ferait de la création une émanation nécessaire ».

La doctrine atomique arabe s'exprime dans le Kalam[2], qui apparaît comme une dialectique rationnelle opérant sur des concepts théologiques. Couramment, ce terme désigne une théologie scolastique spécifique de l'islam, professant un atomisme particulier, fort différent, nous le verrons, de l'atomisme grec.

Les protagonistes et les apologistes du Kalam sont appelés Motekallemîn[2], dénomination qui recouvre des groupes variés, parmi lesquels les plus importants sont les Motazilites, considérés comme les plus anciens des Motekallemîn, établis vers la fin du VIIIe siècle à Basra et à Bagdad, et les Ascarites, fondés au Xe siècle par Abul Hassan Al Ascari (873-935)[3], un transfuge des Motazilites et probablement le plus éminent représentant de la forme radicale de l'atomisme musulman. Parmi des sympathisants qui, sans rejoindre officiellement le rang des Motekallemîn, ont néanmoins défendu les mêmes idées souvent avec les mêmes arguments, il faut signaler Al Gazali (1058-1111), qui a enseigné à Bagdad, Damas, Jérusalem et Alexandrie, ainsi que Muhammad Ibn Zakarîyâ Al Râzi (Rhazès des Latins, 865-925), célèbre médecin, mais également philosophe, persan, dont les enseignements comportaient une description atomique du monde, qu'il considérait toutefois comme dérivant d'une matière préexistante éternelle[4]. L'importance du Kalam a diminué à partir du XIIe siècle.

En dépit des différences d'opinions souvent très sensibles entre les écoles de Motekallemîn, leur doctrine générale, notamment sur les points qui nous importent, est suffisamment homogène pour que, avec Maimonide, nous la présentions de façon globale, quitte à indiquer, à des occasions où cela paraît significatif, quelques pluralités d'opinion. Il convient d'avoir constamment présent à l'esprit le fait que, quel qu'ait pu être pour les Motekallemîn l'attrait intellectuel pur de l'idée atomique, dont ils connaissaient probablement les versions grecque et

2. Des transcriptions parfois très différentes sont utilisées par les auteurs pour désigner les concepts ou les groupes de penseurs arabes. Ainsi, on trouve pour la doctrine atomique les notations Kalam, Kalâm ou Calam, pour ses protagonistes Motekallemîn, Motékallemîn, Motécallemin, Motekallimûn, Mutakalimoun et, pour les sectes qui les constituent, Motazites, Mutazilites, Motazales et Ascarites, Ash'arites, Asch'arites, etc. Parmi ces différentes dénominations, nous avons choisi celles qui nous paraissaient les mieux adaptées aux règles d'orthographe d'aujourd'hui et, si possible, les plus simples.

3. Voir D. Gimaret, *La Doctrine d'Al-Ashari*, Paris, Cerf, 1990.

4. G. Heym, *Al Razi and Alchemy*, Ambix, 1938, 1, pp. 184-194.

indienne, cette idée constituera pour eux essentiellement (telle est l'opinion de Maimonide) une arme privilégiée pour défendre l'orthodoxie de la doctrine musulmane et ses idées fondamentales : transcendance, unité et souveraine indépendance de Dieu, ainsi que l'affirmation de la Création[5]. Il en découlera une expression bien spécifique de cette idée. Mabilleau a très bien résumé la situation en écrivant[6] : « Le Câlam a été avant tout une école de réaction religieuse, et c'est pour mieux combattre les philosophes qu'il s'est adjoint une philosophie. »

Le moment est venu de présenter de façon explicite la théorie atomique du Kalam. Maimonide la décrit sous forme de douze propositions, dont nous résumerons ici l'essentiel[7].

La première proposition affirme que l'univers entier, chaque corps qu'il renferme, est formé d'atomes, parcelles minuscules, indivisibles, qui sont absolument sans quantité (sans figure ni étendue, ce sont des entités sans dimensions) et n'en acquièrent que lorsqu'ils sont réunis (il suffit d'une réunion de deux) et leur juxtaposition forme alors un corps, une substance.

La deuxième proposition affirme l'existence du vide.

La troisième, très importante, la structure discontinue du temps, « qui est composé d'instants ».

La quatrième, de toute évidence d'inspiration aristotélicienne, et qui annonce le caractère hétéroclite de l'atomisme du Kalam, introduit les accidents « qui sont des idées ajoutées à l'idée de la substance ». Aucun corps ne peut exister qui en serait totalement exempt ; de deux accidents opposés il doit nécessairement en avoir un. Ainsi, s'il n'a pas l'accident du mouvement, il doit nécessairement avoir l'accident du repos, s'il n'a pas l'accident de la vie, il doit nécessairement avoir l'accident de la mort. Il peut avoir plusieurs accidents à la fois. S'il a, par exemple, l'accident de la vie, il doit nécessairement avoir quelques autres espèces d'accidents comme la science ou l'ignorance, la puissance ou l'impuissance, etc.

La cinquième proposition, qui nous fait pénétrer au cœur de la spécificité de l'atomisme arabe, dit que « c'est dans chaque atome déjà que résident les accidents et qu'il en est inséparable ». Cette affirmation vaut non seulement pour les accidents des substances inanimées,

---

5. Le penseur karaïte Aaron ben Elie, déjà mentionné dans notre présentation de la pensée juive face aux atomes, se dit convaincu, dans son livre l'*Arbre de la Vie*, que l'adoption de la doctrine particulaire par les Motekallemîn n'était pas faite uniquement pour en tirer des arguments en faveur de la non-éternité du monde mais aussi pour sa valeur philosophique propre. Après tout, remarque-t-il, les penseurs grecs qui professaient cette doctrine étaient des adversaires de la création.

6. L. Mabilleau, *Histoire de la philosophie atomistique*, Paris, F. Alcan, 1895.

7. Moïse Maimonide, *Le Guide des égarés*, *op. cit.*

comme leur couleur, leur odeur, etc., mais aussi pour ceux spécifiques des corps animés : ainsi, la vie est un accident associé à chacun des atomes du corps vivant. Le cas de l'âme est plus délicat : si certains Motekallemîn considèrent qu'elle est un corps composé d'atomes subtils qui se mêlent aux autres atomes (ordinaires), la majorité d'entre eux estiment qu'elle est un accident existant dans un seul de tous les atomes dont l'homme, par exemple, est composé. Il en est de même de l'intelligence des êtres qui manifestent cette qualité. Quant à la science, il y a, selon Maimonide, « chez les Motekallemîn une indécision sur la question de savoir si elle existe comme l'accident de chacun des atomes de l'ensemble doué de science, ou si elle n'existe que dans un seul atome ». De toute façon, ajoute-t-il, « les deux opinions ont des conséquences absurdes ».

La sixième proposition est peut-être la plus importante, car elle définit l'une des plus grandes originalités de la doctrine atomique du Kalam, et traduit ainsi une vision très particulière du monde. Elle affirme que : « L'accident ne dure pas deux temps », c'est-à-dire deux instants : « L'accident, aussitôt qu'il est créé, s'en va et ne reste pas. » Or, comme aucune substance ne peut exister sans accident, Dieu, s'il veut la conserver dans son état, recrée à chaque instant un nouvel accident de la même espèce, et cela aussi longtemps qu'il veut conserver le *statu quo*. Dieu peut également, à chaque instant, créer une autre espèce d'accident dans cette substance, dont il modifie alors la nature ou les propriétés. Si, à un instant quelconque, il arrête cette production répétitive d'accidents, la substance cesse tout simplement d'exister. L'univers entier, et chaque corps qu'il renferme, ne persiste donc que grâce à cette action constante de Dieu, scandée par l'écoulement des instants. Si l'on se rappelle que les accidents résident dans les atomes individuels (la neige est blanche parce que chaque atome de neige est blanc, etc.) et que c'est donc dans chaque atome qu'il convient de renouveler à chaque instant les accidents qui lui sont associés, on comprend combien est justifiée la dénomination d'« efficient » dont les Motekallemîn désignent Dieu. On aurait même tendance à l'appeler besogneux[8].

---

8. On ne peut pas s'empêcher de rapprocher de l'idée centrale de cette sixième proposition du Kalam le concept de la *transcréation* que développera des siècles plus tard Leibniz dans son ouvrage *Pacidius Philatethi*, publié en 1676, dans lequel il avancera la proposition que l'existence continue d'objets matériels exige leur recréation continue par Dieu. En particulier, afin d'éviter certaines difficultés dans l'interprétation du mouvement continu, il décomposera ce dernier en une série d'arrêts et affirmera que, lorsqu'un corps se déplace, il cesse d'exister dans une position pour être recréé dans la suivante.

Cette vision d'une récurrence constante de la création, au cours de laquelle les atomes sans consistance propre, ces « fantômes d'atomes » comme les appelle Mabilleau[6], ont besoin, pour continuer d'être, que « Dieu leur renouvelle à tout instant les dons qu'il leur a faits », souligne la dépendance complète de l'état du monde de la volonté souveraine de Dieu. Elle va à l'encontre du sentiment habituel de l'existence des lois qui, décrétées par Dieu ou résultant du pur jeu des contacts atomiques, selon les doctrines des différentes philosophies, traduisent ou garantissent, comme on le voudra, la constance, sinon l'immutabilité, des phénomènes de la nature. Elle annule l'idée de relations de cause à effet. « Il n'y a absolument aucun corps qui exerce une action ; le dernier efficient n'est autre que Dieu », précise Maimonide[7]. Dans cette curieuse et originale conception de l'univers « tout était, écrit E. Gilson[9], désarticulé dans le temps et dans l'espace pour permettre à la toute-puissance de Dieu d'y circuler à son aise. Une matière composée d'atomes disjoints, durant dans un temps composé d'instants disjoints, accomplissant des opérations dont chaque moment est indépendant de celui qui le précède et sans effet sur celui qui le suit, le tout ne subsistant, ne tenant ensemble et ne fonctionnant que par la volonté de Dieu qui le tient au-dessus du néant et l'anime de son efficacité, tel était à peu près le monde des Ach'arites. »

Comment un univers soumis ainsi à une recréation perpétuelle, libre de toute contrainte de nécessité, dans lequel les atomes et les accidents se combinent au gré d'une volonté extérieure souveraine, peut-il donner l'impression de permanence qu'il assume à nos yeux ? C'est là que les penseurs arabes introduisent leur concept spécifique du caractère « habituel » des actions de Dieu comme source de la conservation de l'ordre de l'univers : « Le principe de la permanence n'est pas dans les choses, mais dans le Créateur. » Ce qui apparaît à notre perception comme une loi de la nature, une relation de cause à effet, ne traduit que l'« habitude » que Dieu a prise de connecter d'une certaine manière les atomes et les accidents et, par leur intermédiaire, les événements. Deux exemples, fournis par Maimonide[7], illustrent cette idée : « Ils [les Motekallemîn] soutiennent que, lorsque l'homme meut la plume, ce n'est pas l'homme qui la meut ; car ce mouvement qui naît dans la plume est un accident que Dieu y a créé. De même, le mouvement de la main, qui dans notre opinion meut la plume, est un accident que Dieu a créé dans la main qui se meut ; Dieu a seulement établi comme habitude que le mouvement de la main s'unit au mouvement de la plume, sans que pour cela la main ait une influence quelconque ou une causalité dans le mouvement de la plume, car, disent-ils, l'accident ne dépasse pas son

9. E. Gilson, *La Philosophie du Moyen Âge,* Paris, Payot, 1988.

substratum. » Et encore : « C'est Dieu qui a établi comme une chose habituelle que cette couleur noire, par exemple, ne naquit qu'au moment où l'étoffe s'unit à l'indigo ; cependant ce noir, que Dieu a créé au moment où la chose à noircir s'unissait à la couleur noire, ne reste pas, mais s'en va à l'instant même, et Dieu crée un autre noir. De même, Dieu s'est fait l'habitude de créer, après la disparition de ce noir, non pas une couleur rouge ou jaune, mais un noir semblable. »

Cette théorie de l'« habitude », qui maintient l'ordre permanent de l'univers par une répétition périodique et fidèle de créations instantanées, traduit ainsi l'expression la plus absolue du droit d'un Dieu tout-puissant à revendiquer pour lui seul toute la réalité, sa création, son organisation, sa conservation, son évolution, la permanence que nous percevons ne représentant qu'une continuité de l'habitude divine, « une coutume » instituée par Dieu, qu'il peut abandonner à tout instant si tel est son bon plaisir[10]. Cette absence de causalité, et donc de nécessité, dans la suite des événements ôte toute certitude quant à l'avenir de l'ordre établi et met l'univers et l'homme à la merci de la volonté de Dieu, qui de surcroît n'est lié par aucune promesse à maintenir l'ordonnance qu'il a, à un moment donné, imposé à l'univers et que, depuis, il ne conserve que par « habitude ». Finalité étonnante à partir d'une théorie atomique dont l'expression originelle, grecque, créait l'ordre perçu à l'aide du hasard, opérant depuis l'éternité, sans aucune ingérence d'une puissance supérieure[11].

La proposition suivante, la septième, affirme à nouveau l'originalité des conceptions des Motekallemîn : « Les privations des capacités sont des accidents ayant également une existence (réelle) et qui, par conséquent, doivent être perpétuellement créés ou recréés. » Par exemple, la mort n'est pas la privation de la vie : tout comme il y a l'accident de la vie, à durée instantanée et renouvelable à la cadence instantanée, de même il y a un accident de la mort. Lorsque Dieu veut qu'un être vivant meure, il créé en lui l'accident de la mort, qui disparaît à l'instant même, selon le mécanisme qui régit le sort des accidents, de sorte que « Dieu, s'il veut maintenir la mort, crée aussitôt un autre accident de mort, car sans cela la mort ne durerait pas ». Ce point de vue, auquel Maimonide ne se rallie pas, entraîne quelques consolations : par exemple, l'ignorance est, comme la connaissance, un « accident positif ».

---

10. A. Heschel, *Maimonide, op. cit.*

11. Les spéculations sur les relations Dieu/atomes et Dieu/lois de la nature sont inévitables dans toute théologie incluant l'idée corpusculaire de la structure de la matière. Nous recueillerons, dans la troisième partie de cet ouvrage, l'écho d'une controverse entre Newton et Leibniz dont certains aspects ne seront pas sans rappeler, *mutatis mutandis,* les préoccupations des Motekallemîn.

La huitième proposition précise que « les formes physiques sont également des accidents » et que les corps, quels qu'ils soient, les hommes, les anges, le trône céleste même, ont pour substance des atomes identiques et ne diffèrent que par les seuls accidents.

La neuvième proposition affirme que « les accidents ne se portent pas les uns les autres », mais sont portés directement par la substance même. De la sorte, la fixation d'un accident ne dépend pas de la présence préalable d'un autre accident.

Des trois dernières propositions, on retiendra surtout que « tout ce qui est imaginable est aussi admissible pour la raison » (dixième proposition), qu'est rejetée l'existence « de quelque manière que ce soit » de l'infini dans l'univers (onzième proposition) et que « les sens ne donnent pas toujours la certitude » (douzième proposition).

Ce dodécalogue des propositions des Motekallemîn constitue le fondement de leur vision du monde, dont ils déduisent les arguments en faveur des thèses théologiques et cosmogéniques qu'ils défendent. Parmi ces thèses, les plus importantes concernent la création du monde, l'existence de Dieu, son unité et son incorporalité. Elles sont étayées d'arguments dont seuls ceux qui relèvent de l'enseignement atomique du Kalam nous importent ici. Nous nous bornerons donc à indiquer, à titre d'illustration de la méthode dialectique des Motekallemîn, les justifications « atomiques » qu'ils fournissent à l'appui des thèses essentielles précédentes.

Sur la création de l'univers, le raisonnement des Motekallemîn, selon Maimonide, se présente ainsi[7] : « Les atomes de l'univers, disent-ils, doivent nécessairement être ou réunis ou séparés, et il y en a qui tantôt se réunissent, tantôt se séparent. Or, il est clair et évident que, par rapport à leur essence, ce n'est ni la réunion seule, ni la séparation seule, qui leur compète ; car, si leur essence et leur nature exigeaient qu'ils fussent seulement séparés, ils ne se réuniraient jamais, et de même, si leur essence et leur véritable caractère exigeaient qu'ils fussent seulement réunis, ils ne se sépareraient jamais. Ainsi donc, la séparation ne leur convient pas plus que la réunion, ni la réunion plus que la séparation ; et par conséquent, s'ils sont en partie réunis et en partie séparés, et qu'en partie encore ils changent de conditions, étant tantôt réunis et tantôt séparés, c'est là une preuve que ces atomes ont besoin de quelqu'un qui en réunisse ce qui doit se réunir et qui sépare ce qui doit être séparé. Par conséquent, disent-ils, c'est là une preuve que le monde est créé. »

L'argument de la création implique ainsi automatiquement, chez les Motekallemîn, celui d'un créateur.

De la même manière, les atomes servent à démontrer l'unité de Dieu. L'argument en question, dit d'« obstacle mutuel », se présente ainsi :

« Si, dit-on, l'univers avait deux dieux, il faudrait que l'atome – qui (en principe) ne saurait être exempt de l'un de deux (accidents) opposés – fût dénué des deux à la fois, ce qui est inadmissible, ou bien que les deux opposés fussent réunis ensemble dans le même temps et dans le même substratum, ce qui est également inadmissible. Si, par exemple, l'atome ou les atomes que l'un (des deux dieux) voudrait maintenant faire chauds, l'autre voulait les faire froids, il s'ensuivrait, ou bien qu'ils ne seraient ni chauds ni froids, parce que les deux actions se feraient mutuellement obstacle – (ce qui est inadmissible, tout corps recevant l'un des deux accidents opposés) – ou bien que le corps dont il s'agit serait à la fois chaud et froid (ce qui est impossible). De même, si l'un des deux voulait mettre en mouvement tel corps, il se pourrait que l'autre voulût le mettre en repos ; et il s'ensuivrait qu'il ne serait ni en mouvement ni en repos, ou qu'il serait, à la fois en mouvement et en repos. »

La démonstration de l'incorporalité de Dieu emprunte le même type de raisonnement : « Si Dieu, disent-ils, était un corps, il faudrait nécessairement, ou bien que la véritable idée de la divinité résidât dans toutes les substances (simples) de ce corps, je veux dire dans chacun de ses atomes, ou bien qu'elle résidât dans un seul des atomes de ce corps. Or, si elle résidait dans un seul atome, à quoi serviraient les autres atomes ? L'existence de ce corps n'aurait pas de sens. Si (au contraire) elle résidait dans chacun des atomes de ce corps, il y aurait là beaucoup de dieux, et non pas un seul dieu ; mais on a déjà exposé qu'il n'y en a qu'un seul. »

L'ensemble de l'argumentation relève du même registre, aucune objection n'ébranlant la foi totale des Motekallemîn dans la capacité démonstrative de leur dialectique. On trouve, à ce sujet, quelques pages distrayantes dans le *Guide des égarés*[7].

Ce *Guide* présente également les objections et les critiques que Maimonide adresse au Kalam en général et à ses aspects atomiques en particulier. Le philosophe juif s'oppose ainsi à toute tentative de prouver l'existence de Dieu par la démonstration d'une création du monde, que celle-ci implique ou n'implique pas les atomes. Il refuse aussi avec dédain la thèse centrale et la plus originale du Kalam, la récurrence permanente de la création. Il écrit à ce propos : « C'est là, disent-ils, ce qui s'appelle véritablement croire que Dieu est efficient ; et celui qui ne croit pas que Dieu agisse ainsi nie, selon eux, que Dieu soit efficient. Mais, selon moi et selon tout homme intelligent, c'est au sujet de pareilles croyances qu'on peut dire : "Vous raillerez-vous de lui [Dieu] comme on se raille d'un mortel ?" (Job, 13 : 9). Car c'est là en vérité de la pure raillerie. »

Il récuse encore l'existence réelle des accidents négatifs qui, selon les Motekallemîn, régissent les privations de capacité. Il écrit à propos de l'accident de la mort : « Cependant, je voudrais savoir jusqu'à quand Dieu créera l'accident de mort dans le mort ! Est-ce tant qu'il conserve sa forme extérieure, ou tant qu'il reste un de ses atomes ? Car l'accident de mort que Dieu crée, il le crée, comme ils le supposent, dans chacun de ces atomes. Or, nous trouvons des dents molaires de morts qui sont là depuis des milliers d'années, ce qui prouve que Dieu n'a pas réduit au néant cette substance, et que, par conséquent, il y crée l'accident de la mort pendant ces milliers d'années, de manière que, une mort disparaissant, il en crée une autre. »

Maimonide n'approuve donc pas la démarche intellectuelle des Motekallemîn. Il n'est pas le seul parmi les penseurs de l'époque à adopter cette attitude. Un philosophe arabe prestigieux, Averroès (1126-1198), originaire comme Maimonide de Cordoue et aristotélicien comme lui, fut également un adversaire déclaré des tenants du Kalam[12]. Il défendit en revanche le concept aristotélicien des particules minimales, qu'il appellera *minima naturalia*, qualitativement et quantitativement spécifiques pour chaque substance et présentes en elles en tant que blocs les constituant. L'existence de ces *minima* lui paraît indispensable pour que les substances puissent exercer leurs actions spécifiques[13]. Ces idées seront développées et approfondies par des averroïstes éminents tels Siger de Brabant (v. 1240-1284), Augustin Nifo (1473-1546), Francis Toletius (1532-1596) et Zarabella (1532-1589). Elles seront adoptées et précisées également par le philologue et médecin Jules César Scaliger (1484-1558). Tous ces continuateurs du « Commentateur » – ainsi qu'on désignait Averroès au Moyen Âge – attribueront un rôle particulièrement important aux *minima* dans les réactions chimiques, où ils seraient, selon eux, les agents directement impliqués. Ils considèrent tous les interactions entre les *minima* comme allant au-delà d'une simple juxtaposition, vers de nouvelles entités unifiées disposant à leur tour de nouveaux *minima*, ce qui suppose une modification des *minima* constituants. Ils se rapprochent ainsi des idées d'Aristote sur la nature des composés et s'impliquent dans un aspect particulièrement délicat de la problématique atomique[14].

12. Voir E. Renan, *Averroès et l'averroïsme*, Paris, Calmann-Lévy, 1856.

13. Signalons que certains nominalistes, en particulier Jean Buridan (v. 1300-1358) et Albert de Saxe (1316-1390), furent également partisans des particules minimales. Toutefois, contrairement aux averroïstes, qui, comme nous l'avons dit, considéraient ces particules comme indispensables pour les actions spécifiques des corps, ils estimaient que l'existence même des corps exigeait qu'ils possèdent une certaine dimension, en deçà de laquelle ils devenaient instables.

14. On peut trouver des détails sur les contributions, nuancées, de ces différents protagonistes des particules minimales dans A. G. Van Melsen, *From Atoms to*

Comment situer aujourd'hui la position du Kalam dans l'évolution historique de la théorie atomique ? Parmi les fidèles des trois grandes religions monothéistes issues du même tronc d'Abraham, l'islam sera la première à clamer que la croyance en un Dieu unique, maître de l'univers, est compatible avec une conception corpusculaire de la structure de la matière. Certes, la vision atomique chrétienne qui suivra différera par nombre de ses aspects de la vision atomique arabe, ce qui ne saurait nous étonner car nous savons bien qu'il ne suffit pas de croire en un Dieu unique pour s'accorder sur la manière dont il régit le monde physique, sans parler de celui de la pensée et des sentiments. Il est néanmoins certain que, tôt ou tard, une tentative de coexistence devait être faite et l'apport historique du Kalam est d'avoir permis de l'entrevoir. Si, de surcroît, nous incluons dans notre champ de réflexion l'atomisme fondamentalement irreligieux des philosophes grecs, la performance complémentaire, indirecte et involontaire il est vrai, des Motekallemîn prouve en outre que l'on peut accepter la vision atomique du monde, vivre avec les atomes, indépendamment de la position que l'on adopte vis-à-vis de Dieu : c'est la structure bâtie sur cette vision qui varie, ses fondations restent les mêmes. Ce n'était pas évident à l'époque.

Atoms, the History of the Concept Atom, Pittsburgh, Duquesne University Press, 1952.

TROISIÈME PARTIE

La Renaissance et le siècle des Lumières

CHAPITRE XII

La revivification de la théorie atomique : l'atomisme chrétien

« Dieu, dans la philosophie moderne, joue un rôle bien plus grand que dans l'ancienne. »

G. W. F. Hegel

Si la théorie atomique n'a jamais manqué totalement de partisans ni de défenseurs, il est vrai cependant qu'elle n'a guère joué de rôle significatif dans l'évolution des idées philosophiques et scientifiques pendant les quinze siècles qui s'étendent depuis les débuts de notre ère jusqu'à l'aube des Temps modernes. Combattue par les autorités religieuses dont la pensée a dominé ces siècles, elle a dû attendre l'avènement de la Renaissance et de l'époque d'ouverture qui a suivi pour resurgir, comme tant d'autres aspirations humaines, de l'oubli millénaire et reprendre sa place dans la cohorte d'idées qui allaient structurer le monde moderne. Ce qui est frappant dans cette résurrection, c'est qu'elle est l'œuvre des croyants tentant de concilier les propositions atomiques avec leur vision chrétienne du monde. Il demeure néanmoins à la même époque un antiatomisme qu'on peut également qualifier de chrétien, en ce sens que ses protagonistes usent aussi d'arguments à caractère religieux pour défendre leurs positions. Ce sont des continuateurs, sur un fond modernisé, de l'antiatomisme médiéval.

La distinction qui suit entre « revivificateurs » catholiques et protestants ne concerne ni le fond de leurs pensées ni la nature ou la valeur de leurs idées. Elle n'est là que pour mettre en évidence les difficultés, parfois extrêmes, qu'ont rencontrées les premiers de la part de leurs autorités religieuses, que ce soit en France ou en Italie, principales puissances catholiques de l'époque – avec l'Espagne, qui, toutefois, manquait alors de savants ou de penseurs de qualité –, et la relative indifférence des autorités protestantes vis-à-vis des adeptes de l'atomisme, en particulier en Angleterre, centre scientifique protestant essentiel de l'époque.

1. Les catholiques

– Gassendi

Le mérite de la résurrection de l'idée atomique revient essentiellement à Pierre Gassendi (1592-1655), dont il convient de souligner qu'il fut ecclésiastique (chanoine de Digne) et contemporain de Galilée, Descartes, Mersenne et Pascal, dans cette première moitié du XVIIe siècle qui a vu s'élaborer les fondements du renouveau intellectuel du monde *(figure 7)*. La clef qui permet de comprendre la personnalité et l'œuvre de Gassendi est donnée par Barry Brundell dans la préface de l'ouvrage qu'il lui a consacré[1] : « Pierre Gassendi a vécu pendant son existence au contact de trois civilisations : l'ecclésiastique médiévale, l'humaniste de la Renaissance et la scientifique moderne et il ne s'est jamais coupé d'aucune d'elles. » En fait, Gassendi se proposera comme tâche de construire une philosophie de synthèse, donc nécessairement de compromis, entre ces trois courants de pensée.

Le fil conducteur de sa démarche intellectuelle est à double brin, entremêlant une critique décidée de l'aristotélisme et une défense ardente de la philosophie épicurienne, avec l'ambition de hisser cette dernière au rang d'une doctrine acceptable par l'Église, à la place justement des enseignements du Stagirite. Rude tâche, qui nécessitait, à la fois, la réhabilitation de la morale épicurienne, que Gassendi considère comme déformée et calomniée par ses détracteurs, notamment les stoïciens, et une adaptation des propositions scientifiques du fondateur du Jardin d'Athènes à la vision chrétienne du monde, en particulier aux enseignements de la création selon la révélation biblique.

Le conflit avec Aristote se situe au fondement même de la démarche de Gassendi dans son adhésion totale au postulat fondamental des atomistes selon lequel l'atome et le vide, l'absolument plein et l'absolument vide sont les seuls « principes » sur lesquels repose la structure du cosmos. Le rejet de l'atomisme étant pour Aristote une conséquence naturelle et inéluctable de son rejet du vide, c'est précisément au niveau du concept du vide que se produit le conflit majeur entre Gassendi et son illustre prédécesseur. Ce point de discorde est significatif dans la mesure où certains contemporains de Gassendi – Francis Bacon, Sébastien Basso, Jean Magnien, Claude Bérigard, entre autres – sans être hostiles à la théorie atomique, et pour certains même, ouvertement acquis au concept des atomes, suivent Aristote dans son rejet du vide. Face à eux, Gassendi proclame nettement sa certitude de l'existence du

1. B. Brundell, *Pierre Gassendi, from Aristotelianism to a New Natural Philosophy*, Dordrecht, Reidel Publishing Co., 1987.

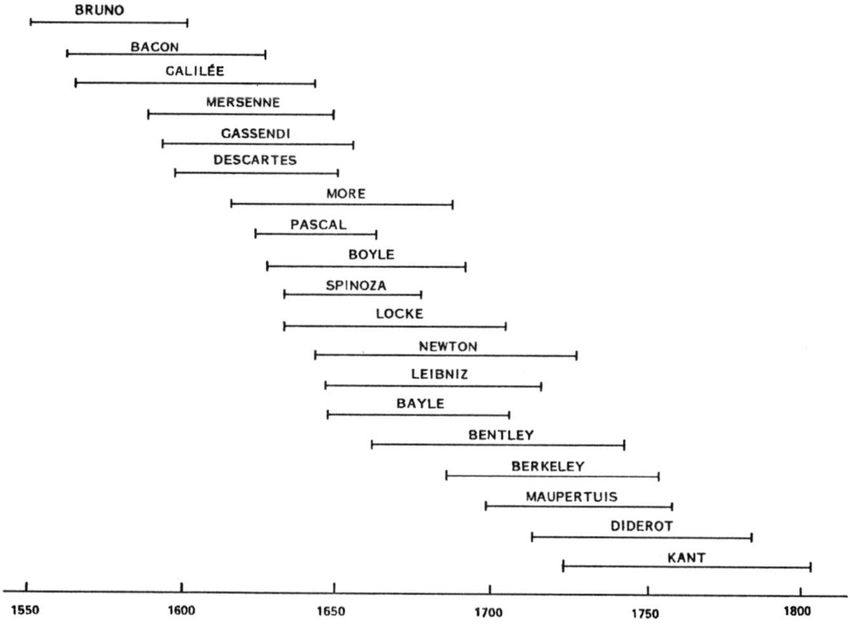

Figure 7. – Savants et philosophes engagés dans la problématique atomique à la Renaissance et au siècle des Lumières.

vide, que viennent renforcer les expériences d'Evangélista Torricelli (1608-1647) et de Blaise Pascal (1623-1662) sur la pression de l'air[2]. Or, l'enjeu est d'importance non seulement pour la description maté-

2. De même que l'idée de l'existence d'objets plus petits que ceux que saisit notre vision apparaîtra possible du fait de l'invention du microscope (1590). Quant à l'attitude de Pascal vis-à-vis de la théorie atomique, il est frappant de constater que, bien qu'il ait contribué à mettre en évidence la réalité du vide, il ne paraît pas avoir attaché grande foi à la signification des atomes. S'il se sert du terme, d'une façon picturale – « je ne vois que des infinités de toutes parts qui m'enferment comme un atome » – sa phrase célèbre, tirée de la pensée 185 (Blaise Pascal, *Pensées*, Michel de Guern [éd.], Paris, Gallimard, 1977) : « Toutes choses étant causées et causantes, aidées et aidantes, médiates et immédiates, et toutes s'entretenant par un lien naturel et insensible qui lie les plus éloignées et les plus différentes, je tiens impossible de connaître les parties sans connaître le tout, non plus que de connaître le tout sans connaître particulièrement les parties », traduit une vision globalisante, « holiste » du monde (le tout est plus que la somme des parties), qui est interprétée par Bréhier (*Histoire de la philosophie*, vol. II, *op. cit.*) comme exprimant son rejet de la philosophie atomique, dans le droit fil de sa conviction que le savoir humain est incapable d'atteindre les premiers « principes ».

rielle du monde mais aussi pour sa vision philosophique. En effet, la reconnaissance du vide remet en cause le fondement même de la doctrine d'Aristote qui veut que, dans la nature, tout est soit substance, soit accident, et que tout ce qui n'est pas substance ou accident est... rien. De toute évidence, le vide n'est ni substance ni accident. En revendiquant son existence, Gassendi s'attaque donc à la base du système philosophique qui domine pratiquement toute la pensée de l'époque et Alexandre Koyré[3], qui, pourtant, n'a pour l'œuvre de Gassendi qu'une estime modérée, écrit : « Personne n'a présenté la conception atomique avec autant de force et personne n'a défendu l'existence du vide sous toutes ses formes – à l'intérieur comme à l'extérieur du monde – avec autant de persévérance et de persistance que Gassendi ; personne, par conséquent, n'a contribué autant que lui à la ruine de l'ontologie classique fondée sur les notions de substance et d'attribut, de potentialité et d'actualité. »

La question des « qualités sensibles » constitue une autre rupture avec l'aristotélisme. Gassendi adopte pleinement la conception d'Épicure selon laquelle les atomes ont trois propriétés intrinsèques, variables : leur dimension, leur forme et leur poids, et sont en outre impénétrables, insécables et indestructibles[4]. Toutes les qualités sensibles que nous percevons (la couleur, la chaleur, l'odeur, etc.) sont associées aux assemblages d'atomes. Ainsi se trouve rejetée la conception aristotélicienne de quatre « qualités primaires » (le chaud, le froid, le sec et l'humide), considérées par le Stagirite comme « principes ultimes » dont l'action sur la « matière première » a produit les quatre « substances primordiales » (feu, air, terre, eau). Pour Gassendi cependant, l'atome n'est certainement pas un point mathématique mais un corpuscule réel bien qu'extrêmement petit[5] : la forme des atomes est ainsi la source de différences perceptibles. Ainsi, par exemple, des atomes pointus constituent des choses piquantes ou amères, des atomes ronds des choses fluides et douces. Koyré parlera de sa « physique qualitative à base atomique ». Il postule en outre la présence d'atomes spécifiquement adaptés à la production de certaines qualités

3. A. Koyré, *Études d'histoire de la pensée scientifique*, Paris, Gallimard, 1966.

4. L'atome n'est pas pour autant nécessairement « sans parties ». Il pourrait être formé de parties, elles-mêmes évidemment infinitésimales mais *inséparables*, ce que Lucrèce a exprimé par cette formule paradoxale : « L'atome est un dans ses parties » (voir M. Cariou, *L'Atomisme, op. cit.*).

5. L'importance de cette précision deviendra particulièrement significative lorsque nous présenterons, au chapitre XIII, les vues de Descartes et, en particulier, sa thèse essentielle sur l'identification de la matière physique avec l'étendue géométrique, qui sera fortement combattue par Gassendi.

sensibles, des atomes lumineux et des atomes sonores, des atomes du chaud et des atomes du froid[6].

Les quatre substances primordiales, si chères à tous les philosophes de la nature pendant deux mille ans, ont certes un rôle intermédiaire entre les atomes et les corps observables mais, naturellement, seuls les atomes sont pour Gassendi les vrais « principes » sur lesquels est bâti le monde[7].

Autre point particulièrement intéressant : Gassendi estimait que la formation des corps volumineux se faisait par un processus impliquant la formation intermédiaire d'associations d'atomes auxquelles il attribue explicitement le terme de « molécules ». Si l'on sait la confusion sur la différence entre les atomes et les molécules qui régnera dans l'esprit de nombreux chimistes et cela jusqu'au milieu du XIXe siècle, une telle distinction constitue un événement intellectuel d'importance. Il a en effet écrit dans sa *Syntagma Philosophicum* : « À partir des Atomes sont d'abord formées certaines molécules différentes entre elles, qui sont les semences des choses différentes : et ensuite chacune des choses est tissée et constituée de telle sorte qu'elles ne sont ni ne peuvent être constituées d'autres (semences). »

En même temps qu'il formule ses critiques contre Aristote, Gassendi s'attache à défendre les idées mécanistes fondamentales des atomiciens antiques, en particulier d'Épicure. Cela ne l'empêchera pas, néan-

---

6. Deux siècles plus tard, J.-B. Dumas stigmatisera dans ses *Leçons sur la philosophie chimique* (Paris, Gauthier-Villars, 1837) cet excès d'imagination de Gassendi et en profitera pour accabler les partisans de la théorie atomique dans leur ensemble : « Gassendi, perfectionnant l'image que l'on se faisait des atomes et de leurs rapports mutuels, l'a rapprochée de celle que nous nous en faisons aujourd'hui, en admettant des forces qui tiennent les atomes en équilibre et des espaces qui les séparent et qui sont beaucoup plus étendus que les atomes eux-mêmes. Si jusque-là Gassendi demeure dans le vrai, ou du moins ne s'écarte pas des idées les plus vraisemblables, bientôt il s'éloigne des hypothèses raisonnables et tombe dans ces écarts qui ont si souvent et non sans raison exposé les partisans des atomes aux dédains des esprits exacts et positifs. Il forme, en effet, la lumière d'atomes ronds : ce sont des atomes particuliers qui font le froid, le chaud, les odeurs, les saveurs ; le son lui-même est formé d'atomes. Toutes ces erreurs, reconnues ou condamnées par les physiciens qui lui succédèrent, entraînèrent dans un commun naufrage ce qui pouvait être utile et vrai dans le fond de ses idées. »

7. La tentation de faire coexister la théorie antique des « éléments » avec la théorie atomique se retrouve dans les écrits d'autres partisans de la doctrine corpusculaire de l'époque qui resteront moins connus que Gassendi : Daniel Sennert, qui paraît admettre le vide, Jean Magnien, qui ne reconnaît toutefois que trois éléments, eau, feu et terre, l'air servant, selon lui, à remplir le « vide » qu'il récuse, ou Sébastien Basso, qui rejette également le vide, qu'il remplace par un « esprit subtil ». Un siècle plus tard, Hermann Boerhaave, un éminent chimiste hollandais, renouvellera encore cette tentative de faire coexister la théorie atomique avec celle des quatre éléments.

moins, de s'éloigner d'Épicure sur quelques propositions particulières. Ainsi, tout en estimant que le poids est directement responsable de la mobilité des atomes, qu'il est une de leurs propriétés intrinsèques, innées, il affirme que les mouvements des atomes s'exercent naturellement en tous sens, en quoi il rejoint les vues de Démocrite[8]. L'hypothèse du *clinamen*, si importante aux yeux d'Épicure, est donc abandonnée par Gassendi. De même, alors que les atomes sont en nombre infini chez les atomistes antiques, leur nombre est fini d'après Gassendi ; pareillement, si les mondes sont innombrables selon Épicure, il n'en existe qu'un seul pour Gassendi.

De telles différences de conception s'expliquent par ce qui représente l'aspect le plus personnel de la contribution de Gassendi, sa tentative de christianisation de l'atomisme, de fusion de l'idée corpusculaire antique, qui lui semble la base la plus viable pour l'étude scientifique du monde, avec le message biblique tel qu'il est transmis et enseigné par l'Église romaine. Son aspiration est de substituer à la vision purement mécaniste du monde des atomistes une vision imprégnée de la présence et de l'action divines. Or, il est manifeste qu'une telle entreprise ne pouvait se faire qu'en sacrifiant certaines prémisses essentielles de la philosophie matérialiste de Démocrite et d'Épicure. Une épuration devait donc nécessairement précéder l'intégration.

Une des discordances les plus graves entre ces deux visions du monde, l'atomique et la chrétienne, provenait du dogme de la création. La théorie atomique pose que les atomes sont éternels, non créés, ce qui est en flagrante contradiction avec l'enseignement biblique de la création du monde qui selon la majorité des théologiens a eu lieu *ex nihilo*. Gassendi, le croyant, rejette donc l'éternité des atomes et affirme qu'ils ont été créés par Dieu et que le monde matériel a par conséquent un commencement[9]. S'il n'exclut pas la possibilité qu'ils aient pu exister originairement dans un état de chaos, il considère néanmoins qu'ils ont été pourvus dès le début de leur existence, par Dieu, naturellement,

---

8. Il peut être utile d'ajouter que, pour Gassendi, le mouvement des atomes constitue la cause interne du mouvement à tous les niveaux : lorsque des atomes s'agrègent pour former des corps volumineux, leurs micromouvements se combinent pour déterminer les macromouvements de ceux-ci. Ainsi, pour Gassendi, le mouvement des astres est entièrement déterminé par le mouvement de leurs atomes. C'est un retour à la doctrine originale des atomistes classiques et, du même coup, une réaffirmation de l'unité physique du monde céleste et du monde terrestre, à l'encontre de l'enseignement contraire d'Aristote (voir chapitre VI).

9. Aristote (voir chapitre VI) niait également la création, ce qui n'a pas empêché l'association intime de sa philosophie avec la doctrine chrétienne, tout au moins à partir du XIIIe siècle. De ce point de vue, l'épicurisme n'était donc pas, selon l'opinion de Gassendi, moins bien placé que l'aristotélisme pour lui être substitué dans une telle association.

de toutes les qualités nécessaires à leurs futures actions. C'est Dieu qui leur a imposé, en particulier, lors de leur création, la capacité de mouvement. Le développement du monde à partir des atomes est préordonné par Dieu et guidé continuellement par sa Providence. Gassendi ne saurait en effet admettre l'enseignement matérialiste des atomistes selon lesquels le destin du monde est régi par le seul hasard, découlant des chocs et des interactions entre atomes, selon le jeu accidentel de leurs rencontres.

Pour les mêmes raisons, Gassendi réfute aussi la théorie matérialiste de l'âme des atomistes, pour qui celle-ci est, comme toute autre chose, formée d'atomes et soumise au sort mécanique qui gouverne leurs associations et dissociations, donc périssable. S'il admet que les âmes végétales et animales pourraient être purement corporelles (composées tout de même des atomes les plus fins et les plus mobiles), l'âme humaine est, selon lui, immatérielle ou, pour le moins, composée de matière et d'esprit, la partie spirituelle ayant été créée séparément par Dieu et insufflée dans l'homme.

Enfin, la narration biblique de la création ne mettant apparemment en jeu que notre monde, celui dans lequel nous vivons, Gassendi rejette la proposition des atomistes d'un nombre infini de mondes. Le nôtre est pour lui unique, isolé, fini, entouré d'un vide infini.

La vision du monde de Gassendi, même si elle comporte une solide base atomique, apparaît taillée à la mesure de ses exigences de chrétien. Le procédé intellectuel qui guide sa démarche est simple. On reconnaît ainsi, dans les propositions des atomistes qu'il rejette, celles-là mêmes dont le contenu a conduit l'Église à récuser la théorie atomique dans son ensemble. Cependant, pour Gassendi, cette théorie constitue le meilleur fondement pour l'étude scientifique du monde, il s'attache donc à la garder, quitte à en éliminer les aspects qui sont inacceptables pour l'Église. Après cette opération, les atomes et Dieu doivent pouvoir coexister. Si, du point de vue de l'évolution historique des idées, on peut dire qu'il a ajouté Dieu aux atomes, lui aurait sans doute préféré que l'on dise qu'il a restitué les atomes à Dieu. Dans ces conditions, la théorie d'Épicure perd de sa pureté et de sa rigueur mécanistes. Certains, beaucoup peut-être, penseront qu'elle y gagne en profondeur spirituelle.

Il nous faut signaler aussi l'apport à cette atomistique théologique d'un philosophe anglais, contemporain de Gassendi, Ralph Cudworth (1617-1688). Atomiste, comme Gassendi, il ne consentait toutefois à attribuer aux corpuscules élémentaires que des propriétés d'étendue, de solidité, de forme et de mouvement, et encore cette dernière ne leur était pas propre mais devait leur être communiquée du dehors. En revanche, il leur refusait toutes les qualités liées à la vie, aux sentiments, à la pensée (pour un point de vue opposé, voir chapitre XII, 4). Dieu, créateur des atomes, prônait-il, était en même temps celui des substances immatérielles auxquelles étaient attachées ces dernières qualités. Ces substances, qui servaient d'intermédiaires entre Dieu et les atomes, dont elles déterminaient et organisaient les mouvements de manière à composer tous les corps et les êtres, Cudworth les appelait « natures plastiques ». « Il est absurde, dit-il, de supposer que tout ce qui arrive dans l'univers soit le résultat du hasard ou d'un mouvement aveugle et purement mécanique. Il n'est pas plus raisonnable de croire que Dieu intervient directement dans chacun des phénomènes de la nature... Ce serait contraire à la majesté de l'Être tout-puissant... On est donc forcé d'admettre une certaine force inférieure qui... imprime à chaque corps le mouvement dont il est susceptible, qui donne à chaque être organisé sa forme, qui préside à tous les phénomènes de la génération et de la vie. » C'est en quelque sorte, selon l'interprétation de Mabilleau[10] : « Le plan du monde flottant entre Dieu qui l'a conçu et le monde qui le subit, non pas un plan purement idéal, mais un ordre actif, qui relie toutes ces substances séparées, leur donne l'unité que la matière atomique est incapable de produire par elle-même, et détermine par là des systèmes téléologiques qui donnent naissance à l'harmonie et à la vie. »

– Galilée, atomiste chrétien ou hérétique ?

« Comme il y a des hommes du monde, il y a aussi des hommes d'univers. »

Paul Valéry

La renommée universelle de Galileo Galilei (1564-1642) est liée, pour l'opinion générale, à ses remarquables contributions à notre connaissance et à notre compréhension du monde macroscopique. Nul n'ignore sa courageuse et persistante défense de l'héliocentrisme, action qui devait le mener devant le tribunal du Saint-Office et provoquer sa condamnation, à Rome, en 1633, à la « prison ordinaire » à vie, peine commuée par le pape Urbain VIII en assignation à résidence surveillée dans la maison du savant à Arcetri, près de Florence. Bien que contraint à abjurer ses convictions coperniciennes, Galilée deviendra, et restera jusqu'à nos jours, le symbole de la résistance de l'esprit humain à l'oppression des idéologies dogmatiques, un témoin prestigieux de la lutte pour la liberté d'opinion et d'expression. La date du 22 juin 1633, jour du verdict, restera un souvenir pénible dans l'histoire de l'Église, dont la réputation aura à souffrir beaucoup et longue-

10. L. Mabilleau, *Histoire de la philosophie atomistique*, Paris, F. Alcan, 1895. Pour plus de détails, voir Pillon, « L'Évolution historique de l'atomisme », *Année philosophique*, 1891, 2, 67-112.

ment de cette injuste condamnation[11]. Plus que d'une erreur, il s'agissait là d'une faute grave et il faudra attendre la fin du XXe siècle pour que les plus hautes autorités ecclésiastiques le reconnaissent.

Tournée davantage vers l'infiniment grand que vers l'infiniment petit, l'attitude de Galilée vis-à-vis de la doctrine copernicienne n'est pas sans signification pour notre propos, en ce qu'elle porte atteinte à certaines propositions fondamentales de la doctrine aristotélicienne. En effet, l'héliocentrisme ramène la Terre au niveau d'une des planètes du système solaire, à égalité avec ses compagnes de rotation autour de l'astre central. En outre, cette vision n'est qu'un des éléments dans la réunification quasi révolutionnaire réalisée par Galilée entre le monde céleste et le monde terrestre, mettant en relief l'homogénéité de l'univers. L'outil de cette avancée extraordinaire : une découverte d'opticiens hollandais, faite au début du XVIIe siècle, la lunette astronomique, dont Galilée fera l'arme efficace d'une véritable conquête de l'espace. Quelles nuits extraordinaires que celles, en 1609 et 1610, pendant lesquelles le savant, à Venise, à Padoue, à Florence, braquait ses télescopes artisanaux, constamment perfectionnés, vers les mystères des cieux ! Quels ont dû être son exaltation et son émerveillement lorsqu'il découvrit ainsi, à la suite, le caractère accidenté de la surface lunaire, « inégale et recouverte, tout comme la face de la Terre, de hautes éminences, de profondes vallées et d'anfractuosités[12] », la nature polystellaire de la Voie lactée, les satellites de Jupiter, les taches de Vénus et, finalement, deux grosses protubérances fixes de part et d'autre de Saturne, la faiblesse de sa lunette ne lui permettant pas de voir qu'il s'agissait, en fait, d'un anneau[13]. Il n'est pas exagéré de dire que jamais dans l'histoire de l'humanité, autant de découvertes aussi prodigieuses et novatrices n'ont été réalisées en un temps aussi court. Leur portée est immense. Elles ont détruit, une fois pour toutes, la distinction traditionnelle, aristotélicienne, entre un monde céleste, parfait et incorruptible, et le monde sublunaire, imparfait et corruptible, deux mondes donc qualitativement et hiérarchiquement différenciés. Elles ont ainsi

---

11. Le tribunal ecclésiastique devant lequel a comparu Galilée était composé de dix cardinaux. Sept d'entre eux seulement ont prononcé la condamnation. Il y a donc eu trois juges dont l'abstention sauve partiellement l'honneur de l'Église. Les noms de ces trois prélats méritent d'être mentionnés : ce sont Gasparo Borgia, Francesco Barberini, neveu du pape Urbain VIII, et Laudivio Zacchia. (Pour plus de détails, voir Mario d'Addio, *Considerazioni sui processi a Galileo,* Rome, Herder [éd.], 1985.)
12. G. Galilée, *Le Messager des étoiles,* publié dès le mois de mars 1610, paru en traduction française en 1991 aux Éd. du Seuil, Paris.
13. C'est un physicien hollandais, Christiaan Huygens (1629-1695), qui effectuera cette identification environ un demi-siècle plus tard.

tracé la voie à la proclamation de l'universalité des lois de la nature, dont il reviendra à Newton (voir chapitre XII, 2) le mérite de faire, avec sa loi de la gravitation, la première et décisive démonstration pratique. En même temps, l'utilisation du télescope, instrument construit par des mains d'homme, a mis en évidence la portée limitée et, par là, le caractère insuffisant et parfois trompeur de nos sens naturels. C'est grâce à cet instrument que l'on a pu arracher au ciel les secrets que les limites de notre pouvoir de vision naturelle cachaient à notre connaissance. Or, le monde n'était, de toute évidence, qu'au début de l'exploration de ces nouvelles possibilités : qui pouvait prévoir à quelles découvertes extraordinaires conduirait l'augmentation de la puissance de cet instrument prometteur ? Risquons-nous à imaginer que Galilée se soit intéressé autant au microscope qu'à la lunette : il n'aurait pas bien sûr pu voir les atomes, mais sans doute aurait-il trouvé, dans l'exploration du monde microscopique, des arguments complémentaires à sa vision de l'unité structurelle de la nature.

Les atomes : il ne les a pas vus mais il croyait à leur existence et le disait, ce qui le fit entrer en conflit avec Aristote et avec l'Église, conflit particulièrement sérieux d'après ce que prétendent certains. Il s'agit là d'un aspect relativement peu connu de la vie et de l'activité de l'illustre Toscan[14] mais d'un intérêt direct pour notre ouvrage, intérêt stimulé par la proposition récente de l'historien Pietro Redondi sur le rôle qu'auraient joué les convictions atomiques de Galilée dans sa condamnation, proposition que l'auteur étaye par un document secret qu'il a découvert, en 1982, dans les archives vaticanes de la Congrégation pour la doctrine de la foi[15].

De quoi s'agit-il ? Galilée se rallie ouvertement, nous l'avons dit, à l'atomisme de Démocrite et d'Épicure. Il en fait état dans *Il Saggiatore*, paru en 1623[16], et le réaffirme dans le *Dialogo*, paru en 1632[17]. Il en tire des conséquences, dont certaines sont particulièrement contraignantes, sur la définition de la nature des « qualités sensibles », qui, on l'a vu, fut la source de l'antagonisme entre les atomistes médiévaux et l'Église. Comme ses prédécesseurs, il rejette la théorie d'Aristote sur ce sujet et

---

14. Galilée est né à Pise, d'une famille florentine. Il aura toute sa vie un penchant particulier pour Florence.
15. P. Redondi, *Galilée hérétique*, Paris, Gallimard, 1985.
16. 1623 est l'année où le cardinal Maffeo Barberini, qui a toujours témoigné publiquement de son admiration pour Galilée, est élu pape sous le nom d'Urbain VIII. Galilée lui dédie son livre. Malheureusement, ses relations avec le souverain pontife se gâteront quelques années plus tard.
17. G. Galilée, *Dialogue sur les deux plus grands systèmes du monde*, 1632, trad. franç. 1991, Paris, Éd. du Seuil.

refuse d'identifier la perception sensible avec le réel objectif. Galilée précise ainsi sa position : « Je dis seulement que je me sens bien contraint par la nécessité, aussitôt que je conçois une matière ou substance corporelle, à concevoir en même temps qu'elle est définie et dessinée par telle ou telle figure, que par rapport aux autres elle est grande ou petite, qu'elle est dans ce lieu ou dans tel autre, dans cet instant ou dans tel autre, qu'elle se meut ou qu'elle est en repos, qu'elle touche ou ne touche pas un autre corps, qu'elle est unique, ou multiple et en petit nombre, ou en grand nombre, et je ne puis par aucun effort de l'imagination la séparer de ces conditions ; mais qu'elle doive être blanche ou rouge, amère ou douce, sonore ou muette, d'une odeur agréable ou désagréable, je ne me sens point contraint par la pensée à devoir l'appréhender comme nécessairement accompagnée de ces conditions ; au contraire, si les sens ne les avaient pas distinguées, peut-être la raison ou l'imagination par elles-mêmes n'y arriveraient-elles jamais. J'en viens ainsi à penser que ces saveurs, odeurs, couleurs, etc., pour autant qu'elles apparaissent dans un sujet, ne sont pas autre chose que de purs noms, mais tiennent seulement leur résidence dans le corps capable de sentir, de sorte que, le vivant supprimé, sont enlevées et annihilées toutes ces qualités ; cependant, comme nous leur avons donné des noms particuliers et différents de ceux des autres premiers et réels accidents, nous voudrions croire qu'elles sont encore vraiment et réellement distinctes de ceux-là. » Et aussi : « Un peu de papier ou une plume... en touchant entre les yeux et le nez, et sous les narines, provoque une titillation presque intolérable... Or, cette titillation est toute en nous, et non dans la plume... Or, d'une semblable et pas plus grande existence je crois qu'il peut y avoir de nombreuses qualités qui sont attribuées aux corps naturels, tels que des saveurs, des odeurs, des couleurs et beaucoup d'autres de ce genre... et qui en dehors de l'animal vivant ne sont pas, je crois, autre chose que de purs noms. »

Contrairement à la thèse aristotélicienne (et aussi thomiste) qui considérait les qualités sensibles comme réelles et associées comme telles avec des substances spécifiques, Galilée affirme donc qu'elles ne sont que le résultat du groupement et des mouvements d'atomes, ce qui revient à nier leur existence réelle.

Or, comme nous l'avons déjà vu, une telle position est en conflit irréductible avec le dogme eucharistique de la transsubstantiation, ce qui conduisit certains théologiens, en particulier les jésuites, à considérer l'atomisme comme une doctrine hérétique, et à en interdire l'enseignement dans leurs écoles[18], cela bien que l'atomisme n'ait jamais fait

---

18. Pour un résumé clair et extensif des péripéties des relations de l'atomisme avec les jésuites, voir G. Minois, *L'Église et la science. Histoire d'un malentendu, op. cit.*

l'objet d'une condamnation officielle de la part de l'Église. On ne s'étonnera donc pas que le point de vue de Galilée sur la forme sensible ait été fortement critiqué par un des porte-parole les plus habiles des jésuites, le père Orazio Grassi, professeur au prestigieux Colegio Romano (future Université pontificale grégorienne), dans son ouvrage *Ratio Ponderum Librae et Simbellae*, paru en 1626. L'auteur y condamne explicitement la position de Galilée comme incompatible avec l'interprétation prônée par l'Église du dogme de la transsubstantiation[19] : « On ne peut éviter de donner libre cours à certains scrupules qui me préoccupent. Ceux-ci proviennent de ce que nous considérons incontestable sur la base des préceptes des Pères, des Conciles et de l'Église entière. Telles sont les qualités en vertu desquelles, bien que la substance du pain et du vin disparaisse, par la grâce de paroles toutes-puissantes, leurs espèces sensibles persistent pourtant, c'est-à-dire leur couleur, leur saveur, leur chaleur ou leur froideur. Ces espèces ne se maintiennent que par la volonté divine, et d'une manière miraculeuse, comme ceux-ci nous le disent. Tel est ce qu'ils affirment. Galilée, au contraire, affirme expressément que la chaleur, la couleur, la saveur et le reste du même genre sont, en dehors de qui les sent, et donc dans le pain et dans le vin, de purs noms. Par conséquent, quand la substance du pain et du vin disparaît, il ne reste que les noms des qualités. Mais un miracle perpétuel serait-il alors nécessaire pour conserver de purs noms ? Voyez donc combien il s'éloigne de ceux qui ont mis tant de soin à s'efforcer de stipuler la vérité de telles espèces, de manière à engager la puissance divine dans un tel effet. »

C'était une attaque publique, laissant donc à Galilée la possibilité de se défendre. C'est ce qu'il fit, en affirmant que ses propositions au sujet des qualités sensibles ne s'appliquaient pas à l'eucharistie, réponse en forme d'échappatoire, et qui a dû paraître telle à ses accusateurs, mais qui était la seule possible pour le savant chrétien, profondément croyant, que fut Galilée.

La situation est différente en ce qui concerne le document secret découvert, comme nous l'avons dit, en 1982 par Pietro Redondi dans les archives secrètes du Vatican. Ce document semble, en fait, être une dénonciation adressée par un auteur anonyme au tribunal du Saint-Office, attirant l'attention de celui-ci sur le caractère hérétique, parce que contraire aux résolutions du concile de Trente, des vues de Galilée[20] : « Il [Galilée] commence à les expliquer (les accidents, les qualités) à l'aide des atomes d'Anaxagore ou de Démocrite qu'il appelle minima *(minimi)* ou particules minimales. C'est en celles-ci, dit-il, que

19. Cité dans P. Redondi, *Galilée hérétique, op. cit.*, p. 372.
20. *Ibid.*, pp. 370-371.

se décomposent constamment les corps ; lesquelles cependant, si elles sont appliquées à nos sens, pénètrent notre substance, et selon la diversité des contacts, et des différentes conformations de ces minima, lisses ou rugueux, durs ou souples et selon qu'ils sont en petit nombre ou nombreux, nous piquent et nous transpercent de diverses façons, en se divisant plus ou moins, ou en facilitant notre respiration, et par conséquent pour notre gêne ou notre plaisir. Au sens du toucher, plus matériel et plus corporel, conviennent, dit-il, les minima de la terre. Au goût, ceux de l'eau, qu'il appelle fluides ; à l'odorat ceux du feu, qu'il appelle ignicoles, à l'ouïe ceux de l'air ; à la vue il attribue ensuite la lumière dont il dit savoir fort peu parler. Et il conclut que pour susciter en nous les saveurs, les odeurs, etc., il ne faut rien d'autre dans les corps, qui sont communément savoureux, odoriférants, etc., que des grandeurs, des figures et des nombres ; et que les odeurs, saveurs, couleurs, etc., ne se trouvent pas ailleurs que dans les yeux, la langue, le nez, etc., de façon que, si on retire ces organes, les accidents susdits ne se distinguent pas des atomes, sauf par le nom.

« Or si l'on admet pour vraie cette philosophie des accidents, il me semble qu'elle pose de très grandes difficultés à l'existence des accidents du pain et du vin qui dans le Saint Sacrement sont séparés de leur propre substance ; car vu que l'on y retrouve les termes et les objets du toucher, de la vue, du goût, etc., il faudra selon cette doctrine dire qu'il s'y trouve aussi les particules minimales grâce auxquelles la substance du pain ébranlait auparavant nos sens : si celles-ci étaient substantielles, comme le disait Anaxagore, et comme cet auteur paraît lui aussi l'accepter, il s'ensuit que dans le Saint Sacrement se trouvent des parties substantielles de pain ou de vin, ce qui est une erreur, condamnée par le Sacré Concile de Trente. »

C'est assez bien dit, mais, comme l'on peut s'en rendre compte immédiatement, il n'y a rien, dans cette délation, qui, en fait, ne soit déjà connu. M. Redondi s'inspire néanmoins de l'existence de ce document – en l'intégrant dans la mosaïque des faits, gestes et paroles des nombreuses personnes impliquées dans le procès de Galilée – pour avancer l'idée d'une « face cachée de la condamnation[15] ». D'après cette supposition, la véritable accusation ou, pour le moins, l'accusation essentielle que ses adversaires, et surtout les jésuites, auraient voulu faire peser sur Galilée n'était pas sa défense de l'héliocentrisme mais ses convictions atomistes. L'accusation de l'héliocentrisme serait une accusation de substitution, obtenue par les sympathisants de Galilée au sein de l'Église, l'enjeu de cette démarche étant le moindre danger qu'elle entraînait pour l'illustre Florentin. Selon Redondi, Galilée ne risquait en effet qu'une peine d'emprisonnement sous l'inculpation de la défense de l'héliocentrisme, alors qu'il risquait la mort sous l'accusation d'hérésie antieucharistique.

Cette thèse a fait, à un moment donné, couler beaucoup d'encre. Aujourd'hui, elle a ses partisans et ses adversaires. J'aurais tendance à prendre une position penchant du côté de ces derniers. En effet, s'il y a eu une face cachée dans cette affaire, elle est restée vraiment bien cachée. Enterrée, pourrait-on dire. Il est difficilement croyable – et ce n'est pas la découverte d'une lettre de dénonciation anonyme, qui ne porte d'ailleurs que sur des faits connus, qui y changera grand-chose – que, dans un procès aussi spectaculaire, comportant des débats conduits dans une mise en scène impressionnante et impliquant toutes sortes d'acteurs aux opinions certainement variées ou tout au moins nuancées, rien n'ait, à aucun moment, transpiré au grand jour de ce jeu délicat supposé s'être déroulé dans les coulisses. Les documents, aujourd'hui substantiels, relatifs au procès de Galilée, mis à la disposition du public récemment par l'Académie pontificale des sciences[21], ne contiennent aucune trace permettant de soupçonner une accusation sous-jacente d'hérésie atomique. La défense de l'héliocentrisme comme motif réel d'accusation paraît en fait plus vraisemblable, car ce motif concernait un sujet brûlant de l'activité intellectuelle de l'époque, qui mobilisait l'attention et l'énergie d'un nombre important de savants et de philosophes. Il présentait certainement plus d'intérêt que le problème plus circonscrit de la signification des qualités sensibles dans l'eucharistie, qui paraît avoir surtout préoccupé les jésuites de l'époque. En outre, il semble peu probable que, quelle que soit l'accusation portée contre lui, Galilée ait réellement risqué la peine de mort. Il a toujours affirmé que ses vues sur les qualités sensibles ne s'appliquaient pas à l'eucharistie. Et puis c'était un trop grand savant, trop universellement connu. Il était difficile de le condamner et, surtout, d'exécuter une sentence de mort dans ces conditions ; il est peu probable que l'Église eût osé prendre un tel risque[22].

En revanche, on ne peut pas exclure qu'il ait pu y avoir, à l'arrière-plan de la condamnation de Galilée, dans les agissements préparatoires au procès, une critique de l'ensemble de la position peu orthodoxe du Florentin par rapport à la doctrine philosophico-théologique alors en vigueur, ses convictions atomiques y compris. Telle est l'opinion d'Egidio Festa[23] : « Si le procès de 1633 fut décidé à l'instigation des jésuites, comme tendent à le prouver les témoignages de nombreux

21. « Documenti del Processo di Galileo Galilei », *Pontificia academiae scientiarum scripta varia*, n° 53, 1984.
22. Certes, il y avait l'exemple de Giordano Bruno, brûlé vif sur le bûcher trente-trois ans auparavant, en l'an 1600. Mais le cas n'était pas le même, comme on le verra.
23. Egidio Festa, « La querelle de l'atomisme. Galilée, Cavalieri et les jésuites », *La Recherche*, 1990, 21, n° 224, 1038.

contemporains, le problème de l'atomisme fut probablement évoqué au cours de l'instruction. Mais, d'après ce que nous savons, il ne semble pas qu'Urbain VIII lui ait accordé de l'importance. »

Arthur Koestler[24] avance un point de vue à la fois similaire et plus original, surprenant d'ailleurs de la part de quelqu'un qui ne saurait être considéré comme spécialement favorable à l'Église : « Je suis convaincu que le conflit de l'Église et de Galilée (ou de Copernic) n'était pas inévitable ; qu'il ne s'agissait pas d'une collision fatale de deux philosophies contraires, d'un choc qui devait se produire à un moment ou à un autre, mais plutôt d'un heurt de tempéraments, d'individus, aggravé par des coïncidences malheureuses. Autrement dit, je considère qu'il est naïf et faux de voir dans le procès de Galilée une sorte de tragédie grecque, un combat singulier entre la "foi aveugle" et les "lumières de la raison". Mais il y avait un groupe puissant dont l'hostilité envers Galilée ne devait jamais désarmer : c'étaient les aristotéliciens des universités. L'inertie de l'esprit humain, sa résistance aux nouveautés ne s'affirment pas, comme on pourrait le croire, dans les masses ignorantes – aisément persuadées dès que l'on frappe leur imagination – mais chez les professionnels qui vivent de la tradition et du monopole de l'enseignement. Toute innovation menace doublement les médiocrités académiques : elle met en péril leur autorité d'oracles, et elle évoque le danger redoutable de voir s'écrouler tout un édifice intellectuel laborieusement construit. Les arriérés académiques ont été le fléau du génie depuis Pythagore jusqu'à Darwin, jusqu'à Freud ; leur méchante phalange de pédantisme se relaie de siècle en siècle. »

Quoi qu'il en soit, on peut dire que l'incompatibilité apparemment insurmontable entre les concepts atomiques et l'interprétation de l'eucharistie en termes du vocabulaire aristotélo-thomiste constituait une pomme de discorde destinée à se perpétuer. En fait, le conflit, assez véhément pendant tout le XVIIe siècle, s'est assoupi ensuite, sans pour autant disparaître des esprits.

Où en sommes-nous aujourd'hui ? L'Église, évidemment, ne s'oppose plus aux atomes. Néanmoins, elle maintient, en même temps, comme le proclame l'encyclique *Mysterium fidei* (1963), la validité du concept aristotélo-thomiste pour l'interprétation de l'eucharistie[25].

---

24. A. Koestler, *Les Somnambules, op. cit.*

25. Le très récent *Nouveau Catéchisme de l'Église catholique* (Mame/Plon, 1992) réaffirme la nature de l'eucharistie. On y lit, dans l'article 1374 : « Le mode de présence du Christ sous les espèces eucharistiques est unique [...]. Dans le très Saint Sacrement de l'Eucharistie sont contenus vraiment, réellement et substantiellement Le Corps et Le Sang conjointement avec l'âme et la divinité de Notre Seigneur Jésus-Christ et, par conséquent, le Christ tout entier » ; dans l'article 1377 : « La

Dans ces conditions, on ne peut qu'établir un constat de divorce sur ce sujet particulier entre la « physique » et la foi. Une telle attitude de « séparation à l'amiable » est illustrée par les paroles du père P. N. Mayaud, de la Compagnie de Jésus, qui écrivait récemment[26] : « Ainsi ce mystère de foi qu'est l'Eucharistie est réalité qui échappe par nature aux prises de la "physique" et le contenu du terme de transsubstantiation, officialisé sinon canonisé à Trente, est seulement affirmation, en des mots usuels, d'une conversion mystérieuse dont seule la foi peut attester la réalité[27]. » Les croyants ne se satisfont pas tous de cet état de fait et expriment parfois une vue plus critique et plus pessimiste. G. Minois écrit ainsi[28] : « Donc, jusqu'à la fin des temps, le dogme eucharistique sera exprimé en vocabulaire scolastique aristotélo-thomiste, déjà incompréhensible aujourd'hui pour les neuf dixièmes des fidèles européens, sans parler des Églises d'Afrique noire ou d'Asie... La substance, les espèces, les accidents : voilà les termes dont l'Église devra toujours se servir pour parler de l'eucharistie, comme si les notions de physique, de chimie et de biologie n'avaient pas changé depuis le XIIIe siècle. »

Laissons là ce débat particulier, pour mieux mettre en évidence la portée novatrice de l'enseignement de Galilée : en effet, son atomisme ne constitue qu'un des aspects d'une entreprise plus vaste, celle de la mathématisation du monde. Pour Galilée, « la nature est mathématique ». Les mathématiques sont plus qu'un outil méthodologique permettant d'ordonner les faits, elles sont le fondement même de la compréhension de la nature. On cite souvent ses paroles célèbres : « La philosophie est écrite dans un grand livre qui se tient toujours ouvert devant nos yeux (je dis : l'univers), mais on ne peut le comprendre si d'abord on ne s'applique à en comprendre la langue et à connaître les caractères avec lesquels il est écrit. Il est écrit dans la langue mathéma-

---

présence eucharistique du Christ commence au moment de la consécration et dure aussi longtemps que les espèces eucharistiques subsistent. Le Christ est tout entier dans chacune des espèces et tout entier dans chacune de leurs parties, de sorte que la fraction du pain ne divise pas le Christ » ; dans l'article 1375 : « Ce n'est pas l'homme qui fait que les choses offertes deviennent Corps et Sang du Christ, mais le Christ lui-même... » On rappelle dans cet article les paroles de saint Ambroise : « La force de la bénédiction l'emporte sur celle de la nature. »

26. P. N. Mayaud, « Science et foi : comment comprendre la transsubstantiation », *La Recherche*, 1984, n° 20, p. 522.

27. L'article 1381 du *Nouveau Catéchisme de l'Église catholique* rappelle les paroles de saint Thomas : « La présence du véritable Corps du Christ et du véritable Sang du Christ dans ce sacrement, on ne l'apprend point par les sens, mais par la foi seule, laquelle s'appuie sur l'autorité de Dieu. »

28. G. Minois, *L'Église et la science. Histoire d'un malentendu*, vol. II, « De Galilée à Jean-Paul II », Paris, Fayard, 1991.

tique, et les caractères sont des triangles, des cercles et autres figures géométriques. » Négligeant apparemment les contributions de quelques anciens, il est vrai beaucoup plus primitives, Koyré commente ces phrases[29] : « Galilée est peut-être le premier esprit qui ait cru que les formes mathématiques étaient réalisées effectivement dans le monde », et en extrapole même le sens : « Tout ce qui est dans le monde est soumis à sa forme géométrique ; tous les mouvements sont soumis à des lois mathématiques, non seulement les mouvements réguliers et les formes régulières qui, peut-être, ne se trouvent pas du tout dans la nature, mais aussi les formes irrégulières elles-mêmes. La forme irrégulière est aussi géométrique qu'une forme régulière ; elle est aussi précise que celle-ci ; elle est seulement plus compliquée[30]. »

Également pertinentes sont les remarques de Crombie[31] : « Le changement capital introduit par Galilée, avec d'autres mathématiciens platonisants, comme Kepler, dans l'ontologie scientifique, fut d'identifier la substance du monde réel aux entités mathématiques contenues dans les théories utilisées pour décrire les apparences. » On peut donc dire que si Gassendi, comme on l'a vu, a ajouté Dieu aux atomes, Galilée leur a imposé, en plus, les mathématiques[32].

Au vu de cette prise de position et eu égard aux problèmes que soulèvera, en particulier au XIXe siècle, l'aspect purement théorique de l'atomisme – qui en l'absence de preuves expérimentales indiscutables sera le seul abordable jusqu'au début du XXe siècle –, il est important de rappeler l'attitude positive de Galilée en ce qui concerne le rôle de la théorie dans la recherche scientifique. A. Koyré écrit ainsi[29] : « On le voit : la manière dont Galilée conçoit une méthode scientifique correcte implique une prédominance de la raison sur la simple expérience, la substitution de modèles idéaux (mathématiques) à une réalité empiriquement connue, la primauté de la théorie sur les faits. C'est seulement ainsi que les limitations de l'empirisme aristotélicien ont pu être sur-

---

29. A. Koyré, *Études d'histoire de la pensée scientifique, op. cit.*
30. Si tel était le fond de la pensée de Galilée, il n'en reste pas moins que le « préjugé esthétique » en faveur du cercle a empêché le savant florentin de reconnaître les ellipses de Kepler comme trajectoires des planètes autour du soleil.
31. A. C. Crombie, *Robert Grosseteste and the Origins of Experimental Science*, Oxford, Oxford Clarendon Press, 1953.
32. La liaison intime entre la théorie physique des atomes et la mathématisation de l'univers a trouvé au temps de Galilée un stimulant supplémentaire dans le développement de la « géométrie aux moyens des indivisibles », dont un des pionniers les plus importants fut Bonaventura Cavalieri (1598-1647). Ces travaux avaient pour objectif la recherche sur la manière de concevoir la division des milieux continus en parties toujours plus petites. Autrement dit, le problème était de savoir si l'on avait le droit de représenter une surface et un volume respectivement par « toutes les lignes » et « tous les plans » que ces figures pouvaient contenir.

montées et qu'une véritable méthode expérimentale a pu être élaborée ; une méthode dans laquelle la théorie mathématique détermine la structure même de la recherche expérimentale, ou, pour reprendre les termes propres de Galilée, une méthode qui utilise le langage mathématique (géométrique) pour formuler ses questions à la nature et pour interpréter les réponses de celle-ci. »

Enfin, après avoir mentionné le procès et la condamnation de Galilée, on ne saurait conclure sans rapporter les événements plus récents liés à cette « affaire » qui, après des vicissitudes diverses, ont finalement abouti à une quasi-« réhabilitation » du savant florentin par les plus hautes autorités de l'Église, acte qui s'inscrit dans le cadre plus vaste de la définition d'une attitude nouvelle et plus équilibrée de l'Église vis-à-vis de la science en général.

En effet, après le procès de Galilée s'est ouvert un long « procès du procès ». L'absurdité de la condamnation, l'envergure de l'injustice commise, la position de plus en plus forte qu'acquérait le Florentin dans l'histoire de la science faisaient de son procès l'exemple privilégié d'une erreur judiciaire et d'un abus de pouvoir contre lesquels ne pouvait que se révolter la conscience d'une humanité progressiste. Des voix se sont donc élevées constamment pour réclamer la « révision du procès » et la « réhabilitation » du condamné. La réparation est advenue, trois siècles et demi après la condamnation. Le mérite en revient à Jean-Paul II et s'inscrit dans l'orientation positive que ce pape a imprimée à l'attitude de l'Église envers la science fondamentale.

La « réhabilitation » s'est faite en deux étapes. La première, solennelle mais aussi quelque peu clandestine, a eu lieu le 10 novembre 1979 à l'occasion de la célébration du centenaire de la naissance d'Albert Einstein, organisée par l'Académie pontificale des sciences, célébration à laquelle fut adjoint un hommage à Galilée[33]. La seconde étape a été solennelle et cette fois tout à fait officielle. Elle répondait à l'initiative prise par Jean-Paul II de voir le cas Galilée réexaminé dans un esprit d'équité par un ensemble de personnalités polyvalentes de stature incontestable. Dans ce but, le pape a institué, le 3 juin 1981, une « Commission pontificale pour l'étude de la controverse ptoléméo-copernicienne aux XVIe et XVIIe siècles », manière élégante de placer le cas Galilée dans une optique plus générale. Les conclusions de cette commission ont été exposées par le cardinal Paul Poupard, président du conseil pontifical pour la Culture, au cours d'une cérémonie grandiose, qui s'est tenue le 31 octobre 1992 à la Sala Regia, en présence des membres de l'Académie pontificale des sciences, du Collège des cardinaux et des membres du corps diplomatique, auditoire dont la

33. *Einstein, Galileo,* Cité du Vatican, Libreria Editrice Vaticana, 1980.

composition souligne la portée universelle de l'événement. Le but de la Commission, a précisé le cardinal Poupard, était « de repenser toute cette question, en pleine fidélité aux faits historiquement établis et en conformité aux doctrines et à la culture du temps, et de reconnaître loyalement, dans l'esprit du Concile Œcuménique Vatican II, les torts et les raisons, de quelque côté qu'ils proviennent. Il ne s'agissait pas de réviser un procès, mais d'entreprendre une réflexion sereine et objective, en tenant compte de la conjoncture historico-culturelle[34] ». La conclusion essentielle de cette enquête interdisciplinaire a été résumée dans les paroles suivantes : « En conclusion, la relecture des documents d'archives le montre encore une fois : tous les acteurs d'un procès, sans exception, ont droit au bénéfice de la bonne foi, en l'absence de documents extra-processuels contraires. Les qualifications philosophiques et théologiques abusivement données aux théories alors nouvelles sur la centralité du soleil et la mobilité de la terre furent la conséquence d'une situation de transition dans le domaine des connaissances astronomiques, et d'une confusion exégétique concernant la cosmologie. Héritiers de la conception unitaire du monde, qui s'imposa universellement jusqu'à l'aube du XVIIe siècle, certains théologiens contemporains de Galilée n'ont pas su interpréter la signification profonde, non littérale, des Écritures, lorsqu'elles décrivent la structure physique de l'univers créé, ce qui les conduisit à transposer indûment une question d'observation factuelle dans le domaine de la foi.

« C'est dans cette conjoncture historico-culturelle, bien éloignée de notre temps, que les juges de Galilée, incapables de dissocier la foi d'une cosmologie millénaire, crurent, bien à tort, que l'adoption de la révolution copernicienne, par ailleurs non encore définitivement prouvée, était de nature à ébranler la tradition catholique, et qu'il était de leur devoir d'en prohiber l'enseignement. Cette erreur subjective de jugement, si claire pour nous aujourd'hui, les conduisit à une mesure disciplinaire dont Galilée "eut beaucoup à souffrir". Il faut loyalement reconnaître ces torts, comme vous l'avez demandé, Très Saint-Père. » Dans sa réponse à l'allocution du cardinal Poupard, Jean-Paul II en a accepté les conclusions et a précisé la position actuelle de l'Église par rapport à l'investigation scientifique : « Si la culture contemporaine est marquée par une tendance au scientisme, l'horizon culturel de l'époque de Galilée était unitaire et portait l'empreinte d'une formation philosophique particulière. Ce caractère unitaire de la culture, qui est en soi positif et souhaitable aujourd'hui encore, fut une des causes de la condamnation de Galilée. La majorité des théologiens ne percevaient

---

34. P. Poupard, *Après Galilée. Science et foi : nouveau dialogue,* Paris, Desclée de Brouwer, 1994.

pas la distinction formelle entre l'Écriture sainte et son interprétation, ce qui les conduisit à transposer indûment dans le domaine de la doctrine de la foi une question de fait relevant de l'investigation scientifique [...]. Une tragique incompréhension réciproque a été interprétée comme le reflet d'une opposition entre science et foi. Les élucidations apportées par les récentes études historiques nous permettent d'affirmer que ce douloureux malentendu appartient désormais au passé... Il existe deux domaines du savoir, celui qui a sa source dans la Révélation et celui que la raison peut découvrir par ses seules forces. À ce dernier appartiennent notamment les sciences expérimentales et la philosophie. La distinction entre les deux domaines du savoir ne doit pas être comprise comme une opposition. Les deux domaines ne sont pas purement extérieurs l'un à l'autre, ils ont des points de rencontre. Les méthodologies propres à chacun permettent de mettre en évidence des aspects différents de la réalité. »

Ainsi, pour l'Église, le cas Galilée est clos et, cette fois, semble-t-il, définitivement. L'est-il aussi pour le monde laïque ? Seul l'avenir nous le dira.

– Giordano Bruno

« Temps, espace, infini, sont des mots incommodes. »
Paul Valéry

Giordano Bruno (1548-1600), dont nous avons mentionné le nom au chapitre précédent, mérite d'être évoqué ici car c'était un atomiste déclaré, se référant explicitement à Démocrite et à Épicure. Étant donné son sort tragique – il fut brûlé vif pour hérésie, le 17 février 1600, à Rome, sur le Campo dei Fiori –, il est tentant d'examiner son cas en relation avec celui de Galilée, moins sévèrement puni, il est vrai, mais condamné quand même. On pourra ainsi faire ressortir les concordances qui rapprochent et les nuances, parfois les oppositions intellectuelles, qui distinguent ces deux humanistes et, en même temps, mieux mettre en lumière la contribution de Bruno à la revivification de certains aspects de la vision du monde des atomistes de l'Antiquité.

Parmi les convictions communes de Galilée et de Bruno figurent la croyance aux atomes (et au vide, que Bruno postule toutefois rempli d'« éther »), l'acceptation de la doctrine copernicienne sur l'héliocentrisme de notre monde et le rejet de certaines propositions essentielles de l'aristotélisme, en particulier dans le domaine de la cosmologie, notamment la distinction hiérarchique prônée par le Stagirite entre le monde céleste et le monde sublunaire qui faisait de la terre, placée pourtant au centre du monde, « un faubourg mal famé ». Pour Bruno, comme pour Galilée, la nature est de même essence, faite de même matière, partout.

Quant aux oppositions, ou tout au moins aux divergences, entre leurs conceptions, certaines apparaissent au niveau même de leurs convictions communes. Il en est ainsi, en particulier, justement en ce qui concerne les atomes. L'adoption par Bruno de la doctrine atomiste de l'Antiquité ne signifie nullement son ralliement à la conception strictement mécaniste, matérialiste du monde. En effet, s'il affirme, avant Galilée, que le « Livre de la Nature » est écrit en « caractères » ou « lettres géométriques » (triangles, carrés, cercles, etc.), représentant les corpuscules microscopiques caractéristiques des différents éléments formés eux-mêmes d'atomes et s'il estime, raisonnablement, « qu'il n'est pas nécessaire qu'il y ait beaucoup de sortes et de formes d'éléments infinis, comme du reste de lettres non plus, pour former d'innombrables espèces[35] », Bruno a, des atomes même, une conception spiritualiste : il leur attribue une âme qui n'est d'ailleurs qu'une manifestation de l'âme de l'univers. Les atomes sont pour lui des « monades dont chacune est une émanation de Dieu et (en tant que telle) doit contenir l'infinité dont elle émane ». Il rejette aussi la proposition classique de leurs mouvements chaotiques et de leurs chocs accidentels : « Les atomes, travaillés du dedans, ne se combinent pas par hasard ni de façon désordonnée, mais suivant une volonté organisatrice allant vers des structures de plus en plus complexes et de plus en plus parfaites. » Nous sommes loin du mécanisme strict des atomistes antiques et de Galilée. Bruno professe, en fait, une sorte de panthéisme personnel, péché majeur aux yeux de l'Église.

De même, il ne se borne pas – hélas pour lui, car ce sera l'un des griefs essentiels de l'Église à son égard – à accepter la doctrine d'un monde héliocentrique mais fini du chanoine polonais, mais va bien au-delà de cette vision, trop restreinte à son avis, en prônant l'existence d'un univers éternel et infini, contenant une infinité de mondes, semblables au nôtre, habités par une infinité de formes d'êtres vivants. Quand bien même ces êtres devaient célébrer tous et continuellement la gloire de Dieu, l'idée d'un tel univers infini, dont la terre ne saurait donc être le centre, n'était pas acceptable pour l'Église. Pour Bruno, dira G. Minois[36] : « Copernic a étudié l'arbre mais n'a pas vu la forêt. »

Cette infinitisation de l'univers, qui constitue certainement la contribution la plus importante de Bruno au développement de la cosmologie moderne, représente un retour à un des aspects importants de la doctrine des atomistes anciens. Le renouveau intellectuel s'opère, dans ce domaine comme dans tant d'autres, par un saut de vingt siècles, de

---

35. Giordano Bruno, *De minima,* 1591, cité dans P. Redondi, *Galilée hérétique, op. cit.,* p. 70.
36. G. Minois, *L'Église et la science. Histoire d'un malentendu,* vol. I, *op. cit.*

l'Antiquité à la Renaissance, par-dessus le fossé du Moyen Âge. Or, la position charnière de Bruno dans ce renouveau est indiscutable. Ainsi, après avoir remarqué que l'origine de la conception de l'infinité de l'univers se trouve, « cela va de soi », chez les Grecs, A. Koyré, un des meilleurs spécialistes du passage « du monde clos à l'univers infini », soulignera que « ce fut Giordano Bruno qui, le premier, prit la cosmologie de Lucrèce au sérieux[37] ». Hélas, ce qui pour nous est un mérite paraîtra un crime aux autorités ecclésiastiques de l'époque[38].

Pourtant, l'argumentation de Bruno en faveur de l'infinité de l'univers et des modes habités repose sur des raisonnements qui ne sont nullement irrespectueux à l'égard de Dieu. Au contraire, ils découlent de sa conviction de l'impossibilité d'assigner des limites à la toute-puissance divine. En effet, cette foi repose sur le *principe de plénitude*, selon lequel Dieu ne pouvait pas ne pas créer le plus grand nombre possible de mondes diversifiés, dans un espace le plus grand possible, donc infini, et le *principe de raison suffisante*, qui ne permet pas d'éliminer une possibilité à moins d'en fournir une justification par une raison valable. Bruno écrit ainsi dans son ouvrage au titre provocateur *L'Infini, l'Univers et les Mondes*[39] : « C'est ainsi que l'excellence de Dieu se trouve magnifiée et se manifeste la grandeur de son empire. Il ne se glorifie pas dans un seul, mais dans d'innombrables soleils, non pas en une seule terre et un monde, mais en mille mille, que dis-je ? une infinité [des mondes] [...] J'affirme ce que je ne puis nier, à savoir, que dans l'espace infini, il pourrait exister une infinité de mondes semblables à celui-ci, ou encore, que cet Univers pourrait étendre sa capacité et contenir une multitude de corps, tels que sont ceux que nous appelons les astres : par ailleurs, que ces mondes soient semblables ou dissemblables (au nôtre), il n'y a pas moins de raison que l'existence d'un [de ces mondes] soit aussi bonne que celle d'un autre. Car il n'y a pas moins de raison pour l'existence de l'un que pour l'existence de l'autre, et pas moins de raison pour l'existence de plusieurs que pour [celle] de l'un ou de l'autre, et [pas moins] pour l'existence d'une infinité que pour celle d'une multiplicité finie. Ainsi donc, de même que la destruction et la non-existence de ce monde seraient un mal, de même la non-existence d'innombrables autres en serait un. »

---

37. A. Koyré, *Du monde clos à l'univers infini*, Paris, Gallimard, 1973.
38. Galilée n'a pas pris de position claire à propos de l'infinité de l'univers. Il est probable que le sort de Giordano Bruno, dont il ne mentionne d'ailleurs jamais le nom dans ses écrits, a contribué à cette grande prudence. Quant à Gassendi, nous avons vu que son monde est fini.
39. G. Bruno, *De l'infinito universo et mondi*, 1584, trad. franç., Paris, Éd. du Seuil, 1991.

À un moment, il inverse la nature du problème, s'exclamant : « Pourquoi voudrions- ou devrions-nous penser que l'efficacité divine soit oisive ? »

La continuité entre la pensée cosmologique de Bruno et celle des atomistes antiques se traduit également par leur vision commune d'un univers dynamique, en continuelle restructuration. Bruno lui-même reconnaît cette filiation en se référant explicitement à Démocrite et Épicure : « Il n'y a pas de fins, termes, limites ou murailles qui entravent et arrêtent l'abondance infinie des choses... Car une nouvelle abondance de matière est engendrée éternellement par l'infini. Aussi Démocrite et Épicure qui voulaient que tout soit rénové et restauré par l'infini comprenaient-ils ces choses mieux que ceux qui s'efforcent de sauver la substance éternelle de l'Univers, vu que le même nombre (de particules) succède toujours au même nombre (d'icelles) et les mêmes parties de la matière se convertissent toujours en de mêmes parties[39]. »

Une autre analogie de Bruno avec Leucippe et Démocrite sur les rôles respectifs des sens et de l'entendement dans notre perception du monde apparaît dans les dialogues de la référence 39 (reproduits dans la référence 37) :

« FILOTEO : Ce n'est pas le sens qui perçoit l'infini ; ce n'est pas le sens dont s'obtient cette conclusion. Car l'infini ne peut pas être l'objet du sens. Aussi celui qui demande de connaître l'infini par la voie du sens est-il semblable à celui qui voudrait, par les yeux, voir la substance et l'essence ; or, celui qui nierait la chose parce qu'elle n'est pas sensible ou visible, en arriverait à nier sa propre substance et sa propre existence. C'est pourquoi il doit y avoir une mesure (limite) dans l'exigence du témoignage des sens, auquel nous ne dénions pas son droit pour d'autres choses, à savoir, les choses sensibles ; bien que, même là il reste suspect, à moins qu'il ne se présente à la cour de justice uni à la raison. C'est à l'intellect qu'il convient de juger et de rendre raison des choses absentes et séparées de nous par la distance du temps et l'intervalle de l'espace. Et en cela nous en avons un témoignage assez suffisant.

ELPINO : À quoi donc nous servent les sens ? dites-le.

FILOTEO : Seulement à exciter la raison, à accuser, à indiquer et en partie, à témoigner ; non pas à témoigner en tout, et moins encore à juger ou à condamner. Car (les sens) si parfaits soient-ils, ne sont jamais sans quelque perturbation. De ce fait, la vérité ne provient des sens qu'en petite partie, comme d'un principe très débile, et ne réside pas dans les sens.

ELPINO : Où donc ?

FILOTEO : Dans l'objet sensible comme dans un miroir. Dans la raison au moyen de l'argumentation et du discours, dans l'intellect, soit comme principe, soit comme conclusion ; dans l'esprit, dans sa forme propre et vivante. »

Giordano Bruno doit donc beaucoup, consciemment ou non, aux atomistes antiques, dette largement honorée par l'accélération qu'il imprime au triomphe de leurs idées, en particulier en ce qui concerne certains aspects de leurs conceptions cosmologiques. Il ne semble pourtant pas que l'origine « atomique » de sa proposition sur l'infinité de l'univers et des mondes, que l'on considère en général comme une des causes principales de sa condamnation et de son exécution, ait été très présente dans l'esprit de ses juges, qui disposaient de bien d'autres motifs, ou prétextes si l'on préfère, pour condamner le Nolain[40]. En effet, à la différence de Galilée, Bruno exprime très ouvertement et à de nombreuses reprises des doutes sur la validité de beaucoup de thèses fondamentales de l'enseignement chrétien, allant souvent jusqu'à les récuser. Il en est ainsi de la thèse de la transsubstantiation[41], de l'idée du péché originel, du déluge universel, du dogme de la Trinité, du culte de la Vierge et de la divinité de Jésus-Christ. Il entre par là en conflit direct avec les autorités ecclésiastiques, attitude d'autant plus intolérable pour celles-ci qu'elle vient d'un ancien dominicain qui a déserté son ordre. Compte tenu du climat intellectuel de l'époque, l'issue tragique d'un conflit de cette nature était inévitable.

Cela nous amène à souligner une autre différence fondamentale entre Galilée et Bruno : tandis que le premier fut un savant véritable et rigoureux, tout en n'étant pas totalement exempt de certains préjugés contemporains (qui l'est jamais ?), le second fut essentiellement – malgré ses intuitions étonnantes, puissantes et prophétiques qui le hissent, en matière d'idées, au rang de précurseur dans certains développements de la science moderne – un visionnaire selon les uns, un illuminé selon d'autres[10], dont la pensée n'a pas réussi à se défaire de beaucoup d'archaïsmes et d'occultismes médiévaux. Selon la pertinente expression de P. Thuillier[42] : « Bruno est entré dans l'avenir en marchant à reculons. »

---

40. Giordano Bruno est né à Nola, près de Naples.
41. Le rejet du dogme de la transsubstantiation ne paraît pas avoir joué un rôle particulier dans la condamnation de Bruno, ce qui enlève quelque peu de valeur à la rhétorique dont il fut question au chapitre précédent sur la « face cachée » du procès de Galilée.
42. P. Thuillier, « Martyre de la science ou illuminé ? Le cas de Giordano Bruno », *La Recherche*, vol. 19, n° 198, 1988, p. 510.

2. Les protestants

– Newton

> *« Si je dis : l'électricité vient de Dieu, j'ai raison, mais tort également. Je recherche une cause dans le champ même du conditionné. Si ma réponse est Dieu, j'en ai trop dit. Il est la cause de tout, mais je veux savoir une cause, une liaison déterminée de ce phénomène ; la réponse Dieu convient pour tout. »*
>
> G. W. F. Hegel

« Il me paraît très probable que Dieu forma au commencement la matière de particules solides, pesantes, dures, impénétrables, mobiles, de telles grosseurs, figures, et autres propriétés, en tel nombre et en telle proportion à l'espace qui convenait le mieux à la fin qu'il se proposait ; par cela même que ces particules primitives sont solides, et incomparablement plus dures qu'aucun des corps qui en sont composés, et si dures qu'elles ne s'usent et ne se rompent jamais, rien n'étant capable (suivant le cours ordinaire de la Nature) de diviser ce qui a été primitivement uni par Dieu même. Tant que ces particules restent entières, elles peuvent former des corps de même essence et de même contexture. Mais si elles venaient à s'user ou à se briser, l'essence des choses, qui dépend de la structure primitive de ces particules, changerait infailliblement. L'eau et la terre, composées de vieilles particules usées ou de fragments de ces particules, ne seraient plus cette eau et cette terre primitivement composées de particules entières. Pour que l'ordre des choses puisse être constant, l'altération des corps ne doit donc consister qu'en séparations, nouvelles combinaisons, et mouvements de ces particules : car si les corps se rompent, ce n'est point à travers ces particules solides, inaltérables ; c'est aux endroits de leurs jonctions, où elles ne se touchent que par un petit nombre de points. »

Ces belles paroles, souvent citées, d'Isaac Newton (1642-1727, né l'année de la mort de Galilée), extraites de la question 31, livre III de son *Optique*, définissent la position d'atomiste chrétien de leur auteur[43]. Les propriétés essentielles qu'il attribue en propre aux particules fondamentales sont celles-là mêmes que leur ont assignées les atomistes anciens. Il les complète néanmoins par une propriété intrinsèque nou-

---

43. Il convient toutefois de signaler que Newton, avocat strict du monothéisme, rejetait la doctrine de la Trinité, qu'il considérait comme une « corruption » du christianisme originaire par les idées platoniciennes. Il récusait la divinité de Jésus-Christ en qui il voyait le Médiateur entre Dieu et l'homme. Voir, par exemple, A. R. Hall, *Isaac Newton. Adventures in Thought*, Oxford, Blackwell, 1992.

velle, l'inertie, dans le sens naturellement « newtonien » du terme, c'est-à-dire de « persévérance dans le mouvement ou dans le repos ».

Parallèlement, Newton souscrit au deuxième volet de la théorie atomique antique, à savoir l'existence du vide. Il admet certes que les espaces interstellaires pourraient être remplis d'un *éther* très raréfié mais qui, lui-même, aurait aussi une structure granulaire, avec du vide entre ses particules très fines. Il est intéressant de mentionner que, si Newton se prononce en faveur du vide sur la base d'arguments physiques – en particulier celui de Démocrite, à savoir l'impossibilité du mouvement dans un milieu entièrement plein –, ses discussions avec les adversaires du vide, surtout Descartes et Leibniz, mettront également en jeu des arguments théologiques tournant autour de la conception que ces auteurs se font de la « perfection de l'œuvre de Dieu » (voir chapitre XVIII, 1 et 3). Or, d'après Newton, « c'est avoir beaucoup d'orgueil pour imaginer qu'un être aussi petit, aussi faible que l'homme, connaît néanmoins avec évidence ce que Dieu pourrait faire de mieux ». Pour lui, considérer comme impossible l'existence du vide c'est limiter la puissance de Dieu, imposer une barrière à sa liberté d'agir, le soumettre à une nécessité. Cette argumentation prend tout son intérêt face à celle des antiatomistes précités.

Si Newton adopte donc les deux principes des atomistes de l'Antiquité – la structure corpusculaire de la matière et l'existence du vide –, il refuse en revanche une image purement mécaniste du monde, en particulier le rôle déterminant que Démocrite et Épicure attribuent au hasard dans sa structuration et son évolution. Selon la conception newtonienne, Dieu ne s'est pas borné à créer l'univers avec ses remarquables régularités et son ordre intelligible : il en dirige constamment le fonctionnement. Dans son livre le plus célèbre, *Principes mathématiques de philosophie naturelle*[44], il écrit : « Il faut donc qu'ils retombent dans toutes les impiétés de la plus méprisable de toutes les sectes, de ceux qui sont assez stupides pour croire que tout se fait au hasard, et non par une Providence souverainement intelligente ; de ces hommes qui s'imaginent que la matière a toujours existé nécessairement et en tout lieu, qu'elle est infinie et éternelle. » Qui plus est, le Créateur, non seulement assure le fonctionnement du monde, il en surveille aussi, par une intervention corrective constante, la bonne marche. Imaginer que Dieu ait pu constituer et mettre en route le monde comme on construit et met en route une machine, par exemple une horloge, et se soit ensuite cantonné dans une pure contemplation de son œuvre est selon Newton une idée qui « introduit le matérialisme et la fatalité et... tend à

---

44. I. Newton, *Philosophiae naturalis principia mathematica*, Londres, 1687, trad. franç., Paris, Éd. François Gabay, 1990.

bannir du monde la Providence et le gouvernement de Dieu ». Cette conception de la présence et de l'action continue de Dieu sera, nous le verrons, également combattue par des antiatomistes[45], tout aussi chrétiens d'ailleurs.

Cependant, la contribution potentiellement la plus significative de Newton à la théorie atomique se rattache à son œuvre majeure, celle qui a pour toujours consolidé l'unification du monde céleste et du monde terrestre, du macrocosme et du microcosme, à savoir la loi d'attraction universelle, selon laquelle deux corps s'attirent avec une force proportionnelle au produit de leurs masses et inversement proportionnelle au carré de la distance qui les sépare. En effet, d'après son énoncé, cette loi doit être considérée comme s'appliquant à toute l'échelle des masses, de l'infiniment petit à l'infiniment grand.

Nous nous bornerons ici à examiner uniquement la signification de l'avènement de cette loi pour la problématique qui nous intéresse. Il est évident, d'après son contenu, que le domaine dans lequel on pouvait espérer les incidences les plus significatives concerne les interactions entre les corpuscules élémentaires, interactions qui sont responsables de leur agrégation en corps observables. En langage moderne, nous dirions qu'elles sont responsables de la formation de la liaison chimique et donc de la constitution des molécules. Dans cette optique, plusieurs caractéristiques de cette loi, fréquemment ignorées même par ceux qui peuvent en réciter la formule, doivent d'être soulignées :

– Newton ne considère pas la gravité – bien qu'omniprésente dans l'univers – comme une propriété innée, intrinsèque des corps ou des particules au même titre que, par exemple, leur étendue, leur forme ou leur inertie. La possibilité pour un corps matériel d'agir de lui-même sur un autre à distance et à travers le vide, « sans aucuns effluves ou exhalaisons ou d'autres media corporels », mais grâce à une de ses propriétés innées, lui paraît une absurdité inacceptable. Cette action ne peut et ne doit être attribuée qu'à l'effet d'une ou de plusieurs forces extrinsèques qui ne peuvent exister et agir que par la volonté de la puissance divine. Quant à la nature de ces forces, Newton admet qu'il ne la connaît pas et émet à cette occasion son fameux adage, *« Hypotheses non fingo »* (« je n'imagine pas d'hypothèses »). Ce physicien, l'un des plus grands que la terre ait porté, ne croit pas que l'attraction universelle qu'il a découverte soit due à des forces « physiques » réelles. Il y voit plutôt des forces surnaturelles, transmatérielles, spirituelles, au mieux mathématiques. Pour lui, « la gravitation, c'est l'esprit de Dieu qui pénètre la matière[37] ».

45. Elle sera en revanche approuvée par Voltaire (1694-1778), déiste convaincu, dans ses *Lettres philosophiques*, Paris, Flammarion, 1964.

– Si la loi de gravitation décrit d'une façon satisfaisante le comportement du monde au niveau macroscopique, Newton n'est pas certain qu'il en soit de même dans le domaine des corpuscules élémentaires. Bien qu'il suppose que c'est une loi *du même type* qui opère entre ces corpuscules, il admet que les forces mises en jeu, bien qu'analogues, peuvent ne pas être identiques. Il conçoit, explicitement, à côté de la composante gravitationnelle, des composantes électriques et magnétiques, ainsi que l'entrée en jeu de forces répulsives. Ainsi, il affirme (question 31, livre III de l'*Optique*) : « Dans tous les cas, la marche de la Nature est donc très simple et toujours conforme à elle-même : puisqu'elle produit tous les grands mouvements des corps célestes, par la gravitation ou l'attraction réciproque de ces corps ; et presque tous les petits mouvements des particules des corps, par d'autres forces attractives et répulsives, réciproques entre ces particules [...]. Les petites particules des corps n'ont-elles pas certaines puissances, vertus, ou forces par lesquelles elles agissent à distance [...] les unes sur les autres pour produire une grande partie des phénomènes de la nature ? Car il est bien connu que les corps agissent les uns sur les autres par les attractions de la gravité, du magnétisme et de l'électricité ; et ces instances montrent la trame et le cours de la nature. Aussi n'est-il pas improbable qu'il y ait d'autres forces attractives en plus de celles-ci. Car la Nature est très conséquente et très conforme à elle-même. »

Eu égard aux théories modernes sur la nature de la liaison chimique, ces phrases de Newton dénotent une remarquable prescience de la réalité. En effet, nous savons aujourd'hui que le rôle de la gravité est tout à fait négligeable au niveau des particules élémentaires, tant pour leur structure interne que pour leurs interactions mutuelles, propriétés qui sont régies essentiellement par des forces électromagnétiques. La différenciation pressentie par Newton est donc confirmée.

– L'introduction d'une force d'attraction, en particulier de caractère transphysique, dans le domaine microcorpusculaire tend à éliminer certaines représentations trop matérielles de l'origine des interactions interatomiques, prônées par les atomistes antiques et même par certains beaucoup plus récents. On sait le rôle attribué, dans ces interactions, par Démocrite et Épicure aux crochets, pointes, hameçons et autres aspérités de la surface des atomes, propositions reprises par Gassendi et aussi, comme nous le verrons au chapitre suivant, par Robert Boyle, contemporain de Newton et principal protagoniste de la théorie atomique en Angleterre. Cette vision, relativement primitive, est repoussée par Newton : « Les parties de tous les corps durs homogènes qui se touchent pleinement tiennent très fortement ensemble. Et pour expliquer comment cela est possible, certains ont inventé des atomes crochus, ce qui est présupposer ce qui est en question ; d'autres nous disent que les corps sont collés ensemble par le repos, c'est-à-dire par une qualité occulte, ou, plutôt, par rien ; et d'autres qu'elles sont jointes ensemble par des mouvements conspirants, c'est-à-dire par un repos relatif entre elles. Je préférerais inférer de leur cohésion que leurs particules s'attirent les unes les autres par quelque force, qui, dans le contact immédiat, est extrêmement puissante, et qui, à de petites distances, produit les opérations chimiques... et ne s'étend pas très loin des particules. »

Or, si l'hypothèse de crochets et hameçons peut paraître, il est vrai, simpliste, sa suppression ne résout pas le problème. En particulier, la loi de Newton (ou une loi du même type, comme il l'envisageait) suggérait une solution à l'aspect global, massif des attractions entre les corpuscules (ou leurs agglomérats) et représentait ainsi un apport novateur aux conséquences lointaines : elle n'expliquait pourtant pas l'une des caractéristiques essentielles de ces interactions, à savoir leur sélectivité ou spécificité, responsable de la formation du grand nombre de corps différents dont est fait le monde. Une des raisons, au moins, de cette déficience est facile à discerner : en effet, si Newton a eu le mérite d'identifier la quantité de matière à la masse – ce qui était essentiel pour la formulation de sa loi d'attraction –, il a, en revanche, négligé le problème de la diversité des volumes et des formes des particules et des substances qui, seule, pouvait rendre compte de la diversité et de la variété de leurs associations. La portée pratique de la loi se trouvait ainsi limitée, singulièrement en chimie[46]. J. Merleau-Ponty peut dire à cet égard que « la gravitation était encore autant un problème qu'une solution[47] ». Le problème était d'autant plus difficile d'ailleurs que la question de la forme au niveau corpusculaire paraissait hors de portée des techniques disponibles. Même à l'aube du XIXe siècle, Laplace (1749-1827), ardent partisan de la théorie newtonienne, affirmera[48] : « Les affinités dépendraient alors de la forme des molécules[49] inté-

---

46. H. Metzger, *Newton, Stahl, Boerhaave et la doctrine chimique*, Paris, Librairie Albert Blanchard, 1974. Cet ouvrage présente une discussion détaillée de la manière dont nombre de chimistes ont réagi à la loi d'attraction.
47. J. Merleau-Ponty, « Laplace : un héros de la science "normale" », *La Recherche*, 1979, 10, pp. 251-258.
48. Ardent partisan de la théorie newtonienne mais déterministe absolu, Laplace en écartera toute intervention divine. En relation avec les célèbres paroles « *Hypotheses non fingo* » du physicien anglais, il peut être amusant de rapporter la réponse de Laplace à Napoléon qui, après que le savant lui eut exposé les grandes lignes de son système du monde (décrit dans son célèbre ouvrage *La Mécanique céleste*), demanda où était Dieu dans tout cela : « Je n'ai pas besoin de cette hypothèse », répondit Laplace. Signalons qu'il réservera « un accueil très froid » à la théorie atomique de Dalton (P. Thuillier, *La Recherche*, 1973, n° 36).
49. À cette époque, la distinction entre molécules et atomes était loin d'être comprise (voir chapitre XVIII).

grantes et de leurs positions respectives, et l'on pourrait, par la variété de ces formes, expliquer toutes les variétés des forces attractives, et ramener ainsi à une seule loi générale tous les phénomènes de la physique et de l'astronomie. Mais l'impossibilité de connaître les figures des molécules et leurs distances mutuelles rend ces explications vagues et inutiles aux progrès des sciences. » Il est surprenant d'observer combien de penseurs et de savants, même très éminents, ont utilisé, malencontreusement et finalement à tort, le mot « impossible ». Souvent, comme l'a dit Ch. Weizmann, chimiste moderne (1874-1952), « l'impossible prend plus longtemps », affirmation qui revêt toute sa force dans le domaine des structures atomiques et moléculaires.

– Boyle

Robert Boyle (1627-1691) est, avec Newton, l'un des fondateurs et des principaux protagonistes de la théorie atomique en Angleterre. Cette théorie, il l'a apprise essentiellement dans les œuvres de Gassendi et, à vrai dire, il n'y a pas ajouté beaucoup de contributions fondamentalement originales. Toutefois, en tant que chimiste éminent – en fait le premier chimiste important parmi tous les atomistes évoqués jusqu'ici –, ses opinions portent l'empreinte de son approche expérimentale de la science et c'est là un point de vue novateur.

Boyle donc fait un pas notable, bien qu'infructueux, vers la conception moderne de l'« élément ». Dans son livre *Sceptical Chymist*, paru en 1661, il refuse définitivement ce qualificatif à la fois aux quatre « substances primaires » d'Empédocle (eau, air, terre, feu) et aux trois « principes » de Paracelse (mercure, soufre, sel[50]), mettant bien en évidence qu'ils ne sauraient être considérés comme des éléments fondamentaux constitutifs des corps existants. On s'attendait alors, naturellement, à ce qu'il indique son propre choix des « éléments », dans le sens « moderne » qu'il donnait à ce terme, à savoir « corps primitifs et simples ou parfaitement homogènes, qui n'étant constitués d'aucun autre, ou l'un de l'autre, sont les ingrédients dont sont composés tous les corps appelés mixtes et en lesquels on peut en dernier ressort les décomposer ». D'une manière surprenante, il s'arrête toutefois au jugement négatif et ne formule aucune proposition concrète de remplacement : aucune des substances dont il parle dans ses livres ne reçoit le qualificatif d'« élément ». Bon nombre parmi celles qu'il côtoyait dans

50. Boyle ne rejetait pas pour autant l'alchimie dans son ensemble. Il avait toutefois, sur Paracelse et ses successeurs, une opinion réservée. Il écrit à leur sujet : « Il me paraît que leurs écrits, comme leurs fours, produisent autant de fumée que de lumière. »

ses expériences le méritaient pourtant. Visiblement, il n'en était pas certain.

En outre, et bien qu'atomiste convaincu, il qualifie sa conception de la structure de la matière de « philosophie corpusculaire », ce qui traduit bien un aspect particulier de sa pensée. En effet, pour lui, les particules fondamentales créées par Dieu à partir d'une matière première dans une innombrable multitude de formes différentes s'agrègent pour former des agglomérats stables, *« primary concretions »*, aux propriétés spécifiques, qui sont les particules des éléments chimiques, corps simples dont l'association produit des corps composés. Ces « concrétions primaires » représentent les briques qui interviennent effectivement dans la formation des combinaisons chimiques. Divisibles en principe, elles ne le seraient pas en pratique dans les processus chimiques et physiques usuels.

La philosophie corpusculaire de Boyle reflète son opposition à la philosophie aristotélicienne et, en particulier, au concept des formes substantielles. Les qualités sensibles des corps (leurs « propriétés secondaires ») sont liées pour lui, comme pour tous les atomistes, aux effets des « propriétés primaires », innées, des particules qui les composent : dimension, forme, position et mouvement[51]. Toutefois, à propos du mouvement, il rejette l'idée de ses prédécesseurs antiques d'un mouvement inné, désordonné et de chocs accidentels. Ses convictions chrétiennes lui interdisent d'admettre que le monde puisse être régi par le hasard. Les mouvements des atomes ne sauraient être spontanés et chaotiques, ils sont imposés et dirigés par Dieu afin d'accomplir les volontés de la Providence, le plan qu'Il a conçu pour l'existence et le développement harmonieux de l'univers.

Préoccupé, en tant qu'expérimentateur, par les comportements des substances, c'est dans les *formes* supposées des atomes ou des « corpuscules » qu'il cherche l'explication de leurs propriétés chimiques et physiques. Les affinités mutuelles des atomes et des corps résultent, selon lui, des caractéristiques appropriées de leurs configurations, qui leur permettent d'adhérer mutuellement les uns aux autres. Il reprend donc l'ancienne théorie des agglutinations dues aux accidents des surfaces des corpuscules (crochets, cavités, aspérités diverses, etc.) et rejette l'idée, celle de Newton, d'une force d'attraction entre elles. Il ressuscite aussi l'ancienne idée de Platon de l'usure possible des concrétions primaires. Ainsi, par exemple, il attribue la sublimation des substances à l'élimination des excroissances de structure des corpuscules – dont l'interaction appropriée assure la stabilité de la phase solide – par l'aug-

51. En accord avec Démocrite mais à la différence d'Épicure, Boyle ne considère pas le poids comme une propriété primaire des atomes.

mentation du frottement entre eux et même par leur broyage sous l'effet de la chaleur, qui devrait rendre plus facile leur séparation. Dans les liquides, les corpuscules sont supposés être mobiles et séparés par des pores.

Dans l'ensemble, Boyle offre donc une vision du monde mécaniste, bien que tempérée par l'effet de la finalité divine. À cela, il convient d'ajouter un aspect plus particulier de sa philosophie corpusculaire : son volet social et politique. Selon les défenseurs de l'importance de cet aspect[52], la propagation et la défense d'un savoir considéré comme authentique, fondé sur cette philosophie, avait, d'après Boyle, pour mission de fournir une confirmation expérimentale de la providence divine et, par là, de faire ainsi obstacle à l'athéisme (et aux différents projets révolutionnaires qui se développaient dans l'Angleterre de cette époque). Nous sommes loin des intentions de Démocrite et d'Épicure, pour qui la vision mécaniste d'un monde fait d'atomes devait libérer l'homme de la sujétion aux dieux. En revanche, la croyance que les progrès de la science devraient assurer l'amélioration de la condition humaine[53] rapproche l'atomiste chrétien anglais de ses confrères païens grecs.

– Bentley

Richard Bentley (1661-1742), chapelain de l'évêque de Worcester et maître de Trinity College à Cambridge, est à la fois un atomiste convaincu acceptant la réduction du monde matériel aux atomes et au vide, un protagoniste ardent des vues de Newton (avec lequel il échange une correspondance suivie), estimant avec lui que ces éléments purement matériels ne sauraient suffire pour rendre compte de la structure ordonnée du monde et qu'il convient donc de leur adjoindre une cause spirituelle téléologique, et un compagnon de Robert Boyle dans sa croisade contre l'athéisme, comme en témoignent les huit sermons qu'il prononce, en 1692, aux cours publics organisés par ce dernier.

Les aspects originaux de son argumentation en faveur de l'adjonction d'un facteur divin à la vision strictement mécaniste du monde des atomistes de l'Antiquité nous intéressent tout particulièrement. Cette argumentation repose, pour l'essentiel, sur la perception de l'immensité du vide, dont Bentley souligne la prépondérance extrême sur la matière dans la structure de l'univers. Par des calculs aussi savants que

52. Voir par exemple P. Thuillier, « Sciences, religion et politique : le cas de Newton », *La Recherche*, 1980, 11, pp. 1340-1346.
53. Pour Boyle, « Compenser un peu les effets de la chute originelle », selon les termes de G. Minois, *L'Église et la science. Histoire d'un malentendu*, vol. II, *op. cit.*

fantaisistes (et sur les détails desquels nous n'insisterons pas), il arrive à la conclusion que chaque particule élémentaire devrait avoir autour d'elle dans l'univers, en moyenne, une sphère d'espace vide « 8 575 cent millions de millions de fois » plus grande que ses propres dimensions. Encore faut-il remarquer que, s'il n'ignore pas la porosité des corps, il ne conçoit même pas, naturellement, ce que nous appelons aujourd'hui le vide intraatomique. Quelle que soit la signification, ou plutôt l'absence de signification, du nombre qu'il propose, Bentley décrit là une des caractéristiques tout à fait fondamentales de la structure de l'univers : celui-ci n'est essentiellement que du vide. Il semble le premier à l'affirmer aussi explicitement.

C'est la conscience de cette énormité du vide par rapport à la quantité de matière disponible qui inspire à Bentley la conviction absolue que la conception purement mécaniste et statistique de Démocrite implique une probabilité tellement infime des contacts interatomiques qu'elle ne saurait rendre compte de la formation ni de la marche harmonieuse d'un monde organisé, tel que nous le percevons. Certes, en admirateur de Newton, il pense que, même dispersés dans l'infinité de l'espace, les atomes ne sont pas rigoureusement indépendants les uns des autres car exposés à la gravitation universelle. Seulement, suivant en cela aussi Newton, il est persuadé « qu'une telle gravitation mutuelle, ou attraction spontanée ne peut être innée, inhérente et essentielle à la matière », car « une action à distance répugne au sens commun et à la raison. Il est absolument inconcevable que de la matière brute inanimée, sans la médiation de quelque être immatériel, puisse agir sur une autre matière et l'affecter sans contact mutuel ; que des corps distants puissent agir l'un sur l'autre à travers un vide, sans l'intervention de quelque chose d'autre, par et à travers quoi cette action puisse être transmise de l'un à l'autre ». En outre, affirme-t-il, « même si l'attraction réciproque était essentielle à la matière, ou s'il s'agissait simplement d'une loi aveugle de l'action de quelque agent immatériel, elle ne suffirait pas à expliquer la structure réelle de notre monde, ni même l'existence d'un monde quelconque. En effet, soumise à l'influence non entravée de la gravitation mutuelle, la matière tout entière ne se rassemblerait-elle pas au milieu du monde[54] ? »

Dans ces conditions, la formation, l'existence et la marche ordonnée et qu'il estime harmonieuse de notre monde ne sauraient provenir, selon lui, que d'une intervention « d'un esprit immatériel et vivant qui informe la matière morte, agit sur elle et supporte le cadre du monde ». Non seulement il partage donc la croyance de Newton dans la nature

---

54. Les citations figurant ici proviennent des sermons de Bentley reproduits dans A. Koyré, *Du monde clos à l'univers infini, op. cit.*

spirituelle de la gravitation, mais il exprime aussi d'une façon particulièrement appuyée sa conviction de la nécessité d'une volonté téléologique qui, seule, lui paraît être capable de produire un monde complexe mais harmonieux à partir du chaos primitif d'une matière extraordinairement diluée, disposée dans l'immensité d'un vide infini. Ses convictions religieuses comportent même une véritable coloration « anthropique[55] ». Il écrit ainsi : « Car la matière n'a ni vie, ni perception, n'est pas consciente de sa propre existence, n'est pas capable de bonheur, et n'offre pas le sacrifice d'adoration et de louanges à l'Auteur de son Être. Il reste donc que tous les corps ont été formés en vue d'esprits intelligents. »

3. John Locke ou l'atomisme agnostique

« Jamais il ne fut peut-être un esprit plus sage, plus méthodique, un logicien plus exact que M. Locke ; cependant il n'était pas grand mathématicien. »

Voltaire

John Locke (1632-1704) compte parmi les fondateurs de l'*empirisme*, prônant la primauté de l'observation et de l'expérience comme base de l'exploration et de la compréhension de la nature et s'opposant par là au rationalisme déductif d'un Descartes ou d'un Leibniz (voir chapitre XIII), qui croyaient possible d'inférer théoriquement la nature de la seule connaissance de sa « cause » (ce qui pour eux revenait à la seule connaissance de Dieu). Il est aussi l'auteur d'une « théorie corpusculaire » de la structure de la matière qui, si elle traduit élégamment les idées générales d'une conception atomique du monde, apporte peu d'éléments nouveaux, l'originalité de l'auteur résidant plutôt dans son aveu du peu de confiance qu'il lui accorde comme moyen d'élucidation de la nature réelle des choses.

À la base de la variante « corpusculaire » de la théorie atomique de Locke, exposée dans son ouvrage *Essais concernant l'entendement humain*, publié en 1690, on trouve trois volets d'une vision – ou tout au moins d'une description – dualiste du monde, découlant dans son ensemble de sa conviction que notre connaissance de la réalité physique est essentiellement indirecte. Récusant la notion d'idées innées,

55. Dans le sens du « principe anthropique » moderne de Brandon Carter, qui affirme que l'univers a été réglé très précisément de façon à conduire nécessairement à l'émergence des êtres conscients à une époque de son existence. On peut consulter utilement à ce sujet, par exemple, Paul Davies, *God and the New Physics*, Londres, Penguin Books, 1983, et Trinh Xuan Thuan, *La Mélodie secrète*, *op. cit.*

chère à Descartes, il souligne le rôle déterminant que joue la stimulation de nos sens dans notre perception du monde. À l'origine de l'entendement, Locke pose deux types d'« idées » : les « idées simples » et les « idées complexes ». Les idées simples sont elles-mêmes de deux ordres : les « idées de sensation », résultant des impressions produites par les corps extérieurs sur nos sens (par exemple, les idées de chaleur, de couleur, d'odeur, etc.) et les « idées de réflexion », résultant des processus mentaux se produisant en nous-mêmes (par exemple, idées de raisonnement, de doute, etc.), qu'il impute au « sens intérieur ». Les « idées complexes », comme celle de substance, résultent d'une « combinaison », effectuée par notre cerveau, d'un certain nombre d'idées simples (le terme « combinaison » symbolisant ici différents types d'opérations mentales). Les propriétés des corps sont également divisées en qualités primaires et qualités secondaires. Les premières, parmi lesquelles Locke classe la forme, la grandeur et le mouvement, constituent les caractéristiques « réelles », inhérentes, inséparables des corps ; les secondes, parmi lesquelles la couleur, l'odeur, la chaleur, etc., dépendent totalement des capacités et des qualités de notre perception sensorielle. Cette dualité dans la description des propriétés, qui ne date pas de Locke mais trouve ses origines déjà dans les enseignements des premiers atomistes, est encore accentuée par la description des choses en termes de leur « essence nominale » et de leur « essence réelle » et par la dépendance dans laquelle il situe la première par rapport à la seconde.

La « théorie corpusculaire » de Locke se place à la charnière de cette dépendance. En fait, Locke ne fait qu'adopter sur ce sujet les vues de Boyle et de Gassendi, en admettant l'existence, à la base de la structure de la matière, de particules douées « d'extension et de l'impénétrabilité », qui sont leurs propriétés essentielles, ainsi que de « la dimension, la forme, le mouvement ou le repos », qui en sont leurs « accidents inséparables ». Les qualités secondaires résultent de l'effet de ces unités structurales sur nos organes sensoriels, effet qui s'exerce essentiellement par différents types d'« impulsion ».

Outre l'accent plus fort que dans les théories précédentes sur la dépendance de notre image du monde par rapport à nos sens[56], l'originalité de Locke réside essentiellement dans l'insatisfaction dans laquelle le laisse sa propre démarche quant aux possibilités d'une perception de la « réalité vraie ». Ainsi, même s'il adopte le principe d'une

56. Bien que Protagoras, sophiste d'Abdère qui a vécu au ve siècle avant notre ère (485-410), ait déjà exprimé ce sentiment d'une façon particulièrement condensée et percutante dans sa sentence : « L'homme est la mesure de toute chose. » Diderot dira : « Sans l'homme l'univers se tait. »

structure corpusculaire de la matière, il ne lui accorde qu'une valeur hypothétique et estime que, de toute manière, nous ne pourrons jamais savoir comment les particules qui constituent cette structure produisent les propriétés que la matière manifeste et dont nous recueillons une vision personnelle. Locke exprime aussi un doute profond sur nos possibilités de jamais pouvoir démontrer expérimentalement l'existence de ces corpuscules élémentaires et il pousse même son pessimisme jusqu'à affirmer que, même avec un microscope capable de nous révéler leur structure et leurs mouvements, la compréhension du fonctionnement de la nature ne progresserait guère, et qu'une telle connaissance nous gênerait plutôt dans notre vie quotidienne. Paroles imprudentes, comme le sont presque toujours celles des pessimistes dans les sciences[57]. Locke ne pouvait certes pas prévoir l'avènement du microscope à effet tunnel ni de la « nanotechnologie », son jugement apparaît néanmoins (voir chapitre XIX) singulièrement timoré. Visiblement, les savants de cette période n'avaient pas encore assimilé les possibilités ouvertes aux progrès de la science par les perspectives du développement technique des nouveaux outils de la recherche.

Le scepticisme et même le franc pessimisme de Locke vaut à sa doctrine la qualification d'« atomisme agnostique » que lui attribua Jean Deprun[58].

Enfin, comme d'autres philosophes chrétiens, Locke rejette, spécialement en ce qui concerne l'esprit humain, la conception matérialiste du jeu aveugle du hasard comme moteur du développement du monde. Il lui paraissait notamment impossible que « des choses entièrement dénuées de connaissance et agissant aveuglément puissent produire un être connaissant ». Ces doutes le rapprochent ainsi des théoriciens des « atomes animés », dont nous parlerons maintenant.

---

57. Un siècle et demi plus tard, Auguste Comte, le père du positivisme, fera pis que cela : son aversion pour les atomes l'incitera à refuser l'usage même du microscope ! Fait qui n'est pas sans rappeler le refus de Cremonini et d'autres collègues padouans de Galilée de regarder le ciel par la lunette astronomique, de peur d'y découvrir des phénomènes en contradiction avec l'enseignement d'Aristote.

58. Jean Deprun, « Locke et la philosophie corpusculaire », dans *Histoire de la philosophie*, Paris, Gallimard, Encyclopédie de la Pléiade, vol. II.

4. Maupertuis et Diderot ou les atomes animés, sensibles et intelligents

« Si deux hommes aimaient précisément les mêmes choses, auraient-ils nécessairement les mêmes répulsions ? »
Paul Valéry

Si, pour les fondateurs grecs de l'atomisme, rien ne distinguait les atomes constituant la matière vivante ou ceux de l'âme de ceux formant la matière inerte (sinon qu'ils étaient simplement plus légers, plus ronds, plus lisses), une telle conception matérialiste avait peu de chances de satisfaire tout le monde. Comme nous l'avons vu à plusieurs reprises, elle n'y a effectivement pas réussi. Au contraire, cet aspect de la théorie fut une cause fréquente de son rejet global, en particulier par les théologiens et les philosophes chrétiens du Moyen Âge, ainsi que le sujet d'une proposition originale de la part des Motékallemîn, théologiens-philosophes arabes du IXe au XIe siècle.

Au XVIIIe siècle, le problème a pris une ampleur nouvelle par la mise en question explicite de la validité, non pas de la théorie atomique elle-même, mais d'un atomisme homogène, strictement matériel, en particulier en ce qui concerne son adaptation à la description des propriétés du « monde de l'organique ». Ce terme avait alors une signification dépassant le cadre parfois limité qu'il a aujourd'hui, en englobant également le « biologique[59] ». Cassirer[60] parlera d'une recherche des fondements pour une « nouvelle philosophie de l'organique ».

C'est sur ce fond de la dualité matière « organique »/matière « minérale » qu'interviennent les tentatives de Maupertuis et de Diderot de concevoir une représentation du monde atomique qui rende compte à la fois des exigences limitées du monde inanimé, des nécessités plus

59. D'une façon plus terre à terre, ce problème se posait aussi aux chimistes qui, pendant longtemps, en fait jusqu'au début du XIXe siècle, ne croyaient pas à la possibilité d'une synthèse des composés organiques au laboratoire, persuadés que ceux-ci ne pouvaient être produits que par les organismes végétaux ou animaux, doués dans ce but d'une « force vitale » particulière. Il faut attendre 1828 et la synthèse de l'urée par Friedrich Wöhler (1800-1882), à partir du gaz carbonique et de l'ammoniac, pour qu'une démonstration soit faite de la continuité des composés du monde minéral et du monde organique et biologique, nul ne pouvant mettre en doute la qualité animale du produit synthétisé. Cette première production du laboratoire fut suivie par d'autres, mais ce n'est que vers le milieu du siècle que de nombreuses synthèses « organiques », réalisées en particulier par Hermann Kölbe (1818-1884) et Marcellin Berthelot (1827-1907), ont porté le coup de grâce à la théorie d'une « force vitale ».

60. E. Cassirer, *La Philosophie des Lumières*, Paris, Fayard, 1966.

élaborées du monde animé et, finalement, des activités spirituelles de l'homme.

Pierre Louis Moreau de Maupertuis (1698-1759) adhère à la théorie corpusculaire de la structure de la matière : « Aucune substance matérielle n'est continue », écrit-il ainsi dans sa *Réponse aux objections de M. Diderot*[61]. Il récuse toutefois le caractère purement matérialiste et mécaniste de la théorie atomique antique, de même que les systèmes mécanistes plus récents. De telles théories lui paraissent incapables d'expliquer la formation des corps organisés et en particulier des corps vivants. « Parlerons-nous ici de ce système absurde, écrit-il dans son *Système de la nature*[62], et est-ce un système, que celui qu'un Philosophe impie imagina, qu'un grand Poète orna de toutes les richesses de son art, et que les libertins de nos jours voudraient reproduire ? Ce système n'admet pour principes dans l'univers que des atomes éternels, sans sentiment et sans intelligence dont les rencontres fortuites ont formé toutes choses : une organisation accidentelle fait l'âme, qui est détruite dès que l'organisation cesse. [...] Jamais on n'expliquera la formation d'aucun corps organisé par les seules propriétés physiques de la matière : et depuis Épicure jusqu'à Descartes il n'y a qu'à lire les écrits de tous les Philosophes qui l'ont entrepris, pour en être persuadé. »

Dans ces propriétés physiques, Maupertuis inclut la gravitation[63]. Bien qu'il ait été l'un des principaux protagonistes de l'introduction des

---

61. P. L. Maupertuis, *Réponse aux objections de M. Diderot,* Paris, J. Vrin, 1984.
62. P. L. Maupertuis, *Système de la nature,* 1756, Paris, J. Vrin, 1984.
63. Parmi les grands savants de l'époque, Georges-Louis Leclerc de Buffon (1707-1788), qui acceptait la théorie atomique, est un des rares à considérer les forces de gravitation comme pouvant jouer le rôle déterminant dans la formation et les transformations des substances chimiques, ainsi que dans les mécanismes biologiques, en particulier dans « la combinaison des liqueurs séminales des deux sexes ». Citons du deuxième volume (paru en 1749) de sa gigantesque *Histoire naturelle,* qui en comporte 36 : « Les lois d'affinité par lesquelles les parties constituantes des différentes substances se séparent des autres pour se réunir entre elles et former des matières homogènes sont les mêmes que la loi générale par laquelle tous les corps célestes agissent les uns sur les autres. » Néanmoins, Buffon, probablement gêné par le caractère isotrope des forces de gravitation, complète sa proposition sur leur rôle présumé dans les associations entre les atomes, en soulignant la contribution de la forme de ces corpuscules : il estime, en effet, « qu'à une très petite distance la figure des atomes qui s'attirent fait autant et plus que la masse pour l'expression de la loi, cette figure entrant alors pour beaucoup dans l'élément de la distance ». Laplace partagera ce double point de vue.
En outre, compte tenu de la stature et de l'importance de Buffon dans la science du siècle des Lumières, il peut être intéressant de signaler un argument *logique*, sinon philosophique, avec lequel ce savant défend l'idée même d'atomicité : « On dira sans doute que l'on doit regarder comme possible la division de la matière à l'infini,

théories de Newton en France, il estimait que la loi de l'attraction universelle du philosophe anglais, vérifiée en physique et en astronomie, était insuffisante pour interpréter les phénomènes de la chimie (tels que les mécanismes associatifs et dissociatifs qui sont à la base des combinaisons, des transformations et de l'accroissement de la complexité des corps) et encore plus ceux de la biologie (tels que l'apparition, le développement et les fonctionnements des structures organisées et animées) : « Une attraction uniforme et aveugle, répandue dans toutes les parties de la matière, ne saurait servir à expliquer comment ces parties s'arrangent pour former le corps dont l'organisation est la plus simple. Si toutes ont la même tendance, la même force pour s'unir les unes aux autres, pourquoi celles-ci vont-elles former l'œil, pourquoi celles-là l'oreille ? Pourquoi ce merveilleux arrangement ? Et pourquoi ne s'unissent-elles pas toutes pêle-mêle[62] ? »

Cette incapacité des forces physiques purement matérielles à rendre compte des manifestations élémentaires de la vie paraît à Maupertuis encore plus évidente lorsqu'il s'agit de concevoir la résurgence du conscient à partir de l'inconscient : une telle transformation est pour lui totalement impossible.

Dans ces conditions, il ne lui restait d'autre solution que « de transporter la conscience dans les atomes eux-mêmes comme un véritable phénomène primitif. Non de la faire engendrer, donc, par les atomes, mais développer et porter à des degrés de clarté toujours plus élevés[60] », ou, selon ses propres paroles, « d'avoir recours (dans chacune des plus petites parties de la matière, chaque élément) à quelque principe d'intelligence, à quelque chose de semblable à ce que nous appelons désir, aversion, mémoire[62] ».

Nul besoin de souligner jusqu'à quel point cette conception se place à l'opposé des idées de Descartes, qui sépare nettement le corps (attribut : étendue) et l'âme (attribut : conscience et pensée). Pour Maupertuis[62], « si la pensée et l'étendue ne sont que des propriétés, elles peuvent fort bien appartenir à un même sujet dont l'essence propre

---

puisque par la pensée on peut toujours diviser en plusieurs parties un atome, quelque petit que nous le supposions. Mais je réponds qu'on se fait sur cette divisibilité à l'infini la même illusion que sur toutes les autres espèces d'infinis géométriques ou arithmétiques : ces infinis ne sont tous que des abstractions de notre esprit, et n'existent pas dans la nature des choses ; et si l'on veut regarder la divisibilité de la matière à l'infini comme un infini absolu, il est encore plus aisé de démontrer qu'elle ne peut exister dans ce sens : car si une fois nous supposons le plus petit atome possible, par notre supposition même cet atome sera nécessairement indivisible, puisque, s'il était divisible, ce ne serait pas le plus petit atome possible ; ce qui serait contraire à la supposition. Il me paraît donc que toute hypothèse où l'on admet un progrès à l'infini doit être rejetée, non seulement comme fausse, mais encore comme dénuée de toute vraisemblance. »

nous est inconnue ». Cette conviction définit le sens de son recours aux atomes « conscients ».

Conséquent avec sa foi, Maupertuis ne doute pas que Dieu a imposé l'« intelligence » aux éléments fondamentaux eux-mêmes. Il exprime cette conviction en écrivant : « Dieu, en créant le Monde, doua chaque partie de la matière de cette propriété, par laquelle il voulut que les individus qu'il avait formés se reproduisissent. Et puisque l'intelligence est nécessaire pour la formation des corps organisés, il paraît plus grand et plus digne de la Divinité qu'ils se forment par les propriétés qu'elle a une fois répandues dans les éléments, que si ces corps étaient à chaque fois des productions immédiates de sa puissance. » Il oppose très nettement cette conception de l'univers « où les éléments eux-mêmes doués d'intelligence s'arrangent et s'unifient pour remplir les vues du Créateur » à celle, qu'il récuse, dans laquelle « l'Être suprême, ou des êtres subordonnés à lui, distincts de la matière, auraient employé les éléments, comme l'Architecte emploie les pierres dans la construction des édifices ». Une fois l'« intelligence » installée au niveau élémentaire, elle participe à l'évolution générale de l'univers : « Les éléments propres pour chaque corps se trouvant dans les quantités suffisantes, et dans les distances d'où ils peuvent exercer leur action, viendront s'unir les uns aux autres[62]. » « Il semble que de toutes les perceptions des éléments rassemblés il en résulte une perception unique beaucoup plus forte, beaucoup plus parfaite qu'aucune des perceptions élémentaires[61]. »

Par ailleurs, en accord avec sa vision cosmologique générale, Maupertuis a une idée « moderne » de ce qu'a dû être cette évolution : une longue alternance d'échecs et de réussites, les réussites étant seules destinées à durer et à produire cet univers qui, somme toute, lui paraît merveilleux, sans pour cela être « le meilleur de tous les mondes possibles[64] ».

Une conception similaire quant au caractère animé des particules élémentaires a été défendue par Denis Diderot (1713-1784) et exposée dans ses différents ouvrages : *Pensées philosophiques* (1746), *Lettre sur les aveugles* (1749), *De l'interprétation de la nature* (1753) et *Entretiens entre d'Alembert et Diderot, Rêve de d'Alembert* (1769, publié seulement en 1830). Le rapprochement avec Maupertuis peut paraître contestable, dans la mesure où Diderot, déiste dans sa jeunesse philosophique, se déclare ouvertement et délibérément antichrétien et matérialiste dans son âge mûr : en effet, les deux philosophes s'opposeront sur nombre de points, en particulier à propos des « causes initiales et

64. P. L. Maupertuis, *Essai de cosmologie*, 1750, Paris, J. Vrin, 1981.

finales ». Cependant, leurs opinions globalement similaires en ce qui concerne la nature des atomes, ainsi que leur proximité historique, expliquent ce choix. Après tout, Maupertuis n'a-t-il pas dit que « la première production dans tous les systèmes est un miracle » (on pourrait dire « est arbitraire »). Il nous plaît ici de passer outre leur différence d'opinions religieuses pour les rapprocher dans leurs conceptions sur nombre d'autres aspects de l'univers atomique.

Diderot, comme Maupertuis, est en effet persuadé qu'aucune combinaison de particules inertes n'est capable de générer un être organisé et qu'il est impossible de créer du vivant à partir de la matière morte. La complexité structurelle, fonctionnelle et évolutive qu'il constate dans la matière vivante, par exemple par simple observation d'un œuf et de ses transformations embryonnaires jusqu'à l'être vivant, organisé et sensible, achève de l'en persuader. « Supposer qu'en mettant à côté d'une particule morte, une, deux ou trois particules mortes, on en formera un système de corps vivant, c'est avancer, ce me semble, une absurdité très forte, ou je ne m'y connais pas. [...] Prétendez-vous, avec Descartes, que (l'animal) est une pure machine imitative ? Mais les petits enfants se moqueront de vous... et vous aurez pitié de vous-même ; vous sentirez que pour ne pas admettre une supposition simple qui explique tout, la sensibilité, propriété générale de la matière, un produit de l'organisation, vous renoncez au sens commun et vous précipitez dans un abîme de mystères, de contradictions et d'absurdité[65]. »

Pour rendre compte de l'existence de la vie, il faut donc animer la matière dès son origine, et cela au niveau de ses constituants fondamentaux, que Diderot désigne comme des « points vivants » dans le *Rêve de d'Alembert*[66] et plus prosaïquement comme des « molécules organiques » dans ses *Pensées philosophiques*[67].

Il y a pourtant différentes manières de concevoir l'émergence et le développement de la vie jusqu'à sa complexité actuelle, en particulier jusqu'à la manifestation de sa qualité la plus élaborée, que Diderot dé-

65. D. Diderot, *Entretiens entre d'Alembert et Diderot*, Paris, Flammarion, 1965. L'opinion de Maupertuis et de Diderot fut partagée par d'autres philosophes célèbres de l'époque, tels Jean-Jacques Rousseau (1712-1778), persuadé que « ce qui ne pense point n'a pu produire des êtres qui pensent », et Montesquieu (Charles-Louis de Secondat, baron de, 1689-1755), s'exclamant dans son *Esprit des lois* : « Quelle plus grande absurdité qu'une fatalité aveugle qui aurait produit des êtres intelligents. » Un ouvrage anonyme, *L'Âme matérielle*, écrit entre 1692 et 1704, crédite également les atomes d'une conscience rudimentaire. Selon son auteur, la raison consiste en un bon ordonnancement des atomes fins de l'âme. L'effet de l'alcool dans son trajet à travers le corps est dû au fait qu'il déloge certaines de ces particules de leurs emplacements appropriés.

66. D. Diderot, *Le Rêve de d'Alembert*, Paris, Flammarion, 1965.

67. D. Diderot, *Pensées philosophiques*, Paris, Flammarion, 1972.

signe, on l'a vu, sous la dénomination de « sensibilité » et qui, globalement, représente la possibilité de transmission des excitations périphériques vers l'organe central, le cerveau, et, inversement, la transmission des volontés du cerveau vers la périphérie, et l'harmonisation de l'ensemble de cette mécanique[65]. Ainsi, on peut envisager un univers atomique hétérogène comportant, dès ses origines, des éléments animés, épars dans une masse d'éléments inertes. Ces conditions de départ suffiraient-elles pour que les rencontres et les interactions de telles particules génèrent notre monde complexe, y compris sa composante vivante ? Si Diderot admet un temps cette éventualité[68], il ne s'en satisfait pas longtemps. L'unité de la matière est pour lui une nécessité absolue, quelle que soit la diversité des phénomènes qu'elle manifeste. Cela exige que la sensibilité soit une propriété universelle et éternelle de toute la matière. « La sensibilité et la vie sont éternels », écrira-t-il dans une lettre à Sophie Volland (15 octobre 1759). En revanche, il est possible de concevoir et même d'admettre que la sensibilité est latente dans la matière « morte » et manifeste dans la matière « vivante ». La différence entre ces deux types de constituants du monde ne tient donc qu'au degré de la révélation de la sensibilité universelle. Et le passage de la « sensibilité inerte » à la « sensibilité active », événement courant, peut s'effectuer facilement, entre autres par l'assimilation des corps inertes par une substance animale vivante. Qui ne se rappelle le charmant dialogue au début des *Entretiens entre d'Alembert et Diderot*[65] ?

« D'ALEMBERT : Si (la sensibilité) est une qualité générale et essentielle de la matière, il faut que la pierre sente.

DIDEROT : Pourquoi non ?

D'ALEMBERT : Cela est dur à croire.

DIDEROT : Oui, pour celui qui la coupe, la taille, la broie et qui ne l'entend pas crier...

D'ALEMBERT : Je ne vois pas trop comment on fait passer un corps de l'état de sensibilité inerte à l'état de sensibilité active.

DIDEROT : C'est que vous ne voulez pas le voir. C'est un phénomène aussi commun.

D'ALEMBERT : Et ce phénomène aussi commun, quel est-il, s'il vous plaît ?

DIDEROT : Je vais vous le dire, puisque vous en voulez avoir la honte. Cela se fait toutes les fois que vous mangez.

D'ALEMBERT : Toutes les fois que je mange !

DIDEROT : Oui ; car en mangeant, que faites-vous ? Vous levez les obstacles qui s'opposaient à la sensibilité active de l'aliment. Vous l'as-

68. Voir par exemple Ch. Guyot, *Diderot*, Paris, Éd. du Seuil, 1953.

similez avec vous-même ; vous en faites de la chair ; vous l'animalisez ; vous le rendez sensible. »

Ce passage de l'état de sensibilité inerte à celui de sensibilité vivante ne constitue toutefois qu'un des éléments, particulièrement important il est vrai, du grand « flux perpétuel[66] » qui préside à l'organisation et à l'évolution de plus en plus élaborées de la matière. Ce flux est déterminé par le seul jeu du hasard et de la probabilité, suffisant selon Diderot pour générer, par une sorte de sélection naturelle, le monde tel qu'il est, était et sera aux différents stades de son évolution : « Vous voulez bien convenir avec moi, que la matière existe de toute éternité, et que le mouvement lui est essentiel. Pour répondre à cette faveur, je vais supposer avec vous que le monde n'a point de bornes, que la multitude des atomes était infinie, et que cet ordre qui vous étonne ne se dément nulle part. Or, de ces aveux réciproques, il ne s'ensuit autre chose, sinon que la possibilité d'engendrer fortuitement l'univers est très petite, mais que la quantité des jets est infinie, c'est-à-dire que la difficulté de l'événement est plus que suffisamment compensée par la multitude des jets. Donc, si quelque chose doit répugner à la raison, c'est la supposition que la matière s'étant mue de toute éternité, et qu'y ayant peut-être, dans la somme infinie des combinaisons possibles, un nombre infini d'arrangements admirables, il ne se soit rencontré aucun de ces arrangements admirables dans la multitude infinie de ceux qu'elle a pris successivement[67]. »

Or, la vie est certainement la plus admirable des manifestations de l'effet créateur dû à l'agglomération des corpuscules élémentaires : « La vie est une suite d'actions et de réactions... Vivant, j'agis et je réagis en masse... Mort, j'agis et réagis en molécules. » Sa conception de la sélection est en outre très semblable à celle de Maupertuis[69] : « Je puis vous soutenir [...] que toutes les combinaisons vicieuses de la matière ont disparu, et qu'il n'est resté que celles où le mécanisme n'impliquait aucune contradiction importante et qui pouvaient subsister par elles-mêmes et se perpétuer. » Cette évolution se joue sur un plan cosmique : « Combien de mondes estropiés, manqués, se sont dissipés, se reforment et se dissipent peut-être à chaque instant, dans des espaces éloignés où je ne touche point et où vous ne voyez pas, mais où le mouvement continue et continuera de combiner des amas de matière, jusqu'à ce qu'ils aient obtenu quelque arrangement, dans lequel ils puissent persévérer. » La variabilité des arrangements possibles est d'autant plus grande que, pour Diderot, il n'y a pas dans la nature deux atomes « rigoureusement semblables » l'un à l'autre[66] !

---

69. D. Diderot, *Lettre sur les aveugles,* Paris, Flammarion, 1972.

Le monde atomique de Diderot est donc essentiellement dynamique, autodynamique[68]. L'ordre que nous observons dans la nature résulte de la persistance des associations réussies dont l'accumulation continue crée l'apparence d'une direction choisie. Diderot, en effet, récuse toute notion de « cause finale ». Et comme rien dans les constructions de la nature et dans le jeu continu des associations et des dissociations atomiques (ou moléculaires) n'est jamais définitif, l'image du monde futur nous est inconnue[70].

Cette croyance de Diderot dans les atomes (ou molécules) animés s'exprime ailleurs dans un merveilleux et émouvant rêve éveillé[71] : « Le reste de la soirée s'est passé à me plaisanter sur mon paradoxe... On m'offrait de belles poires qui vivaient, des raisins qui pensaient, et moi je disais : Ceux qui se sont aimés pendant leur vie, et qui se font inhumer l'un à côté de l'autre ne sont peut-être pas si fous qu'on pense. Peut-être leurs cendres se pressent, se mêlent et s'unissent ! Que sais-je ? Peut-être n'ont-elles pas perdu tout sentiment, toute mémoire de leur premier état ; peut-être ont-elles un reste de chaleur et de vie, dont elles jouissent à leur manière au fond de l'urne froide qui les renferme. Nous jugeons de la vie des éléments par la vie des masses grossières ; peut-être sont-ce des choses bien diverses... Ô ma Sophie, il me resterait donc un espoir de vous toucher, de vous sentir, de vous aimer, de vous chercher, de m'unir, de me confondre avec vous quand nous ne serons plus, s'il y avait dans nos principes une loi d'affinité, s'il nous était réservé de composer un être commun, si je devais dans la suite des siècles refaire un tout avec vous, si les molécules de votre amant dissous avaient à s'agiter, à s'émouvoir, et à rechercher les vôtres éparses dans la nature ! Laissez-moi cette chimère, elle m'est douce ; elle m'assurerait l'éternité en vous et avec vous. »

Après les atomes animés, sensibles et intelligents, voilà donc les atomes amoureux. Pourquoi pas[72] ?

---

70. Il peut être intéressant de signaler ici la tentative de Cyrano de Bergerac (Savinien de, 1619-1655), héros du drame bien connu de Rostand (1897) – mais qui ne lui ressemble que fort peu –, de prouver par un calcul de probabilité primitif que les atomes, opérant par hasard dans l'infinité du temps, pouvaient effectivement, dans leurs innombrables combinaisons, produire le monde organisé que nous connaissons (*Les Œuvres libertines de Cyrano de Bergerac*, Paris, La Chèvre, 1921).

71. D. Diderot, *Lettre à Sophie Volland* (du 15 octobre 1759) citée dans Ch. Guyot, *Diderot, op. cit.*

72. Plus prosaïquement, un auteur anglais, moins romantique, William Petty, attribua aux atomes, en 1674, des caractères sexuels et cela pour expliquer... l'élasticité (cité par G. Bachelard, *Les Intuitions atomistiques, op. cit.*).

5. Maxwell

James Clerk Maxwell (1831-1879) a vécu deux siècles après Newton et Boyle, à une époque où se formulaient déjà les bases de la théorie scientifique de l'atome. C'était un savant éminent à qui la science doit, en particulier, des contributions très importantes, sinon décisives, dans le domaine de l'électromagnétisme (les équations de Maxwell) et de la théorie cinétique des gaz. Il peut donc paraître à première vue surprenant d'en parler maintenant. La raison en est que, tout en appartenant à une époque où la controverse sur la théorie atomique n'impliquait pratiquement plus que des arguments scientifico-philosophiques, Maxwell y a ajouté une note religieuse par le biais d'un curieux argument grâce auquel il pensait démontrer la nécessité d'admettre que les atomes doivent leur existence à l'action d'un Créateur. Il nous a paru donc approprié d'ajouter, ici même, cette contribution à la présentation de l'atomisme chrétien anglais, ce d'autant plus qu'un argument tout à fait semblable a été avancé au XVIIIe siècle par le célèbre astronome William Herschel (1738-1822), bien que d'une façon moins circonstanciée[73].

S'agissant du fond même de la doctrine atomique, Maxwell se déclare ouvertement partisan de sa formulation telle qu'elle fut avancée par les auteurs antiques. Ainsi il déclare dans une conférence faite devant la British Association, en 1873[74] : « Selon Démocrite et l'école des atomistes... après avoir subi un certain nombre de subdivisions, la goutte d'eau se trouverait divisée en un nombre de parties qui ne pourraient pas être subdivisées davantage. Nous devrions ainsi, par imagination, arriver à l'atome, qui, d'après son étymologie, ne peut être

73. En effet, Herschel écrivait dans son *Discours de la philosophie naturelle* : « Nous sommes sûrs que les atomes peuvent être rangés en un petit nombre de classes, dont chacune se compose d'êtres semblables à tous égards dans leurs propriétés. Or, quand nous apercevons un grand nombre d'objets tout à fait semblables, nous sommes portés à croire que cette similitude tient à un principe commun qui en est indépendant... Cette conclusion, qui ne serait pas sans importance, lors même qu'elle ne s'appliquerait qu'à deux individus parfaitement semblables sous tous les rapports et dans tous les temps, acquiert une force irrésistible quand le nombre s'en multiplie au-delà de ce que l'imagination peut concevoir. Il me semble que les découvertes de la chimie moderne détruisent l'idée d'une matière éternelle et existant par elle-même, en donnant à chacun de ces atomes les caractères essentiels d'un objet fabriqué et tout à la fois d'un agent subordonné. »

74. J. C. Maxwell, *Nature*, 1873, 8, 437-441. Les citations figurant dans ce chapitre proviennent d'une traduction de cet article par D. Massart, reproduit dans *Les Atomes. Une anthologie historique*, Paris, B. Bensaude-Vincent et C. Konnelis, Presses Pocket, coll. « Agora, les Classiques », 1991, pp. 179-205.

coupé en deux. Voilà la doctrine atomiste de Démocrite, Épicure et Lucrèce, et, si je peux ajouter, de votre conférencier. »

Voilà qui place donc Maxwell, sans l'ombre d'un doute, dans le camp des atomistes. Pour bien assimiler la suite de la présentation, il nous faut toutefois préciser qu'à l'époque de sa conférence, la différence entre l'atome et la molécule n'était pas conçue d'une façon aussi nette et universelle qu'elle l'est aujourd'hui. Maxwell définit ainsi sa position : « Un atome est un corps qui ne peut être divisé en deux et une molécule est la plus petite portion d'une substance [...]. Une goutte d'eau peut être divisée en un certain nombre, et pas plus, de parties semblables les unes aux autres. Le chimiste moderne appelle chacune d'elles une molécule d'eau. Mais il ne s'agit en aucun cas d'un atome, parce qu'elle contient deux substances différentes, de l'oxygène et de l'hydrogène, et par un certain procédé la molécule peut être réellement divisée en deux parties, une étant de l'oxygène et l'autre de l'hydrogène. Selon la doctrine admise, chaque molécule d'eau contient deux molécules d'hydrogène et une d'oxygène. Que celles-ci soient ou non des atomes, je n'essayerai pas d'en décider [...]. Chaque substance, simple ou composée, a sa propre molécule. Si cette molécule est divisée, ses parties sont des molécules d'une substance différente ou des substances dont le tout forme une molécule. Un atome, si une telle chose existe, doit être une molécule d'une substance élémentaire. Par conséquent, comme chaque molécule n'est pas un atome, mais que chaque atome est une molécule, j'utiliserai le terme plus général de molécule. »

Dans ce qui suit, il convient d'avoir présente à l'esprit cette définition personnelle de la « molécule » de Maxwell. Celui-ci fait alors un certain nombre d'observations fort pertinentes et auxquelles nous ne pouvons que souscrire totalement encore aujourd'hui : « Les molécules sont conformes à un type constant avec une précision qui ne se trouve pas dans les propriétés sensibles des corps qu'elles constituent. En premier lieu, la masse de chaque molécule individuelle, et toutes ses autres propriétés, sont absolument inaltérables. Deuxièmement, les propriétés de toutes les molécules de la même sorte sont absolument identiques. » Il souligne que cette identité est observée quelle que soit la source des spécimens moléculaires obtenus ; or, « l'histoire de ces spécimens a été très différente, et si, pendant des milliers d'années, la différence de circonstances pouvait produire la différence des propriétés, ces spécimens nous le montreraient ». Il agrandit le champ de cette observation en lui faisant dépasser les limites de notre globe et en lui conférant une portée universelle : « La molécule, bien qu'indestructible, n'est pas un corps rigide et dur ; elle est capable de mouvements internes et quand elle est excitée elle émet un rayonnement, dont la longueur d'onde mesure le temps de vibration de la molécule. Au moyen du spectroscope, les longueurs d'onde des différentes sortes de lumière peuvent être comparées, au dix-millième près. De cette façon on peut établir non seulement que les molécules provenant de n'importe quel spécimen d'hydrogène dans nos laboratoires auraient la même série de périodes de vibrations, mais qu'une lumière ayant la même série de périodes de vibrations est émise par le soleil et les étoiles fixes. Ainsi sommes-nous assurés que les molécules de même nature que notre hydrogène existent dans ces régions éloignées, ou du moins existaient quand la lumière par laquelle nous les voyons a été émise. »

Suit alors l'argumentation essentielle quant à l'origine d'une telle constance des propriétés moléculaires et, au-delà de celles-ci, quant à l'origine des molécules elles-mêmes : « Aucune théorie de l'évolution ne peut rendre compte de la similitude des molécules, car l'évolution implique nécessairement un changement continu et la molécule ne peut croître ni diminuer, et ne connaît ni la génération ni la destruction. Aucun processus de la nature, depuis que la nature a commencé, n'a produit la plus mince différence dans les propriétés d'une molécule. Nous sommes, par conséquent, dans l'impossibilité d'attribuer l'existence des molécules ou l'identité de leurs propriétés à l'action d'une des causes que nous appelons naturelles. D'autre part, l'égalité exacte de chaque molécule par rapport à toutes les autres de la même espèce lui donne, comme l'a si bien dit Sir John Herschel, le caractère essentiel d'un article manufacturé, et dissipe l'idée d'une existence éternelle et d'une auto-existence. »

« Ainsi sommes-nous conduits, en suivant une voie strictement scientifique, au plus près du point où la science doit s'arrêter... En retraçant l'histoire de la matière, la science est arrêtée quand elle s'assure, d'une part que la molécule a été faite, et d'autre part qu'elle n'a été faite par aucun des processus que nous appelons naturels. La science est incompétente pour raisonner sur la création de la matière à partir de rien. Nous avons atteint la limite extrême de nos facultés de penser quand nous avons admis que parce que la matière ne peut être éternelle ni exister par elle-même, elle a dû être créée. [...] »

Et finalement :

« Bien qu'au cours du temps, des catastrophes aient eu lieu et puissent encore avoir lieu dans les cieux, bien que d'anciens systèmes puissent être dissous, et de nouveaux systèmes se former à partir de leurs ruines, les molécules à partir desquelles les systèmes sont construits – les pierres de fondation de l'univers matériel – demeurent incassables et inusables. Elles se perpétuent aujourd'hui telles qu'elles furent créées : parfaites en nombre, en mesure et en poids, et à partir des caractères ineffaçables imprimés sur elles, nous pouvons apprendre que l'aspiration à la précision des mesures, à la vérité dans nos affirmations, à la justice dans l'action, que nous reconnaissons comme les attributs les plus nobles, en tant qu'hommes, sont nôtres parce qu'ils sont des constituants essentiels de l'image de Celui qui au commencement créa, non seulement le ciel et la terre, mais aussi les matériaux qui constituent le ciel et la terre. »

C'est donc essentiellement l'identité absolue de toutes les « molécules » d'une même espèce chimique, où qu'elles soient dans l'espace et dans les temps mesurables, qui conduit Maxwell à récuser l'idée de leur existence éternelle ou de leur génération naturelle. Cette identité est pour lui la garantie d'une origine « manufacturée », façonnée par la main de Dieu. Il y a là une différence notable par rapport à la doctrine de ses précurseurs antiques.

On peut remarquer qu'aujourd'hui, où nous pouvons reproduire presque à volonté n'importe quelle molécule existante et en créer de nouvelles, dont toutes les copies seront nécessairement identiques, la machine mécanique cosmique apparaît, d'un point de vue purement scientifique, celui même adopté par Maxwell, un concurrent sérieux pour un Artisan suprême.

CHAPITRE XIII

Les antiatomistes chrétiens

Si le terme d'atomisme chrétien ne prête pas à confusion, il n'en va pas de même de la dénomination d'antiatomiste chrétien. Nous l'entendrons ici dans un sens plus restrictif que celui qui désignerait simplement un chrétien rejetant la théorie atomique et l'appliquerons spécifiquement aux philosophes ou savants philosophes se prévalant de leur foi chrétienne *et utilisant* (entre autres) *des arguments de nature religieuse* pour réfuter cette théorie. À l'aube des Temps modernes, les plus remarquables représentants de cette classe de penseurs sont Descartes et Leibniz.

1. Descartes (1596-1650)

« Descartes, né pour découvrir les erreurs de l'Antiquité, mais pour y substituer les siennes. »

Voltaire

« Si je me trompe, je suis. »
Saint Augustin

On a beau être un des plus éminents philosophes, en fait selon certains le fondateur de la philosophie moderne, un mathématicien estimable ambitionnant de construire toute la physique selon les critères rigoureux du langage et des méthodes mathématiques, avoir une conception très nette de l'homogénéité de la matière (qui commençait seulement à se faire jour après le long règne de la théorie dualiste d'Aristote, qui distinguait les mondes supralunaire et sublunaire, qualitativement et hiérarchiquement différents), donner du monde matériel, y compris du monde végétal et animal, une description essentiellement mécaniste, on a beau donc avancer hardiment sur le chemin qui, globalement, est celui du rationalisme et de la modernité, on peut néanmoins garder, à propos de certains problèmes scientifiques fondamentaux, des vues qui, bien qu'élaborées sur des prémisses différentes, restent identiques à celles d'Aristote et des scolasticiens médiévaux, dont on combat par ailleurs les enseignements. C'est dans cette situation ambiguë que se trouve Descartes vis-à-vis de la théorie atomique en ce qui concerne ses deux propositions principales et complémentaires : l'existence du vide et la divisibilité limitée de la matière. De l'œuvre, immense, du philosophe, on ne s'intéressera ici qu'à cet aspect particulier de sa vision du monde[1].

Ce sont les prémisses fondamentales sur lesquelles Descartes bâtit toute sa philosophie de la nature qui le conduisent au rejet de la théorie atomique et, en premier lieu, comme ce fut le cas pour Aristote, au refus du vide.

La clef de voûte de sa construction intellectuelle est livrée dans ce passage de l'article 7 de la première partie de ses *Principes de la philosophie*[2] : « Pendant que nous rejetons tout ce dont nous pouvons douter, et que nous feignons même qu'il est faux, nous supposons facilement qu'il n'y a point de Dieu, ni de ciel, ni de terre, et que nous n'avons point de corps ; mais nous ne saurions supposer de même que nous ne sommes point, pendant que nous doutons de la vérité de toutes ces choses : car nous avons tant de répugnance à concevoir que ce qui pense n'est pas véritablement au même temps qu'il pense que, nonobstant toutes les plus extravagantes suppositions, nous ne saurions nous empêcher de croire que cette conclusion : JE PENSE, DONC JE SUIS[3], ne soit vraie, et par conséquent la première et la plus certaine

1. L'énumération des erreurs scientifiques de Descartes serait longue et fastidieuse. Il y a tout d'abord son « erreur mémorable » (Leibniz) dans la formulation du principe de la conservation du mouvement (au lieu de l'énergie) comme loi fondamentale des chocs. Viennent ensuite l'affirmation de la nullité de la pesanteur dans le vide, des théories erronées sur la transmission instantanée de la lumière, sur la circulation du sang, sur la couleur, considérée comme une « modification » de la lumière blanche, sur le magnétisme, sur l'« immobilité » de la terre, « transportée » autour du soleil par des « tourbillons », sur la prépondérance de l'épiphyse (« glande pinéale ») dans les activités spirituelles, etc. Voir, par exemple, J.-F. Revel, *Histoire de la philosophie occidentale. De Thalès à Kant*, Paris, Éd. Nil, 1994.
2. R. Descartes, *Les Principes de la philosophie*, Paris, J. Vrin, 1989.
3. Le célèbre *« Cogito ergo sum »*. Qui, d'ailleurs, n'est que le reflet des paroles de Parménide, deux millénaires plus tôt : « Car même chose sont et le penser et l'être. » Paul Valéry composait des variantes sur la maxime de Descartes. En voici deux : « L'homme pense, donc je suis, dit l'univers » et « Parfois je pense et parfois je suis. » Voltaire, de son côté, disait : « Je suis corps, et je pense. »

qui se présente à celui qui conduit ses pensées par ordre. » L'étape suivante est résumée dans ces lignes de la *Lettre de l'auteur* au traducteur de son livre : ... « J'ai pris l'être ou l'existence de la pensée pour le premier principe, duquel j'ai déduit très clairement les suivants : à savoir qu'il y a un Dieu, qui est auteur de tout ce qui est au monde, et qui, étant la source de toute vérité, n'a point créé notre entendement de telle nature qu'il se puisse tromper au jugement qu'il fait des choses dont il a une perception fort claire et fort distincte. Ce sont là tous les principes dont je me sers touchant les choses immatérielles ou métaphysiques, desquels je déduis très clairement ceux des choses corporelles ou physiques, à savoir qu'il y a des corps étendus en longueur, largeur et profondeur, qui ont diverses figures et se meuvent en diverses façons. Voilà, en somme, tous les principes dont je déduis la vérité des autres choses. »

Les dernières phrases, qui conduisent au cœur même du débat qui nous intéresse, sont précisées par l'affirmation suivante : « Mais, encore que chaque attribut soit suffisant pour faire connaître la substance, il y en a toutefois un en chacune, qui constitue sa nature et son essence, et de qui tous les autres dépendent. À savoir l'étendue en longueur, largeur et profondeur, constitue la nature de la substance corporelle et la pensée constitue la nature de la substance qui pense. Car tout ce que d'ailleurs on peut attribuer au corps, présuppose de l'étendue et n'est qu'une dépendance de ce qui est étendu : de même, toutes les propriétés que nous trouvons en la chose qui pense ne sont que des façons différentes de penser. »

On retiendra de ces phrases deux propositions fondamentales. En premier lieu, la distinction essentielle que Descartes établit entre la matière et la pensée ou l'âme (les deux termes ont chez lui une signification identique) : « L'âme est une substance entièrement distincte du corps[2]. » Les choses spirituelles n'ont rien de commun avec les choses matérielles. Cette dualité interdit d'appliquer les lois de l'étendue au domaine de l'esprit. Elle place aussi l'homme, dépositaire de la pensée, en situation particulière, privilégiée, dans l'univers. L'opposition à la vision unitaire du monde des atomistes antiques est profonde. En second lieu, dans la continuité du langage des philosophes de la Grèce antique, Descartes construit le monde matériel sur deux « principes » : l'étendue (avec la forme) et le mouvement. Toutes les autres qualités sensibles, telles que le chaud, le froid, le sec et l'humide, considérées comme primaires par Aristote, ne sauraient constituer de tels « principes » car elles ne représentent pas les propriétés intrinsèques des choses, dont nous avons une connaissance innée, mais dépendent à la fois de la nature des corps et de la perception que nous en avons. L'étendue et le mouvement sont donc les deux piliers sur lesquels repose toute l'architecture de l'univers. Tous les phénomènes physiques doivent pouvoir être rapportés aux effets combinés de ses deux concepts fondamentaux. De plus, la matière est identifiée avec l'espace ou l'étendue : la matière est espace, l'espace est matière. Descartes rompt donc avec l'idée traditionnelle et instinctive de l'espace conçu comme réceptacle préexistant nécessairement à la formation et à la présence du monde matériel. Pour lui, l'espace ne peut exister séparément de la matière. C'est plutôt l'existence des corps matériels qui entraîne celle de l'espace.

Le rejet du vide n'est alors qu'une conséquence inévitable d'une telle assimilation de la matière à l'extension seule. Laissons encore parler Descartes lui-même[2] : « Pour ce qui est du vide, au sens que les philosophes prennent ce mot, à savoir, pour un espace où il n'y a point de substance, il est évident qu'il n'y a point d'espace en l'univers qui soit tel, parce que l'extension de l'espace ou du lieu intérieur n'est point différente de l'extension du corps. Et comme, de cela seul qu'un corps est étendu en longueur, largeur et profondeur, nous avons raison de conclure qu'il est une substance, à cause que nous concevons qu'il n'est pas possible que ce qui n'est rien ait de l'extension, nous devons conclure de même de l'espace qu'on suppose vide : à savoir, que, puisqu'il y a en lui de l'extension, il y a nécessairement aussi de la substance. »

Il est manifeste que le rejet du vide par Descartes, au-delà d'une simple affirmation de son impossibilité physique, est lié à une impossibilité conceptuelle : ce serait un « néant existant », définition s'invalidant elle-même car contenant une contradiction interne. Descartes illustre l'absurdité d'une telle conception par la démonstration suivante, qui lui vaudra la riposte d'un objecteur éminent (voir chapitre XVIII, 2) : « Nous avons presque tous été préoccupés de cette erreur... que, voyant qu'il n'y a point de liaison nécessaire entre le vase et le corps qu'il contient, il nous a semblé que Dieu pourrait ôter tout le corps qui est contenu dans un vase, et conserver ce vase en son même état, sans qu'il fût besoin qu'aucun autre corps succédât en la place de celui qu'il aurait ôté. Mais, afin que nous puissions maintenant corriger une si fausse opinion, nous remarquerons qu'il n'y a point de liaison nécessaire entre le vase et un tel corps qui le remplit, mais qu'elle est si absolument nécessaire entre la figure concave qu'a ce vase et l'étendue qui doit être comprise en cette concavité, qu'il n'y a pas plus de répugnance à concevoir une montagne sans vallée, qu'une telle concavité sans l'extension qu'elle contient, et cette extension sans quelque chose d'étendu, à cause que le néant, comme il a été déjà remarqué plusieurs fois, ne peut avoir d'extension. C'est pourquoi, si on nous demande ce qui arriverait, en cas que Dieu ôtât tout le corps qui est dans un vase, sans qu'il permît qu'il en rentrât d'autre, nous répondrons que les côtés de ce vase se trouveraient si proches qu'ils se toucheraient immédiatement. Car il faut que deux corps s'entre-touchent, lorsqu'il n'y a rien entre eux deux, parce qu'il y aurait de la contradiction que ces deux corps fussent éloignés, c'est-à-dire qu'il y eût de la distance de l'un à l'autre, et que néanmoins cette distance ne fût rien : car la distance est une propriété de l'étendue, qui ne saurait subsister sans quelque chose d'étendu. »

Le deuxième volet de l'antiatomisme de Descartes, qui résulte aussi de son identification de la matière avec l'étendue, tient à la négation de la possibilité d'existence des atomes, c'est-à-dire de « petits corps indivisibles ». Cette négation est un corollaire logique du refus du vide, mais Descartes l'agrémente d'un argument religieux touchant au problème, ô combien délicat, de l'omnipuissance de Dieu[2] : « Il est aussi très aisé de connaître qu'il ne peut y avoir des atomes, ou des parties du corps qui soient indivisibles, ainsi que quelques philosophes ont imaginé. D'autant que, si petites qu'on suppose ces parties, néanmoins parce qu'il faut qu'elles soient étendues, nous concevons qu'il n'y en a pas une entre elles qui ne puisse être encore divisée en deux ou plus grand nombre d'autres plus petites, d'où il suit qu'elle est divisible. Car, de ce que nous connaissons clairement et distinctement qu'une chose peut être divisée, nous devons juger qu'elle est divisible, parce que, si nous en jugions autrement le jugement que nous ferions de cette chose serait contraire à la connaissance que nous en avons. Et quand même nous supposerions que Dieu eût réduit quelque partie de la matière à une petitesse si extrême, qu'elle ne pût être divisée en d'autres plus petites, nous ne pourrions conclure pour cela qu'elle serait indivisible parce que, quand Dieu aurait rendu cette partie si petite qu'il ne serait pas au pouvoir d'aucune créature de la diviser, il n'a pu se priver soi-même du pouvoir qu'il avait de la diviser, à cause qu'il n'est pas possible qu'il diminue sa toute-puissance, comme il a été déjà remarqué. C'est pourquoi nous dirons que la plus petite partie étendue qui puisse être au monde, peut toujours être divisée, parce qu'elle est telle de sa nature. »

La position antiatomiste de Descartes, assumant l'existence d'un espace entièrement plein, est donc clairement énoncée. Notre surprise n'en sera que plus grande d'apprendre que ce philosophe développe néanmoins une théorie... corpusculaire de la structure de la matière. Celle-ci serait composée, selon lui, de petites parties théoriquement divisibles à l'infini mais, en fait, de dimensions déterminées, dont seuls ont une importance, évidemment, la forme, la position et le mouvement. Descartes, conscient du risque qu'il court ainsi de voir ses propositions rapprochées de celles de l'atomisme antique, préfère, par conséquent, réfuter lui-même toute tentative en ce sens. C'est ce qu'il fait dans un des rares passages de ses *Principes de la philosophie*[2] dans lesquels il précise explicitement ses objections contre les enseignements de Démocrite : « On dira peut-être que je considère plusieurs parties en chaque corps qui sont si petites qu'elles ne peuvent être senties ; et je sais bien que cela ne sera pas approuvé par ceux qui prennent leurs sens pour la mesure des choses qui se peuvent connaître. Mais c'est, ce me semble, faire grand tort au raisonnement humain, de ne vouloir pas qu'il aille plus loin que les yeux ; et il n'y a personne qui puisse douter qu'il n'y ait des corps qui sont si petits, qu'ils ne peuvent être aperçus par aucun de nos sens... Peut-être aussi que quelqu'un dira que Démocrite a déjà ci-devant imaginé des petits corps qui avaient diverses figures, grandeurs et mouvements, par le divers mélange desquels tous les corps sensibles étaient composés, et que néanmoins sa philosophie est communément rejetée. À quoi je réponds qu'elle n'a jamais été rejetée de personne, parce qu'il faisait considérer des corps plus petits que ceux qui sont aperçus de nos sens, et qu'il leur attribuait diverses grandeurs, figures et mouvements, parce qu'il n'y a personne qui puisse douter qu'il n'y en ait véritablement de tels, ainsi qu'il a déjà été prouvé. Mais elle a été rejetée, premièrement à cause qu'elle supposait que ces petits corps étaient indivisibles : ce que je rejette aussi entièrement. Puis, à cause qu'il imaginait du vide entre eux, et je démontre qu'il est impossible qu'il y en ait ; puis aussi, à cause qu'il leur attribuait de la pesanteur, et moi je nie qu'il y en ait en aucun corps, en tant qu'il est considéré seul, parce que c'est une qualité qui dépend du mutuel rapport que plusieurs corps ont les uns aux autres ; puis, enfin, on a eu sujet de la rejeter, à cause qu'il n'expliquait point en particulier comment toutes choses avaient été formées par la seule rencontre de ces petits corps, ou bien, s'il l'expliquait de quelques-unes, les raisons qu'il en donnait ne dépendaient pas tellement les unes des autres, que cela fit voir que toute la nature pouvait être expliquée en même façon... Et parce que la considération des figures, des grandeurs et des mouvements a été reçue par Aristote et par tous les autres, aussi bien que par Démocrite, et que je rejette tout ce que ce dernier a supposé outre cela, ainsi que je rejette généralement tout ce qui a été supposé par les autres, il est évident que cette façon de philosopher n'a pas plus d'affinité avec celle de Démocrite qu'avec toutes les autres sectes particulières. »

En outre, Descartes avancera, à propos des qualités de ses corpuscules, des propositions dont la caractéristique principale sera essentiellement d'être fantaisistes. Ainsi, pense-t-il, si, à l'origine, ces petites parties étaient semblables et anguleuses, l'usure due à leur mouvement a conduit à la formation de particules de dimensions et de formes variées. Descartes, inspiré en cela probablement par les idées de Beeckman (voir chapitre XVI), va jusqu'à proposer l'individualisation des particules formant... les quatre éléments classiques : air, feu, eau, terre, et reprend même, à propos des corpuscules de terre en particulier, l'ancienne idée des appendices et anfractuosités de structure qui leur permettrait de s'associer par pur effet mécanique[4]. Il considère, de même, des corpuscules filetés, en forme de vis gauche et droite, comme responsables du magnétisme. Ces postulats ajoutés à la proposition selon laquelle, dans un monde absolument plein, tout déplacement d'une partie de la matière appelle en complément celui d'une autre partie – ce qui produit ses célèbres « tourbillons » qui font et défont les mondes – et que les intervalles, les interstices, entre les parties de la matière (qui ne peuvent pas être du vide) sont remplis d'une « matière subtile » aux caractéristiques imprécises, donnent une vision schématique d'une structure du monde aussi imaginaire qu'erronée[5, 6], qui fait penser à l'aphorisme de Bertrand Russell selon lequel « une philosophie (de la Nature) qui n'est pas autocohérente ne peut pas être entièrement vraie, mais une philosophie qui est autocohérente peut très bien être entièrement fausse ». La philosophie moderne a, semble-t-il, mal commencé sa coexistence avec la théorie atomique. Voltaire, partisan ardent de la physique newtonienne, a résumé en quelques phrases piquantes dans sa quatorzième *Lettre philosophique* l'opposition entre cette physique et celle de Descartes : « Un Français qui arrive à Londres trouve les choses bien changées en philosophie comme dans tout le reste. Il a laissé le monde plein ; il le trouve vide. À Paris, on voit l'univers composé de tourbillons de matière subtile ; à Londres, on ne voit rien de cela. » Cette critique n'empêche toutefois pas Voltaire de reconnaître que Descartes « était estimable même dans ses égarements. Il se trompa, mais ce fut au moins avec méthode ». Ce qui confirme le jugement de Diderot (dans son *Traité de botanique*) que « dans certaines circonstances, il n'y a rien de plus accablant et de plus préjudiciable que la méthode ». D'Alembert dira plus simplement (l'*Encyclo-*

4. Il se rapproche par là de la conception de Gassendi sur la forme des... atomes. Un autre partisan de la structure atomique de la matière de quelque importance et qui adoptera cette représentation imagée est Nicolas Lemery (1645-1715).
5. Nicolas Malebranche (1638-1715), un postcartésien, qui développera par ailleurs des thèses proprement anticartésiennes, fera néanmoins de la matière subtile la clef de sa physique (*Entretiens sur la métaphysique,* 1688).
6. Les « tourbillons » trouveront un défenseur déclaré en Bernard de Fontenelle (1657-1757), qui sera aussi un adversaire du système newtonien. Ainsi écrit-il (dans *Histoire de l'Académie des sciences,* 1734) : « Quand on a conçu cette matière immense divisée et subdivisée en tourbillons, où s'exercent à la fois une infinité de mouvements qui ne s'embarrassent ni ne se troublent (...), ou rien n'agit que par des causes dont l'existence nous est bien constante et l'idée bien familière, il semble qu'on ne puisse plus, sans se faire quelque violence, se figurer le vide newtonien. » Aussi « introduire l'attraction, c'est permettre la réintroduction des sympathies, des horreurs, de tout ce qui a fait l'opprobre de l'ancienne philosophie scolastique ». Parmi ses préoccupations figure aussi la question : « Pourquoi l'attraction suit les carrés des distances plutôt que toute autre puissance ? »

pédie, article « expérimental ») que « Descartes... ouvrit quelques routes dans la physique expérimentale, mais la recommande plus qu'il ne la pratique, et c'est peut-être ce qui l'a conduit à plusieurs erreurs ». Jean-Jacques Rousseau sera plus définitif en écrivant : « Moins on sait, plus on croit savoir. Les péripatéticiens doutaient-ils de rien ? Descartes n'a-t-il pas construit l'univers avec ses cubes et ses tourbillons[7] ? »

À ce point de notre exposé, il peut être opportun de dire quelques mots sur Marin Mersenne (1588-1648), ami fidèle de Descartes et un de ses plus importants correspondants, « résident de M. Descartes à Paris », comme l'appelaient certains. Sa position est particulièrement intéressante car il fut également en termes très amicaux avec Gassendi. En fait, je devrais dire son absence de position, car Mersenne adopte une attitude essentiellement pragmatique vis-à-vis de la science, estimant que son rôle n'est autre que de « sauver les apparences » et être... utile. La science, selon lui, ne nous fait pas comprendre la nature mais nous donne seulement le moyen de l'utiliser. Décidément mécaniste, mais plein de défiance contre toute proposition dogmatique à propos de la nature des choses, il ne se ralliera à aucune de ces deux formes du mécanisme que sont le cartésianisme et l'atomisme. Il ne tranchera pas entre la matière subtile de son ami Descartes et le vide dans lesquels se meuvent les atomes de son ami Gassendi. Son activité scientifique personnelle n'est guère significative. Il appartenait à l'ordre des Minimes, ce qui permet à Voltaire de parler, injustement, du très minime père Mersenne[8].

Évoquons enfin l'attitude de Descartes à l'égard de deux problèmes connexes qui ont continuellement accompagné les réflexions et les discussions sur la théorie atomique.

Le premier renvoie au dilemme sur l'éternité du monde, opposée à sa possible création. Descartes adopte une position conciliante en affirmant que, selon lui, il n'y a pas de contradiction entre ces deux conceptions : « Pour moi, je ne vois pas pourquoi une créature n'aurait pas pu être créée par Dieu de toute éternité ; Dieu ayant eu sa puissance de toute éternité, rien ne semble s'opposer à ce qu'il ait pu la manifester de toute éternité[9]. » Il reprend en cela l'argumentation de Godefroy de Fontaines, qui, au XIIIe siècle, écrivait déjà : « De toute l'éternité, Dieu a pu faire le monde ou ne pas le faire ; de toute éternité, ont coexisté en

---

7. J.-J. Rousseau, *Discours sur les sciences et lettres*, Paris, Garnier-Flammarion, 1971.
8. Pour plus de détails, voir R. Lenoble, *Mersenne ou la Naissance du mécanisme*, Paris, 1943, et du même auteur *Histoire de l'idée de nature*, Paris, Albin Michel, 1969.
9. R. Descartes, *Entretien avec Burman*, dans *Œuvres complètes de Descartes*, Paris, Gallimard, Encyclopédie de la Pléiade, 1966, p. 1400.

Dieu le pouvoir de créer et le pouvoir de ne pas créer, le pouvoir de se déterminer à créer ou se déterminer à ne pas créer ou, en autres termes, de choisir s'il voulait créer ou s'il voulait ne pas créer. Lors même que le monde eût été de toute éternité, Dieu, cependant, eût toujours pu le faire ou ne pas le faire[10]. »

Le deuxième concerne le caractère fini ou infini du monde. À ce sujet, Descartes adopte également un point de vue qu'il veut conciliant. Penchant de toute évidence pour l'infinité, il refuse toutefois cette dénomination au monde matériel et préfère lui substituer la qualification d'*indéfini*, afin de « réserver à Dieu seul le nom d'infini ». Il imite ainsi Nicolas de Cues (1401-1464), philosophe et cardinal, qui parle dans son ouvrage *De docta ignorantia* de l'univers *infini réduit*, dont « partout sont les centres et nulle part la circonférence ». Fénelon (François de Salignac de La Mothe, 1651-1715), atomiste convaincu, considérant les théories d'Épicure comme « une physique vraisemblable », n'appréciait guère ces dénominations. « J'avoue, disait-il dans ses *Lettres sur la religion* (lettre IV), qu'il y a dans Descartes des choses qui ne paraissent pas dignes de lui ; comme, par exemple, son monde indéfini, qui ne signifie rien que de ridicule, s'il ne signifie pas un infini réel. »

2. Un cartésien atomiste : Henry More

Henry More (1614-1687), contemporain de Descartes, chef de file de l'école néoplatonicienne de Cambridge, est l'un des premiers adeptes et propagateurs du cartésianisme en Angleterre. Toutefois, sa vision du monde s'inspire également des idées de Démocrite, des stoïciens, de l'hermétisme[11] et même de la Kabbale[12]. Ses idées extracartésiennes dominent néanmoins pour certaines questions, notamment pour la théorie atomique, à propos de laquelle More s'oppose à Descartes : même s'il rejette le matérialisme strict des idées antiques, il est un atomiste déclaré, qui affirme sa conviction de la réalité des

10. Cité par G. Minois, *L'Église et la science. Histoire d'un malentendu*, vol. I, Paris, Fayard, *op. cit.*
11. Doctrine occulte des alchimistes, dont le nom vient de Hermès Trismégiste, roi légendaire d'Égypte, auteur de livres de magie, d'astrologie et d'alchimie.
12. Doctrine juive sur Dieu et l'univers, selon laquelle le texte de la Bible contient un sens caché, en dehors du sens littéral. Il se découvre en prêtant à chaque lettre un sens ésotérique et divin.

atomes et du vide[13]. Il en donne même une expression poétique dans son œuvre *Democritus Platonissans*, publiée en 1646, dans laquelle il entreprend d'effectuer une synthèse entre les propositions de Platon et celles des atomistes. Pour lui, les particules ont été créées et sont soumises à l'intervention divine.

L'attaque principale de More contre l'antiatomisme de Descartes a pour cible le rejet du vide par ce dernier. Elle passe par la réfutation de l'identification de l'espace avec la matière qui est à la base du refus cartésien du vide. Si, selon More, toute matière est étendue – et cela vaut non seulement pour les substances matérielles mais, à la différence de Descartes, également pour les « substances » spirituelles, telles l'âme ou Dieu[14] –, l'espace sans matière est pour lui une entité aussi réelle que l'espace plein. La matière occupe l'espace, elle est mobile dans l'espace qui, lui, est immobile. More n'est guère convaincu par l'affirmation de Descartes selon laquelle les parois d'un vase, que l'on viderait de la totalité de la matière qui le remplit, devraient nécessairement se toucher puisqu'il ne saurait y avoir une distance « qui ne fût rien » et il oppose à cette idée un argument singulier[15] : « Car si Dieu anéantissait l'univers, et qu'il en créât un autre de rien longtemps après, cet inter-monde ou cette privation du monde aurait sa durée, dont la mesure serait un certain nombre de jours, d'années, ou de siècles. Il y a donc la durée d'une chose qui n'existe point, laquelle durée est une espèce d'extension ; et par conséquent l'étendue du néant, c'est-à-dire du vide, peut être mesurée par aunes ou par lieues, comme la durée de ce qui n'existe point peut être mesurée dans son inexistence par heures, par jours et par mois. »

En fait Dieu intervient d'une façon encore plus explicite et décisive dans la notion du vide tel que le conçoit More. En effet, d'après le philosophe anglais[16] : « Après le bannissement du monde de toute la matière corporelle, il y aura toujours espace et distance dans lesquels cette matière était conçue tant qu'elle était là ; mais cet espace distanciant ne peut pas ne pas être quelque chose, tout en étant quelque chose

---

13. Voir par exemple A. Koyré, *Du monde clos à l'univers infini, op. cit.* Les citations d'Henry More que nous reproduisons ici proviennent en majeure partie de cet ouvrage.
14. Si, selon More, les substances matérielles et spirituelles sont toutes deux étendues, elles le sont néanmoins de façon différente : ainsi le « corps » est divisible et impénétrable et l'« Esprit » indivisible et pénétrable. Cette dualité corps/esprit éloigne More de la conception unitaire du monde des atomistes de l'Antiquité.
15. H. More, *Lettres à Descartes, Correspondance avec Arnauld et Morus,* trad. de G. Rodis-Lewis, Paris, 1953.
16. H. More, *An Antidote Against Atheism,* Londres, 1662.

de non corporel, parce qu'il n'est ni impénétrable, ni tangible : il doit donc, de toute nécessité, être une substance incorporelle, nécessairement et éternellement existante de par elle-même ; or, l'idée plus claire d'un Être absolument parfait nous informera plus pleinement et plus exactement que ce n'est rien d'autre que Dieu subsistant par lui-même. » Le vide est donc plein de Dieu, substance spirituelle et étendue. Il est Dieu. Il n'est pas étonnant, par conséquent, que, pour More, la négation du vide soit pire qu'une idée erronée. Ainsi, après avoir plaint ceux qui « préfèrent délirer et déraisonner avec Descartes, plutôt que de se rendre aux arguments les plus solides s'ils s'opposent aux principes de sa philosophie », il écrit : « Parmi les thèses principales qu'il [Descartes] énumère lui-même se trouve celle que j'ai si fermement combattue, à savoir qu'il était impossible, même pour la puissance divine, de faire qu'il y eût dans l'univers un intervalle qui, en réalité, ne fût pas matière, ou corps. Cette opinion, je l'ai toujours estimée être fausse ; mais à présent je la combats également comme impie. » Paraphrasant Voltaire, on pourrait se demander quelle fâcheuse habitude ont les hommes (et pas seulement les théologiens) de croire que l'on offense Dieu quand on n'est pas d'accord avec leurs opinions.

Le vide hissé ainsi au rang de réalité de nature divine, More affirme alors l'existence des atomes en retournant contre Descartes l'argument que celui-ci utilise sur la relation entre la divisibilité de la matière et l'omnipotence de Dieu. Descartes récuse les atomes, dans la mesure où la limitation de la divisibilité de la matière qu'ils symbolisent implique une diminution de la toute-puissance de Dieu, une privation que Dieu se serait imposée à lui-même. Habilement, More remarque que la même objection serait valable si la matière était divisible à l'infini : cela signifierait que Dieu ne pourrait jamais mettre un terme à cette capacité de diviser, ce qui limiterait également sa toute-puissance. Au fond, la seule manière pour Dieu de préserver son omnipotence complète dans ce domaine aurait été de n'avoir jamais créé de matière. Mais ne tomberait-il pas alors sous l'accusation d'oisiveté[17] ?

More ne fut pas le seul penseur de cette époque à être tiraillé par des vues opposées. Le philosophe français Géraud de Cordemoy (1626-1684) peut être également qualifié de « cartésien atomiste ». En effet, si, dans l'ensemble, il suit la philosophie de Descartes, il s'oppose à la divisibilité à l'infini de la matière et opte pour les atomes et le vide. Son originalité est de considérer les atomes comme étant complètement passifs. Leur mouvement n'est pas inné. C'est Dieu, cause motrice

17. On peut consulter utilement A. R. Hall, *Henry More. Magic, Religion and Experiment*, Oxford, Blackwell, 1990.

première, qui fait passer le mouvement d'un atome à l'autre à l'occasion de leurs rencontres.

D'autres, tel le huguenot français Pierre Bayle (1647-1706), bien que cartésien de formation et estimant que « l'atome invisible est une chimère », admettait, en même temps, que le continu divisible à l'infini est « environné des difficultés insurmontables à la créature humaine ».

Le nom d'un autre philosophe anglais éminent de la même époque, Thomas Hobbes (1588-1679), est aussi prononcé parfois en relation avec le concept atomique. En réalité, bien qu'ayant fondé sa pensée philosophique sur le principe que *tout* dans l'univers (y compris l'homme et la pensée) est essentiellement matière en mouvement, se rapprochant par là de la vision mécaniste du monde des atomistes, Hobbes adopte, vis-à-vis de l'idée atomique, une position pour le moins ambiguë : il récuse l'existence de l'atome indivisible, immuable, ainsi que celle du vide, mais il admet néanmoins le morcellement de la matière en corpuscules de grosseurs différentes et même de grosseurs variables selon les circonstances et les milieux où les corps sont placés.

Il y a un siècle, A. Hannequin estimait[18] que : « Hobbes a dit le dernier mot de la physique corpusculaire ; elle a, pour expliquer toutes les formes des phénomènes, autant d'espèces de matière subtile, autant d'espèces d'atomes qu'il en faut, atomes au regard les uns des autres, comme le sont entre eux des infiniment petits de divers ordres consécutifs. Et ainsi la matière comme l'élément infinitésimal s'enfuit sans fin. »

Plus récemment, R. Lenoble a émis un jugement plus circonspect[19] : « Nous avons vu que les principes du mécanisme ont explosé partout à la fois. Il n'y a donc pas lieu de mettre en doute la parole de Hobbes quand il nous assure qu'il est arrivé par lui-même, vers 1630, à la doctrine de la subjectivité des sensations qualitatives. Il y est arrivé vraisemblablement par une spéculation a priori sur la doctrine de Démocrite : les qualités sont des traductions subjectives de la disposition des atomes. S'il est trop peu physicien pour tirer de l'atomisme les applications qu'en faisait un Galilée, s'il peuple l'étendue d'esprits subtils, qui ne sont ni les atomes ni davantage la matière subtile de Descartes, et au fond on ne sait pas très bien quoi, ni lui non plus, du moins s'est-il tout à fait dégagé de la physique qualitative. »

18. A. Hannequin, *Essai critique sur l'hypothèse des atomes dans la science contemporaine*, Paris, Félix Alcan, 1899.
19. R. Lenoble, « Origines de la pensée scientifique moderne », dans *Histoire de la science*, Paris, Gallimard, Encyclopédie de la Pléiade, 1957.

3. Leibniz et les atomes métaphysiques

« Dieu vit tout ce qu'il avait fait ; et voici, cela était très bon. »
Genèse 1, 31

Gottfried Wilhelm Leibniz (1646-1716), philosophe éminent et savant authentique, esprit polyvalent d'une érudition gigantesque (Fontenelle l'appellera le « dictionnaire vivant » et Diderot « une machine à réflexion »), est, probablement, celui des penseurs du début des Temps modernes qui a le plus utilisé des arguments de nature religieuse pour combattre et rejeter la théorie atomique. Cette prise de position, jointe à des vues opposées sur le rôle de Dieu dans la création et la marche de l'univers et à une querelle pénible sur la priorité dans l'invention du calcul infinitésimal, l'entraînera dans une joute intellectuelle ouverte avec Newton, en fait avec son porte-parole (ou plutôt porte-plume), Samuel Clarke, fidèle élève et ami du physicien anglais (qui ne désira pas, ou ne daigna pas, y participer personnellement[20]), l'essentiel de la polémique portant sur l'existence ou l'absence du vide. La possibilité d'existence des atomes, corpuscules solides dont la dimension limiterait la capacité de division de la matière, a également été abordée. Sur ces deux thèmes, les vues et arguments de Leibniz ne manquent pas d'originalité.

Rappelons les lignes principales de la philosophie générale de Leibniz. Ce faisant, on peut remarquer jusqu'à quel point une distribution analogue de positions intellectuelles peut se répéter à des centaines, voire des milliers, d'années de distance. Ainsi, la quête des philosophes de la nature grecs à la recherche des « substances primordiales », certains d'entre eux partisans d'un nombre limité de telles substances, d'autres de leur nombre infini, paraît se reproduire, *mutatis mutandis*, à l'aube des Temps modernes. On a vu avec quelle force Descartes a affirmé que la réalité du monde repose essentiellement sur deux « substances » (dans le sens d'entités ayant des existences rigoureusement indépendantes, qui n'ont besoin de rien d'autre pour être) : la matière (l'extension) et l'esprit (la pensée). Vers la même époque, le grand philosophe hollandais, juif quoique excommunié par la synagogue, Baruch Spinoza (1632-1677), n'en admet qu'une, Dieu, l'extension et la pensée n'étant pour lui que deux parmi l'infinité des attributs de Dieu, en considérant comme attribut ce que « l'entendement perçoit

20. « Isaac Newton ne fut pas ce que l'on appelle un homme agréable » dira Stephen Hawking, son lointain successeur à la chaire de mathématiques de l'Université de Cambridge (dans *Une brève histoire du temps*, Paris, Flammarion, 1988).

d'une substance comme constituant son essence[21] ». Leibniz, lui, défend l'idée d'un nombre infini de substances (assumant ainsi une position comparable à celle d'Anaxagore de Clazomènes aux temps antiques). Ces substances qui constituent, selon lui, la réalité du monde et qu'il appelle « monades » sont simples, absolument simples, non matérielles (analogues à des âmes), dépourvues d'extension ou de parties, donc indivisibles, en nombre infini, sans naissance ni fin naturelles. Créées par Dieu, elles ne peuvent être annihilées que par lui. Elles sont toutes différentes les unes des autres (car pour Leibniz, si deux choses sont identiques, elles sont la même chose) et hiérarchisées selon le degré de la perception qu'elles possèdent et qui se traduit par leurs capacités de refléter l'image de l'univers (« L'âme est un petit monde contenu en un point », dit-il). Elles ne subissent aucune influence extérieure « n'ayant point de fenêtres, par lesquelles quelque chose y puisse entrer ou en sortir ». Elles n'exercent donc aucune action l'une sur l'autre, mais chaque monade contient en elle la représentation de toutes les autres. Elles ont toutes leurs potentialités spécifiées depuis leur création, qui implique une coexistence harmonieuse. En effet – et

21. Dans le contexte de ce livre, il est intéressant d'ajouter que Spinoza rejette les deux aspects fondamentaux de la théorie atomique : l'existence des atomes et celle du vide, ce qui n'est pas étonnant de la part de quelqu'un qui n'admet qu'une seule substance dans le monde. Sur les atomes, bien qu'il prenne la précaution de dire, dans ses *Principes de la philosophie de Descartes* (Spinoza, *Œuvres complètes,* Paris, Gallimard, Bibliothèque de la Pléiade, 1954), qu'il n'est pas toujours d'accord avec son confrère français, il est évident qu'il épouse les vues de ce dernier sur ce sujet particulier. Ainsi, il écrit : « La question des atomes a toujours été importante et embrouillée. Quelques-uns affirment qu'il y a des atomes parce qu'un infini ne peut être plus grand qu'un autre infini ; or si deux quantités, disons A et une quantité double de A, sont divisibles à l'infini, elles pourront aussi par la puissance de Dieu – qui comprend leurs parties infinies d'un seul regard – être en acte divisées en parties infinies. Donc, puisqu'un infini ne peut être, ainsi que nous l'avons dit, plus grand qu'un autre infini la quantité A sera égale à une quantité double, ce qui est absurde. On demande aussi si la moitié d'un nombre infini est également infinie, si elle est paire ou impaire et d'autres questions semblables. À tout cela Descartes répond que nous ne devons pas rejeter les choses qui tombent sous notre entendement et sont conçues par suite clairement et distinctement, à cause d'autres choses qui dépassent notre entendement ou notre compréhension et par suite ne peuvent être perçues que très inadéquatement. Or, l'infini et ses propriétés dépassent l'entendement humain, qui par sa nature est fini ; il serait donc stupide de rejeter comme faux ce que nous concevons clairement et distinctement au sujet de l'espace, ou de le tenir pour douteux, parce que nous ne comprenons pas l'infini. Voilà pourquoi Descartes tient pour indéfinies ou illimitées les choses dans lesquelles nous n'observons point de limites, comme l'étendue du monde, la divisibilité des parties de la matière, etc. » Quant au rejet du vide, Spinoza échangera à ce sujet une correspondance, par personnes interposées, avec Boyle qui, lui, admet le vide (voir les lettres de Spinoza à Henri Oldenburg du 17 juillet 1663 et à Louis Meyer du 3 août 1663 dans les *Œuvres complètes* de Spinoza).

c'est une idée essentielle de la philosophie leibnizienne –, si Dieu peut concevoir, et aurait pu créer, un nombre infini de mondes, celui qu'il a effectivement créé est le meilleur de tous les mondes possibles (non pas parfait, ce qui amènerait à l'existence un autre Dieu, mais le meilleur réalisable), dont le développement et le destin sont prédéterminés par Dieu lors de sa création.

Leibniz est un antiatomiste décidé, c'est-à-dire un opposant déclaré de la théorie atomique antique de Leucippe-Démocrite-Épicure qui postule la réalité des corpuscules fondamentaux indivisibles, sans être pour autant un adversaire du concept même d'une structure « atomique » du monde. En fait, pour lui, « les Monades sont les véritables Atomes de la Nature et en un mot les Éléments des choses[22] ». Seulement, ce sont là des « points d'énergie[23] », des « atomes formels » ou « métaphysiques[24] », que l'on ne saurait confondre avec les corpuscules matériels des maîtres antiques, qui ne sont jamais parfaitement indivisibles car, même insécables, ils comportent une diversité de parties. « Il n'y a que des points métaphysiques (et non pas les points mathématiques qui sont indivisibles mais ne sont pas réels) qui soient exacts et réels. » L'acharnement avec lequel il combattra les idées des atomistes antiques témoigne de l'abîme qui sépare ces deux conceptions.

Ce meilleur des mondes possibles, formé de monades spirituelles, peut-il comporter du vide ? La réponse de Leibniz est négative, étayée par des arguments fondés sur l'idée qu'il se fait de la « Perfection des Opérations Divines ». À la base de son raisonnement se trouve l'affirmation que la matière est plus importante et « plus parfaite » que le vide[25], conjuguée au « principe de raison suffisante », dont il fait d'une manière générale grand usage, « en vertu duquel nous considérons qu'aucun fait ne saurait se trouver vrai, ou existant, aucune énonciation véritable, sans qu'il y ait une raison suffisante pour quoi qu'il en soit ainsi et non pas autrement ». Laissons la parole à Leibniz[26] : « Il n'y a point de raison possible, qui puisse limiter la quantité de la Matière. Ainsi cette limitation ne saurait avoir lieu. Et supposé cette limitation arbitraire, on pourrait toujours ajouter quelque chose, sans déroger à la perfection des choses qui sont déjà : et par conséquent, il faudra tou-

---

22. G. W. Leibniz, *La Monadologie*, 1714, E. Boutroux (éd.), Paris, LGF, 1991.
23. J. Rivelaygue, dans l'introduction de *La Monadologie*, n° 22.
24. E. Boutroux, dans la présentation de *La Monadologie*, n° 22.
25. « La perfection de la matière est à celle du vide comme quelque chose à rien », écrit-il dans sa *Lettre à la Princesse de Galles* du 12 mai 1716. Affirmation qui surprendra Bertrand Russell *(A History of Western Philosophy, op. cit.)*, qui n'arrive pas à comprendre pourquoi exister serait mieux que ne pas exister.
26. A. Robinet, *Correspondance Leibniz-Clarke, présentée d'après les manuscrits originaux des bibliothèques de Hanovre et de Londres,* Paris, PUF, 1957.

jours y ajouter quelque chose, pour agir suivant le Principe de la Perfection des Opérations Divines [...] Vouloir du vide dans la Nature, c'est attribuer à Dieu une production très imparfaite ; c'est violer le grand Principe de la nécessité d'une raison suffisante, que bien des gens ont eu dans la bouche ; mais dont ils n'ont point connu la force. Sans parler de plusieurs autres raisons contre le Vide et les Atomes ; en voici celles que je prends de la perfection de Dieu, et de la raison suffisante. Je pose que toute perfection que Dieu a pu mettre dans les choses, sans déroger aux autres perfections qui y sont, y a été mise. Or, figurons-nous un Espace entièrement vide, Dieu y pouvait mettre quelque matière, sans déroger en rien à toutes les autres choses : donc il l'y a mise : donc il n'y a point d'Espace entièrement vide : donc tout est plein. Le même raisonnement prouve qu'il n'y a de Corpuscule qui ne soit subdivisé. » Autrement dit, c'est l'existence et l'organisation de la matière qui permettent à Dieu d'exercer et de montrer sa puissance et sa sagesse. Le vide ne lui servirait à rien. Il en résulte tout naturellement que plus il y a de matière dans l'univers, plus ses possibilités de manifester ces qualités sont grandes pour atteindre leur maximum dans un univers entièrement plein. Donc, l'univers doit être plein, c.q.f.d. Selon Leibniz : « Tous ceux qui sont pour le vide se laissent plus mener par l'imagination que par la raison. » Il reconnaît que, quand il était jeune garçon, « il donnait aussi dans le vide et dans les atomes », mais que, heureusement, « la raison le ramena dans le droit chemin[27] ».

Comme chaque fois qu'entrent en jeu des considérations sur la toute-puissance et la perfection de Dieu, les arguments des uns sont presque toujours facilement retournés contre eux par leurs opposants. Ainsi Clarke affirmera, par exemple, que le raisonnement de Leibniz interdit à Dieu de créer une quantité limitée de matière, donc... restreint sa liberté d'action. Nous reviendrons à cette opposition à la fin de ce chapitre, après avoir examiné les arguments de Leibniz contre l'existence des atomes.

Ces arguments sont de deux ordres. Le premier exprime une objection directe contre une limitation du pouvoir de Dieu de subdiviser la matière à l'infini. Fondée sur le principe de la raison suffisante, cette objection s'inspire de la même logique que celle qui l'a conduite au rejet du vide. Aux propos cités qui illustrent cette position, on peut adjoindre un corollaire s'inspirant du Principe de la Perfection des Opérations Divines : « Le moindre Corpuscule est actuellement subdivisé à l'infini, et contient un Monde de nouvelles Créatures, dont l'Univers manquerait, si ce Corpuscule était un Atome. »

---

27. G. W. Leibniz, *Lettre à la Princesse de Galles* du 12 mai 1716.

Le second argument met en jeu l'impossibilité, selon Leibniz, d'existence de corspuscules absolument identiques, donc indiscernables. Argument plus original que le précédent, qui découle en fait de l'application du principe de raison suffisante. En effet, comme dit A. Koyré[28], pour Leibniz « il n'y a pas d'action sans choix, pas de choix sans motif déterminant, pas de motif à défaut d'une différence entre les possibilités en compétition ; par conséquent deux objets identiques, ou deux situations équivalentes, ne sont jamais réalisés, ni même possibles, dans le monde ». Leibniz s'exprime lui-même[29] : « Il faut avouer que ce grand Principe [de raison suffisante] quoiqu'il ait été reconnu, n'a pas été assez employé. Et c'est en bonne partie la raison pour quoi jusqu'ici la Philosophie Première a été si peu féconde, et si peu démonstrative. J'en infère entre autres conséquences, qu'il n'y a point dans la nature deux êtres réels absolus indiscernables : parce que s'il y en avait, Dieu et la Nature agiraient sans raison, en traitant l'un autrement que l'autre ; et qu'ainsi Dieu ne produit point deux portions de matière parfaitement égales et semblables... Le vulgaire s'imagine de telles choses, parce qu'il se contente de notions incomplètes. Et c'est un des défauts des Atomistes [...]. Les corps simples, et même les parfaitement similaires, sont une suite de la fausse position du vide et des Atomes, ou d'ailleurs de la Philosophie Paresseuse, qui ne pousse pas assez l'analyse des choses, et s'imagine de pouvoir parvenir aux premiers éléments corporels de la nature, parce que cela contenterait notre imagination. »

La discussion avec Clarke sur ce sujet ressemble à un dialogue de sourds. « Si le raisonnement que l'on trouve ici était bien fondé – écrit Clarke – il prouverait que Dieu n'a créé aucune matière et même qu'il est impossible qu'il en puisse créer. Car les parties de matière, quelle qu'elle soit, qui sont parfaitement solides, sont aussi parfaitement semblables, pourvu qu'elles aient des figures et des dimensions égales ; ce que l'on peut toujours supposer, comme une chose possible. Ces parties de matière pourraient donc occuper également bien un autre lieu que celui qu'elles occupent ; et par conséquent il était impossible, selon le raisonnement du savant Auteur, que Dieu les plaçât où il les a actuellement placées ; parce qu'il aurait pu avec la même facilité les placer à rebours. Il est vrai qu'on ne saurait voir deux feuilles, ni peut-être deux gouttes d'eau, parfaitement semblables ; parce que ce sont des Corps fort composés. Mais il n'en est pas ainsi des parties de la matière simple et solide. » À quoi Leibniz répond[26] que postuler que des parties de

28. A. Koyré, *Du monde clos à l'univers infini, op. cit.*
29. *Cinquième écrit de Leibniz,* 1716. Transcrit de *Les Atomes. Une anthologie historique, op. cit.*

matière puissent avoir des figures et des dimensions égales est une « pétition de principe », « une supposition de convenance » qui, selon lui, ne saurait être admise.

Ainsi, l'impossibilité présumée d'existence de corpuscules identiques, indiscernables, constitue pour Leibniz un argument pour rejeter la théorie des atomes. Il est intéressant d'opposer ce point de vue à l'opinion de Maxwell. Le savant anglais fut, comme son confrère allemand, préoccupé par le problème de l'identité absolue des corpuscules ou composés élémentaires, que ce soient des atomes ou des molécules. Un siècle et demi après Leibniz, Maxwell acceptait l'existence des atomes et des molécules qui, lorsqu'ils appartenaient à une même espèce chimique, étaient rigoureusement identiques. Et c'est de l'existence de cette identité qu'il tirait, lui, argument pour proclamer que ces entités ne pouvaient avoir été « manufacturées », façonnées, que par la main de Dieu. Ainsi, aussi bien le refus d'admettre la possibilité d'existence de particules identiques (Leibniz) que l'acceptation de cette existence (Maxwell) peuvent servir à glorifier le Seigneur. Si cet acte de glorification lui-même ne soulève naturellement aucun commentaire, ses sous-entendus contradictoires ne laissent pas de poser des questions sur la solidité des arguments philosophiques dans ce domaine.

La polémique la plus vigoureuse entre Leibniz et Newton concerne la vision leibnizienne du rôle de Dieu dans l'univers et son affirmation que notre monde est le meilleur de tous les mondes possibles.

Nous avons vu que, pour Newton, Dieu a non seulement créé l'univers, avec ses remarquables régularités et son ordre intelligible, mais qu'il en dirige constamment le fonctionnement, mieux, qu'il en surveille, par une intervention corrective continue, la bonne marche.

Le Dieu de Leibniz garde davantage ses distances par rapport au monde qu'il a fabriqué et dont il a préordonné, une fois pour toutes, l'évolution et le destin. Comme c'est d'ailleurs le meilleur monde possible, on voit difficilement pourquoi il interviendrait dans son fonctionnement. Ce monde, une fois lancé, n'a besoin ni de guidage ni, encore moins, de réparations. Citons encore Leibniz lui-même[26] : « Monsieur Newton et ses Sectateurs ont encore une fort plaisante opinion de l'Ouvrage de Dieu. Selon eux Dieu a besoin de remonter de temps en temps sa Montre : autrement elle cesserait d'agir. Il n'a pas eu assez de vue pour en faire un mouvement perpétuel. Cette Machine de Dieu est même si imparfaite selon eux, qu'il est obligé de la décrasser de temps en temps par un concours extraordinaire, et même de la raccommoder, comme un horloger son ouvrage ; qui sera d'autant plus mauvais Maître, qu'il sera plus souvent obligé d'y retoucher et d'y corriger. Selon mon sentiment, la même force et vigueur y subsiste toujours et passe seulement de matière en matière, suivant les lois de la Nature et le bel ordre préétabli. »

A. Koyré analyse remarquablement l'opposition fondamentale entre Newton et Leibniz sur ce sujet[28] : « Le Dieu de Leibniz n'est pas le Seigneur newtonien, qui fait le monde comme il l'entend et continue à agir sur lui comme le Dieu de la Bible l'avait fait pendant les six premiers jours de la Création. Il est, si j'ose poursuivre la comparaison, le Dieu biblique au jour du Sabbat, le Dieu qui a achevé son œuvre et trouve qu'elle est bonne, bien plus, qu'elle représente le meilleur des mondes possibles, et qui, de ce fait, n'a plus à exercer son action sur ce monde, ou en lui, mais peut se contenter de le conserver et de le préserver dans l'être. »

Bien sûr « Newton et ses sectateurs » n'ont pas accepté les arguments de Leibniz. Clarke accusera même le philosophe allemand d'impiété : « L'idée de ceux qui soutiennent que le Monde est une grande Machine, qui se meut sans que Dieu y intervienne, comme une Horloge continue de se mouvoir sans le secours de l'Horloger ; cette idée, dis-je, introduit le Matérialisme et la Fatalité ; et sous prétexte de faire Dieu une *Intelligentia Supramundana*, elle tend effectivement à bannir du Monde la Providence et le Gouvernement de Dieu[26]. »

Une dernière question enfin : pourquoi le meilleur des mondes possibles n'est-il pas parfait ? Pourquoi y rencontre-t-on la souffrance, la maladie, le malheur ? Question éternelle que les hommes se posent depuis toujours et qui fait que peu d'entre eux souscrivent à la dénomination du meilleur *possible*, pour le monde dans lequel nous vivons. La réponse de Leibniz à cette quête éternelle (présentée dans les *Essais de théodicée*, publiés en français, en 1710) pose que ce monde est le meilleur possible car il contient le plus grand excès du bien sur le mal. Cette affirmation semble impliquer que le monde dans lequel ne régnerait que le bien serait moins bon que le monde actuel. L'explication de ce curieux paradoxe réside dans la proposition que, souvent, le bien est plus prononcé, plus fort, lorsqu'il est d'une certaine manière opposé au mal. Par exemple, le plaisir que l'on tire d'un regain de santé est d'autant plus grand que l'on a été plus malade. L'excès du plaisir surcompense la peine que l'on a pu éprouver, c'est « la dissonance qui accroît le plaisir de la consonance[30] ». Plotin ne disait pas autre chose, lorsqu'il écrivait, treize siècles avant Leibniz[31] : « Ajoutons qu'il existe des choses pires parce qu'il existe des choses meilleures. Comment, dans une œuvre aussi multiforme, le pire pourrait-il exister sans le meilleur ou le meilleur sans le pire ? Il ne faut donc pas accuser le pire d'être dans le meilleur ; il faut plutôt être satisfait de ce que le meilleur a

30. M. Serres dans *Histoire de la philosophie*, vol. II, sous la dir. d'Ivon Belaval, Paris, Gallimard, Encyclopédie de la Pléiade, 1973.
31. Plotin, *Ennéades*, vol. III, E. Bréhier (éd.), Paris, Les Belles Lettres, 1989.

donné de lui-même au pire. Vouloir détruire le pire dans l'univers, c'est détruire la providence elle-même. À quoi en effet pourvoirait-elle ? Ce n'est point à elle-même ni au meilleur. »

Je ne suis pas sûr que ce raisonnement séduise tout le monde. Comme le dit, avec humour, Bertrand Russell[32] : « Cet argument a apparemment satisfait la Reine de Prusse. Ses serfs continuaient à souffrir le mal, pendant qu'elle continuait à jouir du bien, et c'était réconfortant d'être assuré par un grand philosophe que ceci était juste et approprié. »

Quant à l'opinion de Voltaire, il faut relire *Candide*, à propos duquel Schopenhauer, qui estime que ce monde est en fait le plus mauvais possible car « un monde pire, étant incapable de subsister, est absolument impossible », a écrit[33] : « Je ne puis reconnaître à la Théodicée en tant que large et méthodique exposé de l'optimisme d'autre mérite que celui d'avoir plus tard fourni au génial Voltaire l'occasion de son immortel Candide. »

Il convient de mentionner aussi, sur ce « problème de la Théodicée », la tentative de Maupertuis, exposée dans son *Essai de philosophie morale*, d'effectuer un bilan *mathématique* des quantités de bien et de mal qui se partagent l'existence humaine. Pour cela, il adopte une définition appropriée du plaisir et du déplaisir dont il « mesure » l'intensité et la durée. Rien ne paraît plus naturel alors que de considérer la grandeur d'un état heureux ou malheureux comme le produit de l'intensité du plaisir ou du déplaisir par sa durée. Maupertuis évalue sur cette base la valeur des différents systèmes éthiques (épicurisme, stoïcisme, etc.) du point de vue de l'équilibre, ou plutôt du déséquilibre, que leur attribue cette « mathématique des valeurs intensives ». Malheureusement pour l'humanité (et pour Leibniz) il s'avère que, dans l'ensemble, ce calcul conduit toujours à une prédominance du mal sur le bien.

D'Alembert, enfin, porte un jugement sur l'œuvre de Leibniz, dans son *Discours préliminaire à l'Encyclopédie*, qui mérite d'être rapporté : « Moins sage que Locke et Newton, Leibniz ne s'est pas contenté de former des doutes, il a cherché à les dissiper, et de ce côté-là il n'a peut-être pas été plus heureux que Descartes. Son principe de la raison suffisante, très beau et très vrai en lui-même, ne paraît pas devoir être fort utile à des êtres aussi peu éclairés que nous le sommes sur les raisons premières de toutes choses ; ses monades prouvent tout au plus qu'il a vu mieux que personne qu'on ne peut se former une idée nette de la matière, mais elles ne paraissent pas faites pour la donner ; son har-

32. Bertrand Russell, *A History of Western Philosophy, op. cit.*

33. A. Schopenhauer, *Le Monde comme volonté et comme représentation*, trad. A. Burdeau, Paris, PUF, 1966.

monie préétablie semble n'ajouter qu'une difficulté de plus à l'opinion de Descartes sur l'union du corps et de l'âme ; enfin son système de l'optimisme est peut-être dangereux par le prétendu avantage qu'il a d'expliquer tout. Ce grand homme paraît avoir porté dans la métaphysique plus de sagacité que de lumière. »

4. Boscovitch ou l'atomisme ponctiforme

Cherchant à dépasser la longue controverse entre Newton et Leibniz, un élève de Newton, Roger Joseph Boscovitch (1711-1787), dans sa *Théorie de philosophie naturelle* parue en 1758, a tenté de rapprocher certains aspects des enseignements des deux philosophes, en décrivant le monde comme le siège d'une multitude de particules élémentaires considérées comme des points de force sans extension, apparentées donc, à première vue, aux « points d'énergie » de Leibniz et dont le sort est régi par les lois de Newton d'attraction et de répulsion. Alors que Newton était surtout préoccupé par les forces d'attraction, Boscovitch met toutefois l'accent sur le rôle des forces de répulsion : cette démarche impose une touche originale à sa vision de la réalité atomique, d'autant plus intéressante qu'après une période d'oubli, le nom de Boscovitch réapparaîtra dans certains écrits relatifs à l'histoire de l'idée atomique[34].

Partant de la prémisse que c'est la force attractive qui l'emporte quand la distance entre les corps est grande, et la force répulsive quand cette distance est petite (et cela d'autant plus que la distance est plus courte), Boscovitch en déduit qu'il est impossible que les atomes, ultimes éléments matériels du monde, puissent être contigus les uns aux autres dans l'espace. En outre, ils doivent, selon lui, être simples, c'est-à-dire sans parties. Pour cela, il faut qu'ils soient inétendus, c'est-à-dire réduits à des points. C'est donc la force répulsive, dont l'action exclut la continuité de la matière et rend les atomes impénétrables, qui forme la base de cet « atomisme ponctiforme », comme l'appelle Bachelard. La surface atomique rigide de l'atome démocritien se résout à la zone où s'équilibrent les forces de répulsion et d'attraction du champ dynamique entourant le point matériel qui en est le centre. En deçà de cette limite, les forces répulsives dominantes assurent l'impénétrabilité des atomes, au-delà la prépondérance de la force attractive rend compte des phénomènes de cohésion interatomique. Par ailleurs, ces atomes inétendus, ou points matériels, sont absolument identiques, la

34. Voir par exemple L. Lederman et D. Teresi, *The God Particle*, New York, 1993.

diversité des choses que l'on observe dans la nature, y compris dans le monde organique, provenant des différences de nombre, de position et de distances relatives des atomes qui les composent.

Le caractère matériel des atomes-points que leur attribue Boscovitch est particulièrement intéressant. Comme le remarque Pillon[35], partisan déclaré des thèses de ce philosophe : « Dépouillés de toute propriété autre que la force, réduits à des points les atomes restent de vrais éléments matériels dont l'existence est distincte et indépendante de la nôtre... Il s'agit donc ici d'un atomisme cosmologique ; nullement d'un système que l'on pourrait rapprocher soit de l'immatérialisme de Berkeley, soit du monadisme de Leibniz. » On peut donc dire que la tentative de Boscovitch d'un rapprochement entre les vues de Leibniz et celles de Newton n'est que partiellement réussie. La signification « cosmologique » que Pillon attribue à la théorie de Boscovitch, et qui en constitue selon lui, le plus grand mérite, réside dans « la distinction précise et tranchée de l'ordre des possibles et de l'ordre des existants. À l'ordre des possibles appartiennent l'infini continu de l'espace et la nécessité géométrique de la divisibilité sans fin de l'étendue [...] À l'ordre des existants se rapporte la matière discontinue et finie, et la nécessité arithmétique du nombre réel – c'est-à-dire fini – des éléments... En chaque corps, il y aura un nombre fini d'éléments, et la divisibilité à l'infini sera pour les intervalles. » Comme le dit Boscovitch lui-même : « Chaque intervalle sera certes divisible à l'infini par l'interposition d'autres points matériels, puis d'autres encore, et ainsi de suite, lesquels pourtant, une fois composés, seront de même en nombre fini et laisseront de la place pour bien d'autres..., de sorte que l'infini sera uniquement dans les possibles, mais non dans les existants. »

Cette distinction fait-elle, comme le veut Pillon, « disparaître l'insoluble contradiction des deux nécessités, des deux évidences mathématiques... et supprimer un problème qui, de tout temps, a fort tourmenté les philosophes », est une autre question. Peut-on, d'ailleurs, faire disparaître une contradiction insoluble ?

Rappelons que la notion d'atome ponctuel, donc sans extension, apparaissait déjà dans l'enseignement des atomistes indiens de l'école Nyaya-Vaisésika, au début de notre ère (voir chapitre VII) et des Motekallemîn musulmans au Moyen Âge (voir chapitre XI). Elle rencontrera un écho favorable auprès d'autres philosophes de l'époque qui adopteront, avec des nuances liées, dans certains cas, à l'influence leibnizienne, la théorie dynamique de Boscovitch assimilant les atomes aux centres ponctuels des forces. Tel sera, par exemple, le cas de Christian Wolff (1679-1754). Une position analogue sera prise par Kant, qui manifestera dans ses *Premiers*

35. Pillon, *L'Année philosophique*, 1891, 2, 67-112.

Principes métaphysiques de la science de la nature, parus en 1786, sa préférence pour une *philosophie dynamique* de la nature qu'il oppose à la *philosophie mécaniste* des atomistes. Alors que cette dernière explique, selon lui, « les différences spécifiques des matières par la constitution et la composition de leurs plus petites parties, considérées comme des machines... comme des simples instruments pour des forces motrices extérieures... », la première « déduit [la nature] des forces motrices d'attraction et de répulsion propres et originelles ». Pour lui, la vision dynamique de la nature permet de faire l'économie du vide. Au XIXe siècle, la théorie de Boscovitch sera reprise par Gustav Theodor Fechner (1801-1881), théoricien de la psychophysique et auteur d'un ouvrage intitulé *Physikalische und philosophische Atomlehre*, paru en 1864, ainsi que par Ampère (André-Marie, 1775-1836) et Cauchy[36] (Augustin, 1789-1857). Presque un siècle et demi plus tard, l'éminent physicien des hautes énergies, Léon Lederman (PN, 1988), soulignera la signification du concept de Boscovitch de l'atome ponctuel, centre d'un champ de forces, dans la physique moderne[34].

En outre, pour Boscovitch, qui partage ainsi la position commune à Newton et à Leibniz, le monde ne saurait être le résultat du hasard et, selon la présentation de Pillon[35], « il n'aurait pu se produire à l'origine que par une heureuse rencontre d'un nombre imposant de conditions déterminées dont chacune serait arrivée à la réalité parmi une infinité de possibles. Il ne saurait exister par lui-même, par sa propre force... Il a été créé c'est-à-dire trié par un choix intelligent et libre de l'infinité de possibles ».

Enfin, ce monde est-il le meilleur possible ? Non. Selon les propres termes de Boscovitch : « Il n'est pas contraire à la sagesse et à la bonté de Dieu de ne pas choisir le meilleur, car le meilleur n'existe pas. S'il y avait *des optima*, la création en serait nécessaire, la liberté divine serait supprimée, les créatures auraient dans leur nombre et dans leur mérite, un véritable droit à l'existence. » Et Boscovitch n'admet pas cela, le monde ne saurait être le produit de la nécessité, il ne peut être que contingent.

---

36. Voir A. Cauchy, *Sept Leçons de physique générale*, Paris, Gauthier-Villars, 1868.

CHAPITRE XIV

Berkeley ou les atomes escamotés

> « *Everyone knows that "mind" is what an idealist thinks there is nothing else but, and "matter" is what a materialist thinks the same about.* »
>
> Bertrand Russell

La réalité des corpuscules matériels forme la base sous-jacente de la théorie atomique. Dès sa première formulation, les auteurs grecs ont toutefois introduit une distinction entre les propriétés primaires et les propriétés secondaires de la matière, propriétés « objectives et subjectives », ou encore « celles qui existent par nature et celles qui existent par convention ». Les qualités primaires recouvrent essentiellement la dimension, la forme et, éventuellement, la pesanteur ; les qualités secondaires, la couleur, l'odeur, la saveur, etc. On l'a vu (chapitre XII, 3), cette division a reçu une expression rénovée et élaborée dans les travaux de Locke. Pour autant, elle ne fut pas toujours acceptée par tous.

Rappelons qu'Aristote a rehaussé les qualités secondaires au niveau des qualités primaires : la couleur, l'odeur, la saveur, etc., étaient pour lui des propriétés intrinsèques de la matière. Elles participaient à la réalité du monde. Un corps rouge était rouge, etc. En vertu de la règle qui veut que toute théorie philosophique soit, tôt ou tard, réfutée par une théorie antagoniste[1], on pouvait donc s'attendre à l'apparition, tôt ou tard, d'une théorie inverse rapportant les qualités primaires au niveau

1. « La philosophie est la science de toutes les choses possibles », dira Christian Wolff (1679-1754). « Toutes les philosophies sont vraies et fausses », dira G. W. F. Hegel (1770-1831).

des qualités secondaires. Une telle théorie fut effectivement élaborée, vingt siècles après Aristote, par George Berkeley (1685-1753) et présentée par lui dans plusieurs ouvrages dont *Principes de la connaissance humaine* (1710) et *Dialogues entre Hylas et Philonoüs* (1783) sont les plus importants. Cette prise de position devait conduire son auteur à une conclusion radicale, bien que hasardeuse : la négation de la matière et, donc, de la réalité des corpuscules matériels. Et comme il refusait aussi le vide, il n'est pas étonnant qu'il ne fût pas partisan de la théorie atomique.

Quatre citations empruntées à ses *Principes de la connaissance humaine*[2] résument les traits essentiels de la thèse d'immatérialisme (ou d'idéalisme, comme diront certains) de Berkeley.

Ainsi, à la base de sa théorie, il y a une *conviction* selon laquelle être n'est autre chose, n'est rien de plus que percevoir et être perçu *(« esse est percipere et percipi »)* : « Il y a des vérités si proches de l'esprit et si obvies qu'un homme n'a qu'à ouvrir les yeux pour les voir. Dans leur nombre je compte cette importante vérité : que tout le chœur des cieux et tout le contenu de la terre, en un mot tous les corps qui composent l'ordre puissant du monde, ne subsistent pas hors d'un esprit, que leur être est d'être perçu ou connu ; que, par conséquent, aussi longtemps qu'ils ne sont pas effectivement perçus par moi, ou qu'ils n'existent pas dans mon esprit, ou dans celui de quelque autre intelligence créée, il faut qu'ils n'aient aucune existence, ou bien alors qu'ils subsistent dans l'esprit de quelque intelligence éternelle. »

Les objets ne sont donc pas autre chose que des « collections d'idées ». À l'appui de cette *conviction*, Berkeley avance tout de même des *arguments* qui relèvent du problème de la hiérarchisation ou du nivellement des qualités : « Il y en a certains[3] qui font une distinction entre qualités premières et qualités secondes : par celles-là ils entendent l'étendue, la figure, le mouvement, le repos, la solidité ou impénétrabilité et le nombre ; par celles-ci, ils dénotent toutes les autres qualités sensibles, comme les couleurs, les sons, les saveurs, etc. Ils reconnaissent que les idées que nous avons de ces dernières ne sont pas des ressemblances de quelque chose existant hors de l'esprit ou de non perçu ; mais ils soutiennent que nos idées des qualités premières sont les types ou images de choses qui existent hors de l'esprit, dans une substance non pensante qu'ils appellent matière. Par matière, nous devons donc entendre une substance inerte, dépourvue de sens dans laquelle l'étendue, la figure et le mouvement subsistent effectivement. Mais il est évident, d'après ce que nous avons déjà montré, que l'éten-

2. G. Berkeley, *Principes de la connaissance humaine*, Paris, Flammarion, 1991.
3. L'allusion à Locke, en particulier, est évidente.

due, la figure et le mouvement sont seulement des idées existant dans l'esprit, qu'une idée ne peut ressembler à rien qu'à une autre idée et que, par conséquent, ni ces idées ni leurs archétypes ne peuvent exister dans une substance non percevante. D'où il ressort clairement que la notion même de ce qu'on appelle matière ou substance corporelle implique contradiction. »

Cet argument est central dans la doctrine de Berkeley : les qualités dites « primaires » ne diffèrent en rien des qualités dites « secondaires », dépendant, comme ces dernières, de la sensibilité objective du sujet qui les perçoit. Aucune distinction entre elles n'est admissible. La distinction que certains revendiquent n'est liée qu'à un fond « émotif », les qualités secondaires produisant en nous des sentiments agréables ou désagréables alors que les qualités primaires nous laissent, à ce point de vue, indifférents. Et ce n'est certainement pas une raison suffisante, selon Berkeley, pour accorder à ces dernières un statut intrinsèquement différent.

Après les *arguments*, les *conséquences* : « Passons maintenant à l'examen des conséquences de notre doctrine. Quelques-unes apparaissent à première vue, par exemple celle-ci : les diverses questions difficiles et obscures qui ont donné lieu à un abondant gaspillage de spéculation sont entièrement bannies de la philosophie. La substance corporelle peut-elle penser ? La matière est-elle infiniment divisible ? Comment opère-t-elle sur l'intelligence ? Ces recherches et d'autres semblables ont, à toutes les époques, infiniment amusé les philosophes. Mais, comme elles dépendent de l'existence de la matière, elles n'ont plus de place avec nos principes. »

D'où la *conclusion* : « La matière, une fois expulsée de la Nature, emporte avec elle tant de notions sceptiques et impies, un nombre si incroyable de discussions et de questions embarrassantes, qui ont été une épine au flanc des théologiens aussi bien que des philosophes, et ont entraîné pour l'humanité tant de travaux stériles, que si les arguments que nous avons produits contre elle ne se révélaient pas totalement démonstratifs (comme ils me semblent l'être évidemment), je suis sûr, pourtant, que tout les amis de la connaissance, de la paix et de la religion ont raison de souhaiter qu'ils le soient. » Ainsi, *exit* la matière et, avec elle, les atomes. Toutes les discussions, passées, présentes et futures, à leur sujet sont stériles et inutiles. Des coups d'épée dans l'eau, ou plutôt de l'idée de l'épée dans l'idée de l'eau.

Néanmoins, aucun philosophe ne peut se contenter d'affirmer tout simplement que la matière n'existe pas, « que nous mangeons et buvons des idées, que nous sommes vêtus d'idées », ni gommer nos connaissances sur l'existence des lois que nous observons à propos du comportement de la nature. Berkeley résout ce dilemme en affirmant que les choses existent grâce à leur perception par Dieu qui, par pure bienveillance, implante dans notre esprit les idées fortes et ordonnées qui constituent notre perception du monde extérieur. Il définit alors ainsi la « réalité » : « Les idées imprimées sur les sens par l'Auteur de la Nature s'appellent des choses réelles et celles qui sont provoquées dans l'imagination, qui sont moins régulières, moins vives et moins constantes sont plus proprement dites idées ou images des choses qu'elles copient et représentent » ; et les « lois de la nature » : « Les idées des sens sont plus fortes, plus vives et plus distinctes que celles de l'imagination ; elles ont aussi de la stabilité, de l'ordre et de la cohérence et ne sont pas provoquées au hasard, comme le sont souvent celles qui sont l'effet de volontés humaines, mais se produisent dans une série ou suite régulière, dont l'admirable connexion atteste suffisamment la sagesse et la bienveillance de leur Auteur. Or, les règles fixes ou les méthodes établies, selon lesquelles l'esprit dont nous dépendons provoque en nous les idées du sens, s'appellent les lois de la nature. » Point de vue qu'il précise : « Si le mot substance est pris dans son sens courant, comme une combinaison de qualités sensibles, telles que l'étendue, la solidité, le poids, et autres semblables, on ne peut pas nous accuser de l'éliminer. Mais si on le prend dans un sens philosophique, comme le support d'accidents ou de qualités hors de l'esprit, alors, de fait, je reconnais que nous l'éliminons, si l'on peut dire qu'on élimine ce qui n'a jamais eu d'existence, pas même dans l'imagination. »

La thèse de Berkeley a suscité de nombreuses critiques et, parmi les plus virulentes, celle de Diderot[4] : « On appelle idéalistes ces philosophes qui, n'ayant conscience que de leur existence et des sensations qui se succèdent au-dedans d'eux-mêmes, n'admettent pas autre chose : système extravagant qui ne pouvait, ce me semble, devoir sa naissance qu'à des aveugles ; système qui, à la honte de l'esprit humain et de la philosophie, est le plus difficile à combattre, quoique le plus absurde de tous. Il est exposé avec autant de franchise que de clarté dans trois dialogues du docteur Berkeley, évêque de Cloyne. » Le philosophe allemand Schelling (1775-1847) dira plus simplement : « Que l'idéal comme tel soit en même temps le réel, que le oui comme tel soit en même temps le non, et inversement, tout cela est, de toute évidence, impossible[5]. »

4. D. Diderot, *Lettre sur les aveugles*, Paris, Flammarion, 1972.
5. F. W. J. Schelling, *Les Âges du monde*, trad. S. Jankélévitch, Paris, Aubier, 1949.

CHAPITRE XV

Kant, un atomiste devenu antiatomiste

« *Être* conséquent *est l'obligation principale d'un philosophe, et c'est ce que l'on rencontre le moins souvent.* »

Emmanuel Kant

« *Vérité dans un temps, erreur dans l'autre.* »

Charles de Montesquieu

Dans la longue activité intellectuelle et l'abondante production littéraire d'Emmanuel Kant (1724-1804), les spécialistes ont l'habitude de distinguer deux grandes périodes : la « pré-critique » et la « critique », le passage de la première à la seconde, qui s'opère durant la décennie 1770-1780, recevant son expression cristallisée, sinon définitive, avec la parution en 1781 (2e édition en 1787) de son célèbre ouvrage *Critique de la raison pure.* Cette division revêt une signification particulière pour nous car elle correspond en effet à deux attitudes diamétralement opposées de Kant par rapport à la théorie atomique.

La position du philosophe de Königsberg (il n'a jamais quitté cette cité dans laquelle il est né) pendant la période « pré-critique » est présentée dans son livre *Histoire générale de la nature et théorie du ciel* (1755), où il compare ses conceptions cosmologiques et celles des philosophes grecs. Kant a alors 31 ans et s'affirme partisan de l'idée d'une structure corpusculaire de la matière.

Dans le contexte de notre ouvrage, les idées cosmologiques de Kant ont peu d'importance et nous ne nous étendrons pas sur leur contenu, d'autant plus que Kant en résume précisément les grandes lignes dans la comparaison qu'il en fait avec les propositions des atomistes anciens.

Ainsi écrit-il[1] : « Je ne contesterai pas que la théorie de Lucrèce ou de ses prédécesseurs, Épicure, Leucippe, et Démocrite, ait beaucoup de ressemblances avec la mienne. Je pose le premier état de la nature, comme ces philosophes, dans la dispersion générale de la substance originaire de tous les corps célestes, ou des atomes, comme ils sont nommés chez ceux-ci. Épicure supposait une pesanteur qui poussait ces particules élémentaires à tomber, et cela ne semble pas être très différent de l'attraction newtonienne que j'accepte ; il leur accordait aussi un certain écart par rapport au mouvement rectiligne de la chute, bien qu'il eût sur la cause de cet écart et sur ses conséquences des idées absurdes. Cet écart s'accorde dans une certaine mesure avec le changement de la chute rectiligne que nous déduisons de la force de répulsion des particules ; enfin les tourbillons qui résultaient du mouvement perturbé des atomes étaient une pièce principale dans la théorie de Leucippe et de Démocrite, et on les trouvera également dans la nôtre. »

L'affinité que manifeste alors Kant pour la théorie atomique est encore renforcée par son acceptation du vide, deuxième composante essentielle de la théorie corpusculaire antique. Il affirme à ce propos que « la matière est à l'origine distribuée selon une diversité infinie dans toute l'étendue infinie qu'est l'espace avant la création » mais qu'ensuite « la densité de la matière diminue au fur et à mesure que l'on s'éloigne du centre, et la condensation de masses galactiques identiques requiert un volume plus grand à mesure que s'accroît la distance. Ainsi, plus la masse de l'univers façonné augmente, plus le vide s'installe dans ce même univers ».

Cette attitude favorable, ou pour le moins tolérante, de Kant vis-à-vis de la théorie atomique se limite toutefois très nettement à ses caractéristiques mécanistes. Hormis la reconnaissance de l'existence des atomes et du vide, la rupture avec les propositions philosophiques des précurseurs grecs est brutale. Le piétiste rigoureux que fut Kant ne peut en accepter le matérialisme total. Il récuse, en particulier, le rôle décisif que Démocrite et Épicure attribuent au hasard dans la formation et l'évolution du monde et, corrélativement, contre l'exclusion de toute orientation téléologique : « Tant de parenté avec une conception qui était la vraie théorie de la négation de Dieu dans l'Antiquité ne conduit cependant pas la mienne à partager ses erreurs... Les théoriciens, mentionnés ci-dessus, de la production mécanique de l'univers déduisaient tout l'ordre que l'on perçoit en celui-ci du hasard approximatif qui faisait se rencontrer les atomes de manière si heureuse qu'ils formaient un tout bien ordonné. Épicure était suffisamment imperti-

1. E. Kant, *Histoire universelle de la nature et théorie du ciel,* P. Kerszberg, A. M. Roviello et J. Seidengart (éd.), Paris, J. Vrin, 1984.

nent pour prétendre que les atomes s'écartent de leur mouvement rectiligne sans aucune cause pour pouvoir se rencontrer. Tous ensemble menèrent cette absurdité si loin qu'ils attribuèrent l'origine de toutes les créatures vivantes également à cette convergence aveugle, et qu'ils déduisent réellement la raison de la déraison. Dans ma conception, au contraire, je trouve la matière liée à certaines lois nécessaires. Je vois dans toute sa décomposition et dispersion se développer tout naturellement à partir de ces lois un tout, beau et ordonné. Celui-ci ne se produit pas par hasard et de manière contingente, mais on remarque que des propriétés naturelles l'engendrent par nécessité. Ne sera-t-on pas motivé par là à demander : pourquoi la matière devait-elle donc avoir précisément de telles lois visant ordre et mesure ? Était-il donc possible que tant de choses, chacune ayant sa nature indépendante des autres, dussent se déterminer d'elles-mêmes les unes les autres de telle sorte qu'un tout bien ordonné en surgisse ? Et si elles le font, n'est-ce pas là une preuve indéniable de la communauté de leur première origine qui doit être un entendement suprême absolument autosuffisant dans lequel les natures des choses ont été projetées suivant des intentions préétablies ? » Cette dernière pensée est encore explicitée : « On ne peut regarder l'univers sans reconnaître l'ordonnance tout à fait excellente de son organisation et les marques sûres de la main de Dieu dans la perfection de ses relations. La raison, après avoir considéré et admiré tant de beauté, tant d'excellence, s'indigne à bon droit de la folie téméraire qui a l'audace d'attribuer tout cela au hasard et à un heureux accident... Ce n'est pas la rencontre accidentelle des atomes de Lucrèce qui a formé le monde ; des forces implantées en lui et des lois qui ont pour source l'entendement le plus sage ont été une origine immuable de cet ordre qui devait découler d'elles non pas accidentellement mais nécessairement. »

Même s'il condamne sa « philosophie profane », Kant conserve néanmoins son estime pour Épicure, dont le seul tort a été de tirer des conclusions erronées à partir de principes parfaitement valables : « Les conséquences qu'un entendement perverti tire de principes irréprochables sont souvent très blâmables, et telles étaient également les conclusions d'Épicure, bien que son projet fût conforme à la finesse d'un grand esprit. »

Le passage à l'époque « critique » s'accompagne d'un renversement total de la position de Kant par rapport aux postulats fondamentaux de la théorie atomique : Kant devient alors un défenseur de l'idée de la structure continue de la matière et un adversaire déterminé du vide, sans aucune référence à ses vues antérieures, qui passent dès lors pour une « erreur de jeunesse » dont on préfère ne pas se souvenir. Ainsi, Kant épouse l'attitude générale des antiatomistes, avec toutefois une argumentation spécifique qu'il est intéressant et utile d'examiner.

Cette nouvelle conception trouve son expression la plus claire et la plus complète dans ses *Premiers Principes métaphysiques de la science et de la nature*, parus en 1786[2].

Dans le style « euclidien » qui caractérise ces *Premiers Principes*, la proposition essentielle exprimant le rejet kantien de la conception corpusculaire du monde est contenue dans le théorème 4 du chapitre II : « La matière est divisible à l'infini, et ce en parties dont chacune à son tour est matière. » La démonstration de ce théorème exige toutefois une définition de ce que Kant nomme « matière ». La plus complète qu'il en donne est : « La matière est le *mobile* en tant qu'il *remplit* l'espace. » Il qualifie lui-même cette définition de *dynamique*. Il traduit par là son « association » de la matière avec deux « forces motrices » fondamentales : une « force d'attraction par laquelle une matière peut être cause qu'une autre s'approche d'elle » et « une force de répulsion par laquelle une matière peut être cause qu'une autre s'éloigne d'elle ». Pour Kant, la matière n'est pas douée de ces deux forces, elle s'identifie à elles, elle « est construite avec elles et elle n'est rien dans son intimité que la limitation réciproque de l'attraction et de la répulsion[3] ». Ces deux forces sont donc ses attributs ultimes. Si l'une des deux faisait défaut, aucun espace ne pourrait contenir de la matière : en l'absence de la force d'attraction, la matière se dissiperait à l'infini ; en l'absence de la force de répulsion, elle serait réduite à un point. Le degré d'équilibre entre ces deux forces détermine le degré selon lequel la matière remplit l'espace.

Nous sommes prêts maintenant à affronter la *démonstration* que donne Kant de son théorème sur la divisibilité de la matière à l'infini[4] : « La matière est impénétrable, en vertu de sa force d'extension originaire, mais cette force n'est que la conséquence des forces répulsives de chaque point dans un espace rempli de matière. Or, l'espace que remplit la matière est mathématiquement divisible à l'infini, c'est-à-dire que ses parties peuvent être distinguées à l'infini (d'après les démonstrations géométriques), bien qu'elles ne puissent pas être mues et donc pas être séparées. D'autre part, dans un espace rempli de matière, chaque partie d'espace contient de la force répulsive, qui agit contre les autres parties dans toutes les directions, et ainsi les repousse, et se trouve repoussée par elles, c'est-à-dire poussée à s'éloigner d'elles. Par suite, chaque partie d'un espace rempli de matière est mobile par elle-

2. E. Kant, *Les Premiers Principes métaphysiques de la science et de la nature*, dans *Œuvres philosophiques de Kant*, vol. II, Paris, Gallimard, Bibliothèque de la Pléiade, 1985.
3. E. Bréhier, *Histoire de la philosophie*, vol. II, *op. cit.*
4. E. Kant, *Critique de la raison pure*, 2e éd., 1787, dans *Œuvres philosophiques de Kant*, vol. I, Paris, Gallimard, Bibliothèque de la Pléiade, 1980.

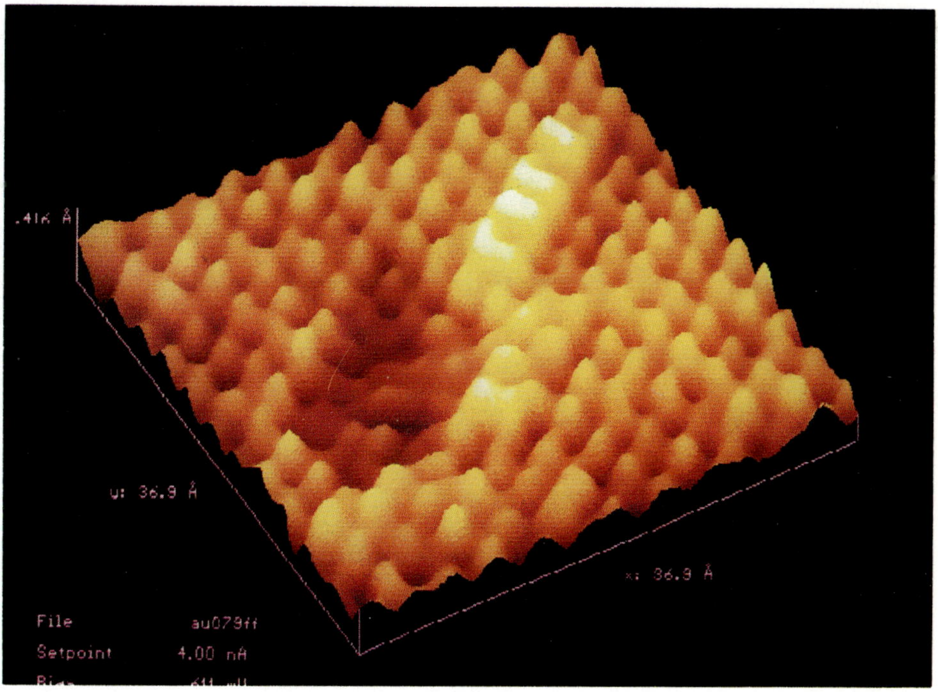

Figure 25

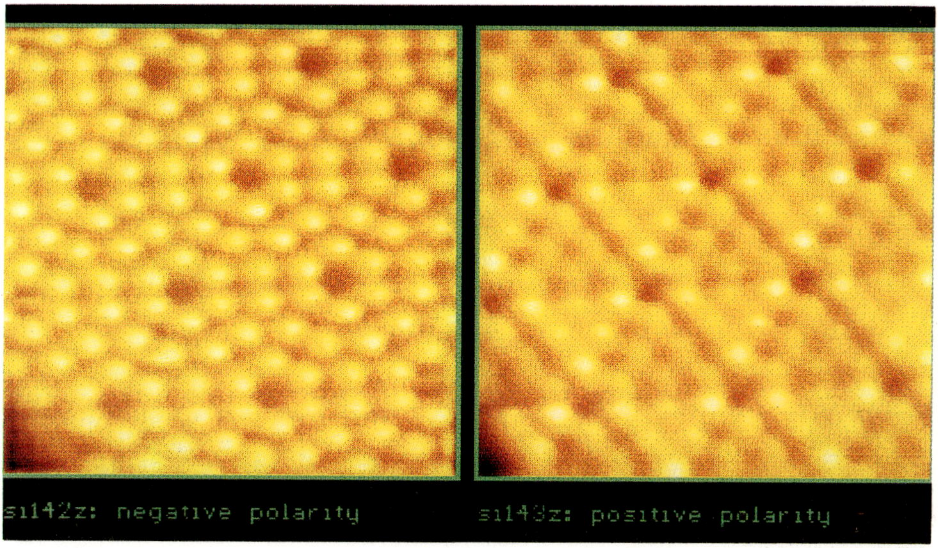

Figure 26

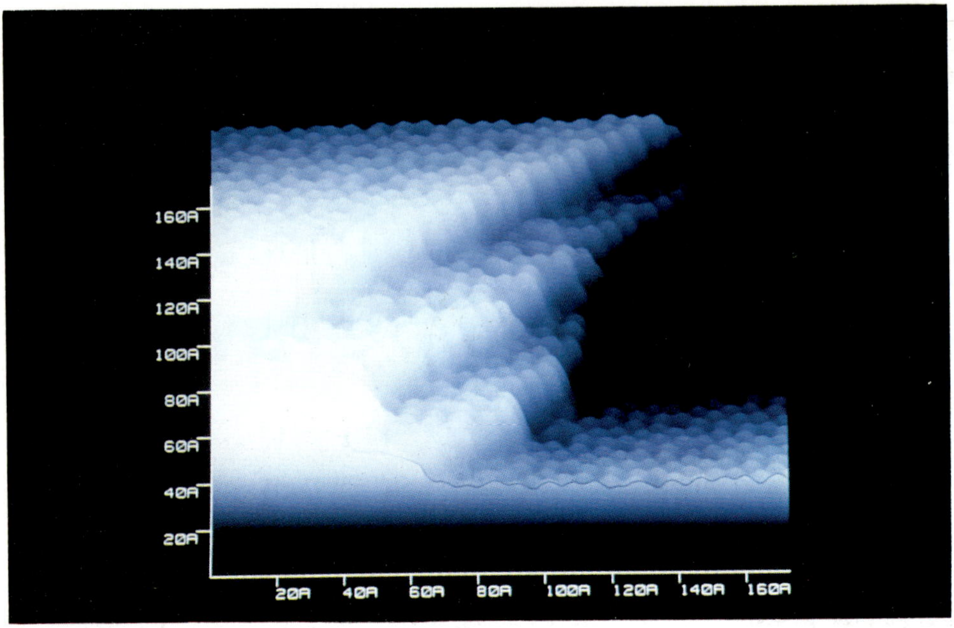

Figure 27

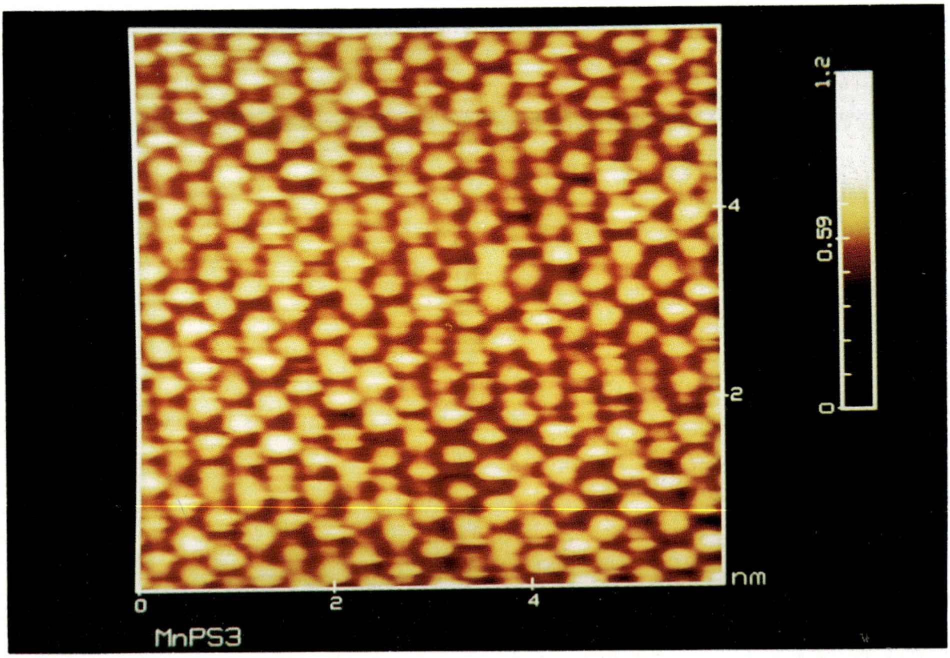

Figure 28

Figure 29

Figure 30

Figure 31

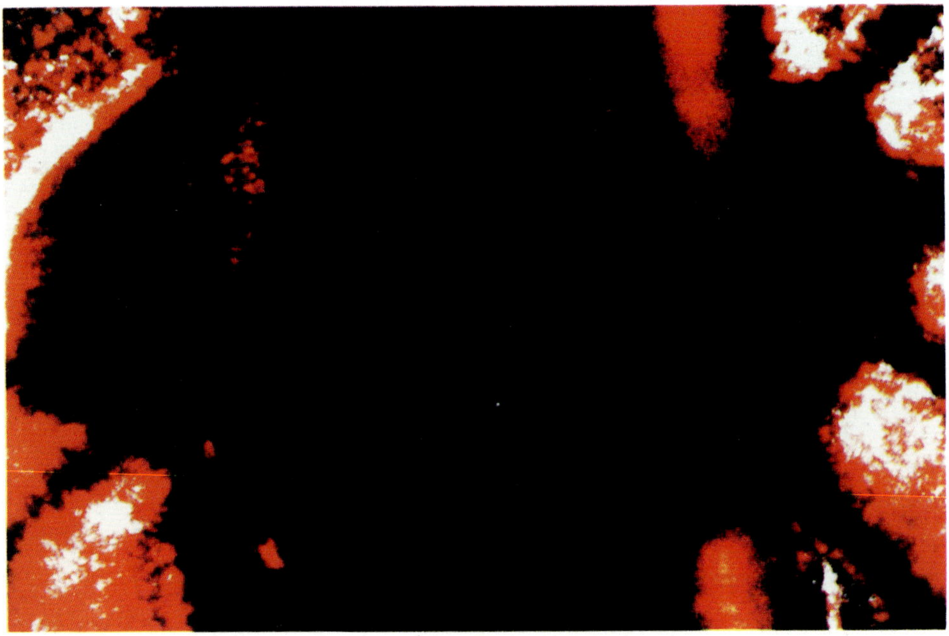

Figure 32

même, et par conséquent elle est séparable des autres, à titre de substance matérielle, par une division physique. Donc aussi loin que s'étend la divisibilité mathématique de l'espace que remplit une matière, aussi loin s'étend également la division physique possible de la substance qui le remplit. Or, la divisibilité mathématique va à l'infini, par conséquent la division physique également ; c'est-à-dire que toute matière est divisible à l'infini, et cela en parties dont chacune est à nouveau une substance matérielle. »

La nature de la matière ainsi définie, reste la question du vide. Celui-ci est récusé. Nécessaire, selon Kant, dans la philosophie *mécaniste* de la nature qui explique « la différence spécifique des matières qui peut varier à l'infini » par la « combinaison du plein absolu et du vide absolu », il n'a plus de raison d'être dans sa philosophie *dynamique* qui « au contraire les explique uniquement par les différences de combinaisons entre les forces originelles de répulsion et d'attraction ». Dans cette conception, la matière remplit l'espace dans des degrés variables, mais dont la décroissance peut se poursuivre indéfiniment sans aboutir nulle part au vide. En fait, Kant adopte vis-à-vis de l'idée du vide, qu'il admettait pourtant jadis, une attitude particulièrement critique : « Tout ce qui peut nous dispenser de chercher une échappatoire dans des espaces vides est un gain réel pour la science de la nature. Car les espaces vides laissent à l'imagination trop de liberté pour remplacer par des fictions ce qui manque à notre connaissance intime de la nature. Le vide absolu et la densité absolue sont dans la théorie de la nature à peu près ce que sont, dans la science métaphysique de l'univers, le hasard pur et le destin aveugle, en somme une barrière opposée à la domination de la raison, pour que la fantaisie prenne sa place, ou que la raison soit mise en sommeil sur l'oreiller des qualités occultes. »

Ainsi, d'un partisan, hésitant et partiel il est vrai, de la théorie atomique dans ses premières œuvres, Kant est devenu, dans sa maturité philosophique, un adversaire déterminé de cette théorie. C'est un trajet intellectuel assez exceptionnel qui mérite d'être souligné, notamment par rapport à plusieurs philosophes et savants du XIXe siècle qui effectueront le parcours inverse : antiatomistes pendant longtemps, ils seront obligés de reconnaître leur erreur vers la fin de leur existence. Ils « sauveront ainsi la face », pour certains au dernier moment. Dans le cas de Kant, ce serait plutôt ce qu'il a probablement considéré comme une « aberration de son jeune âge » qui rachète quelque peu les errements de son âge adulte[5].

---

5. Kant n'est pas le seul philosophe à avoir changé d'opinion sur la théorie atomique au cours de son existence, de positive en négative. Francis Bacon (1561-1626), considéré comme le fondateur de l'école empiriste anglaise, a subi la même

Si les considérations précédentes décrivent d'une façon complète la position de Kant par rapport aux propositions essentielles de la théorie atomique proprement dite, il peut être intéressant, eu égard à certaines discussions antérieures (et futures) de ce livre, de préciser également ses vues sur quelques problèmes connexes, et cela d'autant plus que certaines de ces vues représentent les idées centrales de sa philosophie. Outre *Critique de la raison pure*, ses idées sont exprimées d'une façon particulièrement claire dans les *Prolégomènes à toute métaphysique future*, parus en 1783[6].

Ainsi, une des plus importantes contributions de Kant est d'avoir distingué clairement les « phénomènes », qui sont les choses telles qu'elles nous apparaissent et font partie du monde des sens, des « noumènes » ou des choses en soi, que Kant appelle aussi « objets transcendantaux ». De plus, il n'y a plus, chez lui, de distinction entre les qualités « primaires » et « secondaires » dans le sens défini par Locke, les premières appartenant également à l'aspect phénoménal de la chose en soi. En outre, Kant retire de la chose en soi l'élément apporté dans la perception par nos fonctions cérébrales. Selon lui, notre entendement, au lieu de trouver dans la nature les lois de la physique, lui impose ses propres lois, l'organise en fait selon des catégories *a priori* de la raison humaine qui est prédisposée à concevoir le monde extérieur d'une certaine façon particulière, par exemple à y établir des relations de causalité.

Pour Kant, la réalité des objets de connaissance se limite à celle des phénomènes. Les « choses telles qu'elles sont » sont hors du champ de l'expérience possible. Elles existent, mais nous ne pouvons pas et ne pourrons jamais savoir absolument rien de déterminé touchant leur nature réelle « parce que nos purs concepts d'entendement, de même que nos intuitions pures, ne portent sur rien d'autre que sur des objets d'expérience possible, par suite sur de simples êtres sensibles, et que,

---

évolution un siècle et demi avant lui. Atomiste en 1605 dans ses *Cogitationes de Natura Rerum*, il ne l'est plus en 1620 dans son *Novum Organum*. Pendant la période où ses sympathies allaient vers la théorie atomique et où il rejetait la théorie des quatre éléments, il affirmait que la première, bien qu'accusée d'athéisme, démontrait mieux la valeur de la religion que la seconde. Il estimait, en effet, que l'on avait beaucoup moins besoin de Dieu pour produire un monde ordonné et beau à partir de quatre éléments (en fait de cinq, car il admettait aussi l'existence de l'éther), « correctement et éternellement distribués », qu'il n'en fallait pour arriver au même résultat à partir d'un nombre infini « de petites particules ou germes, sans emplacements déterminés » (cité dans J. H. Brooke, *Science and Religion*, Cambridge, Cambridge University Press, 1991).

6. E. Kant, *Prolégomènes à toute métaphysique future qui pourra se présenter comme science*, dans *Œuvres philosophiques de Kant*, vol. II, *op. cit.*

dès que l'on s'en écarte, il ne reste plus à ces concepts la moindre signification ».

Soulignons que Kant a tenu à réfuter l'étiquette d'*idéalisme* que certains associaient à son attitude contestataire sur le sens de la captation intellectuelle possible du monde extérieur. Il qualifie lui-même d'*idéalisme empirique* ou *psychologique* la négation de la réalité de ce monde et il lui substitue son *idéalisme transcendantal*, qui distingue certainement les phénomènes des choses en soi, mais qui admet « la réalité objective de l'intuition externe ».

CHAPITRE XVI

Les atomistes du rang

Parallèlement aux grandes discussions philosophico-théologiques autour de la théorie atomique, il existe des contributions plus prosaïques, certes, mais néanmoins intéressantes en faveur de cette théorie, dues à quelques savants de l'époque qu'il serait injuste de ne pas évoquer. Parmi ces personnalités, cinq sont particulièrement représentatives des différentes attitudes adoptées : trois Français, Sébastien Basso, Claude Bérigard et Jean Magnien, et deux Allemands, Daniel Sennert et Joachim Junge (Jungius). Tous ont exercé l'essentiel de leurs activités dans la première moitié du XVIIe siècle. Plutôt que de présenter les contributions individuelles, somme toute limitées, de ces auteurs, nous tâcherons de faire ressortir leurs traits généraux. (Pour des détails voir par exemple 1, 4.)

On constate d'abord que, abstraction faite de leurs convictions religieuses dont il est peu question dans leurs écrits, aucun d'entre eux n'épouse complètement le schéma classique de la théorie atomique, tel qu'il a été défini par Démocrite et Épicure. On a déjà évoqué (chapitre XII, 1) les tentatives de Basso, Magnien et Sennert de concilier la théorie atomique avec la théorie des quatre éléments : Basso et Sennert attribuent explicitement des particules élémentaires à ces élé-

1. J. R. Partington, *A History of Chemistry*, vol. II, Londres, MacMillan, 1961.
2. H. Schepers, « La philosophie allemande au XVIIe siècle », dans *Histoire de la philosophie*, vol. II, Paris, Gallimard, Encyclopédie de la Pléiade, 1972.
3. E. Bréhier, *Histoire de la philosophie*, vol. II, *op. cit.*
4. B. Bensaude-Vincent et I. Stengers, *Histoire de la chimie*, Paris, Éd. de La Découverte, 1993.

ments. Ils envisagent aussi la formation possible, à partir de corpuscules ultimes, d'associations d'ordre supérieur (*prima mista* chez Sennert, particules secondaires – *partulae secundae* – et tertiaires chez Basso), qui préfigurent les molécules d'aujourd'hui ; Sennert envisage expressément que des corps composés peuvent être dissociés en *« atomes »* de ces corps, sans que cette dissociation entraîne nécessairement leur désintégration en atomes des éléments dont ils sont formés.

Un autre élément (présent chez Épicure, mais pas chez Démocrite) les caractérise : la conviction que les atomes, tout en étant indivisibles, sont composés de parties dont la disposition naturelle peut varier, produisant ainsi des atomes de formes différentes et changeantes. Cette conception est défendue par Basso et Magnien, qui récusent toutefois la possibilité des transmutations, les natures spécifiques des différentes particules élémentaires ne pouvant pas être changées. Basso envisage les différentes parties des corpuscules sous forme de surfaces, se rapprochant par là du modèle de Platon, pour qui la transmutation était néanmoins possible.

Un aspect plus original des opinions de ces auteurs est le refus d'une conception purement mécaniste des atomes et l'attribution de propriétés ou de « qualités » complémentaires, à la manière aristotélicienne, à ces particules. C'est la position adoptée par Sennert et Junge. Elle incite le premier à attribuer aux atomes constitutifs des différents éléments une sorte d'identité chimique, persistant sans ou avec peu de changements à travers leurs implications dans les composés mixtes. Basso, d'une façon similaire, estime que les constituants conservent effectivement leur identité dans les composés mixtes. Van Melsen verra dans l'attitude de ces atomistes, surtout dans celle de Sennert, une tentative de concilier la théorie atomique de Démocrite avec la théorie des particules minimales d'Aristote[5].

Une mention particulière doit être faite de l'« atomisme » de Bérigard, qui se rapproche de celui d'Anaxagore, admettant une infinité de corpuscules qualitativement différents.

Enfin, il nous faut citer ici le nom d'un atomiste anglais de cette époque, Nicolas Hill, et surtout celui d'un Hollandais, Isaac Beeckman, qui a, semble-t-il, influencé la pensée philosophique de Descartes. La position de Beeckman, particulière pour son époque, était réminiscente de celle des philosophes indiens : il discernait quatre types d'atomes correspondant aux quatre éléments, dont les associations produisaient, selon lui, tous les corps observables. Il rejetait les formes substantielles, les propriétés des corps étant expliquées par celles des atomes. Un

5. A. G. Van Melsen, *From Atomos to Atoms, the History of the Concept Atom*, Pittsburgh, Duquesne University Press, 1952.

autre savant hollandais de l'époque, physicien de renom, Christiaan Huygens (1629-1695), épousait, pour sa part, les vues de Gassendi sur les atomes et le vide.

Cette brève recension met en évidence la diversité des opinions régnant parmi ces « atomistes de l'ombre » au XVIIe siècle et leur éloignement fréquent des conceptions mécanistes strictes des fondateurs grecs de la théorie atomique, avec une tendance évidente à ne pas se couper complètement des autres grandes théories de l'Antiquité, celles d'Empédocle, de Platon et d'Aristote. Une telle situation n'est pas surprenante quand on sait qu'aucune preuve expérimentale n'existait encore à l'époque, et n'était même envisageable, concernant non seulement les propriétés éventuelles des atomes, mais leur existence même. Les écrits de ces savants auront néanmoins eu le mérite d'assurer la continuité de l'idée de l'atomicité à travers une période de grande agitation intellectuelle, où se forgeaient les fondements des idées modernes sur la structure du monde.

QUATRIÈME PARTIE

L'avènement de l'atomisme scientifique XIXe-XXe siècles

CHAPITRE XVII

Un survol rapide

« L'esprit vole de sottise en sottise comme l'oiseau de branche en branche. Il ne peut faire autre chose. L'essentiel est de ne point se sentir ferme sur aucune. »

Paul Valéry

Conçue, au ve siècle avant notre ère, dans le bouillonnement spirituel de la Grèce antique comme une variante originale de la philosophie de la nature, la théorie atomique est restée, pendant vingt-trois siècles, essentiellement une vision imaginative. Les joutes intellectuelles auxquelles elle a donné naissance étaient surtout, et quelle que soit l'importance que leur accordaient leurs protagonistes, des jeux de l'esprit.

Aucun élément empirique, d'observation ou d'expérimentation, que l'on aurait pu avancer en faveur ou en défaveur de l'hypothèse centrale de la théorie, à savoir la structure corpusculaire de la matière, n'était en effet disponible, et cela jusqu'à l'aube du XIXe siècle. Les seules données « scientifiques », apparues au cours du XVIIe siècle, avaient trait à l'existence du vide, postulat complémentaire, il est vrai, de la théorie atomique d'origine. Elles n'étaient pas suffisantes pour constituer une preuve de l'existence des atomes.

Cette situation va changer brusquement et profondément à partir du début du XIXe siècle, qui voit naître, puis s'affirmer, l'atomisme scientifique dans le sens que nous attachons aujourd'hui à ce terme. Cette naissance ne fut pourtant pas facile, non plus que sa marche en avant : le développement de l'atomisme scientifique sera au contraire mouvementé, avec des hauts et des bas, la lente accumulation de données empiriques souffrant souvent de l'imperfection des outils de la recherche, de la difficile maturation des concepts fondamentaux (par exemple, de la distinction entre atomes et molécules) et aussi de l'hostilité de certains courants philosophiques d'inspiration positiviste, s'opposant par principe à toute tentative de dévoilement d'une réalité sous-jacente aux données expérimentales directement mesurables ou observables. Le fait le plus étonnant sera l'adhésion de nombre de savants éminents, en particulier de chimistes, à cette attitude timide, frileuse et restrictive. Pierre Thuillier parlera à juste titre de « la résistible ascension de la théorie atomique[1] ». Il en sera ainsi pendant toute la première moitié du XIXe siècle et des combats d'arrière-garde des antiatomistes se poursuivront jusqu'au début du XXe. Le mérite de ceux qui, pendant cette période de gestation difficile, ont défendu, fait progresser et finalement triompher l'idée atomique n'en est que plus grand.

Ce triomphe ne constituera pas, pour autant, une victoire complète de la proposition classique, telle quelle a été énoncée par ses lointains auteurs grecs. En effet, au XXe siècle, des surprises expérimentales d'envergure et les propositions théoriques hardies qui les ont accompagnées, ou parfois même précédées, susciteront de nouvelles discussions sur la nature de la réalité atomique. Par exemple, c'est à peu près au moment même où la structure atomique de la matière devient universellement admise, au début du XXe siècle, que l'atome perdra sa caractéristique classique essentielle, son indivisibilité : on montrera qu'il n'est pas la plus petite particule de la matière mais qu'il a, en fait, une structure complexe. Un quart de siècle plus tard, un destin plus cruel encore le frappera, lorsque l'on découvrira sa double nature, corpusculaire et ondulatoire (donc continue) à la fois. Ces grandes découvertes, et d'autres, vont bouleverser notre vision philosophique du monde, de sa « réalité », comme d'ailleurs aussi... notre vie pratique.

L'avènement et le développement de l'atomisme scientifique ne diminuent donc ni l'ardeur ni la vivacité des discussions à caractère « philosophique » dont la doctrine atomique fut l'objet depuis sa création. Ils confèrent même à ces discussions une dimension nouvelle, plaçant ses propositions au centre des interrogations intellectuelles sur la nature de l'univers et sur son sens, pour ceux qui en recherchent un. Ils impliqueront par là aussi la pensée religieuse, bien que, dans l'ensemble, les considérations de caractère théologique, qui ont si fortement imprégné les discussions sur la théorie atomique à l'époque de la Renaissance et au siècle des Lumières, n'interviennent pratiquement plus dans les batailles d'idées ultérieures.

Notre thème essentiel est la présentation de l'attitude de la pensée philosophique et religieuse, au cours des siècles, par rapport à la conception atomique de la structure du monde. Il n'est donc pas dans notre intention, ni d'ailleurs dans nos possibilités étant donné la dimension réservée à cet ouvrage, de présenter en détail ici l'historique du développement scienti-

1. P. Thuillier, « La résistible ascension de la théorie atomique », *La Recherche*, 1973, n° 36, 4, 705.

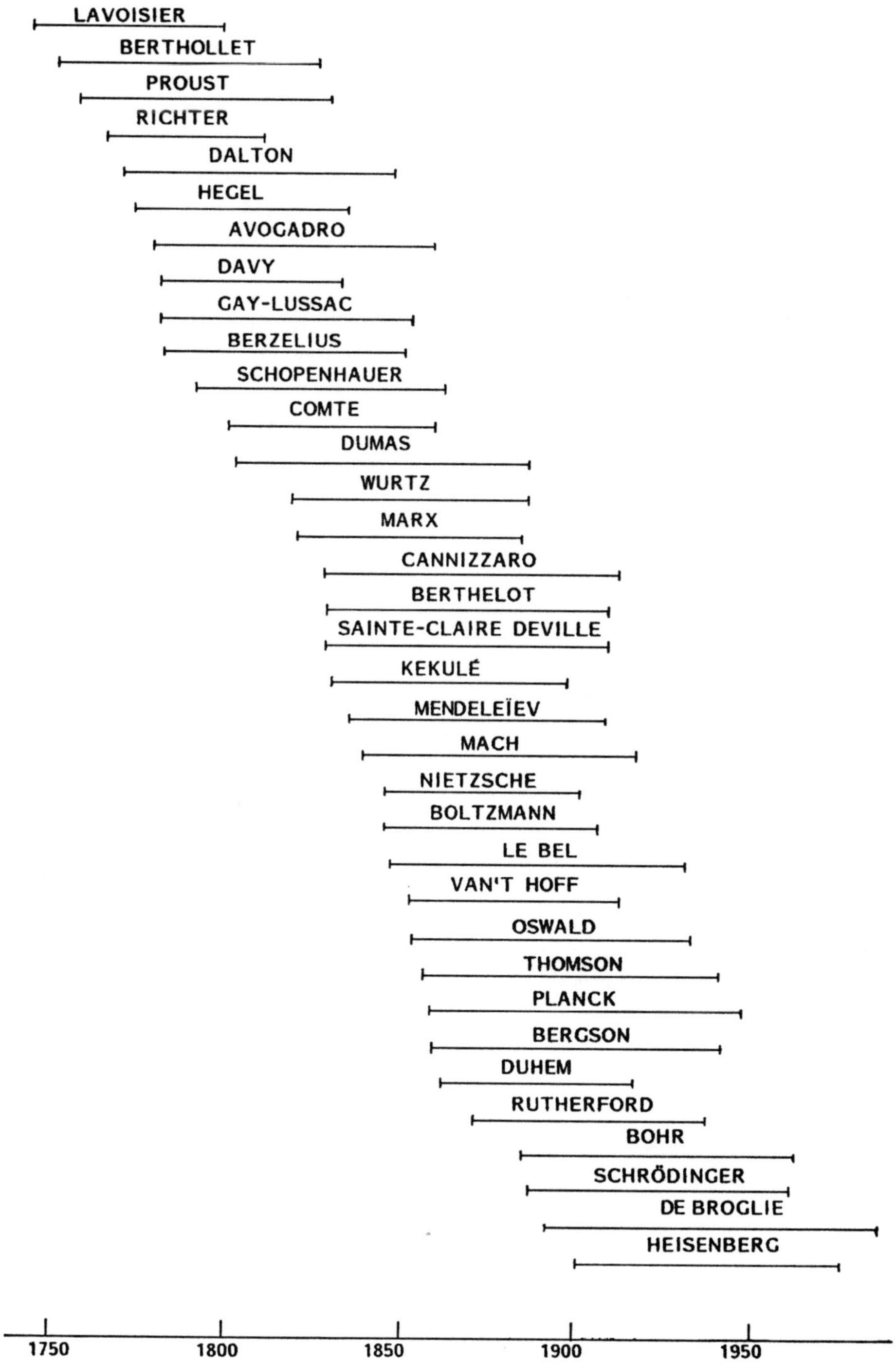

Figure 8. – L'avènement de l'atomisme scientifique : les artisans et les objecteurs.

fique de la théorie atomique, d'autant plus que celui-ci implique, en de nombreuses occasions et cela dès ses débuts, des discussions mouvementées de nature relativement très technique pour l'époque, et dont les détails, d'un intérêt aujourd'hui dépassé, ne sauraient intéresser que des spécialistes de l'histoire de la science. Tel sera le cas, notamment, des problèmes comme la distinction déjà évoquée entre l'atome et la molécule, la détermination d'une échelle des poids atomiques, la signification des « équivalents », l'élaboration de la notation chimique, le classement (qui deviendra finalement périodique) des éléments et beaucoup d'autres, plus ponctuels mais non moins importants. D'excellents ouvrages décrivent, d'une façon relativement condensée[2-5] ou d'une manière très détaillée[6-8], la lente et souvent confuse progression des connaissances dans ces domaines. En revanche, il nous paraît indispensable, en vue du positionnement approprié des points de vue philosophiques et religieux, de tracer un schéma chronologique des principales étapes du développement de l'atomisme scientifique, ce cadre permettant de saisir la signification des interventions intellectuelles et spirituelles dans le contexte de l'époque où elles se sont produites. Pour cela, nous distinguerons dans ce rapide résumé historique, qui couvre environ deux siècles, deux grandes périodes, elles-mêmes divisibles en deux sous-périodes. Comme toute division de ce genre, celle-ci est évidemment, dans une certaine mesure, subjective, les cheminements des découvertes et des idées ne se laissant pas circonscrire dans un cadre trop rigide. En particulier, les limites des périodes ainsi dégagées sont, en réalité, plus floues et les recouvrements des progrès rapportés plus étalés que ne le suggère une telle classification.

Avec cette réserve, le hasard simplificateur fait que nous pouvons distinguer dans le développement de l'atomisme scientifique : le XIXe siècle, période d'une quête obstinée, en fait une course d'obstacles, à la recherche de l'atome indivisible, et le XXe siècle, celui où l'atome devient une certitude mais n'est plus indivisible ; il est structuré, puis éclaté et de surcroît... capricieux. La *figure 8* présente les principaux artisans de ces développements et cite les noms de quelques philosophes impliqués dans les débats de l'époque.

---

2. B. Vidal, *Histoire de la chimie*, Paris, PUF, coll. « Que sais-je ? », 1985.
3. Y. Rosmorduc, *Une histoire de la physique et de la chimie. De Thalès à Einstein*, Paris, Éd. du Seuil, 1985.
4. B. Wojtkowiak, *Histoire de la chimie, technique et documentation*, Paris, Lavoisier, 1988.
5. B. Bensaude-Vincent et I. Stengers, *Histoire de la chimie*, *op. cit.*
6. R. Mierzecki, *The Historical Development of Chemical Concepts*, Dordrecht, Kluwer Academic Publishers, 1991.
7. J. Nye, *Molecular Reality*, New York, Macdonald, 1972.
8. J. R. Partington, *A History of Chemistry*, vol. II-IV, Londres, MacMillan, 1961-1964.

CHAPITRE XVIII

Le XIXe siècle : à la recherche de l'atome invisible et indivisible

« Penser (peser) est fonction de peseur, non fonction de balance. »
Alain

1. Percée et confusion (1800-1860)

La percée, qui s'est produite au tout début du XIXe siècle, a été favorisée par une avancée importante qui a vu le jour vers la fin du siècle précédent et que l'on peut considérer comme symbolisée par la double contribution d'Antoine-Laurent Lavoisier (1740-1794). La première est la destruction, la mise à mort, après deux mille ans d'existence, de la théorie des quatre éléments par la démonstration de la structure composée de l'eau (bien qu'il convienne de signaler aussi les contributions dans ce domaine des savants anglais Henry Cavendish [1731-1810] et Joseph Priestley [1733-1804], ce dernier ayant eu également le mérite de démontrer la nature composée de l'air). Elle sera accompagnée par une réaffirmation (dans les pas de Boyle, voir chapitre XII, 2) de la définition appropriée de ce qu'il convient d'appeler un « élément » : « Nous attachons au nom d'éléments ou de principes des corps l'idée du dernier terme auquel parvient l'analyse ; toutes les substances que nous n'avons encore pu décomposer par aucun moyen, sont pour nous des éléments », écrit-il, en 1789, dans son *Traité élémentaire de chimie.* Définition rigoureuse et, en même temps, pragmatique, car elle préserve l'avenir[1-2].

La seconde contribution de Lavoisier, d'une signification fondamentale pour l'avenir des recherches atomiques, est la systématisation, l'universalisation de la loi de la conservation de la matière (de la masse, dirions-nous aujourd'hui) et la démonstration parallèle de l'importance des études pondérales dans les recherches chimiques sur sa constitution.

En effet, la percée annoncée reposera sur de telles études. Elle a lieu au tout début du XIXe siècle, qui constitue une période cruciale dans l'histoire de l'atomistique scientifique. Y ont vu le jour, en particulier, les lois pondérales de la combinaison des éléments chimiques : la loi des proportions constantes ou définies de Proust (Joseph-Louis, 1754-1822), en 1806, et la loi des proportions multiples de Dalton (John, 1766-1844), en 1802-1804, la première affirmant que les combinaisons de deux éléments s'effectuent toujours dans des rapports pondéraux invariables, la deuxième précisant que lorsque deux éléments peuvent se combiner de plusieurs façons différentes, leurs poids respectifs dans ces diverses unions sont dans des proportions simples, c'est-à-dire des nombres entiers, l'un par rapport à l'autre[3]. Une troisième loi du même type, dite des nombres proportionnels ou des proportions réciproques (chronologiquement la plus ancienne car énoncée déjà en 1791 par le chimiste allemand Jeremias Benjamin Richter [1762-1807]), a joué aussi un rôle important dans la systématisation de la notion des « équivalents » en chimie, notion qui servira d'échappatoire principale à toute une pléiade de chimistes, quelques-uns illustres, pour esquiver l'utilisation de l'idée atomique. Cette loi affirme que les poids de deux éléments *a* et *b* qui se combinent à un même poids d'un troisième élément *c* sont dans un rapport simple avec les poids de *a* et *b* qui se combinent entre eux.

---

1. La liste de Lavoisier comporte 33 éléments, parmi lesquels il place toutefois aussi la lumière et le calorique (la chaleur).
2. Jöns Jacob Berzelius sera encore plus explicite en divisant, dans son *Lehrbuch der Chemie*, les corps que l'on trouve sur terre en *simples* (ceux que l'on « croit avec certitude » comme étant indécomposables), *indécomposés* (ceux dont on présume qu'ils ne sont pas simples mais que l'on n'a pas encore réussi à décomposer) et *composés* (ceux que nous pouvons décomposer par des réactions chimiques en éléments constitutifs).
3. À titre anecdotique, il est intéressant de signaler que Proust était conscient du fait que plusieurs combinaisons des mêmes éléments étaient possibles. S'il n'a pas découvert la loi des proportions multiples, c'est probablement parce qu'il présentait leurs poids relatifs, impliqués dans ces combinaisons, en tant que pourcentages du poids global. Or, ce mode de présentation ne fournit pas directement la loi en question.

L'ensemble de ces lois pondérales servira d'incitation intellectuelle à la formulation de la théorie corpusculaire de la structure de la matière en termes rénovés et quantitatifs. Le mérite en revient à Dalton, dont l'ouvrage *A New System of Chemical Philosophy*, paru en 1808, marque l'avènement de la théorie atomique moderne. Tout en réaffirmant que les atomes sont les constituants ultimes indivisibles et indestructibles de la matière, Dalton proclame que tous les atomes d'un même élément sont identiques et de même poids, invariable, qu'en revanche les atomes d'éléments différents ont des identités et en particulier des poids différents, que les « particules élémentaires » des corps composés sont formées d'une union d'un nombre défini d'atomes de leurs constituants et que les poids de ces particules composées sont la somme des poids des atomes qui les constituent. Aucune création ou destruction de matière ne peut avoir lieu dans les transformations chimiques : « Autant essayer d'introduire une nouvelle planète dans le système solaire ou d'en annihiler une déjà existante que de créer ou détruire une particule d'hydrogène », écrit-il. L'avancée conceptuelle la plus importante, qui déterminera l'un des axes principaux de la recherche en vue de substantialiser l'idée atomique, est celle qui individualise par une propriété spécifique, en l'occurrence le poids, les atomes constitutifs des différents éléments, quel que soit leur nombre[4]. Une discontinuité nouvelle est introduite d'une façon précise à l'intérieur du monde atomique, qui ouvre la voie à la rationalisation de la chimie.

Les propositions formulées par Dalton sont susceptibles effectivement de rendre compte de l'ensemble des lois pondérales précitées, les rapports constants et exprimables par des nombres entiers des poids des constituants dans les corps composés pouvant être considérés comme une traduction, à l'échelle macroscopique, des interactions s'exerçant au niveau microscopique entre des unités de base aux poids fixes. Pour Dalton, cette concordance, sans en apporter une preuve définitive, suggère fortement une structure corpusculaire de la matière. Cependant, comme nous le verrons, la légitimité d'une telle « lecture » ne sera pas admise universellement, loin de là.

---

4. L'illusion, temporaire, que les poids atomiques de tous les éléments pourraient être des multiples exacts du poids atomique de l'hydrogène a incité un physicien anglais, William Prout (1785-1850), à postuler que cet atome pourrait constituer la brique fondamentale dont étaient formés les atomes de tous les éléments, ce qui aurait permis de revenir à l'idée d'un constituant unique universel pour tous les corps. L'hypothèse a dû être abandonnée dès que les mesures précises des poids atomiques ont indiqué la présence de beaucoup de nombres fractionnaires. Elle refera néanmoins surface plus tard (voir chapitre XIX).

La théorie atomique doit encore à Dalton deux avancées importantes : l'établissement d'une échelle des poids relatifs pour un certain nombre d'éléments chimiques, échelle primitive certes, qui sera perfectionnée et étendue par d'autres, mais la première à être présentée, et l'attribution aux corps simples (éléments) et aux corps composés de symboles traduisant à la fois leur identité et les caractéristiques pondérales liées. Les symboles choisis pour les atomes sont essentiellement des cercles avec des signes distinctifs pour chaque élément. Ils n'ont qu'une valeur historique, la notation d'aujourd'hui (comportant la première lettre du nom latin de chaque élément et, éventuellement, pour éviter une confusion possible, une lettre complémentaire, avec, en plus, pour des corps composés, des chiffres en indice indiquant le nombre de fois où la quantité pondérale désignée par le symbole est présente dans ces corps) étant due au Suédois Jöns Jacob Berzelius (1779-1848), un des plus éminents et des plus influents chimistes de l'époque. Nous nous servirons ici uniquement de cette dernière, même pour décrire les idées de Dalton.

Cette double avancée ne se fait pas sans poser un certain nombre de problèmes. Ainsi, et c'est là un point capital, l'attribution de poids relatifs aux éléments implique une connaissance (ou en son absence [cas de Dalton] une hypothèse) sur la composition des corps les impliquant. Dalton énonce à ce sujet les conventions et règles suivantes :

Conventions : « Soit deux corps, A et B, disposés à se combiner, voici l'ordre dans lequel les combinaisons peuvent avoir lieu, en commençant par la plus simple ; à savoir :
1 atome de A + 1 atome de B = 1 atome de C, binaire
1 atome de A + 2 atomes de B = 1 atome de D, ternaire
2 atomes de A + 1 atome de B = 1 atome de E, ternaire
1 atome de A + 3 atomes de B = 1 atome de F, quaternaire
3 atomes de A + 1 atome de B = 1 atome de G, quaternaire
etc.
Règles :

1. Quand une seule combinaison de deux corps peut être obtenue, nous devons présumer qu'elle est binaire, à moins qu'une certaine cause indique le contraire.
2. Quand deux combinaisons sont observées, on doit présumer qu'elles sont l'une binaire et l'autre ternaire.
3. Quand trois combinaisons sont obtenues, nous devons nous attendre à ce que l'une soit binaire, et les deux autres ternaires.
4. Quand quatre combinaisons sont observées, nous devons nous attendre à une binaire, deux ternaires, et une quaternaire, etc. »

Remarquons que Dalton ne se posait pas de questions sur la constitution des corps simples, comme l'hydrogène ou l'oxygène, tant il lui paraissait évident qu'ils étaient nécessairement monoatomiques à l'état libre, erreur que corrigera bientôt Avogadro. En outre, les unions des atomes s'effectuent, pour Dalton, par simple juxtaposition, sans aucun changement interne.

L'utilisation des règles de Dalton aura, du fait de leur simplicité arbitraire, plusieurs inconvénients pratiques à la fois pour l'émergence de la chimie structurale et pour la fixation de l'échelle des poids atomiques. Un exemple précis : le seul composé de l'oxygène et de l'hydrogène connu à l'époque de la publication de son ouvrage étant l'eau, la systématique de Dalton exprimée dans nos notations actuelles lui attribue automatiquement la structure HO. Dans ces conditions, l'analyse pondérale de l'eau montrant qu'il entre dans sa composition 8 g d'oxygène pour 1 g d'hydrogène fixe en prenant pour unité le poids de l'atome d'hydrogène, le poids atomique de l'oxygène à 8. L'entrée en jeu de l'eau oxygénée, découverte par Louis-Jacques Thénard (1777-1857) dix ans après la publication de l'ouvrage de Dalton, dans la composition de laquelle entrent 16 g d'oxygène pour 1 g d'hydrogène, suggère par extension de lui attribuer, dans le même système de référence, la structure HO_2. Toutefois, si en prenant toujours le poids de l'hydrogène comme unité, nous choisissions l'eau oxygénée et non plus l'eau comme corps de référence, le poids de l'oxygène serait 16, la formule de l'eau oxygénée HO et celle de l'eau H_2O. Cet exemple montre que, si les rapports pondéraux numériques des constituants dans les corps composés sont ce que la mesure indique dans la limite de sa précision, leur relation avec la composition atomique est en revanche équivoque, en l'absence de données complémentaires. Autrement dit, la notation symbolique, par lettres de l'alphabet, que nous venons d'utiliser, si elle traduit correctement, dans un système de référence homogène, les relations pondérales entre les éléments liés, est, en l'absence d'informations indépendantes, ambiguë, indéterminée en ce qui concerne la constitution de leurs associations. La situation devient naturellement de plus en plus compliquée avec l'accroissement de la nature et du nombre d'éléments entrant dans la formation des corps composés.

Ainsi, dès le début de l'établissement des lois quantitatives de combinaison, les résultats revêtent, selon la manière dont ils sont envisagés, un double aspect. Ces lois peuvent être prises dans le sens littéral en tant qu'indicateurs des poids de combinaison ou des *rapports d'équivalence* selon lesquels s'unissent et se remplacent mutuellement les éléments constitutifs des corps. Cette notion d'équivalence a été exprimée pour la première fois par Richter en 1792, dans son livre *Stoichiometry*, même si le terme d'« équivalents » lui-même n'a été introduit qu'en 1814 par William Wolaston (1766-1828), dans son ouvrage *L'Échelle synoptique d'éléments chimiques*, sur la base de ses observations sur le maintien de la neutralité lors des échanges des bases et des acides au cours de doubles décompositions entre sels, réactions symbolisées par :

$$AB + A'B' = AB' + A'B$$

Les quantités A et A', d'une part, B et B', d'autre part, peuvent être considérées comme « équivalentes », dans la mesure où elles peuvent se remplacer mutuellement dans les deux sels.

Ces mêmes lois quantitatives de combinaison peuvent, dans une vision certes hypothétique donc plus abstraite en apparence, mais combien plus concrète et séduisante dans ses perspectives, être interprétées comme reflétant, à l'échelle macroscopique, les dessous submicroscopiques d'une réalité structurale particulaire de la matière qu'il convenait de traduire par un système de poids atomiques. Comme nous le savons aujourd'hui, c'est cette seconde vision, bien plus courageuse, qui triomphera. En attendant, les mêmes « formules chimiques » étaient susceptibles d'une double lecture. Il faut se rappeler cette difficulté si l'on veut comprendre le sens des débats qui agiteront longtemps les chimistes, et à un moindre degré les physiciens.

Une autre source de complications et de malentendus tient au maintien d'une nomenclature *atomique* uniforme pour les éléments et les corps composés. Dalton parle des atomes simples, doubles, triples, etc., correspondant aux éléments, aux composés binaires, aux composés ternaires, etc. Il le fait sciemment en attribuant au terme *atome* une signification plus vaste que la signification usuelle : dans son langage, l'atome est la particule constituante de *tout* corps, simple ou composé, autrement dit la plus petite particule d'un corps qui conserve les propriétés caractéristiques de ce corps. Ainsi, parlant de l'« atome » du gaz carbonique, il déclare : « Maintenant, bien que cet atome puisse être divisé, il cesse alors d'être l'acide carbonique, étant décomposé en carbone et oxygène. Je ne vois donc aucune incohérence à parler des atomes composés. » Cette définition englobe alors, selon les circonstances, ce que nous appelons aujourd'hui atomes et ce que nous appelons molécules. Il y a là, inévitablement et au-delà d'un problème linguistique, une source de malentendus qui ne manqueront pas de surgir. Un suremploi analogue du terme atome se retrouve chez J. J. Berzelius, qui, en outre, utilise une nomenclature différente. Il divise les atomes en deux catégories : les atomes élémentaires et les atomes composés, ces derniers répartis en trois espèces : les atomes résultant de l'union de deux substances élémentaires, qu'il appelle les atomes composés du premier ordre, les atomes résultant de l'union de plus de deux substances élémentaires, qu'il pense ne pouvoir trouver que dans les composés organiques et qu'il appelle donc atomes organiques et, finalement, les atomes résultant de l'union de deux ou plus atomes composés (le cas des sels, par exemple), qu'il appelle atomes composés du second ordre. Cette prolifération des variantes, sous une même dénomination globale, n'était évidemment pas faite pour éclairer le fond du problème, ni pour... simplifier les débats.

Une avancée significative vers la solution d'un des aspects de cette problématique, à savoir la distinction entre atomes et molécules, sera apportée par les lois volumiques de Gay-Lussac (Joseph-Louis, 1778-1850), puis par l'hypothèse d'Avogadro (Amédée, 1776-1850). Les lois de Gay-Lussac s'apparentent aux lois pondérales de Proust et de Dalton par leur mise en évidence des rapports numériques qui régissent l'interaction et l'association des corps simples à l'état gazeux. Énoncées en 1809, elles précisent que les combinaisons des gaz se font toujours selon des rapports très simples en volume et que, lorsque le résultat de la combinaison est gazeux, son volume est aussi dans un rapport très simple avec celui de ses composants. Par exemple, 2 volumes d'hydrogène + 1 volume d'oxygène donnent 1 volume de vapeur d'eau. Ces lois, complétées par des observations physiques montrant que les gaz suivent les mêmes lois de dilatation et de compressibilité, ont conduit Avogadro à énoncer, en 1811, sa célèbre hypothèse, devenue loi quelques décennies plus tard, selon laquelle « tous les gaz considérés dans les mêmes conditions de température et de pression renferment, à volumes égaux, le même nombre de molécules[5] ». Plus exactement, le même nombre de « molécules intégrantes ». En effet, à la différence de Dalton, qui ne parle que d'atomes, Avogadro ne se réfère qu'aux molécules, ce qui l'oblige à en distinguer pour le moins deux sortes, les molécules élémentaires (nos atomes) et les molécules composées ou intégrantes (nos molécules). Avogadro montre[6] que sa loi s'accorde avec les observations de Gay-Lussac, sous réserve d'admettre que « les molécules constituantes d'un gaz simple quelconque, c'est-à-dire celles qui s'y tiennent à une distance telle à ne pouvoir exercer leur action mutuelle, ne sont pas formées d'une seule molécule élémentaire, mais résultent d'un certain nombre de ces molécules réunies en une seule par attraction, et que lorsque des molécules d'une autre substance doivent se joindre à celles-là pour former des molécules composées, la molécule intégrante qui devrait en résulter se partage en deux ou plusieurs parties ou molécules intégrantes composées de la moitié, du quart, etc., du nombre de molécules élémentaires dont était formée la molécule constituante de la première substance, combinée avec la moitié, le quart, etc., du nombre des molécules constituantes de l'autre substance, qui devrait se combiner avec la molécule totale, ou, ce qui revient au même, avec un nombre égal à

5. Ce nombre, dit nombre d'Avogadro, est une des données fondamentales de l'atomistique moderne. Il vaut $6{,}029 \times 10^{23}$ molécules pour 22,4 litres d'un gaz quelconque. Comme dit Bachelard dans ses *Intuitions atomistiques (op. cit.)* : « La ligne qui va de l'hypothèse d'Avogadro à la Loi d'Avogadro, puis de la Loi d'Avogadro au nombre d'Avogadro retrace toute l'histoire scientifique d'un siècle. »
6. A. Avogadro, *Journal de physique, de chimie et d'histoire naturelle*, 1811, p. 58.

celui-ci de demi-molécules, de quarts de molécules, etc., de cette seconde substance ; en sorte que le nombre des molécules intégrantes du composé devienne double, quadruple, etc., de ce qu'il devrait être sans ce partage, et tel qu'il le faut pour satisfaire au volume du gaz qui en résulte. »

Une des conclusions qu'il convient de retenir de cette phrase, longue et lourde, avouons-le, est qu'Avogadro reconnaît que les éléments eux-mêmes peuvent exister à l'état gazeux sous forme di- ou même polyatomique. C'est un progrès important. La synthèse de l'eau que, dans nos notations d'aujourd'hui, Dalton et Gay-Lussac écriraient, respectivement, $H + O \rightarrow HO$ et $2H + O \rightarrow H_2O$, la loi d'Avogadro la présente sous la formule $2H_2 + O_2 \rightarrow 2H_2O$. Le problème du poids atomique de l'oxygène est ainsi réglé : puisque le poids de combinaison de l'oxygène est 8 et qu'un atome d'oxygène se combine à deux atomes d'hydrogène, si le poids atomique de l'hydrogène est pris pour unité, celui de l'oxygène n'est pas 8 mais 16. Elle règle également le problème (auquel nous reviendrons) de la valence (de l'atomicité, comme on disait à l'époque) de l'oxygène : un atome d'oxygène se combinant à deux atomes d'hydrogène doit posséder la valence deux, ou être bivalent[7].

On n'entre pas pour autant de plain-pied dans la chimie moderne : le corps de doctrine élaboré par les efforts de ces pionniers des théories quantitatives devra attendre un demi-siècle pour être admis majoritairement et un siècle pour être accepté universellement[8]. En fait, la confusion entre les atomes et les molécules souffrira de l'introduction d'une variante linguistique supplémentaire. Ainsi Dumas (Jean-Bap-

7. Il peut être amusant de citer ici une anecdote, due à Alfred Naquet (1834-1916), et citée par J. Jacques dans son livre sur Berthelot (*Berthelot, autopsie d'un mythe*, Paris, Belin, 1987). Berthelot, nous le verrons, était un « équivalentiste » déterminé et un adversaire acharné de l'atomisme. Ainsi, un demi-siècle après Avogadro, « il refusait d'écrire l'eau H^2O et de représenter le poids atomique de l'oxygène par 16. Il écrivait l'eau H^2O^2 et n'admettait que des formules où l'oxygène entrait toujours avec un exposant pair. Il reconnaissait implicitement ainsi que la plus petite quantité d'oxygène qui se transporte d'un composé dans un autre n'est pas 8 mais 16 ». À la question de Naquet, lui demandant pourquoi il se livrait à une telle acrobatie, il répondit : « C'est que je ne veux pas voir la chimie dégénérer en religion. Je ne veux pas que l'on croie à l'existence réelle des atomes comme les chrétiens croient à la présence réelle de Jésus-Christ dans l'hostie consacrée. » Je ne sais pas si Berthelot mesurait tout le danger qu'il y avait à rassembler ainsi dans une même phrase les atomes et l'hostie.

8. Cette phrase ne doit pas faire croire aux lecteurs que ces pionniers agissaient d'une façon concertée ou, tout au moins, s'inspiraient les uns des autres. Hélas, ce n'était pas le cas : ainsi Dalton, par exemple, n'a jamais reconnu la validité des lois de Gay-Lussac au point de parler de « la maladie française des volumes ». Par mesure de rétorsion, Gay-Lussac ne s'est jamais rallié à la théorie de Dalton.

tiste, 1800-1884), dans les *Leçons de philosophie chimique* (1837), et Liebig (Justus, 1803-1873), dans ses *Lettres chimiques* (1844), parleront d'atomes physiques et d'atomes chimiques[9]. Laissons au premier le soin de définir lui-même ce qu'il entend par ces termes, d'autant plus qu'il le fait d'une façon particulièrement pittoresque, sinon goguenarde. Ainsi, Dumas écrit : « Je trouve dans Lewis l'histoire d'un Démon qui enlève une jeune dame, et qui pour gagner ses bonnes grâces s'engage à exécuter ses trois premiers ordres : "Montrez-moi, lui dit-elle, le plus sincère de tous les amants." Cela fut fait à l'instant. "Bien, monsieur, continue-t-elle, mais montrez-m'en un plus sincère maintenant." Le démon fut déconcerté. "Mais que serait-il arrivé si la dame eût été entre les mains de celui qui peut nous montrer un atome, puis le couper en deux ? Celui-là n'aurait éprouvé aucun embarras, sans doute, à faire paraître l'amant le plus sincère, puis un plus sincère encore." M. Griffins n'a pas compris que j'avais pris soin de distinguer des atomes relatifs aux forces physiques et des atomes relatifs aux forces chimiques ; c'est-à-dire, des masses insécables pour les premières, et d'autres masses insécables pour les secondes. Il est donc possible de couper avec les unes ce qui résiste aux autres. Dans le cas du chlore et de l'hydrogène, la chimie coupait les atomes que la physique ne pouvait pas couper. Voilà tout[10]. »

En réalité, le tout n'était apparemment pas aussi simple. Le choc avec la théorie atomique s'est produit lorsque Dumas a entrepris de comparer les poids atomiques, entre autres de l'azote, de phosphore et d'arsenic, obtenus à partir des lois pondérales avec les poids déductibles de leurs densités de vapeur sur la base de la loi d'Avogadro. La consistance des résultats aurait exigé qu'il y ait à l'état gazeux deux atomes dans la molécule d'azote mais quatre dans celles de phosphore et d'arsenic (et, du reste, un seul dans les « molécules » de mercure et de cadmium). Or, cet état de choses « embrouillait complètement les idées de Dumas[11] ». « Ainsi donc, écrit-il en 1836 dans ses *Leçons de*

9. Un autre chimiste célèbre, Auguste Kekulé (1829-1896), dont nous reparlerons, distinguait même trois « différentes unités moléculaires et atomistiques » : les molécules physiques, les molécules chimiques et les atomes.

10. On est tenté de citer, à cette occasion, Bernard de Fontenelle (1657-1757), écrivant, un siècle avant Dumas, dans son *Histoire de l'Académie royale des sciences* : « La Chymie, par des opérations visibles, résout les corps en certains principes grossiers et palpables, sels, soufres, etc. Mais la Physique par des spéculations délicates, agit sur ces principes, comme la Chymie a fait sur les corps, elle les résout eux-mêmes en d'autres principes encore plus simples en petits corps mus et figurés d'une infinité de façons : voilà la principale différence de la Physique et de la Chymie. »

11. L'expression est de M. Daumas et J. Jacques dans *Histoire générale des sciences* (dir. R. Taton), vol. III, Paris, PUF, 1966.

philosophie chimique, point de milieu : il faut ou renoncer aux plus belles analogies de la chimie... ou convenir qu'à volume égal le phosphore, l'arsenic et l'azote ne contiennent pas le même nombre d'atomes. » Il aurait suffi, en effet, d'en convenir et de s'en accommoder, remarquent judicieusement les auteurs de la réf. 11. Hélas, Dumas fait à cette occasion le plus mauvais choix possible. Il poursuit, « que nous reste-t-il de l'ambitieuse excursion que nous nous sommes permise dans la région des atomes ? Rien de nécessaire, du moins. Ce qui nous reste, c'est la conviction que la Chimie s'égare là, comme toujours, quand abandonnant l'expérience, elle a voulu marcher au travers des ténèbres. L'expérience à la main, vous trouverez les équivalents de Wenzel (un précurseur de Richter), les équivalents de Mitscherlich, mais vous chercherez vainement les atomes tels que votre imagination a pu les rêver en accordant à ce mot, consacré malheureusement par la langue des chimistes, une confiance qu'il ne mérite pas. Si j'étais le maître, j'effacerais le mot atome de la science, persuadé qu'il va plus loin que l'expérience. »

On reste abasourdi devant la violence, sans parler de l'imprudence, de vouloir ainsi rejeter les atomes hors du monde. « Comment un chimiste expérimentaliste d'une haute valeur peut-il aboutir à cette catastrophe épistémologique ? » se demande J. Petrel[12], qui avancera comme réponse à cette question l'« automatisme de l'erreur », fréquent, selon lui, dans le traitement de l'information par « notre machine à raisonner ». Quoi qu'il en soit, que les philosophes aient pu, à l'occasion, se moquer des atomes ne surprend guère. Que des théologiens aient tenté de les bannir du monde se conçoit également. Mais qu'un savant d'envergure puisse souhaiter une mise à l'index d'une théorie scientifique ne peut que surprendre et choquer. Car si, heureusement, Dumas n'était pas le « Maître » qu'il aurait voulu être, l'un de ses successeurs dans la pléiade des chimistes français, et qui partageait ses opinions, aura effectivement assez de pouvoirs administratifs et politiques pour mettre, un demi-siècle plus tard (!), la menace de Dumas à exécution. En effet, la sortie de Dumas n'est que la première phase de l'offensive des *savants*, et tout particulièrement de certains chimistes français, contre la théorie des atomes, offensive qui ne s'apaisera qu'avec le siècle. Nous en rencontrerons d'autres protagonistes, tout

12. J. Pétrel, « La négation de l'atome dans la chimie du XIXe siècle. Cas de J.-B. Dumas », *Cahiers d'histoire et de philosophie des sciences,* 1979, 13, 1-135. Persuadé que Dumas a vu la juste solution mais a refusé de la reconnaître, parce que « l'exigence fondamentale de la science expérimentale s'avérait, une fois encore, un parasitage par excès de logicisme », l'auteur juge que « c'est sa philosophie et non sa science qui égara Dumas ».

aussi célèbres et tout aussi violents, et d'autant plus coupables qu'ils seront plus avancés dans le siècle.

La raison profonde de l'attitude de Dumas, comme de celle de ses successeurs dans cette bataille (car cela en sera une, avec des victimes), transparaît dans ses écrits quand il proclame son « refus de toute spéculation trop éloignée de faits observables », estime que les théories atomiques sont des « conceptions stériles qui ne pouvaient servir qu'à jeter dans l'étude des phénomènes chimiques une déplorable confusion », et proclame « qu'anciens ou modernes, les chimistes veulent voir avec les yeux du corps avant d'employer ceux de l'esprit ; ils veulent faire des théories pour les faits et non chercher des faits pour les théories préconçues ».

Le savant se fait partiellement philosophe et cela, malheureusement pour lui, sciemment ou inconsciemment – il est difficile de le savoir et les avis diffèrent à ce sujet – dans les lignes d'une philosophie de l'époque dont les déboires futurs s'avéreront prodigieux. Nous pensons évidemment au positivisme d'Auguste Comte, que nous discuterons au chapitre XVIII, 2. Quoi qu'il en soit, à partir de ce moment et jusqu'à la fin du siècle, les atomistes n'auront plus en face d'eux comme opposants uniquement des philosophes ou des théologiens, mais également des confrères. De triangulaire, la plate-forme des débats deviendra carrée.

Dans ces conditions, il est réconfortant d'observer que pendant cette longue période de tâtonnements et parfois d'égarements conceptuels, la connaissance expérimentale de la structure des corps n'a cessé de progresser dans une direction conduisant inéluctablement, même si ce n'est que par des chemins souvent cahotants, en « zigzags cognitifs[12] », vers une accumulation de données dont le message atomique ne pouvait devenir, pour ceux qui voulaient le déchiffrer, que de plus en plus clair et persuasif. Parmi les plus importantes avancées en ce sens, au cours de la première moitié du XIXe siècle, il convient de citer la loi de Dulong (Pierre Louis, 1785-1838) et Petit (Alexis, 1791-1820), énoncée en 1819, montrant que le produit du poids atomique par la chaleur spécifique d'un élément est indépendant de la nature de cet élément et égal approximativement à 6,4 calories (ce qui a mis ainsi en évidence la capacité de rationalisation qu'a permise l'introduction du concept atomique dans une masse de données empiriques autrement tout à fait désordonnée), la découverte, également en 1819, de l'isomorphisme par Eilhard Mitscherlich (1794-1863), le perfectionnement et l'extension de la détermination tant des poids équivalents que des poids atomiques grâce à des contributions particulièrement importantes de Berzelius, de Laurent (Auguste, 1807-1853) et de Gerhardt (Charles, 1816-1856), et l'élargissement progressif de la liste des éléments, aboutissant à l'établissement en 1869 du tableau périodique par Mendeleïev

(Dimitri Ivanovitch, 1834-1907), dont nous reparlerons avec plus de détails plus loin dans ce chapitre. Une mention doit aussi être accordée au développement de l'électrochimie dont les artisans principaux ont été Alessandro Volta (1745-1827), Sir Humphrey Davy (1778-1829) et, par la suite, Michael Faraday (1791-1867). Les découvertes accomplies en électrochimie ont encouragé l'idée que les réactions chimiques pouvaient résulter de phénomènes électriques et ont effectivement conduit Berzelius à proposer, en 1819, une théorie électrochimique des combinaisons chimiques. D'après cette théorie, chaque atome, simple ou composé (selon sa nomenclature), a deux pôles chargés d'électricités de signes opposés. Toutefois, une de ces charges prédomine et impose aux atomes une « unipolarité spécifique », qui se traduit par le classement des éléments en électropositifs et électronégatifs, que Berzelius arrange même en une échelle électrochimique, du plus électronégatif (oxygène) au plus électropositif (sodium). L'affinité entre les atomes est due à l'existence de cette dualité. La formation des composés chimiques se fait par la neutralisation des électricités opposées, processus dans lequel interviennent aussi d'une façon importante « l'intensité de la polarité » et la capacité de « polarisation induite ». La théorie introduit encore la notion de « polarité résiduelle », par laquelle Berzelius cherche à expliquer la stabilité de composés dans lesquels les charges sont neutralisées, de sorte qu'il n'y a plus de force d'attraction entre leurs composantes.

Berzelius n'était pas le premier à prôner le rôle des forces électriques dans la formation des composés chimiques et à chercher dans ces forces un complément, ou mieux un remplaçant, aux interactions purement mécaniques envisagées par les atomistes anciens et certains des plus récents. Newton a déjà explicitement suggéré la possibilité de l'intervention des forces électriques. Toutefois, alors que les principaux pionniers de l'électrochimie ont gardé leurs distances par rapport à la théorie atomique, comme Faraday[13], ou bien l'ont franchement récusée, comme Davy, Berzelius a systématiquement rapproché la théorie

13. Faraday a traité la théorie atomique de peu maniable et disgracieuse (*« clumsy »*). Il a proposé d'utiliser des « équivalents électrochimiques », dont il a même construit une table, et a poussé la spéculation jusqu'à suggérer que les poids équivalents des corps pouvaient être simplement leurs masses contenant les mêmes quantités d'électricité. Par ailleurs, dans un article célèbre de 1844 sur « Une spéculation concernant la conductivité électrique et la nature de la matière », il rejoint Boscovitch (voir chapitre XIII, 4) dans son refus de distinguer entre l'atome, point matériel, et le champ de force environnant : l'atome est tout simplement le centre du champ. Il en conclut que la matière peut être considérée comme formée autant par des forces que par des atomes, en quoi il est un remarquable précurseur des idées actuelles (voir Épilogue provisoire).

électrochimique et la théorie atomique. Il se pose ainsi comme précurseur de la théorie moderne de la liaison chimique, tout au moins pour un certain type de composés chimiques. Cette théorie ne manquera pourtant pas de soulever certaines difficultés : elle exclut en effet la possibilité d'existence de combinaisons entre deux atomes identiques et se trouve ainsi en conflit avec les propositions d'Avogadro. Un demi-siècle plus tard, Berthelot considérera encore la possibilité de l'union de deux atomes identiques comme « une conception mystique ». Il n'empêche que cette théorie dualiste était assez novatrice dans sa désignation explicite d'un facteur physique déterminé comme pouvant être responsable de l'association des atomes ou des groupes d'atomes en structures supérieures pour retenir l'attention de certains philosophes de l'époque (par exemple Hegel, chapitre XVIII, 2).

Au vu de cette situation et ayant ainsi assisté à ce phénomène nouveau de controverses *entre savants* sur la signification et la validité de la théorie atomique, il nous paraît approprié d'examiner maintenant les positions prises sur ce sujet par certains philosophes éminents de l'époque. Cet examen apparaît d'ailleurs d'autant plus souhaitable qu'un de ces philosophes développera des thèses qui permettront d'intégrer la controverse entre les savants antiatomistes, en particulier les équivalentistes et leurs confrères atomistes, dans un débat aux dimensions philosophiques plus vastes.

Avant de le faire, il nous reste toutefois à justifier la raison pour laquelle nous avons divisé le XIXe siècle d'une façon asymétrique, avec la date de 1860 séparant deux sous-périodes. Cette raison est un événement, très particulier pour l'époque : la tenue en cette année-là à Karlsruhe d'un Congrès international de chimistes, le premier dans l'histoire, dont l'objectif, fort louable, était justement d'introduire quelque cohérence dans le désordre régnant alors dans les concepts et la nomenclature. Si ce but ne sera malheureusement que partiellement atteint[14], l'accord assez général sur la formulation de la distinction entre les atomes et les molécules compte parmi les succès les plus significatifs. Ce succès est dû en grande partie à Stanislao Cannizzaro (1816-1910), qui a vigoureusement réaffirmé l'importance de la loi d'Avogadro comme base pour la détermination des poids atomiques, a récusé la multiplicité d'appellations et a su centrer le problème sur la seule dualité atomes-molécules. Ainsi, il affirme : « Les différentes quantités d'un et même élément entrant dans la constitution des différentes molécules sont des multiples complets d'une et même quantité, qui se manifeste toujours indivisible et qui, avec quelques justifications,

14. On peut trouver les extraits les plus importants des débats de ce congrès dans *Les Atomes. Une anthologie historique, op. cit.*

devrait être appelé atome. » Roscoe[15] a présenté les définitions de Cannizzaro sous la forme : « La molécule est un groupe d'atomes formant la plus petite unité d'une substance chimique, simple ou composée, qui peut être isolée ou qui peut exister seule : c'est la plus faible quantité d'une substance qui peut entrer en réaction ou être générée par elle ; l'atome est la plus petite unité d'un élément qui peut exister dans un corps composé en tant que masse indivisible chimique. »

Cette première grand-messe des chimistes n'a aplani instantanément ni les divergences conceptuelles ni les difficultés réelles que rencontraient les chimistes dans leurs tentatives de description de la structure des corps. Les échanges de vues et les discussions qui y ont eu lieu ont néanmoins eu un effet positif et, aidés par les progrès des recherches expérimentales, ont accéléré l'avènement des représentations modernes. À ce titre, l'année 1860 est une date symbolique.

2. Les points de vue des philosophes

Trois philosophes importants, dont l'activité s'exerça principalement durant la première moitié du XIXe siècle, ont explicitement présenté leurs opinions sur la théorie atomique. Il s'agit de Hegel, de Schopenhauer et de Comte.

– Hegel

« Avec les philosophes il ne faut jamais craindre de ne pas comprendre. Il faut craindre énormément de comprendre. »

Paul Valéry

Il est universellement reconnu que la philosophie de Hegel (Georg Wilhelm Friedrich, 1770-1831) est compliquée et difficile à comprendre, la plus difficile même de toutes les grandes philosophies selon Bertrand Russell[16] : « Il [Hegel] essaie d'incorporer dans sa philosophie et de rendre cohérentes un grand nombre d'intuitions avec le résultat que ses tentatives de concilier des points de vue opposés produisent des obscurités et des contradictions. » « Qui plus est, ces difficultés réapparaissent dans les différentes interprétations de ses pensées faites par ceux qui les ont décrites », estime pour sa part D. Collinson[17].

Ne voulant pas allonger la longue liste de ceux-ci, je me bornerai simplement à esquisser ici les composantes essentielles de la philoso-

15. Roscoe, *Lessons in Elementary Chemistry*, 1887.
16. B. Russell, *A History of Western Philosophy, op. cit.*
17. D. Collinson, *Fifty Major Philosophers*, Londres, Croom Helm, 1987.

phie hégélienne qui permettent, dans une certaine mesure, d'appréhender la position de ce penseur par rapport à l'atomisme.

La philosophie de Hegel est probablement une des plus monistes et holistes qui soit. À la base de sa vision du monde, on trouve le refus d'attribuer une réalité à quoi que ce soit de « séparé ». L'apparente subsistance d'objets séparés n'est qu'une illusion. La seule réalité, et aussi la seule vérité, est constituée par le « tout », conçu non pas comme une entité homogène simple mais comme un système complexe, qu'il appelle l'Absolu. Plus précisément, Hegel ne nie pas l'existence d'objets séparés mais affirme que leur plus ou moins grande réalité ne réside que dans le degré de leur participation à l'Absolu. En outre, le réel est rationnel et l'Absolu est spirituel. L'esprit est donc la réalité ultime. Enfin, selon Hegel, le « tout » change continuellement par un processus dit « dialectique » qui implique trois étapes : la thèse, qui constitue une affirmation, un point de vue particulier, puis l'antithèse, qui propose l'affirmation, le point de vue opposé, puis finalement la synthèse, qui concilie les deux positions précédentes et devient elle-même la base d'une nouvelle thèse. Ce cycle recommence continuellement, dans la direction d'une rationalité toujours croissante, ce qui constitue somme toute une vision optimiste et rassurante des choses. La conclusion finale de cette évolution dialectique est l'« Idée Absolue » dont le sens ne paraît pas facile à saisir. B. Russell écrit que « l'Idée Absolue est la pensée pure pensant sur la pensée pure », ce qui est exactement la définition que donnait de Dieu, au Moyen Âge, le philosophe juif aristotélicien Lévi ben Gershom, dit Gersonide (1288-1344).

Il est facile de comprendre que, dans un tel cadre philosophique, l'idée d'atomes innombrables, en agitation perpétuelle, séparés par le vide, ne saurait trouver de place facilement. En fait, la position de Hegel par rapport à l'atomisme est, dans l'ensemble, négative. Dans la *Science de la logique*[18], il met l'accent sur « l'inconsistance (mot qui revient souvent dans ses remarques sur la théorie atomique) des catégories sur lesquelles repose la théorie corpusculaire, aussi bien l'antique que celle qui se veut moderne ».

En dépit de cette attitude globalement hostile, sa critique est nuancée, dans ses détails, avec (un peu) plus d'indulgence pour les atomistes antiques que pour les modernes, ses contemporains. Tentons de saisir consécutivement sa conception de l'atomistique, puis son opinion sur l'atomistique antique et celle sur l'atomistique contemporaine, ces deux jugements étant toutefois souvent entremêlés.

18. G. W. F. Hegel, *La Science de la logique*, trad. G. Jarczyk et P. T. Labarrière, Paris, Aubier, 1812-1816.

1. *Définition de l'atomistique.* La plus facile à suivre s'exprime ainsi[19] : « C'est le point de vue de la philosophie atomistique que : l'absolu s'y détermine comme être pour soi, comme un et de nombreux uns. On y a admis comme force principale la répulsion se manifestant dans la notion du un ; toutefois, ce n'est pas l'attraction qui les réunit, mais le hasard aveugle. L'un étant fixé comme un, la réunion de ces uns doit être évidemment considérée comme quelque chose de tout extérieur. – Le vide qui, avec les atomes, est admis comme second principe, est la répulsion même, représentée comme le néant existant entre les atomes. »

Le caractère purement conceptuel de l'atome est souligné dans un passage, dont certaines phrases ne manquent pas de piquant, où Hegel affirme le caractère métaphysique de l'atomistique et lui reproche en même temps d'être une métaphysique erronée[20] : « La philosophie atomistique forme un degré essentiel dans le développement historique de l'Idée, et le principe de cette philosophie est en général l'être-pour-soi dans la figure du Plusieurs. Comme encore de nos jours l'atomistique est en faveur chez ces physiciens qui ne veulent pas entendre parler de métaphysique, il est à rappeler ici que l'on n'échappe pas à la métaphysique, et plus précisément à la réduction de la nature à des pensées, en se jetant dans les bras de l'atomistique, puisque l'atome en fait est lui-même une pensée, et que par conséquent l'appréhension de la matière comme constituée d'atomes est une appréhension métaphysique. Il est vrai que Newton a expressément averti la physique d'avoir à se garder de la métaphysique ; cependant on doit remarquer, et c'est à son honneur, qu'il ne s'est lui-même aucunement comporté conformément à cette mise en garde. De purs, de simples physiciens, seuls le sont en fait les animaux, étant donné qu'eux ne pensent pas, tandis que l'homme, en tant qu'il est un être pensant, est un métaphysicien-né. Ce qui importe alors seulement, c'est si la métaphysique que l'on utilise a la nature qui convient, et notamment si ce ne sont pas, à la place de l'Idée logique concrète, des déterminations-de-pensée unilatérales, fixées par l'entendement, qui forment ce à quoi l'on s'en tient, et qui constituent l'assise fondamentale de notre activité théorique aussi bien que de notre activité pratique. C'est ce reproche qui atteint la philosophie atomistique. »

Des différents commentaires sur cette définition de l'atomistique, je me permets de reproduire ici celui d'un éminent expert en philosophie

19. G. W. F. Hegel, *Encyclopédie des sciences philosophiques. La science de la logique*, trad. J. Gibelin, Paris, J. Vrin, 1952.
20. G. W. F. Hegel, *Encyclopédie des sciences philosophiques. La science de la logique* (Add. 98), trad. B. Bourgeois, Paris, J. Vrin, 1986.

hégélienne, A. Lécrivain[21], qui me paraît le plus accessible pour les non-spécialistes : « Hegel en montre le double versant : à la fois positif et insuffisant. Cette positivité, il la reconnaît dans la conception antique de Leucippe, accessoirement de Démocrite, y voyant notamment un aspect proprement spéculatif dans la mesure où l'atome et le vide sont posés non pas à titre de réalités empiriques et sensibles, mais bien pour ce qu'ils sont : des déterminations du penser ou encore des concepts. L'atome est ainsi l'expression représentative de la catégorie logique de l'être-pour-soi, lui-même moment d'achèvement du procès de la déterminité qualitative et point de basculement en direction de la déterminité quantitative. Quant au vide, conçu comme principe du mouvement, il correspond au moment logique de la négativité véritable, c'est-à-dire de l'infini. En regard de cette teneur de sens authentiquement spéculative, il ne fait guère de doute, pour Hegel, que l'atomistique moderne n'en représente qu'une image quelque peu dégradée. »

2. *Opinion sur les atomistes anciens.* C'est dans ce domaine que l'attitude de Hegel est le plus nuancée, bien que fondamentalement critique. Des extraits de ses *Leçons sur l'histoire de la philosophie* permettent de saisir les objections que ce philosophe oppose à la théorie atomique. Sur l'enseignement de Leucippe et de Démocrite, il développe une objection majeure[22] : « Si, partant d'une vue plus large et plus riche de la nature, nous exigeons de la rendre concevable elle aussi par l'atomistique, alors nous ne tardons pas à être insatisfaits et on voit ce qu'il y a d'inconséquent, d'insuffisant à vouloir aller plus avant à l'aide d'un tel principe. » En effet, « la traduction du mot atome est individu, ce qui ne suscite aussitôt en nous que la représentation d'un être singulier concret. Ces principes doivent être tenus en haute estime, car ils constituent un progrès : mais ce qu'ils ont d'insuffisant apparaît aussitôt, dès lors qu'on en développe les implications. La représentation de tout concret, de tout réel se développe en effet comme suit : le plein n'est en rien quelque chose de simple, il est au contraire quelque chose d'infiniment multiple. Ces multiples infinis se meuvent dans le vide ; car le vide est. Leur réunion (leur rencontre) produit le naître, – c'est-à-dire la naissance d'une chose existante, qui est pour les sens, – leur dissolution et leur séparation produisent le disparaître. Toutes les autres catégories rentrent dans ce cadre. L'activité et la passivité consistent dans le contact des atomes : mais ce contact ne les fait pas devenir un :

21. A. Lécrivain, Communication personnelle. Voir aussi J. Briard, D. Buvat, J. F. Kervegan, J. F. Kling, A. Lacroix, A. Lécrivain et M. Slobicki, *Introduction à la lecture de la science de la logique de Hegel,* Paris, Aubier, 1981.

22. G. W. F. Hegel, *Leçons sur l'histoire de la philosophie,* vol. I, trad. P. Garniron, Paris, J. Vrin, 1971.

car de ce qui est véritablement – abstraitement – un ne naît pas une multitude, pas plus que de ce qui est véritablement – abstraitement – multiple ne naît un un. Les atomes sont donc séparés les uns des autres par le vide, même dans le cas de leurs réunions phénoménales dans ce que nous appelons les choses. Ce vide est aussi le principe du mouvement, les atomes se meuvent dans le vide ; et ce mouvement est pour ainsi dire une sollicitation de leur part à remplir ce vide, à le nier. Telles sont les thèses des atomistes.

« Vide et plein étant ainsi fixés, rien n'est plus agréable pour la représentation que de faire flotter les atomes dans la continuité étante, – où ils sont tantôt séparés, tantôt réunis ; – en sorte que leur réunion n'est qu'une relation superficielle, une synthèse qui n'est pas déterminée par la nature de ce qui est réuni, mais où, au fond, ces étant en et pour soi demeurent séparés, – aucune relation entre eux qui leur appartienne en propre, aucune particularisation.

« Dans cette manière d'être en rapports tout à fait extérieurs, des êtres indépendants se lient à d'autres êtres indépendants, en demeurant indépendants ; il n'y a donc là qu'une réunion mécanique. Toute réalité vivante, ou spirituelle, etc., n'est ainsi que composée ; le changement, la génération, la création ne sont donc que réunion. C'est ici qu'apparaît aussitôt toute l'indigence de cette conception. Cette représentation des atomes a été renouvelée également à l'époque moderne, et en particulier par Gassendi. Mais, et c'est là l'essentiel, dès qu'on laisse subsister ces atomes, ces molécules, ces petites parties, etc., dans leur indépendance, leur réunion ne se produit que mécaniquement ; les éléments réunis demeurent extérieurs les uns aux autres, leur lien est seulement extérieur, – c'est une composition. »

Le sens de cette objection principale est clair. Ce que Hegel reproche à la théorie atomique, c'est son incapacité à mettre en évidence, par le jeu de simples interactions de contact entre les atomes se mouvant au hasard dans le vide, des propriétés, que l'on qualifierait aujourd'hui d'« émergentes », des composés complexes qu'ils sont censés former. Le tout est manifestement plus que la somme des parties, mais la simple juxtaposition des atomes ne saurait en rendre compte. Hegel n'est pas le premier à formuler cette objection. Celle-ci accompagne la théorie atomique, nous l'avons vu, depuis sa création : Aristote et Cicéron l'ont déjà exprimée dans l'Antiquité, Newton, entre autres, à l'aube des Temps modernes. Hegel ne sera pas non plus le dernier à l'avancer. En fait, le problème de la nature réelle des combinaisons susceptibles de résulter des interactions entre les atomes restera le point faible de la théorie atomique jusqu'à la concrétisation définitive de la notion moderne de molécule, l'élucidation des forces qui en assurent la cohésion et la personnalité, et qui font du *tout* une superstructure aux propriétés spécifiques et nouvelles. La clarification complète n'adviendra qu'avec l'avènement de la mécanique quantique, dont les concepts et méthodes permettent de dépasser l'obstacle quasi insurmontable qu'a opposé au progrès dans ce domaine la notion d'*impénétrabilité* des atomes.

Ces objections sont amplifiées dans les pages que Hegel consacre, dans les mêmes *Leçons*, à Épicure[23]. Le point visé concerne le problème des qualités primaires et secondaires ou, comme le dit Hegel, de « l'opposition des propriétés fondamentales (qui sont précisément la pesanteur, la figure et la grandeur) – et des qualités dérivées ou sensibles seulement relatives à nous ». Il est particulièrement sévère dans son jugement sur la validité des propositions de l'atomiste sur ce sujet. Ainsi, il écrit : « Il serait dès lors capital d'indiquer la relation de l'essence, des atomes, au phénomène sensible. Mais là Épicure s'empêtre dans des développements imprécis, dénués de sens. Sur ce point nous n'apercevons chez Épicure, comme chez les autres physiciens, qu'un confus mélange de concepts, d'abstractions et de réalités d'où toute conscience est absente. Toutes les structures particulières, toutes les choses, tous les objets, la lumière, la couleur, etc., l'âme elle-même ne sont rien d'autre qu'un certain ordre, un certain arrangement de ces atomes. C'est ce qu'a dit également Locke. Ce qui est à la base, ce sont les molécules, elles sont rangées dans l'espace. Ce sont là des mots creux. » Il s'agit là de la même objection, l'évidente incapacité des atomes, quelles que soient la grandeur et la complexité de leurs unions superficielles, à produire les corps et les phénomènes de la nature : « La détermination des atomes en tant que formés de telle ou telle manière devient une fiction complètement arbitraire. Quant à la transition à des phénomènes concrets, à des corps, ou bien Épicure ne l'a pas opérée du tout, ou bien ce qui est allégué à ce sujet n'est qu'indigence. [...] Ses idées sur les aspects particuliers de la nature sont d'un caractère misérable, c'est un mélange irréfléchi de représentations de toutes sortes : de telles pensées sont donc entièrement dénuées d'intérêt. »

Quant à la représentation atomique de l'âme par Épicure, même si elle doit mettre en jeu les atomes les plus subtils et les plus parfaitement ronds, Hegel estime que : « Nous ne nous attarderons pas plus longtemps à un tel bavardage ; ce sont des mots creux. Nous ne pouvons avoir aucun égard pour les pensées philosophiques d'Épicure, ou plutôt, ce ne sont nullement des pensées. »

On peut pourtant lire sous la plume de Hegel un éloge, double même, d'Épicure. D'une part, il affirme : « On entend fréquemment parler avantageusement de la physique d'Épicure. Si l'on considère que

23. G. W. F. Hegel, *Leçons sur l'histoire de la philosophie,* vol. IV, trad. P. Garniron, Paris, J. Vrin, 1971.

la physique consiste à s'en tenir d'une part à l'expérience immédiate, et d'autre part, à l'égard de ce qui ne peut être immédiatement expérimenté, à l'application des résultats de cette expérience, selon une ressemblance que ce non-expérimenté comporte (analogie), alors Épicure peut être considéré en réalité sinon comme l'initiateur, du moins comme le principal champion de cette manière de penser, comme celui qui a affirmé qu'elle était la connaissance. [...] On peut dire ainsi qu'Épicure est l'inventeur de la science empirique de la nature, de la psychologie empirique. » D'autre part, s'il n'aime pas la science d'Épicure, Hegel apprécie sa morale : « La morale d'Épicure est le côté le plus décrié de sa doctrine (et donc aussi le plus intéressant) ; mais on peut dire aussi qu'elle en est le meilleur », écrit-il. Cela nous change du nombre imposant de savants, philosophes ou théologiens qui, au cours des siècles, ont apprécié, au contraire, la science d'Épicure mais n'ont guère aimé sa morale, ou de ceux qui n'ont aimé ni l'une ni l'autre. Je n'en connais guère qui aient aimé les deux.

3. *Jugement sur l'atomistique contemporaine.* Il a surtout pour cible la théorie atomique dans la forme que lui a donnée l'éminent chimiste suédois Berzelius, dont la renommée fut grande à l'époque et dont l'ouvrage *Théorie des propositions chimiques*, publié en 1818, connaissait une grande popularité. Cette forme, en accord sur l'essentiel avec celle de Dalton, en diffère, néanmoins sous plusieurs aspects : par exemple, le savant suédois n'admettait pas que les atomes puissent avoir des configurations géométriques différentes. Pour lui, ils sont tous sphériques et de même dimension. Quant à Dalton, Hegel ne fait que de très rares références à lui dans ses écrits et, lorsqu'il le fait, c'est en des termes plutôt péjoratifs en affirmant qu'il a « enveloppé ses pensées dans la pire forme d'une métaphysique atomistique ».

La polémique entre Hegel et Berzelius a pour toile de fond les travaux d'un autre chimiste éminent de l'époque, Claude Louis Berthollet (1748-1822), dont l'ouvrage principal, *La Statistique chimique*, publié en 1803, a également connu une grande notoriété. Antidaltonien, refusant d'admettre l'existence d'entités invisibles, inaccessibles à l'expérience, et rejetant aussi la loi des proportions constantes multiples, Berthollet a surtout contribué au développement du concept d'affinité élective en chimie, qu'il propose d'exprimer en fonction des masses de réactifs impliqués (ainsi que des conditions physiques de l'interaction), donc en termes de données observables, mieux, mesurables.

Cette diatribe comportant des considérations techniques de peu de signification aujourd'hui, seul le sens général de ses objections reste intéressant. Ce que Hegel reproche à Berzelius, c'est que chez lui « ce sont les conceptions de Berthollet qui sont reprises et répétées mot pour mot, avec simplement la garniture de la métaphysique propre à une réflexion non critique ; les catégories impliquées sont donc la seule chose qu'il y ait lieu d'examiner de plus près. La théorie va au-delà de l'expérience et, pour une part, forge des représentations sensibles, telles qu'il ne s'en offre pas dans l'expérience et, pour l'autre part, applique des déterminations conceptuelles ; de ces deux façons, la théorie se présente comme objet d'une critique logique ». Il qualifie encore les propositions de Berzelius de « métaphysique dénuée de fondement qui n'a rien à voir avec les propositions de la saturation elles-mêmes ». À propos des lois des proportions dans les interactions chimiques et, en particulier, sur celle de Richter, il estime que si « la voie expérimentale a été le guide sûr, le contraste est d'autant plus accusé quand on mélange ces grandes découvertes avec le désert, situé hors des chemins de l'expérience, de la théorie dite corpusculaire ».

Ces passages traduisent l'attitude fondamentale de Hegel vis-à-vis de l'actualisation de la théorie atomique et de ses concepts. Selon lui, cette théorie n'est pas indispensable à la description du monde observable, elle ne s'impose pas, elle est donc superflue, sinon fausse. Comme l'exprime A. Doz dans ses commentaires à la *Théorie des mesures*[24], pour Hegel : « Les catégories de la mesure réelle constituent un niveau d'intelligibilité qui se suffit à lui-même et il est donc inutile, et même nuisible, de vouloir le compléter par un échafaudage d'hypothèses annexes... Pour Hegel, la discontinuité dans les combinaisons traduit directement la jonction du qualitatif et du quantitatif dans la mesure ; on peut et, puisque l'on peut, on doit faire l'économie de l'hypothèse atomique. »

La deuxième cible de l'attaque de Hegel contre Berzelius est sa théorie électrochimique dualiste des combinaisons chimiques. À propos du débat délicat et prolongé sur ce sujet (pour les détails, voir réf. 24), il est intéressant de signaler ici, en vue de développements ultérieurs, l'opinion positive, mais en même temps restrictive, de Hegel sur le rôle des phénomènes électriques dans le « chimisme ». Comme le souligne A. Doz, l'inconnue principale, admise comme telle par Berzelius lui-même, était que, si l'électricité paraissait expliquer la formation des composés chimiques par l'attraction entre des charges opposées, elle n'expliquait pas leur stabilité puisque « ces charges s'y anéantissaient ». Selon les termes de Hegel, si « la théorie nous donne l'éclaircissement que l'électricité est la cause du rapport chimique, l'électricité, elle, ne nous donne aucun éclaircissement sur ce qui est chimique dans le processus chimique ». Et il demande : « Est-ce que le chimique n'est pas encore, dans la corporéité, quelque chose de différent de l'électricité ? » montrant par ce « encore », selon Doz, « qu'il ne conteste pas l'exis-

24. G. W. F. Hegel, *La Science de la logique. La théorie de la mesure.* Nous nous référons ici à la traduction et aux commentaires de A. Doz, Paris, PUF, 1970.

tence des phénomènes électriques liés au chimisme, mais tient pour leur caractère subordonné ». Pour l'époque, la question était remarquablement bien posée. Comme pour les autres questions que Hegel a soulevées qui, en fait, ensemble, n'en font qu'une, il faudra attendre un siècle pour qu'elle trouve sa réponse dans la théorie quantique de la liaison chimique.

– Schopenhauer

« Ce qui voit est incompatible avec ce qui est vu, mais plus ou moins manifestement. »

Paul Valéry

Arthur Schopenhauer (1788-1860) est le philosophe, pour certains l'« obsédé », de la volonté. Le titre de son plus célèbre ouvrage, *Le Monde comme volonté et comme représentation*, paru en 1818 et réédité en 1844[25], résume, en lui-même, l'essentiel de sa doctrine.

Fortement inspiré par Kant, il adopte sa distinction entre le noumène ou la chose en soi et le phénomène qui n'en est que l'apparence, la « représentation », qui constitue notre expérience du connu et qui est conditionnée par les normes *a priori* de l'entendement humain, résultant de la structure de notre cerveau. Toutefois, et c'est là que réside l'essentiel de son originalité, Schopenhauer sait, ou du moins croit savoir, ce qu'est la chose en soi : c'est la volonté, dont le monde des phénomènes n'est qu'une manifestation. « La volonté, est la chose même en soi, le fond intime, l'essentiel de l'univers, tandis que la vie, le monde visible, le phénomène n'est que le miroir de la volonté », écrit-il. Pour lui, chaque objet, chaque individu dans le monde n'est qu'une manifestation fragmentaire de la volonté en soi, une apparence dont la volonté est la réalité. C'est la poussée de celle-ci qui est la source de toute chose, de la tendance qu'a toute chose à manifester sa nature, c'est elle qui détermine la marche du monde, tant du monde animé que du monde inanimé. « La volonté, la volonté sans intelligence (en soi, elle n'est point autre), désir aveugle, irrésistible, telle que nous la voyons se montrer encore dans le monde brut, dans la nature végétale, et dans leurs lois, aussi bien que dans la partie végétative de notre propre corps, cette volonté, dis-je, grâce au monde représenté, qui vient s'offrir à elle et qui se développe pour la servir, arrive à savoir qu'elle veut, à savoir ce qu'est ce qu'elle veut ; c'est ce monde même, c'est la vie, telle justement qu'elle se réalise là. »

---

25. Les citations reproduites dans ce chapitre proviennent de A. Schopenhauer, *Le Monde comme volonté et comme représentation, op. cit.*

Que cette volonté cosmique soit mauvaise et méchante est un autre aspect, essentiel il est vrai, de sa philosophie profondément pessimiste, que nous ne traiterons pas ici.

Quant au « monde comme représentation », il comporte, selon Schopenhauer, deux composantes, « deux pôles : le sujet connaissant pur et simple, dépouillé des formes de sa connaissance, et ensuite la matière brute, sans formes ni qualités ». En effet, estime-t-il : « Le vice fondamental de tous les systèmes consiste à méconnaître cette vérité, que l'Intellect et la matière sont corrélatifs, c'est-à-dire que l'un n'existe que pour l'autre, que tous deux se tiennent et sont solidaires, que l'un n'est que le reflet de l'autre, en un mot qu'ils sont proprement une seule et même chose, considérée sous deux points de vue opposés ; et que cette unité est le phénomène de la Volonté ou de la chose en soi ; que par conséquent tous deux sont secondaires, et que par suite encore il ne faut chercher l'origine du monde ni dans l'un, ni dans l'autre. »

Et encore : « La matière et l'Intellect sont des corrélatifs indissolubles ; ils n'existent que l'un pour l'autre ; ils sont donc relatifs. La matière est la représentation de l'Intellect ; l'Intellect est la seule chose, dans la représentation de qui la matière existe. Tous les deux réunis forment le monde comme représentation, c'est-à-dire le phénomène de Kant, donc quelque chose de secondaire. La chose première est ce qui apparaît, la chose en soi, en qui nous apprendrons à reconnaître la Volonté. »

L'élément de la philosophie de Schopenhauer qui nous intéresse le plus directement est son affirmation que la matière n'existe que dans son monde de la représentation. C'est par là qu'il se considère comme un idéaliste. « Il est bon de maintenir le point de vue idéaliste pour faire contrepoids au point de vue matérialiste. On peut considérer toute controverse sur le Réel et l'Idéal comme concernant l'existence de la matière ; car c'est en dernière analyse la réalité ou l'idéalité de celle-ci qui est débattue. La matière, comme telle, existe-t-elle dans notre représentation, ou est-elle indépendante de toute représentation ? Dans le dernier cas, elle serait la chose en soi, et quiconque suppose une matière existant par elle-même doit, pour être conséquent, se déclarer aussi matérialiste, c'est-à-dire faire de la matière le principe d'explication de toutes choses. Celui au contraire qui la nie comme chose en soi est par le fait même idéaliste. »

Il se place ainsi nécessairment en porte-à-faux par rapport aux penseurs atomistes, d'où son attitude critique à leur égard : « Il est vrai, en effet, qu'à l'axiome fondamental de la philosophie subjective : "le monde est ma représentation", on peut, avec autant de raison, semble-t-il, opposer celui de la philosophie objective : "le monde est matière", ou "la matière seule est" (parce que, seule, elle n'est soumise ni à la mort, ni au devenir), ou bien encore "tout ce qui existe est matière".

Tel est l'axiome fondamental de Démocrite, de Leucippe et d'Épicure. Mais à examiner les choses de plus près, il y a un réel avantage à chercher non plus au dehors, mais dans le sujet même, le point de départ d'un système ; on possède ainsi une avance d'un pas, qui est pleinement justifiée. Car la conscience est la seule chose immédiatement donnée, et nous passons par-dessus, lorsque nous allons directement à la matière et que nous en faisons notre point de départ. »

Son opposition à l'atomisme, exprimée parfois de façon violente, revêt plusieurs aspects.

Le premier tient à l'affirmation que la divisibilité infinie de la matière fait partie du contexte inné de notre connaissance. C'en est une *« predicabilia a priori »* qui fait partie des « vérités fondamentales qui ont leurs racines dans notre connaissance intuitive *a priori*, envisagées comme des principes premiers ». Ainsi ses cinquième et sixième *predicabilia* affirment, la première que « la matière est divisible à l'infini », et la seconde que « la matière est homogène et continue, autrement dit, elle ne se compose pas de parties originairement diverses, les homéoméries, ni originairement séparées, les atomes ; par suite elle n'est point un agrégat de parties séparées essentiellement entre elles par quelque chose d'étranger à la matière ». Cette *« predicabilia »* contient donc implicitement le rejet du vide.

Sur ce fond d'antagonisme de principe, Schopenhauer développe une critique explicite de la théorie atomique, qui englobe, tout comme celle de Hegel, aussi bien la théorie atomique antique, celle de Leucippe, Démocrite et Épicure, que sa version modernisée du début du XIXe siècle, du moins la version dont il a connaissance. Cette critique, il la prononce dans le cadre d'une condamnation générale du réductionnisme, ce qui, compte tenu du caractère holiste de sa doctrine, ne saurait étonner : « Cependant, à toutes les époques, une étiologie oublieuse de son vrai but a tenté de réduire toute la vie organique à la chimie, ou à l'électricité ; la chimie à son tour, c'est-à-dire la qualité, à la mécanique (action atomistique) ; la mécanique, partie à l'objet de la phoronomie, c'est-à-dire au temps et à l'espace unis pour la possibilité du mouvement, partie à la géométrie pure, c'est-à-dire à la position dans l'espace ; la géométrie, enfin, peut se résoudre dans l'arithmétique, qui, par suite de l'unité de dimension, est la forme du principe de raison la plus facile à saisir, à embrasser dans son ensemble, à expliquer en entier. Veut-on des exemples de la méthode que nous venons de dessiner à grands traits ? – L'atome de Démocrite, le tourbillon de Descartes, la physique mécanique de Lesage [...] Cette méthode se retrouve plus tard, en plein XIXe siècle, dans un matéralisme grossier, qui se croit d'autant plus original qu'il est plus ignorant ; à l'aide de la dénomination de force vitale, qui n'est qu'une sotte supercherie, il voudrait expliquer les manifestations de la vie par les forces physiques et chimiques, faire naître celles-ci de l'activité mécanique de la matière, de la position, de la forme, et du mouvement des atomes dans l'espace, et ainsi ramener toutes les forces de la nature à l'action et à la réaction, qui sont les "choses en soi". Ces sottes théories, ces théories à la Démocrite, vraiment maladroites et lourdes, sont bien dignes de gens qui, cinquante ans après la publication de la théorie des couleurs de Goethe, croient encore à la théorie des lumières homogènes de Newton et n'ont pas honte de le dire. On leur apprendra que ce que l'on tolère chez l'enfant (Démocrite) ne peut se pardonner chez l'homme fait. Ils finiront honteusement, mais chacun d'eux saura s'esquiver et faire l'ignorant (pages 166 et 167). »

L'attaque est renouvelée dans les pages 1034-1036 : « Cette voie le conduit (le matérialisme) fatalement à la fiction des atomes, matériaux sur lesquels il s'imagine édifier les manifestations si mystérieuses de toutes les forces primitives... Il devient ainsi inévitablement de l'atomisme : ce qui lui était déjà arrivé dans son enfance, au temps de Leucippe et Démocrite se renouvelle pour lui maintenant que l'âge l'a fait retomber en enfance, en France par ignorance, et en Allemagne par oubli de la philosophie kantienne. Et dans cette seconde enfance il pousse la confusion plus loin encore que dans la première : ce ne sont pas seulement les corps solides qui doivent être formés d'atomes, ce sont encore les liquides, l'eau ; c'est l'air, le gaz. Mais la doctrine atomistique en général va plus loin encore. On attribue à tous ces atomes des mouvements incessants et divers de rotation, de vibration, etc., selon la fonction de chacun ; de même tout atome possède son atmosphère d'éther, ou quelque qualité différente, et autres rêvasseries du même genre. Les fantaisies de la philosophie naturelle de Schelling et de ses partisans étaient encore pour la plupart spirituelles, élevées dans leur hardiesse, ou du moins ingénieuses ; celles-ci au contraire sont lourdes, plates, gauches et maladroites ; elles sont le produit de cerveaux incapables de concevoir, d'abord, une réalité autre qu'une matière sans qualité inventée par eux, véritable objet absolu, c'est-à-dire objet sans sujet, et, en second lieu, une activité différente du mouvement et du choc : voilà les deux seuls principes qu'ils comprennent, et auxquels *a priori* ils prétendent tout ramener, car voilà leur chose en soi. »

Le lecteur a certainement remarqué le reproche fait à l'ignorance française (et à l'oubli allemand) de la philosophie kantienne. Cette courte allusion n'est rien par rapport à l'attaque en règle lancée contre les atomistes de ces pays et avec une vivacité particulière contre les Français : « Ce qui devient une absurdité révoltante, ce sont les théories françaises qui veulent former la lumière par le moyen de molécules et d'atomes. On en peut voir l'expression criante comme du reste de toute la théorie atomistique, dans une dissertation sur la lumière et la chaleur publiée par Ampère, cet homme d'ailleurs si pénétrant, dans la livraison d'avril des Annales de chimie et physique de 1835. Tous les corps solides, liquides et gazeux sont, dit-il, formés des mêmes atomes, et l'agrégation de ces atomes suffit à en déterminer les différences : bien plus, si l'espace est divisible à l'infini, la matière ne l'est pas ; car, la division une fois poussée jusqu'aux atomes, toute division ultérieure devrait tomber dans les intervalles des atomes. La lumière et la chaleur sont alors des vibrations d'atomes, et le son une vibration de molécules composées d'atomes. En vérité les atomes sont une idée fixe des savants français, et il semble, à les entendre parler, qu'ils aient pu les voir. Sinon il faudrait s'étonner qu'une nation aussi portée à l'empirisme, aussi véritable "matter of fact nation" que les Français, tienne avec tant d'attachement à une hypothèse toute transcendante, élevée bien loin de toute possibilité d'expérience, et s'en aille là-dessus, pleine de confiance, bâtir des constructions en l'air. C'est la simple conséquence de l'état arriéré où est restée chez eux la métaphysique si négligée en leur pays, car, malgré toute la bonne volonté du monde, le peu de profondeur et la pauvreté de jugement de V. Cousin ne la représentent pas très dignement. Au fond, les Français, sous l'influence ancienne de Condillac, sont demeurés des adeptes de Locke[26]. Aussi la chose en soi est-elle proprement pour eux la matière, dont les qualités foncières, impénétrabilité, forme, dureté et autres "primary qualities", doivent fournir l'explication dernière de toutes les choses en ce monde : on ne peut leur ôter cette idée de l'esprit, et leur supposition tacite est que la matière ne peut être mue que par des forces mécaniques. En Allemagne, les doctrines de Kant ont conjuré pour longtemps les absurdités de l'atomistique et de toute physique mécanique en général ; pourtant à l'heure présente ces opinions règnent ici également, par une conséquence de la platitude, de la grossièreté et de l'ignorance dues à l'influence de Hegel[27] (pages 1019-1020). »

---

26. Le rapprochement de Condillac et de Locke peut paraître inapproprié si l'on se réfère à la thématique centrale de notre livre. En effet, alors que Locke était partisan décidé de la théorie corpusculaire de la matière, l'abbé de Condillac (Étienne Bonot, 1714-1780) était un antiépicurien déclaré (voir son *Traité des animaux*, J. Vrin, 1987). Contre l'atomisme du philosophe grec, il avance un argument particulier. En effet, il estime avoir démontré « qu'une cause ne peut rien sur un être auquel elle n'a pas donné l'existence ». Il en tire comme conséquence l'impossibilité du système d'Épicure « puisqu'il suppose que des substances qui existent chacune par elle-même (en l'occurrence les atomes) agissent cependant les unes sur les autres ».

27. Schopenhauer a très peu d'estime pour Hegel qu'il traite par ailleurs d'« écrivailleur d'absurdité, détraqueur de cervelles » (cité dans D. Raymond, *Schopenhauer*, Paris, Éd. du Seuil, « Écrivains de toujours », 1979).

La vindicte de Schopenhauer, pour être plus universelle, englobe également le Suédois Berzelius et sa notion d'« atomes chimiques qui ne sont pourtant que les expressions des rapports de combinaison des corps, c'est-à-dire de pures grandeurs arithmétiques, et rien de plus au fond que des jetons de calcul ». On croit entendre un « équivalentiste » français. Car ce qui est le plus amusant dans la critique de Schopenhauer contre les Français, c'est que, à le lire, on croirait qu'ils étaient tous des atomistes convaincus et combatifs. Quel dommage que, malheureusement, il n'en ait pas été ainsi. En fait, Ampère n'était, à cette époque, qu'une des rares exceptions, en France, à défendre la théorie atomique. Beaucoup, sinon la majorité, des chimistes français, parmi lesquels, hélas, les plus célèbres, étaient, au contraire, des adversaires pour le moins aussi déterminés que lui de l'atomisme. Il est vrai qu'Ampère, lui, était plutôt un physicien.

Finalement, la troisième ligne de l'offensive contre l'atomisme emprunte le chemin de la défense de la téléologie, concept rejeté par les atomistes antiques (mais admis, on l'a vu, par certains atomistes chrétiens de la Renaissance et du siècle des Lumières). Lucrèce est explicitement attaqué, honneur qu'il partage avec Bacon et Spinoza. Schopenhauer estime que la cause de cette aversion pour la téléologie, commune à ces trois philosophes, est « qu'ils tenaient la téléologie pour inséparable de théologie spéculative et celle-ci leur inspirait une telle horreur que de loin même ils s'efforçaient de l'enterrer ». En fait, le philosophe allemand en veut surtout à Spinoza, car il estime que « la polémique de Lucrèce contre la téléologie est si lourde et si grossière, qu'elle se réfute d'elle-même et démontre la thèse opposée ». Lui-même se fait l'avocat des causes finales d'Aristote, qu'il considère comme « le principe vrai de l'étude de la nature et tout spécialement de la nature organique ». Schopenhauer attaque aussi des antitéléologistes anglais de son temps, particulièrement nombreux semble-t-il, et a, à leur égard, des paroles pour le moins aussi véhémentes et aussi blessantes que celles adressées aux atomistes français. Il estime, en effet, que, si les philosophes anciens ont pour excuse à la « monstruosité » de leur rejet de la téléologie de ne pas avoir connu Kant, ce n'est plus valable pour ses contemporains. Schopenhauer a du reste manifesté des animosités très nombreuses dont certaines l'ont conduit à des associations curieuses : « les juifs... ils sont pires que les hégéliens »...

– Auguste Comte

« Pas plus que vous, Monsieur, je ne suis donc en situation de rendre pleine justice à M. Comte. Je ne puis cependant m'empêcher d'être ému quand je vois tant d'hommes de valeur, en France, en Angleterre, en Amérique, accepter ce nom comme un drapeau. Avec l'habitude que je peux avoir des choses de l'esprit humain, je suis amené à croire que M. Comte sera une étiquette dans l'avenir, et qu'il occupera une place importante dans les futures histoires de la philosophie. Ce sera une erreur, j'en conviens ; mais l'avenir commettra tant d'autres erreurs ! L'humanité veut des noms qui lui servent de types et de chefs de file ; elle ne met pas dans son choix beaucoup de discernement. »

Ernest Renan

Discours de réception de Louis Pasteur à l'Académie française : séance du 27 avril 1882.

« Vous ne croyez tout de même pas sérieusement que l'on ne peut inclure dans une théorie physique que des grandeurs observables. »

Albert Einstein

Cité dans W. Heisenberg, *La Partie et le tout. Le monde de la physique atomique,* Flammarion, 1972.

« Avoir tort, cela existe en philosophie. »

Donald Davidson

Au regard du prodigieux essor de la science du XIXᵉ siècle et de son explosion au XXᵉ, comment considérer autrement que comme une amusante distraction, une doctrine philosophique qui est hostile au calcul des probabilités, blâme tout effort pour déterminer la constitution physique des astres, se refuse à toute exploration de l'univers situé au-delà de notre système solaire, rejette l'idée même de l'unité de la matière et proscrit catégoriquement toute recherche visant à déterminer sa structure, au point de prohiber l'utilisation du microscope, condamne toute recherche physique effectuée en dehors des conditions « usuelles », toute théorie de l'évolution des espèces biologiques, toute exploration sur l'origine de la société, etc. Si la théorie de la relativité ou celle du « big-bang », la mécanique quantique, la psychanalyse, la biologie moléculaire et d'autres acquis fondamentaux de la science moderne ne figurent pas explicitement sur cette liste des sujets excommuniés, c'est qu'ils n'existaient pas encore au temps d'Auguste Comte (1798-1857). Je dis bien « explicitement », car certains de ces acquis sont condamnés par anticipation. C'est le cas, par exemple, de la théorie de la relativité dans ses démarches explicatives de la gravitation universelle. Comte écrit à ce sujet : « Quant à déterminer ce que sont en elles-mêmes cette attraction et cette pesanteur, quelles en sont les causes, ce sont des questions que nous regardons tous comme insolubles, qui ne sont plus du domaine de la philosophie positive, et que nous abandonnons avec raison à l'imagination des théologiens, ou aux subtilités des métaphysiciens. La preuve manifeste de l'impossibilité d'obtenir de telles solutions, c'est que, toutes les fois qu'on a cherché à dire à ce sujet quelque chose de vraiment rationnel, les plus grands esprits n'ont pu que définir ces deux principes l'un par l'autre, en disant, pour l'attraction, qu'elle n'est autre chose qu'une pesanteur universelle, et ensuite, pour la pesanteur, qu'elle consiste simplement dans l'attraction terrestre[28]. » Ces propos consacrent l'une des grandes faiblesses, sinon fautes, de la logique comtienne, son refus de concevoir que la science fondamentale a l'avenir devant elle et que les échecs du passé n'interdisent pas des succès futurs. Nous reviendrons à cette curieuse conception du progrès scientifique.

Face à ces positions, et pour la satisfaction posthume d'Ernest Renan, certains ont estimé que le mieux était, tout simplement, de passer cet épisode philosophique sous silence. Ainsi, aucune mention d'aucun genre à Auguste Comte ne figure dans la captivante et populaire *Histoire de la philosophie occidentale* de Bertrand Russell[29] ; il en est de même de l'ouvrage bien connu de W. Dampier sur l'*Histoire de la science*[30], absence d'autant plus frappante que ce titre est complété par « *et de ses rapports avec la philosophie et la religion* ». Il est vrai que ce sont des auteurs anglais. Si je prends le risque de paraître plus indulgent que ces écrivains muets en consacrant quelques pages à ce philosophe français, cela est dû en partie à l'obligation volontairement assumée de vous présenter ici les vues sur la théorie atomique des penseurs de renom, quelle que soit la valeur de leur enseignement, et surtout au fait que les propositions d'Auguste Comte se trouveront en résonance avec les opinions de certains savants importants de l'époque impliqués dans les controverses autour de la théorie atomique.

Auguste Comte était un antiatomiste décidé, tout comme il était, nous l'avons vu, « anti-beaucoup-de-choses » et cette attitude résultait simplement des principes fondamentaux sur lesquels il avait bâti sa philosophie, dite positiviste[31]. En donnant de cette doctrine une pré-

---

28. A. Comte, *Cours de philosophie positive*, Paris, Schleicher frères, 1907.
29. B. Russell, *History of Western Philosophy*, *op. cit.*
30. W. Dampier, *Histoire de la science et de ses rapports avec la philosophie et la religion*, Paris, Payot, 1951.
31. Pour un exposé très clair, voir, par exemple, E. Bréhier, *Histoire de la philosophie*, vol. III, Paris, PUF, coll. « Quadrige », 1964, pp. 751-778.

sentation limitée, adaptée à la problématique de notre livre, je dirai que sa caractéristique essentielle est une double contrainte imposée au développement de la science et de la recherche : une contrainte utilitaire et une contrainte conceptuelle.

La première est liée au but même que Comte assigne à l'ensemble des sciences exactes, à savoir celui de servir d'outil pour la création d'une science sociale qui, reposant sur un tel socle rationnel solide, aurait pour mission d'assurer l'organisation, ou plutôt la réorganisation, de la société. La nature de cette réforme sociale nous importe peu ici ; en revanche, ce qui apparaît dès le départ comme une entreprise dangereuse est la limitation du champ d'action de la recherche scientifique – malgré une réaffirmation de principe de sa liberté totale – par sa subordination à un critère d'utilité, quelle que puisse être la noblesse de l'utilité proclamée. Fort de ce principe, Comte ordonne toutes les sciences selon une hiérarchie dont Michel Serres dira que « cette encyclopédie des sciences exactes était pourtant morte au jour premier de sa naissance[32] ». Or, c'est de cette stratégie fondamentale que découle une bonne partie des exclusions mentionnées au début de ce chapitre. En effet, à quoi peuvent bien servir pour l'organisation sociale, se demande Comte, des études réalisées, par exemple, sous de très hautes ou très basses pressions ? Le côté candide d'une telle interrogation ne saurait masquer l'insuffisance de la réflexion qui l'accompagne. On devine, en revanche, quelles entraves au développement de la science, même sociale, imposerait l'adoption d'un tel dispositif limitatif des connaissances.

La seconde contrainte, plus « conceptuelle », qui est au cœur de toute la construction intellectuelle comtienne, se rapporte aux limites imposées, par principe, à l'étendue ou plutôt à la profondeur de la connaissance, et, par voie de conséquence, à la représentation de la nature et à la méthodologie permissible. La clé de voûte de l'édifice est l'affirmation que la science doit « se borner à étudier les relations invariables qui constituent les lois effectives de tous les événements observables » sans pouvoir jamais prétendre « obtenir aucune notion sur la nature intime d'aucun être, ni sur le mode essentiel de production d'aucun phénomène[28] ». Les hypothèses qui « concernent la détermination des agents généraux auxquels on rapporte les différents genres d'effets naturels [...] sont essentiellement chimériques, ont un caractère antiscientifique, et ne peuvent désormais qu'entraver radicalement le progrès réel de la physique, bien loin de le favoriser ». Le seul but de la science est donc l'établissement des lois des phénomènes, c'est-à-dire des relations

32. Michel Serres, « Auguste Comte et le positivisme » dans *Histoire de la philosophie*, Paris, Gallimard, Encyclopédie de la Pléiade, vol. III, 1974, pp. 151-180.

constantes entre grandeurs déterminables, la connaissance de la nature de leur substrat étant du domaine de la métaphysique. C'est ce que Bachelard appellera[33] « le phénoménisme systématique » ou « la phénoménologie morcelée ». De surcroît, s'il prône l'exclusivité des lois, Comte n'hésite pas à écarter celles qui ne lui conviennent pas. Ainsi, antiatomiste, il rejette la loi des proportions définies de Proust, sous prétexte que, selon lui, elle ne permet pas de prévision : si elle fournit les proportions des constituants dans un composé formé, elle ne peut prédire si celui-ci se formera. En fait, sa sympathie va vers les thèses de Berthollet (Claude Louis, 1748-1822), chimiste éminent de l'époque, qui refusait la loi des proportions définies parce que ses propres travaux sur les alliages, les verres et les solutions l'induisaient à penser que les proportions des composants dans les combinaisons chimiques variaient plutôt dans de larges limites. Remarquons en passant ce que cette situation conflictuelle aurait gagné en clarté par une étude structurale des composés impliqués. Mais une telle étude était pour Comte du domaine de la métaphysique. Par ailleurs, Comte était également opposé à un trop grand perfectionnement des lois, l'excès de précision lui paraissant être incompatible avec leur existence[31]. Curieuse attitude. Si cela ne dépendait que d'Auguste Comte, il aurait sûrement volontiers permis au périhélie de Mercure de continuer à défier la loi de Newton jusqu'à la fin des temps. Avec tous les dommages que cela aurait représenté pour la physique dans son ensemble.

C'est dans le contexte de cette double contrainte et des interdits scientifiques qu'elle implique qu'il nous faut considérer l'attitude d'Auguste Comte vis-à-vis de la théorie atomique, en fait, vis-à-vis de toute recherche visant à la connaissance de la structure de la matière. Cette attitude est le rejet. En toute rigueur, il convient de remarquer que Comte n'est pas absolument opposé à l'emploi occasionnel de la notion d'atomes, mais seulement pour autant que « les spéculations » fondées sur de tels « artifices » sont « utiles » et sous la réserve explicite qu'elles se limitent aux seuls domaines de la physique et de la chimie, et non à celui de la biologie. Laissons la parole à Auguste Comte lui-même[28] : « Il faut reconnaître que [...] chacune de nos sciences réelles, judicieusement réduite à la seule recherche des lois effectives, renferme encore d'importantes questions naturelles, que l'esprit humain ne saurait certainement résoudre jamais, et qui méritent cependant d'être qualifiées de positives. Une juste appréciation, souvent très délicate, du vrai génie de chaque science, doit seule alors présider au choix des artifices correspondants, afin que l'usage d'une telle liberté spéculative seconde l'essor des connaissances effectives, au lieu de l'entraver. On

33. G. Bachelard, *Les Intuitions atomistiques, op. cit.*

peut, à cet égard, indiquer, comme modèle, l'hypothèse, spontanément adoptée en physique, sur la constitution moléculaire des corps, pourvu toutefois qu'on ne lui attribue jamais une vicieuse réalité, et qu'on s'abstienne de l'étendre à des sujets qui la repoussent, par exemple aux études biologiques, double condition trop rarement remplie aujourd'hui [...]. C'est aussi à [la physique] qu'appartient surtout la théorie corpusculaire ou atomistique, qui achève de fonder sa propre constitution logique, où elle convient autant que l'inertie en mécanique. Notre tendance à douer d'une existence objective nos constructions subjectives dénature encore l'une et l'autre conception, en y supposant une exacte représentation de la réalité extérieure [...]. Une aveugle imitation l'a seule transportée en biologie, où elle devient directement contraire à la nature profondément synthétique des notions élémentaires. »

Il évoque à plusieurs reprises l'impossibilité, selon lui, de connaître l'« intime » constitution des corps et le mode « réel » d'agglomération de leurs composantes élémentaires. Il y substitue une conception simpliste de constitution « binaire ». Ainsi, il écrit[28] : « La chimie actuelle devrait profiter, avec plus d'habileté, pour la simplification de ses notions fondamentales, du degré d'indétermination que la nature de ses recherches laisse nécessairement quant à la constitution intime des corps. Le mode réel d'agglomération de leurs particules élémentaires nous étant radicalement inaccessible, et ne pouvant constituer nullement le vrai sujet de nos études chimiques, nous avons toujours, par suite, la faculté rationnelle, dans la sphère bien circonscrite de nos recherches positives, de concevoir la composition immédiate d'une substance quelconque comme seulement binaire. [...] Quand on aura pleinement renoncé à connaître l'intime constitution des corps, à la fois impénétrable et oiseuse, on sentira directement que la chimie relative est toujours autorisée à traiter de binaire une combinaison quelconque. »

Il n'est pas difficile de s'apercevoir, je crois, que c'est la superposition des contraintes dont il s'est volontairement entravé qui a conduit le positivisme dans l'impasse. Si, philosophiquement, on ne saurait réfuter une doctrine prétendant que nous n'arriverons jamais à atteindre la « réalité » des choses – Comte n'est ni le premier ni le dernier à l'affirmer –, la question est de savoir ce que l'on désigne par « réalité » : si l'on désigne par « réalité » ce que certains appelleront dans d'autres circonstances[34] la « réalité indépendante », comprenant par là qu'elle « ne procède pas de l'esprit humain », il existe aussi plus près de nous une autre

34. B. d'Espagnat et E. Klein, *Regards sur la matière. Des quanta et des choses,* Paris, Fayard, 1993.

réalité, que les mêmes dénomment la « réalité empirique », entendant par là l'ensemble de vues que nous, humains, prenons de la « réalité indépendante ». On a l'impression que Comte n'a pas une vision claire ni de l'épaisseur de la réalité empirique, faite d'un grand nombre de strates successives de la connaissance, ni de l'emplacement de la frontière qui sépare ces deux réalités, avec, comme résultat, une tendance à ranger trop facilement dans le domaine de la « métaphysique » tout ce qui n'était pas ou ne lui paraissait pas être la « physique », à son époque. Négligeant les importantes possibilités d'extension de nos connaissances par le biais du progrès technologique (comme en témoigne son interdiction de l'usage du microscope), mettant un frein idéologique à la puissance exploratrice des raisonnements, hypothèses ou théories hardies – pour lui « les hypothèses vraiment philosophiques doivent constamment présenter le caractère de simples anticipations sur ce que l'expérience et le raisonnement auraient pu dévoiler immédiatement, si les circonstances du problème eussent été plus favorables » –, il fige presque l'image scientifique du monde, de sa « réalité empirique », dans son état au milieu du XIXe siècle, sans apparemment saisir que la science moderne n'en était alors qu'à son enfance. Or, « l'enfance des sciences est longue ou pour mieux dire éternelle », comme l'affirme d'Alembert, et il est rare que les enfants sachent bien ce qu'ils seront capables de faire quand ils seront adultes. Croire que l'on n'atteindra jamais un sommet est une chose. S'arrêter au début de la piste qui y mène en est une autre.

La métaphysique d'aujourd'hui peut bien être la physique de demain, sous réserve évidemment qu'on la laisse évoluer. L'atome est, précisément, un des meilleurs exemples d'une telle évolution. De toutes les aberrations de Comte, l'une des plus ahurissantes est certainement l'interdiction du microscope, qui rappelle le refus de certains contemporains et collègues de Galilée de regarder dans son télescope. Comment ne pas opposer à cette attitude frileuse et rétrograde l'enthousiasme prophétique de Francis Bacon, qui, deux siècles avant Comte, faisait l'éloge du microscope, et envisageait que cet instrument permettrait un jour de voir les atomes invisibles de Démocrite. Il avait raison comme le prouve, trois siècles et demi plus tard, l'avènement du microscope à effet tunnel (voir chapitre XIX). Quoi d'étonnant dans ces conditions que, pour Michel Serres[32], Auguste Comte « ne fut, du moins dans les sciences exactes, qu'un collectionneur de tombeaux » et que, pour lui, « Le Cours (de philosophie positive) est, scientifiquement, un cimetière de fossiles ».

L'imposition d'un carcan rigide et d'une extraordinaire étroitesse à l'essor de la recherche scientifique a voué le positivisme à un échec inéluctable. Si beaucoup d'avancées scientifiques dans de nombreux domaines ont contribué à son déclin, puis à sa chute, rien n'aura été plus efficace que l'accumulation continue des découvertes conduisant à la démonstration de l'existence des atomes. À cet égard, Comte a particulièrement mal choisi le moment de son entrée en lice contre la théorie corpusculaire, écrit Jean Ullmo[35] : « L'épreuve suprême, le test, si l'on veut employer ce terme expressif, de toutes les théories strictement positivistes [...] a été le débat sur la théorie atomique et le triomphe de celle-ci. [...] L'avènement de l'objet scientifique "atome", sa fécondité illimitée, ont scellé le sort du positivisme d'étroite observance. » Ullmo précise la signification de cette victoire : « D'où vient donc cette valeur, pour la recherche, des objets scientifiques ? En quoi dépassent-ils les lois dont ils sont issus ? Nous touchons ici un point fondamental : les objets sont plus puissants que les lois parce qu'ils suggèrent des structures... Avancer l'hypothèse d'une structure pour interpréter des lois connues, c'est décrire un nouvel objet, c'est donc fonder une nouvelle théorie explicative... du point de vue du progrès de la science, les relations ne sont que la base de départ, les interprétations l'instrument de travail essentiel. » La suite de ce livre démontre la justesse de cette analyse, notamment dans le cas des atomes.

Somme toute, l'échec du positivisme est la résultante d'une accumulation d'erreurs, l'une des principales étant de ne pas avoir saisi correctement l'interrelation entre l'expérience et la pensée dans la construction et l'évolution de la connaissance scientifique. L'erreur était à la fois « logistique », comme l'est toujours l'abandon d'une partie des moyens dont on dispose ou le défaut de leur coordination, mais aussi « psychologique », comme l'est inévitablement toute tentative de dresser des barrières à l'irrésistible ambition de l'esprit humain d'aller de l'avant. Et ce n'est pas la notion d'« utilité » qui aurait pu compenser l'abandon de cette ambition, cela d'autant moins que rien n'est plus risqué que de décréter *a priori* où se situera l'« utile ». Si nous avions écouté Auguste Comte il n'y aurait, aujourd'hui, non seulement pas d'atomistique, mais pas non plus d'énergie nucléaire, d'astrophysique, de microbiologie, de biologie moléculaire, de virologie, de pharmacologie moléculaire, de thérapie génique et que sais-je encore. Michel Serres[32] exagère à peine en écrivant que « au bilan, toute notre science est non positiviste, elle est formée des interdits du Cours ».

Une autre erreur est d'avoir voulu confier à la philosophie la direction même de l'évolution de la recherche scientifique. Pour y réussir, il aurait fallu infiniment plus d'imagination constructive que n'en possédait Auguste Comte. Poser comme certitude absolue que l'on ne connaîtra jamais la face cachée de la Lune, c'est être moins imaginatif, moins clairvoyant et finalement moins scientifique que... Jules Verne.

35. J. Ullmo, *La Pensée scientifique moderne,* Paris, Flammarion, 1969.

Ce qui a manqué essentiellement à Comte, c'est assez de jugement pour distinguer l'extraordinaire de l'impossible et aussi pour réaliser combien sont aléatoires les prédictions, surtout quand elles s'adressent à l'avenir.

3. Consolidation et contestation (1860-fin du siècle)

« La nature voulant faire vraiment de la chimie a finalement créé le chimiste. »

Bachelard

Dans le prodigieux développement des sciences au cours de la seconde moitié du XIXe siècle, c'est l'essor de la chimie physique et de la chimie organique qui a contribué tout particulièrement à l'élaboration et à la consolidation de la théorie atomique. Pour ses partisans, cette théorie représentait un outil puissant pour la rationalisation d'un nombre croissant de phénomènes dans une optique homogène et cohérente. Toutefois, si les présomptions en leur faveur s'accumulaient continuellement, les preuves directes de l'existence des atomes manquaient toujours (elles ne commenceront à apparaître que dans la dernière décennie du siècle). Devant une telle situation, trois attitudes étaient possibles et se sont effectivement manifestées : une affirmait la réalité d'un monde atomique et poursuivait la recherche des preuves de cette réalité ; une autre adoptait une position d'attente, de réserve, qui, tout en reconnaissant la portée intellectuelle et l'utilité de la théorie atomique, ne se prononçait pas quant à la réalité de la vision du monde matériel qu'elle postulait (telle sera l'attitude de certains chimistes éminents dont les travaux contribueront pourtant puissamment au triomphe de cette théorie) ; la troisième attitude enfin sera celle d'une récusation *a priori* de l'hypothèse atomique, ou du moins, de la possibilité de jamais pouvoir prouver sa justesse. Cette prise de position hostile, même si elle pouvait sciemment ou inconsciemment se rattacher à l'enseignement de la doctrine positiviste, ne sera, en fait, à la longue, que l'expression d'un parti pris, presque d'un préjugé. Cela n'empêchera pas les tenants de cette position, qui comptera dans ses rangs quelques-uns des chimistes les plus éminents et, malheureusement aussi, les plus influents de l'époque, de mener un combat d'arrière-garde farouche contre la théorie atomique. « Qui a jamais vu une molécule gazeuse ou un atome ? » s'exclamera Marcellin Berthelot (1827-1907), porte-étendard de cette minorité agissante, à laquelle cette phrase servira de cri de ralliement. Il est d'ailleurs manifeste que, pour Berthelot, la réponse à cette question, nécessairement négative en ce qui concerne le passé, sous-entendait la persistance de cette même réponse dans l'avenir et affirmait, par là, la vanité de tout effort à prouver le contraire. Nous avons déjà rencontré cette curieuse sous-estimation des possibilités technologiques futures chez Auguste Comte. Mendeleïev était plus perspicace qui disait : « Rien, depuis les champignons jusqu'aux lois scientifiques, ne peut être découvert sans regarder et essayer. » Il convient donc de souligner que, l'influence sous-jacente de la doctrine positiviste mise à part, le combat pour ou contre les atomes, même s'il assume parfois l'allure d'un débat philosophique, se joue essentiellement entre scientifiques. Dans cette seconde moitié du XIXe siècle, le problème laisse relativement indifférents les philosophes, attirés vers d'autres sujets. Si certains d'entre eux abordent ce thème, c'est surtout par un penchant nostalgique pour les grandes idées du passé : ils se réfèrent alors à la théorie atomique antique, les développements modernes les laissant indifférents (voir chapitre XVIII, 5). L'Église, pour sa part, se tient tout à fait à l'écart de la discussion.

Parmi les vastes progrès accomplis en chimie physique et en chimie organique pendant cette période, deux domaines de découvertes ont une signification particulière pour notre sujet et nous y bornerons notre présentation ; présentation très schématique d'ailleurs compte tenu de l'abondance des contributions, de leur enchevêtrement, du nombre d'acteurs impliqués et, parfois, des contradictions internes dues à l'évolution de leur pensée au cours des ans. (Pour plus de détails voir réf. 36-39).

Ces deux domaines privilégiés concernent : d'une part, l'établissement de la classification périodique des éléments, aboutissement heureux des tentatives d'ordonnancement des propriétés chimiques des éléments en fonction de leur poids atomique et, d'autre part, l'émergence et le développement de la chimie structurale, passant de la pure verbalisation de la composition élémentale, atomique ou équivalentiste, des corps à la représentation de leur architecture interne. Ce processus inaugure la théorie moderne de la valence, et, à échéance plus éloignée, celle de la liaison chimique.

Considérons ces deux développements à tour de rôle. La détermination du nombre d'éléments et donc du nombre d'atomes distincts, caractérisés essentiellement par leurs poids atomiques spécifiques, figure parmi les problèmes les plus importants de la théorie atomique

36. R. Mierzecki, *The Historical Development of Chemical Concepts,* Dordrecht, Kluwer Academic Publishers, 1991.
37. B. Bensaude-Vincent et I. Stengers, *Histoire de la chimie, op. cit.*
38. J. Nye, *Molecular Reality,* New York, Macdonald, 1972.
39. J. R. Partington, *A History of Chemistry,* vol. IV, Londres, MacMillan, 1964.

depuis sa reformulation par Dalton. Ce nombre n'a d'ailleurs cessé de croître depuis le temps de ce chimiste-philosophe, qui en décomptait trente-six, jusqu'au milieu du siècle, où il atteignit une soixantaine.

Un pas décisif, à moyen terme sinon dans l'immédiat, vers la reconnaissance de l'importance de la représentation atomique du monde a été accompli par la mise en évidence d'une signification possible des poids atomiques allant au-delà d'une simple caractérisation des éléments par cette propriété physique. À l'origine de cette performance, il y a la prise de conscience, par plusieurs savants – parmi lesquels méritent particulièrement d'être cités Beguyer de Chancourtois (1819-1886), J. A. Newlands (1838-1898) et Lothar Meyer (1830-1895) –, que les propriétés chimiques des éléments manifestent une périodicité évidente en fonction justement de ces poids. La présentation la plus complète et la plus hardie de cette thèse a été donnée, en 1869, par Mendeleïev dans son célèbre Tableau périodique des éléments. Bâti sur les 63 éléments alors connus, avec pour base les poids atomiques obtenus par l'utilisation consistante des densités de vapeur et de l'hypothèse d'Avogadro, ce tableau démontrait, dans le langage même de Mendeleïev, que « les éléments disposés d'après leurs poids atomiques présentaient une périodicité des propriétés », autrement dit pouvaient être groupés, de cette manière, en familles chimiquement identifiables. La cause profonde de ces analogies de comportement chimique n'était guère évidente – elle ne le deviendra qu'un demi-siècle plus tard, quand sera établie la structure électronique des atomes –, mais un pas décisif venait d'être franchi vers la démonstration de la liaison entre les propriétés chimiques et une caractéristique spécifique mesurable des éléments. Mendeleïev a, de plus, fait montre d'une remarquable prescience en décidant courageusement d'inverser parfois l'ordre des éléments, tel qu'il était dicté par leurs poids atomiques connus à l'époque, lorsqu'une telle inversion lui paraissait nécessaire pour la conservation de leur classement en familles chimiques et de laisser des places vacantes dans son tableau, lorsqu'il estimait qu'un élément manquait à l'endroit approprié. L'avenir, comme on le sait, devait justifier pleinement, et dans le détail, ces deux initiatives.

Un autre aspect de l'avènement du Tableau périodique était de substantialiser la supériorité conceptuelle et pratique des poids atomiques par rapport aux équivalents, dont l'utilisation ne permettait pas une construction aussi ordonnée. On sera donc d'autant plus étonné d'apprendre que l'auteur de cette charte fondamentale de l'atomistique, dont l'avenir allait confirmer la signification profonde, bien qu'il ait écrit que « le mot élément appelle l'idée d'atomes », n'a jamais voulu « sauter le pas » et affirmer clairement son adhésion à la thèse de la réalité de ces corpuscules. Dans son esprit, le Tableau périodique semble n'avoir été qu'une traduction d'une conjonction de régularités impliquant les éléments, sans signification nécessaire sur leur nature corpusculaire éventuelle. Dans son cas particulier, cette attitude de précaution, de timidité diront certains, paraît avoir été dictée par son adhésion aux concepts positivistes.

En outre, la très grande variabilité des poids atomiques a suscité l'interrogation sur l'éventuelle composition d'éléments « lourds » à partir soit d'éléments plus « légers », soit d'entités autrement fondamentales. J'ai déjà signalé (chapitre XVIII, 1) l'hypothèse de Prout, qui envisageait la construction de tous les éléments à partir de l'hydrogène. Si Mendeleïev a catégoriquement rejeté cette hypothèse, comme d'ailleurs toute autre proposition affirmant que les éléments, dont il défendait farouchement l'individualité, pourraient être composés d'entités fondamentales communes.

Si Mendeleïev s'est trompé sur ce point, il a eu raison en revanche en observant que « la disposition des éléments, ou des groupes d'éléments, en fonction de leurs poids atomiques correspond à leurs valences ». Mendeleïev n'est pas, loin de là, l'inventeur de l'idée de la valence. On porte, en général, au crédit d'Edward Frankland (1825-1899) la formulation de cette notion, même si, en fait, beaucoup d'auteurs ont contribué à la préciser et à l'affiner[40]. L'affirmation citée, qui établit un cadre structural pour la propriété à laquelle elle se réfère, sera néanmoins une des caractéristiques fondamentales de l'univers atomique : elle nous introduit dans le deuxième domaine de recherches qui confirmera, dans la période concernée, la théorie atomique, à savoir le développement de la chimie structurale.

Les progrès les plus importants dans ce domaine ont lieu en chimie organique, la multiplication prodigieuse des synthèses de substances nouvelles étant accompagnée de tentatives, nombreuses et variées, de leur classification et systématisation d'une part, puis de l'élucidation et de la représentation de leurs structures de l'autre. La théorie de la valence est au cœur de ces développements.

Dans le domaine de la classification et de la systématisation, les avancées les plus significatives sont liées à l'introduction des notions de « radicaux », de « substitutions », de « séries homologues », de « types », etc. Nous exprimerons ces différents concepts en termes atomiques, mais il est vrai que pour bon nombre de chimistes de l'époque ces notions se concevaient souvent préférentiellement en termes d'équivalents.

---

40. Pour des détails sur ce sujet et aussi la discussion sur « les priorités », voir l'ouvrage extensif de C. A. Russell, *The History of Valency,* Leicester University Press, 1971.

La possibilité de transférer des groupements d'atomes conservant leur identité globale, que l'on appellera radicaux (Laurent) ou résidus (Gerhardt), d'un composé à l'autre a été mise en évidence, dans les années 1830-1840, par plusieurs chimistes organiciens, parmi lesquels Friedrich Wöhler, Justus Liebig et Jean-Baptiste Dumas sont les plus renommés. Cette possibilité a conduit, dès cette période, à un développement spectaculaire de la notion de *substitution*, les chimistes étant persuadés d'avoir avec ces radicaux un grand jeu de construction dont ils pouvaient, à volonté, assembler et déplacer les éléments. Dumas et Laurent ont, pour toujours, attaché leurs noms au développement de cette technique dont l'essor a conduit rapidement à la mise en évidence de *séries homologues* de substances (avec les contributions particulièrement importantes dans ce domaine de Laurent, de Gerhardt et, dans les années 1860, de Marcellin Berthelot), ce qui a entraîné, à son tour, l'introduction de la notion de *types* (aujourd'hui nous dirions plutôt de *prototypes*), modules élémentaires dont on pouvait déduire les membres des différentes séries par des manipulations appropriées des éléments et des radicaux. La contribution la plus remarquable dans ce domaine est due à Gerhardt, qui a discerné l'existence de quatre « types » principaux constitués par l'hydrogène, l'acide chlorhydrique, l'eau et l'ammoniac, que nous écrirons, pour une fois, dans ses notations propres :

$$\left\{\begin{matrix} \mathrm{H} \\ \mathrm{H} \end{matrix}\right. \qquad \left\{\begin{matrix} \mathrm{H} \\ \mathrm{Cl} \end{matrix}\right. \qquad \left.\begin{matrix} \mathrm{H} \\ \mathrm{H} \end{matrix}\right\} \mathrm{O} \qquad \left.\begin{matrix} \mathrm{H} \\ \mathrm{H} \\ \mathrm{H} \end{matrix}\right\} \mathrm{N}$$

Cette analyse, qui fait apparaître la capacité variable des différents éléments à servir de supports pour la formation des liaisons interatomiques[41], souligne l'importance de la notion de leur « valence ». Le terme même de « valence » ne sera introduit qu'en 1868 par Wichelhaus ; auparavant on utilisait fréquemment « atomicité », ou encore « basicité », « unités d'affinités », etc. Vers le milieu du XIXe siècle, on s'accordera à définir la valence d'un élément justement par le nombre d'atomes d'hydrogène avec lesquels cet élément pouvait se combiner. Ainsi, comme il résulte des « types » précédents, l'hydrogène et le chlore sont monovalents, l'oxygène est bivalent, l'azote trivalent. Une

41. Il peut être intéressant, ou amusant, de signaler ici qu'un des adeptes de Gerhardt dans le développement de la théorie des types, Alexander Wilhelm Williamson (1824-1904), a cru pouvoir faire dériver tous les composés chimiques par substitutions successives d'un seul type fondamental : l'eau et l'« eau polycondensée ». C'était un retour, par un chemin original, vers les idées de Thalès de Milet, avec autant d'insuccès d'ailleurs.

avancée d'importance dans ce domaine est due à August Kekulé (1829-1896), grâce à sa mise en évidence de la tétravalence du carbone – élément central de la chimie organique et bientôt de la chimie biologique –, de la possibilité des carbones de se lier les uns aux autres et de former ainsi des édifices volumineux et complexes et de leur aptitude à le faire à l'aide d'une ou deux valences : situation illustrée magistralement par la célèbre formule hexagonale du benzène, proposée en 1865, à propos de laquelle Kekulé a introduit, de surcroît, l'idée de l'« oscillation » des valences simples et doubles entre carbones adjacents, idée prémonitoire de la théorie moderne de la résonance (voir chapitre XIX).

Ces développements, et d'autres encore dus entre autres à Archibald Scott Cooper (1831-1892) et Alexandre Boutlerov (1828-1886), ont favorisé une réflexion sur l'agencement même des atomes dans la construction des structures moléculaires. Quelle que soit la solidité et la capacité de transférer des groupements d'atomes, « radicaux » ou « résidus », d'un composé à l'autre au cours des réactions chimiques, c'est à l'arrangement des atomes que l'on devait rapporter en dernière analyse la constitution des corps. En d'autres termes, le problème se rapportait à la possibilité (ou l'impossibilité) de passer des formules « brutes » des composés chimiques, qui se bornent à indiquer les rapports numériques entre les atomes les constituant, aux formules « développées », qui ont pour mission de spécifier l'identité des atomes effectivement liés.

Toutefois, si une telle évolution, vue dans la perspective historique, nous paraît aujourd'hui toute naturelle, il n'en fut guère ainsi au XIXe siècle, où une telle transformation n'a pas manqué de soulever beaucoup de questions. En effet, si aujourd'hui il existe une multitude de méthodes physiques – dont la plus célèbre est certainement la diffraction des rayons X – pour la détermination des structures, il n'en était pas de même au XIXe siècle, où ce sont les réactions chimiques qui représentaient pratiquement le seul moyen d'approcher le problème. Approche indirecte, donc, avec les inconvénients que cela implique nécessairement.

Une autre difficulté majeure a freiné l'émergence des formules développées : invoquée expressément par Kekulé, elle correspondait à l'impossibilité de traduire l'arrangement spatial des atomes dans une représentation à deux dimensions. Cette déficience de la description plane est devenue plus évidente encore après la découverte des isomères et, en particulier, des isomères optiques, que Louis Pasteur (1822-1895) avait reliés, dès 1848, à une dissymétrie dans la structure interne des molécules de composition globale identique, et qu'il avait explicitement envisagés, en 1860, comme pouvant résulter des variations dans les arrangements des atomes.

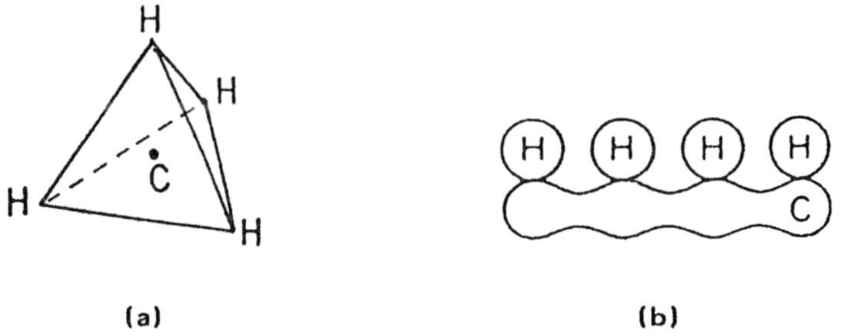

Figure 9. – Représentation du méthane (CH_4) :
a) par Le Bel et Van't Hoff ; b) par Kekulé.

Un progrès décisif vers la solution de cet aspect du problème des structures a été accompli, en 1874, par Le Bel (Achille Jacques, 1847-1930) et Van't Hoff (Jacobus Hendricus, 1852-1911), grâce à leur brillante hypothèse sur le « carbone asymétrique » selon laquelle les quatre valences du carbone devaient être orientées vers les sommets d'un tétraèdre régulier dont l'atome de carbone occupait le centre. La dénomination « asymétrique » se référait à la possibilité qu'offrait ce modèle de rendre compte de l'existence des isomères optiques dans les dérivés polysubstitués du méthane. Cette proposition faisait franchir à la représentation des structures un pas décisif en lui ouvrant l'espace tridimensionnel. Pour s'en persuader, il suffit de comparer le tétraèdre par lequel cette théorie représentait le méthane *(figure 9a)* avec la notation « en chenille » *(figure 9b)* par laquelle le même composé était auparavant représenté par Kekulé.

Le Bel et Van't Hoff auraient pu utiliser leur modèle spatial comme un argument puissant en faveur de la réalité des atomes. On lit pourtant sous la plume de Van't Hoff, dans une lettre à Svante Arrhenius[42] : « Les représentations, l'atome, la molécule, leurs dimensions et peut-être leurs formes sont après tout quelque chose de douteux, comme l'est le tétraèdre lui-même. » Au reste, cette audacieuse théorie n'a pas rencontré d'agrément général et immédiat, elle a même suscité de vives réactions. Ainsi un des grands chimistes organiciens de l'époque, Adolphe Wilhelm Kölbe (1818-1884), écrit-il : « Il n'y a pas longtemps j'ai fait remarquer que le manque d'une bonne éducation libérale chez beaucoup de professeurs est une des causes de la détérioration de la recherche chimique. Il en résulte une prolifération de la mauvaise herbe

42. Citée dans J. Nye, *Molecular Reality, op. cit.*

sous forme d'une philosophie naturelle en apparence profonde mais en réalité triviale et creuse. Cette explication effacée il y a cinquante ans des sciences naturelles exactes est actuellement en train d'être récupérée par des charlatans scientifiques sortis de l'humus des erreurs de l'humanité. Comme une vieille prostituée usée, elle est vêtue d'une façon tapageuse et introduite en fraude dans la société convenable où elle est hors de son milieu. Que ceux qui trouvent mes soucis exagérés, veuillent bien lire, s'ils le peuvent, la monographie récente d'un Monsieur Van't Hoff, intitulée l'Arrangement des atomes dans l'espace, un livre gonflé de bêtise infantile... Ce jeune camelot, employé au Collège de la Vache à Utrecht, n'a apparemment aucun goût pour la recherche chimique exacte. Il préfère enfourcher son cheval ailé, son Pégase, emprunté évidemment aux étables du Collège de la Vache et proclame que dans son vol audacieux vers son Mont Parnasse chimique il a vu les atomes arrangés dans l'espace. Le monde chimique sobre n'a aucun goût pour de telles hallucinations. » Je pense que cette diatribe se passe de commentaire. Si certains s'étonnent qu'une critique de cette nature ait pu paraître dans un journal scientifique (en l'occurrence *Journal für praktische Chemie*), l'explication en est que Kölbe lui-même en était l'éditeur. J'aurais tout de même aimé voir la réaction qu'aurait eue ce savant distingué s'il avait vécu assez longtemps pour voir le premier prix Nobel de physique accordé en 1901 à... Van't Hoff.

Pour compenser les excès de langage et l'étroitesse de la vision de Kolbe, qu'il me soit permis de citer ici une déclaration faite vers la même période, en 1867, par Kekulé, déclaration qui, tout en indiquant le poids des préoccupations philosophiques chez ce savant, contient une image raisonnablement positive de l'atomisme que se faisaient ceux des chimistes de l'époque qui n'essayaient pas de contenir dans un cadre dogmatique préfabriqué le sens des découvertes scientifiques : « La question de savoir si les atomes existent ou non a peu de signification du point de vue de la chimie ; sa discussion relève plutôt de la métaphysique. En chimie, nous devons uniquement décider si l'hypothèse des atomes est adaptée à l'explication des phénomènes chimiques. [...] Je n'hésite pas à affirmer que, du point de vue philosophique, je ne crois pas dans l'existence réelle des atomes, pour autant que l'on doive comprendre ce terme dans sa signification littérale désignant des particules indivisibles de la matière. J'espère plutôt que nous trouverons un jour pour ce que nous appelons aujourd'hui les atomes, une explication mathématico-mécanique, qui rendra compte du poids atomique, de l'atomicité (valence) et de beaucoup d'autres propriétés de ces soi-disant atomes. En tant que chimiste, toutefois, je considère l'hypothèse des atomes, non seulement comme recommandable mais comme absolument nécessaire en chimie. J'irai même plus loin en déclarant ma conviction que les atomes chimiques existent, sous réserve que l'on désigne par ce terme les particules de matière qui ne subissent plus aucune division dans les transformations chimiques. Même si le progrès de la science devait conduire un jour à une théorie sur la constitution des atomes chimiques – toute importante qu'une telle connaissance puisse être pour la philosophie générale de la matière – cela ne saurait faire que peu de différence en chimie. L'atome chimique restera toujours l'unité chimique. »

4. Les derniers Mohicans de l'antiatomisme

« Tu ne te feras point d'image... »
Exode 20, 4

S'il est assez aisé de se figurer les hésitations des savants face au problème que soulevaient l'accumulation continue des indices favorables et l'absence persistante, en même temps, de preuves irréfutables en faveur de la théorie atomique, la position parfois violemment antiatomiste de quelques-uns des plus illustres chimistes de l'époque laisse en revanche perplexe. La controverse la plus ardue pour ou contre un univers atomique, qui se prolongera jusqu'au début du XXe siècle, se jouera donc entre savants, mais par la nature des arguments utilisés, surtout de la part des adversaires de la théorie atomique, revêt souvent un aspect philosophique. De façon consciente ou inconsciente, elle traduit généralement chez les antiatomistes le reflet d'une attitude positiviste, prétendant « ramener la science à un phénomène systématique en se gardant également des affirmations réalistes et des idées de pure théorie », se présentant comme « un code de précaution pour éviter l'erreur plutôt qu'une méthode de pensée en quête de découvertes[33] ».

Parmi les derniers combattants de la cause perdue de l'antiatomisme, nous distinguerons, d'une part, les *équivalentistes* et, de l'autre, les *énergétistes.*

– Les équivalentistes

Les plus renommés et les plus combatifs des équivalentistes sont Henri Sainte-Claire Deville (1818-1881) et Marcellin Berthelot (1827-1907). Du premier il nous suffira de reproduire le texte suivant[43] : « Toutes les fois que l'on a voulu imaginer, dessiner des atomes, des groupements de molécules, je ne sache pas qu'on ait réussi à faire autre

43. H. Sainte-Claire Deville, *Leçons de la Société chimique,* le 28 février et le 6 mars 1867.

chose que la reproduction grossière d'une idée préconçue, d'une hypothèse gratuite, enfin de conjectures stériles. Ces représentations n'ont jamais inspiré une expérience sérieuse, elles sont toujours venues non pour prouver, mais pour séduire ; et ces illustrations qui sont aujourd'hui si fort en vogue sont, pour la jeunesse de nos écoles, un danger plus sérieux qu'on ne pense. Elles frappent les yeux et satisfont l'esprit d'une manière trompeuse : elles font croire à une interprétation réelle des faits et oublier notre ignorance [...]. Je n'admets ni la loi d'Avogadro, ni les atomes, ni les molécules, ni les forces, ni les états particuliers de la matière, refusant absolument de croire ce que je ne puis ni voir ni même imaginer. »

En effet, Sainte-Claire Deville semble, pour le moins, manquer d'imagination. Or, comme le remarquera plus tard J. B. S. Haldane : « La nature n'est pas seulement plus bizarre que nous ne le pensons, mais plus bizarre que nous ne pouvons l'imaginer. »

Le cas de Berthelot est plus intéressant. D'une part, parce que antiatomiste décidé et persévérant, il a présenté ses objections d'une façon très élaborée. D'autre part, parce que son rôle a été beaucoup plus néfaste, dans la mesure où il a occupé dans l'administration de l'État des postes élevés qui lui ont donné la possibilité de freiner fortement la propagation et l'enseignement des idées qui lui déplaisaient : ce sont ses décisions qui ont pratiquement interdit l'enseignement de la théorie atomique et imposé celui des équivalents jusqu'en 1890. En effet, Berthelot était un équivalentiste convaincu qui, dans le plus pur style positiviste (et bien qu'il s'en défendît), bornait l'objectif de la science à l'établissement des classifications et au constat des relations entre les phénomènes observables. L'hypothèse atomique n'était pour lui qu'une « cause de confusion » indigne de servir de base à l'enseignement de la chimie : « La définition de l'équivalent – écrivait-il[44] – est une notion claire, susceptible, en général, d'être réalisée par des expériences précises. Il n'en est pas de même de la définition de l'atome, qui repose tantôt sur la notion d'équivalence déguisée ; tantôt sur la notion de la molécule gazeuse, ce qui est une pétition de principe ; tantôt sur la notion de la chaleur spécifique des éléments solides, quantité variable et qui ne peut servir de base à une définition rigoureuse. En un mot, l'atome est défini dans le nouveau système par trois notions différentes, qui conduisent souvent à des résultats incompatibles, entre lesquels le choix est arbitraire. La définition de l'atome l'est donc également, et c'est à cause de la confusion jetée dans la science par cette hypothèse mal définie que nous refusons d'y voir la base de l'enseignement de la Chimie. »

---

44. M. Berthelot, *Comptes rendus de l'Académie des sciences*, 1877, 84, 1189-1195.

Il défendit ses opinions en toutes occasions et, tout particulièrement, au cours du célèbre débat entre équivalentistes et atomistes qui eut lieu à l'Institut de France, du lundi 9 avril au lundi 25 juillet 1877 (l'Académie des sciences se réunissait alors et se réunit toujours le lundi), où son opposant principal était Charles-Adolphe Wurtz (1817-1884), le plus éminent des atomistes français[45]. Donnons la parole à Berthelot : « La Science doit être formulée par des lois et non par des hypothèses. En effet, les lois peuvent être proposées, discutées, établies d'une manière définitive ; elles sont alors le fondement solide d'une science qui se développe sans cesse, suivant des formules et un langage acceptés de tous. Eh bien ! c'est cette situation heureuse que la Chimie n'a pas encore réussi à réaliser, comme l'ont fait la Physique et l'Astronomie. Certes la chimie, elle aussi, possède des lois, des vérités générales, aussi nettes, aussi bien établies que celles des astronomes et des physiciens. Mais diverses personnes refusent de prendre ces lois comme le point de départ de notre science, et sa seule base légitime, ainsi que MM. Dumas et Liebig l'avaient fait, il y a quarante ans, avec l'assentiment universel ; aujourd'hui, un certain nombre de chimistes, moins accoutumés à la précision des notions physiques, prétendent remplacer la définition rigoureuse des lois elles-mêmes par les images représentatives de ces lois, c'est-à-dire par des hypothèses, variables avec chaque génération, chaque secte, chaque personnalité. Attribuer à ces hypothèses leur véritable caractère, ce n'est point faire reculer la science, c'est-à-dire abandonner des vérités acquises ; mais c'est permettre aux savants, allégés d'un bagage superflu, de s'avancer avec plus de certitude dans la recherche des lois réelles de la Mécanique moléculaire [...]. Si nous sommes aujourd'hui d'accord sur les lois générales de la chimie, si nous arrivons à les exprimer à certains égards par les mêmes mots, espérons que cet accueil s'étendra un jour plus loin, je veux dire que nous verrons disparaître des théories scientifiques, ces hypothèses abstruses sur les atomicités latentes, sur les molécules détendues, sur le lieu véritable des atomes dans l'espace, sur les atomicités qui se saturent réciproquement au sein des corps simples... »

Ses objections s'étendent à la notation atomique. Déjà, en 1860, il écrivait dans son grand ouvrage *La Chimie organique fondée sur la synthèse* : « Presque tous les systèmes construits en chimie organique depuis vingt-cinq ans présentent ce caractère commun et singulier d'être fondés à peu près exclusivement sur la combinaison des signes et des formules. Ce sont des théories de langage et non des théories de

45. Un compte rendu de ce long débat a été présenté par P. Colmant dans *La Revue des questions scientifiques*, 1977, 33, 493-519.

faits. Aussi est-il arrivé bien souvent aux chimistes de prendre les propriétés des nombres cachées dans leurs formules pour les propriétés mystérieuses des êtres véritables : illusion analogue à celle des pythagoriciens, mais peut-être moins justifiée par la nature des sciences expérimentales.

« Il nous paraît inutile d'exposer en détail de telles conceptions qui ne sont d'aucune application au point de vue qui nous préoccupe. En effet, elles conduisent à opérer sur les rapports numériques des éléments, et non sur les corps eux-mêmes, en rapportant toutes les réactions à une unité type, nécessairement imaginaire. Bref, elles enlèvent aux phénomènes tout caractère réel, et substituent à leur exposition véritable une suite de considérations symboliques sur lesquelles l'esprit s'exerce avec plus de facilité que sur les réalités proprement dites.

« Les symboles de la chimie présentent à cet égard d'étranges séductions, par la facilité algébrique de leurs combinaisons et par les tendances de l'esprit humain, naturellement porté à substituer à la conception directe des choses, toujours en partie indéterminée, la vue plus simple et plus complète en apparence de leurs signes représentatifs. »

L'attaque de Berthelot, au-delà de la problématique atomique, vise le rôle des hypothèses et des théories dans les sciences exactes. Face aux attaques de Berthelot, Wurtz, tout en insistant sur la nécessaire distinction entre les faits et les hypothèses ou les théories, défend énergiquement leur utilité. Ainsi déclare-t-il à l'Académie des sciences à la séance du lundi 4 juin 1877[46] : « La notation atomique est fondée, non sur telle considération choisie arbitrairement ; elle repose sur un ensemble de données chimiques et physiques. Quant à l'hypothèse atomique qui donne un corps à cette notation, qui oserait méconnaître l'influence qu'elle a exercée, qu'elle exerce toujours sur le domaine de la Science ? N'a-t-elle pas entre autres avantages, celui de relier entre elles les lois physiques que je viens de rappeler et qui, sans elle, demeureraient sans liens ?... Dans l'interprétation que nous donnons des faits, nous nous efforçons de serrer de près et de coordonner les données expérimentales, bien convaincus que ces dernières sont les bases inébranlables de la Science, mais sans répudier absolument les hypothèses, car aucune science ne peut s'en passer, aucun savant ne s'en abstient dans le travail synthétique qui résume et ordonne les faits en les subordonnant à des principes généraux. » Dans sa défense de l'atomisme, Wurtz fut épaulé par deux autres chimistes éminents, Charles Friedel (1832-1899) et Paul Schutzenberger (1829-1897), celui-ci traitant les équivalents de système « mixte et bâtard ». Quoi qu'il en soit, l'action de Berthelot a eu des conséquences néfastes à la fois sur le développement de l'enseigne-

46. Ch. A. Wurtz, *La Théorie atomique*, Germer Baillère et Cie, 1879.

ment chimique et sur celui de la recherche et même de l'industrie[47]. Bachelard[33] a remarquablement décrit la situation de l'enseignement en France, telle qu'il l'a connue encore lui-même : « À cet égard, il serait très instructif de pénétrer l'esprit qui présidait à l'enseignement de la chimie au début du XXe siècle, et même en France, il y a seulement une dizaine d'années. La plupart des livres scolaires, suivant en cela d'étranges instructions ministérielles, reportaient l'hypothèse atomique à la fin du chapitre consacré aux lois de la chimie. Souvent même, l'hypothèse atomique figurait en appendice pour bien marquer qu'on devait enseigner toute la chimie dans la bonne forme positiviste, par les faits et seulement par les faits. On devait exposer les lois des combinaisons pondérales – lois simples, si claires, si bien enchaînées dans l'intuition atomique – en se gardant de toute référence à l'intuition. L'adresse consistait à ne pas prononcer le mot d'atome. On y pensait toujours, on n'en parlait jamais. Certains auteurs pris de scrupules tardifs donnaient une courte histoire des doctrines atomistiques, mais toujours après un exposé uniquement positif. Et cependant combien ces livres rigoureux eussent paru plus clairs avec l'autorisation de les lire en sens inverse ! »

– Les énergétistes

L'autre école de pensée opposée à l'atomisme, dont l'activité s'est développée durant la deuxième moitié du XIXe siècle et s'est étendue même à la première décennie du XXe, est celle des *énergétistes*. Parmi les représentants les plus marqués de cette école, on distingue l'Autrichien Ernst Mach (1838-1916) et Wilhelm Oswald (1853-1932) en Allemagne, et Pierre Duhem (1861-1916) en France. Variante du positivisme, l'énergétisme prône l'étude purement phénoménologique de la nature, rejette toute hypothèse sur sa réalité objective et élimine toute tentative d'« explication » de la nature. La science n'a pas à se préoccuper des « choses en soi », sa mission se borne à l'établissement de correspondances entre les lois expérimentales et la logique mathématique. L'énergétisme se caractérise donc par un refus catégorique d'un appel aux modèles, ce qui implique inévitablement un refus de considérer comme démarche scientifique l'étude de la structure « intime » des corps, sous-jacente à leur comportement phénoménologique. Duhem écrit[48] : « Nous ne discuterons pas si les corps sont réellement continus ou s'ils sont formés de parties disjointes séparées par le vide ; si ces par-

47. Voir l'excellente biographie par J. Jacques, *Berthelot, autopsie d'un mythe,* Paris, Belin, 1987.
48. P. Duhem, *Traité d'énergétique et de thermodynamique générale,* Paris, Gauthier-Villars, 1911.

ties disjointes ont des dimensions finies, bien que très petites, ou bien si ce sont de simples points. Toutes ces questions au sujet de la constitution réelle des corps ne sont pas objet de Physique, mais de Métaphysique... La Physique cherche seulement à construire, au moyen de notions empruntées aux Mathématiques, un système logique qui fournisse une image approchée des lois relatives aux corps. »

Une théorie n'est, pour lui, qu'un « système de propositions mathématiques, déduites d'un petit nombre de principes, qui ont pour but de représenter aussi simplement, aussi complètement et aussi exactement que possible, un ensemble de lois expérimentales ».

De façon analogue, Oswald écrit dans son article célèbre sur « La déroute de l'atomisme contemporain[49] », paru à peu près au moment où l'atomisme amorçait une ascension irrésistible vers son triomphe final : « Alors, dira-t-on, s'il faut renoncer aux atomes, à la mécanique, quelle image de la réalité nous restera-t-il ? Mais on n'a besoin d'aucune image, d'aucun symbole... Établir les rapports entre des réalités, c'est-à-dire des grandeurs tangibles, mesurables, de telle sorte que, les unes étant données, les autres s'en déduisent, voilà la tâche de la science et la science ne l'a pas remplie quand elle se paie d'une image plus ou moins hypothétique. »

À la primauté du phénomène s'attache, chez les énergétistes, la primauté des sensations, seule source de nos connaissances sur le monde. Ce principe était affirmé avec une vigueur particulière par Mach[50] : les corps, les objets ne sont, selon lui, qu'une somme des sensations que nous ressentons. Cet ensemble constitue donc la seule réalité qui nous soit accessible et qu'il s'agit de décrire aussi simplement que possible, avec le minimum d'effort de pensée, selon le critère d'« économie mentale » (qui n'est pas sans rappeler le principe de « moindres frais », entendez « nécessitant le moins de postulats », par lequel Maupertuis distinguait les « meilleures hypothèses »).

Quant aux principes sur lesquels était fondée la doctrine énergétiste, ce sont, nous l'avons dit, des constructions de logique mathématique sur lesquelles s'appuient les lois expérimentales. Au centre de la doctrine figure l'affirmation de la primauté absolue de l'énergie comme agent régisseur du monde physique, permettant l'appréhension, la classification et l'unification de tous les phénomènes (mécaniques, thermiques, chimiques) qui constituent le monde perceptible. L'expression triomphante de ce message est contenue dans les principes

---

49. W. Oswald, *Revue générale des sciences pures et appliquées,* 1895, n° 21.
50. Voir, par exemple, E. Mach, *La Mécanique,* 1883 (Paris, Hermann, 1904), et *Analyse des sensations,* 1886.

fondamentaux de la thermodynamique : le principe de la conservation de l'énergie, le principe de Carnot et Clausius. Son but : décrire et codifier les conditions des transformations qui rendent possibles les réactions d'une matière, à propos de laquelle on se refuse à faire quelque hypothèse que ce soit. Tout au moins pour ceux qui, comme Duhem, admettaient l'existence même de cette matière. Oswald, champion le plus intransigeant d'un énergétisme pur et dur, récusait l'existence même de cette dernière. Ainsi, après avoir annoncé victorieusement[49] : « C'est à nous-mêmes qu'échoit le bonheur, et notre siècle mourant fait au siècle naissant le legs scientifique le plus fécond en espérances : il lui lègue la théorie énergétique », il ajoute : « La matière est une invention, assez imparfaite d'ailleurs, que nous nous sommes forgée, pour représenter ce qu'il y a de permanent dans toutes les vicissitudes. La réalité effective, c'est-à-dire celle qui fait effet sur nous, c'est l'énergie. » Dans cette optique, la jonction entre le monde des sensations, le seul qu'il admet, et nous réside dans le fait que « toutes nos sensations ont un caractère commun et un seul : elles correspondent à une différence d'énergie entre les organes des sens et le milieu qui les entoure ».

Les avantages d'une telle position lui paraissent évidents et représentent autant de critiques du mécanisme : « D'abord la science de la nature serait affranchie de toute hypothèse. Ensuite, point ne serait besoin désormais de nous inquiéter de forces, dont nous ne pouvons démontrer l'existence, agissant entre des atomes que nous ne pouvons voir, mais des quantités d'énergie mises en jeu dans le phénomène étudié. Celles-là, nous les pouvons mesurer, et tout ce qu'il nous est nécessaire de savoir est susceptible de s'exprimer sous cette forme. »

En outre, comme presque tous les antimécanistes, Oswald récuse tout particulièrement la possibilité d'appliquer la théorie atomique à la biologie, attitude quelque peu attardée à l'aube du XXe siècle : « L'atomisme est une entreprise qui a piteusement échoué devant toute expérience sérieuse de vouloir rendre compte par la Mécanique de tous les phénomènes physiques connus. Cette entreprise peut bien moins réussir si elle s'attaque aux phénomènes incomparablement plus compliqués de la vie organique. La tentative n'a même pas la valeur d'une hypothèse auxiliaire : c'est une erreur pure et simple. » Ainsi, « pour écarter l'hypothèse des atomes Oswald élimine la matière », comme le dit A. Brenner[51], qui assimile cette attitude à une « métaphysique moniste » et à laquelle il oppose l'attitude plus mesurée de Duhem, qui ne rejette pas la réalité de la matière en tant que telle[52].

---

51. A. Brenner, *Duhem, science, réalité et apparence*, Paris, J. Vrin, 1990.
52. P. Brouzeng, *Duhem, science et providence*, Paris, Belin, 1987.

« Nous demeurons, écrit-il[53], en deçà des doctrines pour lesquelles l'existence substantielle de matières diverses et massives devient une illusion. » Il rejette, en revanche, toute hypothèse sur leurs structures intimes. Ainsi, il affirme[54] : « Toutes les hypothèses sur la nature intime de la matière, sur la structure des mélanges et des combinaisons chimiques, et spécialement toutes les hypothèses atomistiques, seront bannies du domaine de la science ; il ne sera fait aucun usage de principes tirés de ces hypothèses ; si une expression n'a de sens qu'autant que l'on admet, explicitement ou implicitement, ces suppositions, on la rejettera impitoyablement ; ou bien, avant de l'adopter, on en donnera une définition nouvelle, absolument franche des doctrines auxquelles on est résolu de ne plus faire appel ; les définitions, les propositions de la Mécanique chimique ne porteront, en dernière analyse, que sur des grandeurs représentant des propriétés physiques mesurables. »

Duhem ne rejette pas la théorie atomique parce qu'elle est hypothétique, ainsi que le constate Maiocchi : « L'aversion duhemienne à l'égard de l'atomisme s'enracine dans sa conviction que l'on doit repousser toute théorie employant des modèles figuratifs. Si Mach voyait dans l'usage de la figuration analogique, en particulier dans la version maxwellienne, la voie tracée pour la recherche scientifique, il refusait les modèles atomico-moléculaires, en ce qu'ils ne sont que de mauvaises figurations. Quant à Duhem, il refusa toute figuration[55]. »

Ce rejet délibéré d'une description atomique de la matière n'empêche pas Duhem de critiquer certaines propositions précises de la théorie atomique, ainsi que le symbolisme qu'elle utilise. Il le fait longuement dans son livre *Le Mixte et la combinaison chimique*[54]. La nature de ses objections, à propos de deux thèmes centraux de la théorie atomique : la notion de valence et la signification des lois pondérales, est particulièrement intéressante. Ainsi, écrit-il, « la notation chimique moderne, fondée sur la notion de valence, et si improprement nommée notation atomique, se montre admirable instrument de classification et de découvertes tant qu'on y cherche seulement une représentation figurée, un schéma des idées diverses qui ont trait à la substitution chimique ; mais lorsqu'on y cherche une image de l'agencement des atomes et de la structure des molécules, on ne rencontre plus de toutes parts qu'obscurité, incohérence et contradiction. »

De tels arguments ne sont pas nouveaux. Toutefois, ce que Duhem estime comme « une insoluble contradiction » à laquelle on se heurte lorsque l'on envisage la notion de valence « comme une propriété

53. P. Duhem, *L'Évolution de la mécanique*, Paris, A. Joanin, 1903.
54. P. Duhem, *Le Mixte et la combinaison chimique*, Paris, Fayard, 1902.
55. R. Maiocchi, *Revue internationale de philosophie*, 1992, 46, 376-389.

intrinsèque de l'atome, comme une conséquence de sa figure » est instructif. La « contradiction » en question provient de ce que la valence d'un élément peut varier d'une de ses combinaisons à une autre. Duhem cite l'exemple de l'azote, qui peut être, selon les circonstances, trivalent ou pentavalent, ce qui conduit à admettre l'existence dans l'azote de trois « atomicités du premier ordre » et de « deux atomicités du second ordre » qui ne sauraient avoir la « même cause ». En effet, « si les cinq atomicités étaient absolument identiques entre elles, les raisons de symétrie rendraient absurde l'existence de composés où trois de ces atomicités seraient satisfaites tandis que les deux autres seraient libres. Nous devons donc admettre qu'entre une atomicité de premier ordre de l'atome d'azote et une atomicité de second ordre du même atome, il existe une différence essentielle, quelles que soient d'ailleurs l'origine et la nature de cette différence ». À la question : « Cette distinction est-elle admissible ? », il répond par la négative[56]. Réponse erronée, nous le savons aujourd'hui, et nous savons aussi pourquoi : c'est parce que Duhem éliminait de ses réflexions toute considération de structure. Or, même le simple modèle de Démocrite, avec ses atomes insécables mais munis de crochets ou d'autres aspérités, permet de comprendre cette multivalence. Il suffit pour cela d'imaginer que l'atome d'azote possède trois « crochets » d'un certain type et deux d'un autre pour concevoir la possibilité d'un comportement trivalent ou pentavalent. En fait, ce point de vue a été défendu explicitement par le chimiste français D. Naquet[57] et le phénomène lui-même recevra une explication plus élégante lorsque sera établie la structure électronique des atomes. Duhem ne peut donc s'en prendre qu'à lui-même, à son rejet dogmatique de considération de structure, de ne pas être capable de concevoir un mécanisme pour la compréhension de la multivalence des éléments. Il est impossible de franchir une porte que l'on a soi-même complètement verrouillée et dont on a jeté la clef.

Un autre exemple illustre les astuces intellectuelles auxquelles Duhem pouvait recourir dans son rejet de la théorie atomique. Ainsi, il reconnaît qu'« aux doctrines atomistiques, il reste un fondement dont il ne faut ni méconnaître l'existence, ni exagérer la solidité, et ce fondement, c'est la loi des proportions multiples ». Il refuse, toutefois, d'en reconnaître la validité indéniable, parce que selon lui aucune mesure expérimentale ne sera jamais assez précise pour confirmer d'une manière irréfutable la validité de cette loi. Il reconnaît qu'elle ne saurait

56. Signalons que Kekulé a adopté une position analogue, estimant que, puisque la valence est une propriété fondamentale des éléments, elle doit être invariable, comme le poids atomique (voir C. A. Russell, *The History of Valency, op. cit.*).
57. D. Naquet, *Comptes rendus de l'Académie des sciences,* 1864, 58, 381.

la contredire non plus. Pour lui, cette loi, tout simplement, « échappe aux prises de la méthode expérimentale ». Et à supposer même qu'elle soit vérifiée : « Cette victoire est-elle décisive ? Pour qu'il en fût ainsi, il faudrait que l'interprétation de la loi des proportions multiples, fournie par la théorie atomique, fût non pas seulement une interprétation plausible, séduisante, mais encore la seule interprétation possible. Or, qui oserait se porter à ce point garant de cette interprétation et affirmer qu'aucune autre explication ne saurait jamais être fournie ? Il y a plus : lorsqu'on constate avec quelle aisance, avec quelle clarté, tous les principes de la chimie moderne viennent se ranger en un exposé d'où le nom et l'idée d'atome sont également bannis, quelles difficultés, quelles contradictions surgissent aussitôt que l'on veut interpréter ces principes selon les doctrines des atomistes, on ne saurait se défendre de penser que l'unique succès de la théorie atomique est une victoire apparente et sans lendemain ; que cette théorie ne nous fait point connaître le vrai fondement objectif de la loi des proportions multiples ; que ce fondement est encore à découvrir ; enfin, qu'à tout prendre et peser exactement, la chimie moderne ne plaide point en faveur des doctrines épicuriennes. »

Errements surprenants à l'aube du XXe siècle... et qui ne s'arrêtent d'ailleurs pas là. Au rejet de la modernité s'ajoute un retour à l'Antiquité la plus solennelle, qui apparaît quand Duhem formule son opinion sur la signification de la « nouvelle Mécanique chimique » et son appréhension des réactions chimiques et de la nature du mixte. Ainsi, écrit-il, « la Mécanique chimique, ainsi constituée, ne se piquera pas de nous faire pénétrer jusqu'au cœur même de la matière, de nous révéler le *quid proprium* des réactions chimiques ; son but, plus modeste, mais plus sûr, sera de classer et d'ordonner les lois que l'expérience nous permet de découvrir ; l'accord de ses corollaires avec les faits sera pour elle le critérium de la certitude. D'un mixte, il suffit à cette science nouvelle de connaître la composition, c'est-à-dire la masse des éléments qu'il faut détruire pour engendrer ce mixte et que la corruption du mixte peut régénérer. Sur les ruines de la notion de mixte qu'avaient construite les atomistes, elle édifie de nouveau la conception simple et inébranlable qu'avait formulée Aristote...

« Une question se pose immédiatement, précise et inévitable : quelle distinction la Mécanique chimique nouvelle établit-elle entre le mélange physique et la combinaison chimique ? Entre le mélange physique et la combinaison chimique, elle n'établit aucune distinction ; ou, pour parler d'une manière plus précise, les principes de la thermodynamique, qui sont ses fondements, ne lui permettent d'attribuer aucun sens à ces deux dénominations ; ils ne lui fournissent rien qui lui permette de marquer dans ses raisonnements ou dans ses équations si un phénomène est une réaction chimique ou un simple changement d'état physique. Selon Aristote, comme suivant les thermodynamiciens contemporains, les éléments ne subsistent plus actuellement au sein du mixte ; ils n'y existent qu'en puissance. »

Oswald partage l'aristotélisme de Duhem. Ainsi, parlant de « l'idée de matière » et de sa représentation atomique, il écrit en 1895 : « Cette extension, il est important de le remarquer, a introduit une foule d'éléments hypothétiques dans une conception qui, primitivement, ne renfermait pas trace d'hypothèse. En particulier, sous l'empire de cette théorie, on admit, contrairement à toute évidence, que la matière, subissant une réaction chimique, ne disparaît pas pour faire place à une autre, douée de propriétés différentes. Bien plus, cette façon de voir contraignait à admettre que, dans l'oxyde de fer, par exemple, le fer et l'oxygène existent encore, quoique toutes leurs propriétés organoleptiques aient disparu : ils ont seulement acquis des propriétés nouvelles. Il nous est aujourd'hui difficile de sentir l'étrangeté, l'absurdité même d'une pareille conception, tellement nous y sommes accoutumés. Réfléchissons un peu cependant : tout ce que nous pouvons connaître d'une substance définie, ce sont ses propriétés ; n'est-ce donc pas un non-sens, ou peu s'en faut, de prétendre qu'une substance définie existe encore, sans plus posséder aucune de ses propriétés ? En fait, cette hypothèse de pure forme n'a qu'un but : mettre d'accord les faits généraux de la chimie, en particulier des lois de la stœchiométrie, avec la notion, tout à fait arbitraire, d'une matière inaltérable en soi. »

Faut-il souligner que ces paroles ont été écrites à la veille même de l'avènement de la théorie de la liaison chimique dont on pouvait déjà, pour ceux qui avaient les yeux ouverts, apercevoir les prémisses ?

Ainsi, ces derniers Mohicans de l'antiatomisme furent aussi aristotéliciens, pas les derniers d'ailleurs. Cependant, Oswald, mais lui seul, a finalement reconnu en 1908 la validité de la théorie atomique. Mach en revanche confirma son rejet de cette théorie en 1910. Quant à Duhem, il écrit encore en 1913, donc plus de vingt ans après la découverte de l'électron : « L'école néo-atomiste, dont les doctrines ont pour centre la notion d'électron, a repris avec une superbe confiance la méthode que nous nous refusons à suivre. Elle pense que ses hypothèses atteignent enfin la structure intime de la matière, qu'elles nous en font voir les éléments comme si quelque extraordinaire ultramicroscope les grossissait jusqu'à nous les rendre perceptibles. Cette confiance, nous ne pouvons la partager ; nous ne pouvons, en ces hypothèses, reconnaître une vue divinatrice de ce qu'il y a au-delà des choses sensibles, nous les regardons seulement comme des modèles. Le temps viendra sans doute où, par leur complication croissante, ces représentations, ces modèles cesseront d'être des auxiliaires pour le physicien, où il les regardera plutôt comme des embarras et des entraves. Délaissant alors ces mécanismes hypothétiques, il en dégagera avec soin les lois expérimentales qu'ils ont aidé à découvrir ; sans prétendre expliquer ces lois, il cherchera à les classer selon la méthode que nous venons d'analyser, à les comprendre dans une énergétique modifiée et rendue plus ample. »

Je ne pense pas qu'il soit utile de beaucoup insister aujourd'hui sur la catastrophe intellectuelle qu'aurait produite l'adoption des points de vue des énergétistes. Les progrès immenses accomplis dans les sciences, en particulier en chimie et en biologie, par l'introduction et la détermination des structures, surtout au niveau de la résolution atomique, sont là – il suffit de penser au triomphe de la biologie moléculaire – pour témoigner des errements de ces savants-philosophes du XIXᵉ siècle, partisans de ces doctrines restrictives. Combien injustifiée apparaît aussi leur phobie des modèles, même comme outils de travail alors que la modélisation sous toutes ses formes, la modélisation moléculaire à l'aide d'ordinateurs entre autres, est aujourd'hui une technique de recherche scientifique reconnue et dont l'utilité n'est plus à démontrer.

On n'a guère eu besoin d'attendre les temps récents pour que soient stigmatisées les déficiences des doctrines positivistes, en général, et de celles des énergétistes, en particulier, comme en témoignent les réactions, à leur sujet, de quelques savants parmi les plus éminents de l'époque.

Ainsi, Einstein, entre autres, a critiqué très explicitement le principe de l'« économie mentale » de Mach. Heisenberg cite dans ses Mémoires[58] les paroles du grand physicien sur ce sujet : « Cette notion d'économie mentale, formulée par Mach, contient probablement une part de vérité, mais elle est pour moi quelque peu trop triviale... Ainsi, lorsque l'enfant forme la notion de "ballon", cela signifie-t-il seulement une simplification psychologique, en ce sens que des impressions sensorielles compliquées sont résumées par cette notion, ou bien le ballon existe-t-il vraiment ? Mach répondrait sans doute que l'affirmation "le ballon existe vraiment" ne contient rien de plus que le résumé simple de nos impressions sensorielles. Mais là, Mach aurait tort. Car, premièrement, la phrase "le ballon existe vraiment" contient également une foule de prédictions sur d'éventuelles impressions sensorielles qui pourront se présenter à l'avenir. Le possible, le prévisible constitue une composante importante de notre réalité, composante qu'il convient de

58. W. Heisenberg, *La Partie et le tout. Le monde de la physique atomique*, Paris, Flammarion, 1972. L'opinion de Heisenberg lui-même s'exprime ainsi : « Pour les positivistes le monde se divise en ce que l'on peut dire clairement et ce sur quoi on doit se taire [...]. C'est la philosophie la plus absurde. Car presque rien ne peut être dit clairement. Si l'on élimine tout ce qui n'est pas clair il ne subsistera probablement que des tautologies entièrement dépourvues d'intérêt. »

ne pas oublier tout simplement en face du réel, de l'actuel. Deuxièmement, il faut remarquer que le fait de déduire, à partir de nos impressions sensorielles, les représentations et les objets constitue l'une des bases de notre activité mentale ; et que, par conséquent, si nous voulions ne parler que d'impressions sensorielles, nous devrions nous priver de notre langage et de notre pensée. En d'autres termes, il y a chez Mach une certaine tendance à ignorer que le monde existe réellement, et que quelque chose d'objectif est à la base de nos impressions sensorielles. Mach fait comme si l'on savait déjà ce que signifie le mot "observer" ; et puisqu'il croit, en ce point, pouvoir se soustraire au choix entre "objectif" et "subjectif", sa conception de la simplicité prend un aspect presque commercial, à savoir celui d'une "économie mentale". »

De même, Max Planck, qui, à la différence d'Einstein, fut un moment impressionné par les vues de Mach sur la seule réalité des sensations et doutait de l'existence des atomes, changea d'attitude au début du XXe siècle et, dans une conférence prononcée à Leyden en 1908, stigmatisa Mach comme « faux prophète[38] ».

D'autres attaquent plus explicitement l'« aristotélisme » de Duhem. Ainsi, Paul Langevin écrit, en 1904[52] : « Nécessaires, ces principes (de l'énergétique) ne sont cependant pas suffisants et ne donnent qu'une souche par laquelle les rameaux devront se développer, contrairement à ce que pensent les évangélistes modernes qui, perdant de vue l'origine du principe, font de l'énergie une idole nouvelle dont les incarnations multiples suffisent à tout représenter [...]. Ces avatars variés de l'énergie sont à la base de ce que M. Duhem expose et défend avec tant d'habileté sous le nom de physique de la qualité, se recommandant d'Aristote pour remplacer la grandeur mesurable par une qualité qu'il exprime cependant en nombres tout en lui refusant toute activité. Que signifie dès lors l'addition des deux nombres repérant deux degrés différents d'une même qualité ? N'y a-t-il pas là une tendance fâcheuse à limiter le champ des investigations, à déclarer suffisante et définitive une connaissance générale et superficielle des choses, à s'interdire un examen plus approfondi parce qu'un premier succès nous a livré quelques-unes des lois les plus générales. Savons-nous ce que donnera notre marche en avant, l'examen au microscope de l'organisme que nous voyons vivre ; quels motifs de crainte avons-nous ? Pourquoi ce retour en arrière, cet *ignorabimus* contre lequel protestent nos instincts et nos convictions. »

De même, Léon Brillouin s'attaque directement à l'idée que Duhem et Oswald ont du « mixte[38] » : « Dans l'état actuel de la science chimique, il y a encore des corps simples irréductibles les uns aux autres ; il y en a même beaucoup. C'est à cette notion expérimentale que répond l'idée que, dans l'oxyde de fer, l'oxygène et le fer existent côte à côte. On peut bien glisser, et n'en point parler ; mais, dès qu'on en parle, dès qu'on se rappelle que tous les procédés employés pour décomposer l'oxyde de fer ne font pas retrouver autre chose que de l'oxygène et du fer, je ne crois pas qu'on puisse se soustraire à la conviction que l'oxygène et le fer y sont restés distincts. Il n'y a pas tant d'années que cette idée est conquise, et que la transmutation des métaux est devenue chimérique. C'est une loi d'expérience que la conservation de la matière, et elle est plus vaste que celle de la conservation de la masse. Ce n'est pas seulement la masse totale de l'oxyde de fer qui est égale à la somme des masses de l'oxygène et du fer ; c'est individuellement la masse de l'oxygène qu'on en peut extraire, ainsi que celle du fer, qui sont chacune invariables. »

Une position très forte en faveur de la nécessité de l'atomistique dans les sciences exactes a été défendue avec une extrême vigueur par Ludwig Boltzmann (1844-1906), à qui on doit, entre autres, la consolidation de la théorie cinétique des gaz (dont l'origine se trouve dans les propositions de l'atomiste suisse Jean Ier Bernouilli [1654-1705] et de son fils Daniel Ier [1700-1782], selon lesquelles la pression du gaz sur les parois du vase qui le renferme est due au bombardement continu de ces parois par les atomes de gaz, agités de mouvements continuels et rapides) et l'introduction de la thermodynamique statistique. Son point de vue fondamental est ici résumé : « D'un domaine étendu de faits d'expérience, nous ne saurions d'ailleurs jamais concevoir autre chose qu'une image mentale, et non une description directe. Il ne faut donc pas dire, avec Oswald : tu ne te feras point d'image, mais seulement : ton image contiendra aussi peu d'éléments arbitraires que possible. »

Dans l'ensemble, à travers l'énergétisme, c'est toute l'attitude positiviste, dont il n'est qu'une variante éphémère, qui est critiquée. Le tort de ces courants de pensée – torts surprenants à une période d'intense activité scientifique et de progrès techniques remarquables qui dévoilaient des tranches de plus en plus ensevelies de la connaissance – est d'avoir voulu réduire la science à un pur phénoménalisme, sans reconnaître la part prise par la raison dans la construction même de cette connaissance, d'avoir rejeté les modèles sous prétexte qu'ils pouvaient être erronés ou fictifs. C'était en somme, selon l'expression d'Aubert[59], un retour au nominalisme médiéval. C'est encore Einstein qui a exprimé de la façon la plus nette le tort que l'emprise du positivisme a exercé sur l'attitude de ses tenants, à l'égard de la science[38] : « L'antipathie de ces savants [Oswald, Mach] contre la théorie atomique peut sans hésitations être attribuée à leur attitude philosophique positiviste. Ceci constitue un exemple intéressant du fait que même des savants à esprit audacieux et doués d'un bon instinct peuvent être entravés dans

59. J.-M. Aubert, *Philosophie de la nature,* Paris, Beauchesne, 1965.

leurs interprétations des faits par des préjugés philosophiques [...] consistant dans la croyance que les faits eux-mêmes peuvent et doivent produire des connaissances scientifiques sans aucune construction conceptuelle libre. »

Combien plus clairvoyante est aussi l'attitude de Jean Perrin lorsqu'il affirme dans son livre *Les Atomes*, en 1912, qu'il ne voyait guère d'inconvénient à ce que le développement de la science soit jalonné par une succession de représentations de structures : « Il est des cas où c'est au contraire l'hypothèse qui est instinctive et féconde. Si nous étudions une machine... certes, nous observons de notre mieux des pièces visibles, mais nous cherchons aussi à deviner quels organes cachés expliquent les mouvements apparents. Deviner ainsi l'existence ou les propriétés d'objets qui sont encore au-delà de notre connaissance, expliquer du visible compliqué par de l'invisible simple, voilà la forme d'intelligence intuitive à laquelle, grâce à des hommes tels que Dalton ou Boltzmann, nous devons l'Atomistique... Un temps viendra peut-être où les atomes, enfin directement perçus, seront aussi faciles à observer que le sont aujourd'hui les microbes. L'esprit des atomistes actuels se retrouvera alors chez ceux qui auront hérité le pouvoir de deviner, derrière la réalité expérimentale devenue plus vaste, quelque autre structure cachée de l'Univers. » Paroles prophétiques.

Enfin, il convient encore de citer une opinion sur les idées de Mach et de ses associés, énoncée hors du monde scientifique, par un critique très particulier : Lénine (Vladimir Ilitch, 1870-1924). On ne saurait être très étonné d'apprendre que ce grand maître du matérialisme dialectique oppose aux théories de Mach, à qui il reproche de qualifier le matérialisme de « suranné » et ses partisans de « dogmatiques », une affirmation de la réalité objective de la matière : « Nous posons une question, écrit-il dans *Matérialisme et empiriocriticisme*, paru en 1908[60] : La réalité objective est-elle oui ou non donnée à l'homme quand il voit le rouge, sent un objet dur, etc. ? Si l'on répond non, on dénie donc toute portée essentielle à la connaissance humaine, c'est-à-dire qu'on s'enferme dans le subjectivisme et l'agnosticisme. Si l'on reconnaît au contraire que la vérité objective nous y est donnée, il lui faut un concept philosophique, et ce concept est élaboré depuis longtemps, très longtemps, c'est précisément le concept de matière. La matière est une catégorie philosophique servant à désigner la réalité objective qui est donnée à l'homme dans ses sensations, qui est copiée, photographiée, reproduite par nos sensations, tout en existant indépendamment de celles-ci. Par conséquent, dire qu'un tel concept peut "vieillir", c'est

---

60. *Textes philosophiques de Lénine,* Paris, Éd. Sociales, 1978. Voir aussi L. Sève, *Une introduction à la philosophie marxiste,* Paris, Éd. Sociales, 1980.

babiller, c'est ressasser stupidement les arguments de la philosophie réactionnaire à la mode. La lutte de l'idéalisme et du matérialisme a-t-elle pu vieillir en deux mille ans de développement de la philosophie ? Et la lutte des tendances ou lignes de Platon et de Démocrite en philosophie ?... Il n'est absolument pas permis de confondre, observe-t-il, comme le font les machistes, une doctrine sur telle ou telle structure de la matière et une catégorie gnoséologique ; de confondre la question des propriétés nouvelles de nouveaux aspects de la matière (des électrons, par exemple) et la vieille question de la théorie de la connaissance, la question des sources de notre savoir, de l'existence d'une vérité objective [...]. La matière est une catégorie servant à désigner la réalité objective qui est donnée à l'homme dans ses sensations, qui est copiée, photographiée, reproduite par nos sensations tout en existant indépendamment de celles-ci. » Il affirme aussi que la théorie postulant que le monde matériel n'est qu'un ensemble ordonné de sensations est incompatible avec la vérité scientifique bien établie, montrant qu'il y a eu un temps où la matière existait, mais non pas les êtres capables d'en éprouver la sensation.

C'est ici que se termine la partie de ce chapitre consacrée à l'avènement et au développement de l'atomistique scientifique au XIXe siècle. Si, dans l'ensemble, ce chapitre donne l'impression d'une confusion d'idées, d'une démarche intellectuelle chaotique et souvent conflictuelle, il aura bien rempli son rôle. Rarement, dans l'histoire des sciences, un amoncellement aussi continu et progressif de données expérimentales, convergeant vers une conclusion de plus en plus inévitable, aura suscité tant de malentendus et de controverses. Il est vrai que le sujet, la recherche des atomes invisibles et indivisibles, s'y prêtait. Mais ce qu'il convient surtout de souligner, c'est le rôle inhibiteur qu'ont joué, dans l'édification de la vision atomique du monde, les idées étriquées et préconçues qui soit défendaient à la raison et à l'imagination un droit de cité dans la science, soit enfermaient celle-ci dans des limites spéculatives, imposées par des doctrines philosophiques manquant d'élan et de clairvoyance. L'échec de ces attitudes et de ces doctrines et le triomphe de l'atomisme, auquel nous assisterons au chapitre suivant, même si ce ne sera qu'un atomisme « réformé », indiquent la vanité des efforts visant à limiter l'ambition exploratrice de l'esprit humain.

5. Quelques philosophes nostalgiques

L'atomistique qui, aussi longtemps qu'elle n'a été qu'une théorie apparemment invérifiable et même au début de sa transformation en doctrine scientifique, dans la première moitié du XIXe siècle, a attiré l'attention de tant de philosophes, n'a guère intéressé ceux de la seconde moitié de ce siècle, à l'époque où la possibilité de sa vérification expérimentale est devenue de plus en plus probable. Les quelques philosophes éminents de cette période qui l'évoquent dans leurs écrits se réfèrent surtout, sinon exclusivement, aux enseignements de leurs lointains prédécesseurs de la Grèce antique et paraissent peu préoccupés par les développements modernes et contemporains dans ce domaine. Parmi ces philosophes nostalgiques des idées anciennes figurent essentiellement Friedrich Nietzsche, Karl Marx et Henri Bergson. Ce dernier est, en fait, de par ses travaux majeurs, un philosophe du XXe siècle, mais son intérêt pour l'atomisme se manifeste surtout au cours de la première partie de sa carrière, vers la fin du XIXe et le début du XXe siècle.

– Nietzsche

> *« La Grèce doit tout aux sciences, et le reste du monde tout à la Grèce. »*
>
> Jean-Jacques Rousseau

Nous avons eu l'occasion de mentionner à plusieurs reprises, dans la première partie de cet ouvrage, les opinions de Friedrich Nietzsche (1844-1900) sur la philosophie grecque antique, à laquelle ce philosophe allemand vouait, en même temps qu'à la tragédie grecque antique, un intérêt vif et continu. Si les plus célèbres aspects de sa philosophie – un système éthique particulier, avec le « surhomme » comme aboutissement, une critique violente du Nouveau Testament (mais pas de l'Ancien), le mépris des femmes, la croyance en « l'éternel retour » – ne nous intéressent guère ici, son opinion sur les atomistes anciens (il ne paraît pas s'être intéressé aux développements de l'atomisme contemporain) doit, en revanche, être présentée.

Ce n'est pas que la théorie atomique ait, parmi les doctrines antiques, sa préférence. S'il est surtout attiré par les présocratiques, son philosophe préféré de cette période est Héraclite : c'est avec l'enseignement de ce penseur qu'il ressent le plus d'affinités. Son opinion sur Héraclite livre sa propre conception du monde[61] : « Je mets à part avec une vénération profonde le nom d'Héraclite. Alors que le reste de la nation philosophique rejetait le témoignage des sens parce qu'ils indiquent la pluralité et le changement, il en rejeta le témoignage parce qu'ils donnent

61. F. Nietzsche, *La Naissance de la philosophie à l'époque de la tragédie grecque*, *op. cit.*

aux choses l'apparence de la durée et de l'unité. Héraclite aussi est injuste envers les sens. Leur mensonge n'est pas celui qu'imaginent les Éléates, ni celui que croit Héraclite – ils ne mentent pas. Le mensonge est dans l'usage que nous faisons de leur témoignage : mensonge de l'unité, de la réalité, de la substance, de la durée. La "raison" est cause que nous falsifions le témoignage des sens. Dans la mesure où les sens témoignent du devenir, de la destruction, du changement, ils ne mentent pas... Mais Héraclite sera éternellement fondé à dire que l'être est une fiction creuse. Le monde "apparent" est l'unique monde ; c'est un mensonge que d'y ajouter le "monde vrai". »

En effet, une des idées dominantes de la philosophie de Nietzsche est le rejet des croyances dans l'existence d'une structure objective du monde qui serait indépendante de l'appréhension humaine de celle-ci. Pour lui, « le monde apparent, celui que nous nous sommes fabriqué, dans lequel nous avons accepté des corps, des lignes, des surfaces, des causes et des effets, le mouvement et le repos, la forme et le contenu, est le seul qu'il y ait. Le monde réel est un mensonge. Il disparaîtrait si nous étions capables d'éliminer nos interprétations[62]. » Notre croyance dans les lois de causalité et de nécessité est simplement une « astuce » pour pouvoir nous situer dans notre rapport avec le monde, mais ne nous enseigne nullement comment les choses sont réellement. La vie, elle-même, ne prouve rien : « Parmi les conditions de la vie, l'erreur pourrait bien en être une[62]. »

Dans cette optique, l'hommage rendu à Démocrite est d'autant plus frappant[62] : « De tous les systèmes anciens, celui de Démocrite est le plus logique : il suppose la plus stricte nécessité partout présente, il n'y a ni interruption brusque ni intervention étrangère dans le cours naturel des choses. Alors seulement la pensée se dégage de toute la conception anthropomorphique du mythe, on a enfin une hypothèse scientifiquement utilisable ; cette hypothèse, le matérialisme, a toujours été de la plus grande utilité. C'est la conception la plus terre à terre ; elle part des qualités réelles de la matière, elle ne cherche pas d'emblée, comme l'hypothèse du Nous ou les causes finales d'Aristote, à dépasser les forces les plus simples. C'est une grande pensée que de ramener aux manifestations innombrables d'une force unique, de l'espèce la plus commune, tout cet univers plein d'ordre et d'exacte finalité. La matière qui se meut selon les lois les plus générales produit, à l'aide d'un mécanisme aveugle, des effets qui semblent les desseins d'une sagesse suprême. » Et : « Nous devrions à Démocrite bien des sacrifices funèbres rien que pour réparer tant soit peu les torts du passé envers lui. En effet, il est rare qu'un écrivain considérable ait eu à souffrir

62. F. Nietzsche, *Le Gai Savoir*, trad. A. Vialatte, Paris, Gallimard, 1950.

autant d'attaques dues à des raisons diverses. Théologiens et métaphysiciens ont accumulé sur son nom leurs griefs invétérés contre le matérialisme. Le divin Platon n'allait-il pas jusqu'à tenir ses écrits pour si dangereux qu'il comptait les détruire par un autodafé privé et n'en fut empêché que par cette considération qu'il était trop tard, que le poison s'en était déjà trop répandu. Plus tard, les obscurantistes de l'Antiquité se vengèrent de lui en introduisant sous sa marque la contrebande de leurs écrits de magie et d'alchimie, ce qui chargea le père de toutes les tendances rationnelles d'une réputation de grand magicien. Le christianisme naissant, enfin, réussit à exécuter l'énergique dessein de Platon ; et sans doute un siècle anticosmique devait considérer les écrits de Démocrite ainsi que ceux d'Épicure comme l'incarnation du paganisme. Il fut enfin réservé à notre époque de nier aussi la grandeur philosophique de l'homme et de lui reconnaître un tempérament de sophiste. Toutes ces attaques se déploient sur un terrain que nous ne pouvons plus défendre. » Suit un hommage particulièrement frappant : « Démocrite, ce Humboldt du monde ancien[63]. »

– Karl Marx

C'est la renommée universelle de Karl Marx (1818-1883) qui seule fonde l'intérêt anecdotique des écrits de jeunesse qu'il a consacrés à la théorie atomique. En effet, ces écrits – qui se réduisent à sa thèse de doctorat en philosophie, *Différence de la philosophie naturelle chez Démocrite et chez Épicure*, et à un texte posthume sur la *Philosophie épicurienne* (*Cahiers d'étude,* 1839-1840)[64] – ne contiennent rien de révolutionnaire, ni même de particulièrement pénétrant, autrement dit, rien qui justifierait, par exemple, de donner à ce chapitre le titre, ô combien alléchant, d'« atomes rouges ». En fait, le choix que Marx a fait des philosophes atomistes comme sujet de sa dissertation de thèse ne signifie même pas une préférence particulière pour leurs idées. Si leur matérialisme général conviendra bien à sa future conception de l'économie et de la politique, nulle part on ne trouvera chez lui l'enthousiasme pour les héros atomiques qui éclate dans les écrits de Nietzsche. Marx suit simplement le penchant général en considérant Aristote comme le plus grand philosophe de l'Antiquité grecque. Ainsi écrit-il : « Il semble advenir à la philosophie grecque ce qui ne doit pas advenir à une bonne tragédie : un dénouement languissant. On dirait qu'avec Aristote,

63. Il s'agit d'Alexandre von Humboldt (1769-1859), célèbre savant allemand, auteur en particulier du livre *Kosmos,* un essai renommé de description physique du monde.
64. Parus tous deux dans Karl Marx, *Œuvres,* vol. III, « Philosophie », Paris, Gallimard, Encyclopédie de la Pléiade, 1982.

l'Alexandre macédonien de la philosophie grecque, l'histoire objective de la philosophie prend fin en Grèce... Or, une vérité fort banale nous l'enseigne : certes, naître, s'épanouir et dépérir sont le cercle d'airain que toute chose humaine est condamnée à parcourir. Dès lors, rien d'étonnant que la philosophie grecque, après avoir fait sa floraison suprême en Aristote, se soit ensuite étiolée. » Il ne souscrit pas pour autant à l'opinion de ceux qui considèrent les « épicuriens, stoïciens et sceptiques comme un appendice presque inconvenant, sans le moindre rapport avec ses formidables antécédents ». Il souligne au contraire la portée historique de ces systèmes sans accorder une importance particulière à l'épicurisme : « Si nous jetons un regard sur l'histoire, l'épicurisme, le stoïcisme et le scepticisme se présentent-ils comme des phénomènes particuliers ? Ne s'agit-il pas, en vérité, des archétypes de l'esprit romain, de la forme sous laquelle la Grèce émigre à Rome ? Ne sont-ils pas d'une essence à ce point originale, profonde, éternelle, que le monde moderne lui-même a dû leur accorder sans réserve le droit de cité intellectuel ? »

Le contournement, par ces systèmes, des « philosophies platonicienne et aristotélicienne qui s'étendent jusqu'à la totalité » l'étonne et l'incite à poser la question : « Pour quelle raison les systèmes postérieurs à Aristote trouvent-ils, en quelque sorte, leurs fondements tout préparés dans le passé ? » Sa réponse : « Il me semble que si les systèmes antérieurs sont plus significatifs et plus intéressants quant au fond de la philosophie grecque, les systèmes post-aristotéliciens, et principalement le cycle des écoles épicurienne, stoïcienne et sceptique, le sont davantage quant à la forme subjective, quant au caractère de cette philosophie. Or, c'est justement la forme subjective, fondement spirituel des systèmes philosophiques, que l'on a, jusqu'ici, presque entièrement négligée au profit de leurs déterminations métaphysiques. »

Ce sont surtout ces considérations générales, figurant dans l'avant-propos de sa thèse de doctorat, qui méritent d'être signalées. Le contenu de sa thèse elle-même présente effectivement une analyse très détaillée – citations de tous les doxographes à l'appui – des différences entre les visions atomiques du monde de Démocrite et d'Épicure. La préférence de l'auteur va vers Épicure, en partie peut-être parce que ce dernier a tenu compte des remarques critiques d'Aristote dans certaines modifications qu'il a faites des propositions de Démocrite.

Le point de vue, très restrictif, de Marx sur le rôle de Gassendi dans la remise en valeur de l'épicurisme est en revanche intéressant. Ainsi écrit-il à ce sujet : « Gassendi, qui a libéré Épicure de l'interdit dont l'avaient frappé les Pères de l'Église et tout le Moyen Âge, ère de la déraison réalisée, n'offre dans ses commentaires qu'un seul élément intéressant. Il cherche à concilier sa conscience catholique avec son savoir païen, et Épicure avec l'Église : peine perdue, évidemment. C'est comme si l'on voulait vêtir d'un habit chrétien de nonne le corps joyeusement épanoui de la Laïs grecque. Gassendi n'est guère en état de nous instruire de la philosophie d'Épicure : disons plutôt qu'il apprend la philosophie chez Épicure. » Et aussi : « Cela permet, soit dit en passant, de voir que Pierre Gassendi, qui veut sauver l'intervention divine, la pérennité de l'âme, etc., tout en désirant rester épicurien, n'a nullement compris Épicure, et qu'il est encore moins capable de nous en instruire. Gassendi n'aspire qu'à nous instruire à l'aide d'Épicure et non sur celui-ci. Lorsqu'il en brise la logique de fer, c'est pour ne pas se brouiller avec ses propres préjugés religieux. » Venant de Karl Marx, ce jugement ne peut évidemment pas surprendre.

Comme en témoigne son échange de lettres avec Engels (Friedrich, 1820-1895)[65], Marx a continué à s'intéresser aux développements des théories chimiques et semble avoir apprécié tout particulièrement les contributions, dans ce domaine, de Laurent et Gerhardt (lettre du 22 juin 1867), de Kekulé (lettre du 24 juin 1867) et de Frankland (lettre du 10 mai 1868). Il partage l'avis d'Engels (lettre du 16 juin 1867) que « la théorie chimique moderne, malgré tous ses défauts, constitue un grand progrès par rapport à l'ancienne chimie atomistique ». Il souligne (lettre du 22 juin 1867) la signification de la « théorie moléculaire » comme exemple de la confirmation d'une des règles fondamentales de la dialectique, à savoir de la loi [de Hegel] « de la brusque commutation du changement purement quantitatif en changement qualitatif ». C'est Engels qui a défini la chimie « comme la science des changements qualitatifs des corps qui se produisent par suite d'une composition quantitative modifiée[66] » et qui en voyait l'illustration la plus fondamentale dans la découverte, par Mendeleïev, que les propriétés chimiques des éléments sont une fonction périodique de leurs poids atomiques, c'est-à-dire que « leur qualité est donc déterminée par la quantité de leur poids atomique ». Dans la lettre précitée du 22 juin 1867, Marx souligne explicitement le parallélisme entre les commutations des changements quantitatifs en changements qualitatifs en chimie moléculaire et... la transformation du maître artisan en capitaliste, changement qualitatif produit à la suite d'un changement purement quantitatif. Pour lui, comme on le sait, les lois de la dialectique régissent l'histoire de la société humaine comme celle de la nature.

65. Karl Marx, Friedrich Engels, *Lettres sur les sciences de la nature,* trad. et intr. J.-P. Lefebure, Paris, Éd. Sociales, 1973.
66. F. Engels, *Dialectique de la nature,* trad. E. Bottigelli, Paris, Éd. Sociales, 1975.

– Bergson

« L'atomisme en soi comporte une poésie grandiose. »
Friedrich Nietzsche

Si, par certains de ses ouvrages les plus importants, Henri Bergson (1859-1941) se rattache au XXe siècle, son intérêt pour l'atomisme s'est exprimé d'une façon particulièrement nette dans une production de jeunesse, *Les Extraits de Lucrèce*, publiée en 1883, qui contient des morceaux choisis de l'œuvre du poète, accompagnés de leurs résumés, qui sont autant de commentaires. On y sent l'admiration du futur prix Nobel de littérature pour la conception poétique du monde qu'exhale le texte ancien.

D'après l'analyse approfondie réalisée par Marie Cariou[67] de l'écrit de Bergson, il ressort que ce qui a le plus frappé ce penseur dans le texte de Lucrèce est, d'abord, la complémentarité dans la construction du monde organisé de l'infiniment compact, l'atome, et du milieu spatial infini, le vide. Bien qu'il ne soit que « l'élément passif d'un mixte dont l'atome est l'élément positif, actif », le vide, « raison nécessaire du monde des corps », doit son importance à ce qu'il permet le mouvement des atomes, propriété dont ceux-ci sont doués de toute éternité et dont la cause fondamentale est leur pesanteur. En outre, rigoureusement exclu des atomes, le vide est présent dans les corps, dont il rend ainsi possible l'interpénétrabilité, donc les interactions intimes, constructives du monde : « sans le vide, tout serait chaos, non cosmos[67] ». La préférence de Bergson va au mouvement dans toutes les directions, il rejette la *déclinaison* d'Épicure comme une puérilité. Il lui accorde toutefois une signification imagée, exprimant les « spontanéités créatrices » de la nature et la possibilité de liberté morale de l'homme. Bergson paraît fasciné par le jeu continu de formation et de rupture des combinatoires atomiques, dont l'élaboration et les fluctuations assurent la création, les métamorphoses et la disparition des mondes, disparition définie d'ailleurs d'une façon très personnelle : « L'univers aura véritablement péri le jour où les combinaisons d'atomes se seront transformées de tout au tout. » Nous parlons des *mondes* car Bergson est acquis à l'idée de la multiplicité des mondes possibles, composés chacun d'un nombre limité d'atomes, alors que ce nombre est infini dans *le tout*. Toutefois, à la différence de Lucrèce, qui admettait que les autres mondes pouvaient être très différents du nôtre, Bergson les suppose à peu près semblables.

---

67. M. Cariou, *L'Atomisme. Gassendi, Leibniz, Bergson et Lucrèce*, Paris, Aubier-Montaigne, 1978.

Connaissant l'évolution postérieure de la pensée de Bergson, on ne sera pas étonné d'apprendre qu'il fut, dès cette œuvre de jeunesse, préoccupé par « le paradoxe d'une vie définie par la sensibilité des atomes, qui, eux, ne sentent pas ». Apparemment, il n'a pas de difficulté à admettre que « la vie est un système particulier de relations atomiques », que la sensibilité peut être le fruit de l'organisation et à reconnaître dans les idées de Lucrèce sur la formation au hasard d'êtres organisés, simples à l'origine, et dont seuls ont subsisté et se sont développés ceux qui ont su s'adapter aux conditions de leur milieu, les prémisses de l'hypothèse d'une évolution créatrice – une « continuité de jaillissement » sur fond de discontinuité atomique –, évolution soumise dans ses développements aux exigences d'une sélection naturelle.

Si la démarche intellectuelle de Bergson, devenu philosophe de la durée, de l'intuition, de la mémoire et de l'élan vital, s'est éloignée ensuite de la théorie atomique, on trouve néanmoins dans beaucoup de ses écrits des réflexions dont les thèmes se recoupent avec les préoccupations de cette théorie. Il en est ainsi du problème de la perception et de la réalité du discontinu, posé d'une façon particulièrement explicite en relation avec la théorie atomique, vers la fin du XIXe siècle, par A. Hannequin[68] : « L'atomisme physique n'est point imposé à la science par la réalité, mais par notre méthode et par la nature même de notre connaissance ; on aurait tort de croire qu'il implique nécessairement la discontinuité réelle de la matière ; il implique seulement que nous la faisons telle pour la comprendre, et que notre mathématique y introduit la discontinuité en s'efforçant de la construire. Il a, en un mot, son origine dans l'usage universel du nombre, qui marque de son empreinte tout ce qu'il touche ; en sorte que si l'emploi du nombre est autre chose pour la géométrie qu'un procédé commode, s'il en est la méthode essentielle, indispensable, et si vraiment le nombre est le concept d'où procèdent toutes nos connaissances géométriques, il ne faut point chercher ailleurs le principe de l'atomisme, ni la raison de sa prédominance dans la science moderne. » Ce point de vue revient en fait à affirmer que l'atomisme a sa raison d'être dans la constitution même de notre connaissance, ou encore que « l'atome... est né du nombre ». Dans cette optique, le continu est inintelligible et toute réalité devra donc, pour être intelligible, se résoudre en unités, seuls éléments accessibles à la pensée dans son travail d'analyse et de synthèse d'où résulte la science.

Sans se référer au concept du nombre, Bergson défend de même l'intelligibilité du discontinu seul. « Si l'on passait en revue les facultés

68. A. Hannequin, *Essai critique sur l'hypothèse des atomes dans la science contemporaine,* Paris, Félix Alcan, 1899.

intellectuelles, écrit-il[69], on verrait que l'intelligence ne se sent à son aise, qu'elle n'est tout à fait chez elle que lorsqu'elle opère sur la matière brute, en particulier sur des solides. Quelle est la propriété la plus générale de la matière brute ? Elle est étendue, elle nous présente des objets extérieurs à d'autres objets et, dans ces objets, des parties extérieures à des parties. Sans doute il nous est utile, en vue de nos manipulations ultérieures, de considérer chaque objet comme divisible en parties arbitrairement découpées, chaque partie étant divisible encore à notre fantaisie, et ainsi de suite à l'infini. Mais il nous est avant tout nécessaire pour la manipulation présente, de tenir l'objet réel auquel nous avons affaire, ou les éléments réels en lesquels nous l'avons résolu, pour provisoirement définitifs et de les traiter comme autant d'unités. À la possibilité de décomposer la matière autant qu'il nous plaît, et comme il nous plaît, nous faisons allusion quand nous parlons de la continuité de l'étendue matérielle ; mais cette continuité, comme on le voit, se réduit pour nous à la faculté que la matière nous laisse de choisir le mode de discontinuité que nous lui trouverons : c'est toujours, en somme, le mode de discontinuité une fois choisi qui nous apparaît comme effectivement réel et qui fixe notre attention parce que c'est sur lui que se règle notre action présente. Ainsi la discontinuité est pensée pour elle-même, elle est pensable en elle-même, nous nous la représentons par un acte positif de notre esprit, tandis que la représentation intellectuelle de la continuité est plutôt négative, n'étant, au fond, que le refus de notre esprit, devant n'importe quel système de décomposition actuellement donné, de le tenir pour seul possible. L'intelligence ne se représente clairement que le discontinu. »

Le fait que l'intelligence ne conçoit clairement que le discontinu n'interdit pas à la nature de l'être réellement. Bergson paraît acquis à l'idée que la structure de la matière est atomique[70]. Il refuse toutefois d'envisager l'activité de la pensée dans le schéma du mécanisme[71], cohérent à ce propos avec la distinction qu'il établit entre la matière et la vie. S'il conçoit cette activité à partir d'un modèle physico-chimique atomiste, il refuse d'admettre le « parallélisme psycho-physique[69] » : « À supposer [...] que la position, la direction et la vitesse de chaque atome de matière cérébrale fussent déterminées à tous les moments de la durée, il ne s'ensuivrait en aucune manière que notre vie psychologique fût soumise à la même fatalité. Car il faudrait d'abord prouver qu'à un

69. H. Bergson, *L'Évolution créatrice*, Paris, PUF, 1941.
70. Voir l'agréable ouvrage de M. Barthélémy-Madaule, *Bergson*, Paris, Éd. du Seuil, coll. « Écrivains de toujours », 1967.
71. H. Bergson, *Essai sur les données immédiates de la conscience*, Paris, PUF, 1927.

certain état cérébral donné correspond un état psychologique déterminé rigoureusement et cette démonstration est encore à faire[71]. »

Enfin, évoquons ici les points de vue de Bergson sur, d'une part, la conception idéaliste ou réaliste de la matière et, d'autre part, sur la nature des interactions interatomiques. Sur le premier point, Bergson se propose de montrer[72] « qu'idéalisme et réalisme sont deux thèses également excessives, qu'il est faux de réduire la matière à la représentation que nous en avons, faux aussi d'en faire une chose qui produirait en nous des représentations mais qui serait d'une autre nature qu'elles. La matière, pour nous, est un ensemble d'images. Et par image nous entendons une certaine existence qui est plus que ce que l'idéaliste appelle une représentation, mais moins que ce que le réaliste appelle une chose, – une existence située à mi-chemin entre la chose et la représentation. Cette conception de la matière est tout simplement celle du sens commun [...]. En un mot, nous considérons la matière avant la dissociation que l'idéalisme et le réalisme ont opérée entre son existence et son apparence. Sans doute il est devenu difficile d'éviter cette dissociation, depuis que les philosophes l'ont faite. Nous demandons cependant au lecteur de l'oublier. »

Sur le second point, Bergson anticipe éloquemment sur les idées qui auront cours sur ce sujet au XXe siècle : « S'il y a une vérité que la science ait mise au-dessus de toute contestation, c'est celle d'une action réciproque de toutes les parties de la matière les unes sur les autres. Entre les molécules supposées des corps s'exercent des forces attractives et répulsives. L'influence de la gravitation s'étend à travers les espaces interplanétaires. Quelque chose existe donc entre les atomes. On dira que ce n'est plus de la matière, mais de la force. On se figurera, tendus entre les atomes, des fils qu'on fera de plus en plus minces, jusqu'à ce qu'on les ait rendus invisibles et même, à ce qu'on croit, immatériels. Mais à quoi pourrait servir cette grossière image ? La conservation de la vie exige sans doute que nous distinguions, dans notre expérience journalière, des choses inertes et des actions exercées par ces choses dans l'espace. Comme il nous est utile de fixer le siège de la chose au point précis où nous pourrions la toucher, ses contours palpables deviennent pour nous sa limite réelle, et nous voyons alors dans son action un je ne sais quoi qui s'en détache et en diffère. Mais puisqu'une théorie de la matière se propose justement de retrouver la réalité sous ces images usuelles, toutes relatives à nos besoins, c'est de ces images qu'elle doit s'abstraire d'abord. Et, de fait, nous voyons force et matière se rapprocher et se rejoindre à mesure que le physicien en approfondit les effets. Nous voyons la force se matérialiser, l'atome

72. H. Bergson, *Matière et mémoire*, Paris, PUF, 1939.

s'idéaliser, ces deux termes converger vers une limite commune, l'univers retrouver ainsi sa continuité. On parlera encore d'atomes ; l'atome conservera même son individualité pour notre esprit qui l'isole ; mais la solidité et l'inertie de l'atome se dissoudront soit en mouvements, soit en lignes de force, dont la solidarité réciproque rétablira la continuité universelle[72]. »

Comme le dit justement Madeleine Barthélémy-Madaule[70] : « On n'est pas tenu, pour être philosophe, de ne pas être écrivain. »

CHAPITRE XIX

Le XXe siècle : de l'atome invisible et indivisible à l'atome divisible et visible

« Un monde plus profond que l'astre, c'est l'atome. »
Victor Hugo

« La Nature déploie la même splendeur sans limite dans l'Atome ou dans la Nébuleuse, et tout moyen nouveau de connaissance la montre plus vaste et diverse, plus féconde, plus imprévue, plus belle, plus riche d'insondable Immensité. »
Jean Perrin

À l'aube du XXe siècle, la théorie atomique de la structure de la matière paraît quasi universellement admise. Aux arguments des chimistes, dont les manipulations expérimentales sont décrites dans un alphabet composé de lettres symbolisant les atomes constitutifs des éléments connus, s'ajoutent ceux tirés par les physiciens de l'étude de la cinétique des gaz (Rudolf Clausius, 1822-1888, James Clerk Maxwell, 1831-1879, Ludwig Boltzmann, 1844-1906), de l'électrochimie (Svante Arrhenius, 1859-1927), de la pression osmotique (Jacobus Van't Hoff, 1852-1911) et, au début du siècle, du mouvement brownien (Albert Einstein, 1879-1955, Jean Perrin, 1870-1942). Utilisant une variété de techniques, Jean Perrin réussit à déterminer de treize manières différentes des valeurs concordantes du nombre d'Avogadro et à démontrer ainsi que l'on peut, en quelque sorte, « compter » les atomes[1]. La réussite du savant français induira même Oswald à recon-

1. Les treize valeurs du nombre d'Avogadro proposées par Jean Perrin s'échelonnent de 6,2 à 7,5 $\times 10^{23}$ (voir J. Perrin, *Les Atomes, op. cit.*). La valeur aujourd'hui admise est 6,029 $\times 10^{23}$.

naître, enfin, la validité de la théorie atomique, comme en témoigne la préface à la quatrième édition de son ouvrage *Grundriss der physikalischen Chemie* (1908) et incitera Henri Poincaré (1854-1912), longtemps sceptique sur la réalité des atomes, à admettre publiquement, dans une conférence faite peu avant sa mort à la Société française de physique, que « l'hypothèse atomique a acquis récemment assez de consistance pour presque cesser d'apparaître comme une hypothèse : les atomes ne sont plus une fiction utile, nous pouvons dire que nous les voyons, puisque nous pouvons les compter ». Pour beaucoup de savants, la parution, en 1913, du livre de Jean Perrin, *Les Atomes,* marque le triomphe définitif de la théorie atomique[2]. À ce stade de l'histoire de l'atomisme, Leucippe et Démocrite paraissent avoir gagné la partie, tout au moins sur l'essentiel.

En fait, cette victoire de la théorie classique ne sera que de courte durée, pour autant même qu'elle ait jamais vraiment été concrétisée. En effet, pratiquement, au moment même où la réalité des atomes en tant que constituants fondamentaux des éléments devient difficilement contestable, des découvertes ont lieu qui ouvrent des perspectives imprévues et inaugurent un chapitre nouveau dans l'histoire du concept atomique, par la mise en évidence du fait que ces briques différenciées sont elles-mêmes formées de grains plus petits et moins variés, autrement dit que les atomes, tout en gardant leur signification en tant qu'unités de base spécifiques des éléments chimiques, sont eux-mêmes des édifices composés. Ils perdent alors leur caractéristique classique essentielle, leur indivisibilité. S'ils conservent encore l'éminente qualité des constituants distincts et personnalisés dont sont faites toutes les substances observables, ils ne peuvent plus prétendre être les particules les plus fondamentales de la matière. Le triomphe du concept atomique s'accompagne donc d'une défaite étymologique. L'atome ne gardera sa dénomination antique que grâce à un abus de la rigueur linguistique, à la courtoisie des savants et, surtout, à la commodité de l'usage établi. L'indivisibilité, éventuelle, des corpuscules élémentaires de la matière sera repoussée en deçà de la réalité atomique, vers du plus petit que l'atome, les constituants de celui-ci.

La densité des découvertes et le nombre des savants impliqués dans ce nouveau chapitre de l'épopée atomique nous obligent à un résumé condensé et sélectif. Nous nous bornerons donc à traiter surtout des aspects du progrès scientifique accompli en atomistique au XXe siècle

---

2. Ce qui ne veut pas dire son acceptation universelle. En France même, des chimistes éminents comme Henry Le Châtelier (1850-1936) et Georges Urbain (1872-1938) resteront réfractaires à la théorie atomique bien au-delà de la parution de cet ouvrage.

dont la signification sera particulièrement importante pour « ces inquiétudes que nous cultivons sous le nom de philosophie[3] et de religion.

Ajoutons que le prodigieux développement de la science en général et de l'atomistique en particulier au XXe siècle a été accompagné d'un événement scientifico-mondain qui en ponctue, d'une façon quelque peu solennelle et parfois dramatique, l'évolution : l'attribution, depuis 1901, du prix Nobel. Bon nombre des auteurs des découvertes qui nous intéressent ici recevront cette haute distinction scientifique. Nous l'indiquerons en plaçant à côté de leurs dates de naissance et, éventuellement de mort, le symbole PN 19xy, figurant l'année où ce prix leur a été attribué. Pour ne pas pénaliser quelques savants déjà mentionnés au début de ce chapitre, signalons qu'il convient d'ajouter ce symbole aux noms de : Svante Arrhenius, PN 1903, Jacobus Van't Hoff, PN 1901, Albert Einstein, PN 1921, Jean Perrin, PN 1926, et Wilhelm Oswald, PN 1909. À ma connaissance, on n'a pas pu établir jusqu'ici l'effet que l'existence même de ce prix a pu avoir sur la rapidité du progrès scientifique.

1. L'atome polycorpusculaire

– De la découverte de l'électron au modèle planétaire de l'atome de Rutherford

« En 1911, Rutherford a introduit le plus grand changement dans nos idées sur la matière depuis le temps de Démocrite. »
Sir Arthur Eddington

La découverte cruciale qui a mis fin à l'hypothèse de l'atome indivisible et a ouvert à l'exploration scientifique la complexité de sa structure interne est celle de l'électron. Bien que l'ensemble des travaux qui ont conduit à cette découverte s'étende sur plusieurs décennies et soit l'œuvre de plusieurs savants, l'étape essentielle fut la reconnaissance, en 1897, par Joseph John Thomson (1856-1940, PN 1906), que le rayonnement cathodique (obtenu par des décharges électriques dans des tubes à gaz raréfiés) était constitué par des *corpuscules* identiques porteurs d'électricité négative, que cette électricité avait donc une structure granulaire. En outre, la détermination, par Thomson, du rapport m/e (masse/charge électrique) de ces particules fournissait une

3. J. Tannery, *Science et philosophie*, Paris, Félix Alcan, 1912.

valeur de l'ordre de 10^{-11} kilogramme/coulomb, plus de mille fois inférieure à celle établie pour l'ion d'hydrogène, qui était de l'ordre de 10^{-8} kg/C[4]. Les travaux de Thomson, puis ceux, plus précis, de Robert Millikan (1868-1953, PN 1923) et des développements ultérieurs ont permis de mesurer les valeurs individuelles de ces quantités et de fixer (valeurs aujourd'hui admises) à $1{,}602\,1 \times 10^{-19}$ coulomb la grandeur de la charge électrique de ces particules et à $9{,}109\,5 \times 10^{-31}$ kilogramme leur masse, démontrant que cette dernière était 1 836 fois inférieure à celle de l'ion d'hydrogène. Thomson lui-même appelait toujours ces particules « corpuscules ». Le nom d'« électron » est dû à George Johnstone Stoney (1826-1911), pionnier de l'idée de charge électrique élémentaire, dont l'origine peut, toutefois, être rapportée à Benjamin Franklin (1706-1790)[5].

Avancée majeure, Thomson a démontré que la qualité de ces corpuscules-électrons restait invariable quelle que soit la nature matérielle du gaz au sein duquel ils étaient produits. Il en déduisit, à juste titre, que l'électron était un constituant de tout atome. Selon ses propres paroles, de portée historique[6] : « Puisque l'électron peut être fourni par tous les éléments chimiques, nous pouvons en conclure que les électrons entrent dans la constitution de tous les atomes. Nous avons ainsi fait le premier pas vers la connaissance de la structure de l'atome[7]. » Il se rendit compte également que les dimensions de l'électron devaient être très petites par rapport à celles des atomes. L'existence de l'électron en tant que particule subatomique fut bientôt corroborée de plusieurs façons, en particulier par la démonstration de la nature du rayonnement β émis lors de la désintégration spontanée des atomes d'uranium dans le phénomène de la radioactivité, phénomène décou-

4. Ces valeurs sont estimées aujourd'hui à $0{,}568\,7 \times 10^{-11}$ et $1{,}045 \times 10^{-8}$ kg/C.
5. Voir S. Weinberg (PN 1979), *The Discovery of Subatomic Particles,* Londres, Penguin Books, 1993.
6. J. J. Thomson, *La Théorie atomique,* Paris, Gauthier-Villars, 1919.
7. En relation avec la description que nous avons donnée dans le chapitre précédent de l'attitude hostile du positivisme vis-à-vis de l'atomisme, il peut être instructif de citer la mésaventure, rapportée par Weinberg[5], que l'adoption du point de vue positiviste a causée à un savant berlinois, Walter Kaufmann. Ce savant a déterminé le quotient m/e pour l'électron pratiquement au même moment que Thomson, et a obtenu un résultat apparemment plus exact que celui du savant anglais. Toutefois, il n'a jamais prétendu avoir découvert une particule élémentaire. Cela était dû, selon Weinberg, à ce que, très pénétré des idées de Mach, il estimait qu'un homme de science ne devait pas s'occuper de corpuscules hypothétiques comme les atomes. On peut difficilement éviter la conclusion, estime Weinberg, que Thomson a découvert l'électron parce que, à la différence de Mach et de Kaufmann, il estimait que la mise en évidence de particules fondamentales faisait bien partie du travail des physiciens.

vert par Henri Becquerel (1852-1908, PN 1903) et magistralement exploré par Marie (1867-1934, PN 1903, 1911) et Pierre (1859-1906, PN 1903) Curie. Ce rayonnement est, lui aussi, formé d'électrons, animés de vitesse élevée.

L'omniprésence des électrons en tant que constituants des atomes soulevait beaucoup de questions, dont deux particulièrement importantes.

La première concernait le nombre d'électrons susceptibles d'être présents dans chaque espèce particulière d'atome. Toute une série de travaux, faisant appel notamment à la dispersion des rayons X, découverte en 1895 par Wilhelm Conrad Röntgen (1845-1923, PN 1901), et des rayons α des corps radioactifs, dans lesquels se sont illustrés spécialement Antonius Van der Broek (1870-1926), Lord Rutherford (Ernest, 1871-1937, PN 1908) et Henry Moseley (1887-1915), ont conduit à reconnaître, d'une part, que ce nombre était grossièrement proportionnel au poids atomique des éléments, en fait pas très éloigné de la moitié de ce poids et, d'autre part, qu'il correspondait au « nombre atomique » de l'élément dans le tableau périodique, au sens d'une définition perfectionnée de ce nombre, non plus en termes de la masse de l'atome, comme c'était le cas dans la classification de Mendeleïev, mais en fonction de la charge positive de son noyau, déterminée par le nombre de protons qu'il contenait *(vide infra).*

La deuxième question se rapportait d'une façon plus précise au rôle de l'électron dans la structure de l'atome. Deux considérations préliminaires dominaient la réflexion dans ce domaine : d'une part, la nécessité, afin de rendre compte de la neutralité électrique des atomes, de déterminer la source et l'état de l'électricité positive qui devait contrebalancer la charge négative produite par ces particules ; d'autre part, l'origine de la masse atomique. En effet, le nombre d'électrons dans un atome, correspondant à son nombre atomique, étant toujours petit – de l'ordre de quelques dizaines au maximum – la somme de la masse de ceux-ci était toujours pratiquement négligeable par rapport à la masse totale de l'atome.

Sur le premier point, Lord Kelvin (antérieurement Sir William Thomson, 1824-1907) et J. J. Thomson ont présenté, quasi simultanément et malgré certaines nuances, la première théorie structurale conçue pour un atome, reconnu comme étant une entité composée. Le modèle proposé en 1902 par Lord Kelvin comportait une atmosphère d'électricité positive uniformément distribuée dans laquelle les électrons étaient insérés de manière à obtenir un équilibre lorsque ces charges négatives étaient au repos[8]. J. J. Thomson écrivait en 1899 :

---

8. Dans une malencontreuse tentative plus tardive, faite en 1905, Lord Kelvin a

« Bien que les électrons se comportent individuellement comme des ions négatifs, leur effet négatif est contrebalancé, lorsqu'ils sont incorporés dans un atome neutre par quelque chose qui fait que l'espace dans lequel ces corpuscules sont distribués se comporte comme s'il avait une charge positive égale à la somme des charges négatives de ces corpuscules », et proposa, en 1903-1904, un modèle comparable dans lequel les électrons, distribués sur des cercles concentriques dans une sphère d'électricité positive, y circulaient à grande vitesse. Un curieux aspect de ces modèles est que s'ils reconnaissaient la structure granulaire de l'électricité négative, ils envisageaient en revanche une structure continue pour l'électricité positive, sans que cette dissymétrie semble avoir particulièrement frappé leurs auteurs.

Quant à la question relative à l'origine de la masse des atomes, il peut être intéressant de noter, à titre anecdotique, que J. J. Thomson a, à un moment, attribué celle-ci quasi exclusivement... aux électrons. « Il y a place pour 1 700 électrons dans l'atome d'hydrogène », écrivait-il, considérant que le milieu positif, quelle que soit sa nature, n'y contribuait pratiquement pas. Il a renoncé à cette proposition en 1906, lorsqu'il s'est rendu compte que le nombre des électrons était seulement de l'ordre de grandeur du nombre atomique des éléments, mais n'a plus avancé aucune autre proposition au sujet de la masse atomique.

Ces insuffisances du modèle de Kelvin-Thomson devaient être corrigées par un autre géant de l'atomistique moderne, Lord Rutherford, qui proposa en 1911 un modèle de l'atome dont la conception essentielle a persisté jusqu'à nos jours, malgré des transformations et des raffinements multiples et significatifs : c'est le modèle solaire, ou planétaire, de la structure atomique[9]. L'élément essentiel de ce modèle est la reconnaissance de l'existence d'un noyau atomique, de dimensions petites par rapport à celles de l'atome, dans lequel sont concentrées à la fois la charge positive et la quasi-totalité de la masse de l'ensemble. Les expériences clés qui ont conduit Rutherford à ce modèle, effectuées par ses collaborateurs Hans Geiger (1882-1945) et Ernst Marsden (1889-1970), avaient pour objet l'étude de la déviation des rayons α (dont Rutherford a démontré qu'ils étaient constitués par des ions positifs

---

proposé un modèle plus compliqué selon lequel l'atome consisterait en des couches alternantes d'électricité « vitreuse » (positive) et « résineuse » (négative), la première étant, curieusement, prédominante. Les dénominations « vitreuse » et « résineuse » se réfèrent à la nomenclature proposée, en 1733, par Charles-François de Fay (1698-1739).

9. Un modèle semblable a été avancé, quelques années auparavant, par un savant japonais, Hantaro Nagaoka (1865-1950). Seulement, celui-ci n'a guère contribué à la démonstration de sa validité.

d'hélium) par les atomes[10]. Rutherford a attribué cette déviation, à juste titre, à l'effet répulsif d'une charge positive, située au centre de l'atome, qu'il a appelée le « noyau ». Il s'était vite avéré que la dimension de ce noyau était très petite par rapport à celle de l'atome, dont différents types d'expériences suggéraient qu'elle devait être de l'ordre de 10^{-8} cm[11]. Du même coup, il est apparu évident, et Rutherford en était tout à fait conscient, que l'atome n'était essentiellement que... de l'espace vide. On sait aujourd'hui que le noyau n'occupe effectivement que le millionième de milliardième (10^{-15}) du volume de l'atome.

Le soleil fait irrésistiblement penser aux planètes et, en effet, dans le modèle auquel on attache habituellement le nom de Rutherford, le noyau central positif est accompagné d'électrons qui gravitent autour de lui à la manière des planètes gravitant autour du soleil. Chaque type d'atome étant caractérisé par un nombre spécifique d'électrons, son noyau doit porter une charge positive équivalente à la somme des charges de ses électrons, afin de garantir la neutralité électrique de l'ensemble. Dans l'atome le plus simple, celui de l'hydrogène, le noyau doit porter une charge égale et de signe contraire à celle de l'électron. Il est naturel de considérer ce noyau, par analogie à l'électron, unité de l'électricité négative, comme représentant l'unité de l'électricité positive. C'est Rutherford qui, en 1920, lui a donné le nom de « proton ». Tous les noyaux doivent porter une charge positive qui ne saurait être qu'un multiple de cette charge élémentaire. Le *nombre atomique* de chaque élément désigne alors à la fois la grandeur de la charge positive du noyau et le nombre d'électrons qui circulent autour de lui.

L'association de la charge élémentaire positive au proton, presque deux mille fois plus lourd que l'électron, porteur de son équivalent négatif, conservait la dissymétrie entre les corpuscules élémentaires porteurs de ces deux types d'électricité. La situation est devenue plus naturelle avec la découverte, par Carl Anderson (1905-1990, PN

---

10. Leon Lederman (PN 1988), l'éminent spécialiste de la physique des grandes énergies, souligne dans son ouvrage *The God Particle* (Londres, Transworld Publishers, 1993) la chance qu'a eue Rutherford d'utiliser des rayons X de source radioactive dont l'énergie, d'environ 5 millions d'électronvolts, était suffisamment faible pour que cette particule soit déviée par le noyau atomique sans pouvoir y pénétrer, ce qui aurait provoqué alors toutes sortes d'effets de nature à troubler grandement l'interprétation des résultats. Pour fixer l'ordre de grandeur des phénomènes que nous traitons ici, remarquons quand même que cette énergie est un million de fois plus grande que celle dégagée dans une réaction chimique.
11. Nous savons aujourd'hui que, si les dimensions de l'atome se mesurent effectivement en unité angström (10^{-10} mètres), celles du noyau s'expriment en unités fermi (10^{-15} mètres). L'électron se comporte comme une particule ponctuelle (rayon pour le moins inférieur à 10^{-20} mètres). La démonstration du volume non nul du proton est due à Robert Hofstadter (PN 1961).

1936), en 1932, du *positron* ou électron positif, première particule d'*antimatière*, dont l'existence a été prévue théoriquement par Paul Dirac (1902-1983, PN 1933). Il est établi aujourd'hui qu'à chaque particule élémentaire de l'univers doit correspondre une antiparticule (ainsi, l'antiproton a été découvert en 1955 par Owen Chamberlain [1920, PN 1959] et Emilio Segrè [1905-1989, PN 1959], à Berkeley) et que la rencontre d'une particule avec son antiparticule provoque leur anéantissement mutuel par leur transformation en énergie pure[12].

Bien que l'on attribue à Rutherford la paternité de l'image planétaire de l'atome, son attitude à propos d'un tel modèle fut, en réalité, réservée[13]. L'aspect essentiel de sa représentation de la structure atomique consistait pour lui en la présence d'un noyau chargé positivement. En revanche, cet éminent physicien était bien conscient que le modèle planétaire n'était pas viable. En effet, alors que les planètes sont maintenues sur leurs orbites fermées par l'équilibre entre la force centrifuge de leur mouvement orbital et la force de gravitation newtonienne entre leurs masses, cette dernière est remplacée, dans les atomes, par la force d'attraction coulombienne entre les charges opposées du noyau et des électrons[14]. Or, dans le cadre de l'électrodynamique classique, un électron se mouvant dans ces conditions doit perdre continuellement de l'énergie par émission de radiations électromagnétiques, jusqu'à ce qu'il s'effondre en spirale sur le noyau. Rutherford, satisfait par le fait que son modèle « solaire » fournissait une explication satisfaisante des résultats de ses expériences sur la déviation des particules α, repoussait à plus tard la solution du problème de stabilité.

Une autre déficience de ce modèle provenait de son incapacité à rendre compte du spectre d'émission des atomes, spectre de raies, traduisant l'émission de radiations de fréquences déterminées, caractéristiques de chaque type d'atome et qui constituait en quelque sorte son empreinte digitale, ainsi que l'ont montré les premiers Gustav Robert Kirchhoff (1824-1887) et Robert Bunsen (1811-1899). Dans le modèle planétaire du type rutherfordien, dans lequel le mouvement de

---

12. Beaucoup de spéculations ont été émises sur l'existence possible, dans l'univers, de mondes composés d'antimatière et sur leurs propriétés éventuelles. L'éminent physicien Richard Feynman (1918-1988, PN 1965) s'amuse à envisager qu'un extraterrestre formé d'antimatière aurait, par exemple, son cœur « du mauvais côté ». Il donne alors le conseil suivant au Terrien qui rencontre un Martien : « Vous avancez vers lui et vous lui tendez la main droite. S'il tend sa main droite, O.K., mais s'il tend sa main gauche, prenez garde... vous vous annihilerez l'un l'autre. » (R. Feynman, *La Nature des lois physiques*, Paris, Robert Laffont, 1965.)

13. A. Pais, *Niels Bohr's Times, in Physics, Philosophy and Polity*, Oxford, 1991.

14. Les forces gravitationnelles sont négligeables dans les systèmes atomiques : le rapport de la force électromagnétique à la force gravitationnelle entre un électron et un proton est de l'ordre de 10^{41} en faveur de la première.

rotation de l'électron varie d'une façon continue lors de son approche vers le noyau, la fréquence d'émission des atomes devait varier également de façon continue.

Une réponse, tout au moins provisoire, à ces objections sera donnée par Niels Bohr, qui rendra, par là, le modèle planétaire nettement plus plausible. Cette réponse fera toutefois appel à des hypothèses tellement inusitées et tellement hardies que sa formulation paraîtra, à l'époque, comme l'exercice d'une véritable acrobatie intellectuelle. Avant de présenter ce modèle, nous devons rappeler brièvement deux découvertes, faites au début du XXe siècle, qui devaient révolutionner notre vision du monde et qui ont joué, justement, un rôle important dans la démarche intellectuelle de Bohr.

– La naissance des quanta

« L'introduction des "quanta" ou indivisibles d'énergie donne aux nombres entiers un rôle de première importance dans un cosmos qui était l'empire du continu. »

Paul Valéry

La première de ces découvertes, faite à l'aurore du siècle, en 1900, est due à Max Planck (1858-1947, PN 1918). Elle concluait ses études sur le rayonnement du corps noir, rayonnement d'équilibre émis et absorbé par les parois entourant une enceinte isotherme, ou, d'une façon plus simple, sur la manière dont un objet chauffé changeait de couleur avec sa température. Afin de rendre compte de la contradiction entre les résultats de ses mesures et les prédictions de la théorie maxwellienne sur la distribution de l'intensité de la lumière entre les différentes couleurs, Planck s'est vu obligé de postuler que, contrairement à la théorie classique dans laquelle les échanges d'énergie se faisaient toujours d'une façon continue, la matière ne pouvait, en réalité, émettre l'énergie radiante que par des quantités finies, multiples entiers d'une quantité élémentaire, $h\nu$, et proportionnelles à la fréquence ν, le facteur de proportionnalité, h, étant une constante aux dimensions de l'action (énergie $\times$ temps), appelée *constante d'action*, mais connue plus couramment par la dénomination de *constante de Planck*, et dont la valeur numérique est $6{,}626 \times 10^{-27}$ erg-s. Plus la fréquence de la radiation émise est grande (ou, d'une façon équivalente, plus sa longueur d'onde est courte), plus le quantum correspondant contient d'énergie. Cette découverte, qui revenait à « atomiser » le transfert d'énergie radiante, représente une des avancées les plus spectaculaires et les plus révolutionnaires dans l'histoire des sciences et a largement contribué à l'avènement, deux décennies plus tard, de la mécanique quantique, vision nouvelle qui a complètement modifié notre conception du monde de l'infiniment petit. On retrouve la constante de Planck, « cette quantité si infime et qui pourtant bouleversera notre science[15] », dans la description de tous les processus atomiques et nucléaires : ainsi, le principe d'incertitude de Heisenberg, dont nous parlerons plus loin, la placera au centre des discussions « philosophiques » sur le « réel » et le déterminisme. On lui attribuera la stabilité de la structure atomique et celle du... gène, mais aussi notre incapacité à connaître en même temps deux grandeurs physiques, telles que la position et l'impulsion des particules, attributs que la physique classique prétendait n'avoir guère de difficulté à déterminer simultanément. C'est aussi à la petitesse de sa valeur que nous devons le fait que les aspects ondulatoires de la matière ne se manifestent, en pratique, que dans le monde des particules élémentaires et que le monde macroscopique, celui de notre expérience quotidienne, peut être convenablement décrit par les lois de la mécanique et de la dynamique classiques.

La découverte du caractère granulaire des échanges des énergies thermique et lumineuse était tellement imprévue et bouleversait à tel point les idées dominantes de l'époque que Planck lui-même n'a proposé sa loi qu'à contrecœur. Révolutionnaire malgré lui, fort récalcitrant à admettre des idées trop nouvelles, et en fait adversaire de la théorie atomique pendant longtemps[16], il a fait maints efforts pour sauvegarder au moins la nature continue du rayonnement lui-même. Efforts infructueux, auxquels mettra fin la théorie de l'effet photoélectrique présentée par Einstein (1879-1955, PN 1921) en 1905. Afin d'interpréter certains aspects troublants accompagnant l'éjection d'électrons d'une plaque métallique sous l'effet du rayonnement ultraviolet, en particulier le fait que l'énergie de ces électrons expulsés dépend uniquement de la fréquence de la lumière incidente et nullement de son intensité (qui n'influe que sur le nombre d'électrons libérés), l'éminent savant a en effet été conduit à proposer que la lumière elle-même était composée de particules, dénommés *photons*, dont chacune possédait une énergie égale à $h\nu$. Bien que certains phénomènes physiques, en particulier ceux que l'on classe sous la dénomination des interférences, ne se soient toujours prêtés qu'à une explication faisant appel à la description ondulatoire de la lumière – qui paraissait donc pouvoir manifester une double nature[17] –, l'atomisation

15. A. George dans l'introduction à M. Planck, *Autobiographie scientifique et derniers écrits*, Paris, Flammarion, 1960.
16. M. J. Nye, *Molecular Reality*, New York, American Elsevier, 1972.
17. Comme l'exprime L. de Broglie (dans *La Physique nouvelle et les quanta*, Paris, Champs-Flammarion, 1937) : « La manière même dont Einstein définit le quantum de lumière fait intervenir un élément non corpusculaire : la fréquence. La relation qui définit l'énergie du photon comme égale au produit de la fréquence par la

du rayonnement également dans d'autres phénomènes (effet Compton, en particulier, qui indiquait que les rayons X sont diffusés par les électrons comme des particules d'énergie $h\nu$), ajoutée à celle de la matière, contribuait à faire pencher la balance, au début de ce siècle, en faveur d'un univers d'essence largement corpusculaire.

– Un hybride intellectuel : l'atome de Bohr

« Dieu a fait le nombre entier, le reste est l'œuvre des hommes. »
Leopold Kronecker

Des deux insuffisances principales du modèle atomique de Rutherford, celle qui a le plus préoccupé Niels Bohr (1885-1962, PN 1922) était, selon sa propre confidence, son instabilité. Ainsi, dans une conférence faite à Göttingen, en 1922, il déclarait, à propos de la genèse de son propre modèle[18] : « Peut-être me permettrez-vous tout d'abord de vous dire quelque chose concernant l'histoire de cette théorie. Le point de départ n'était pas l'idée que l'atome constituait un système planétaire en miniature, et que l'on pouvait lui appliquer les lois de l'astronomie. Je n'ai jamais pris tout cela aussi textuellement. Pour moi, le point de départ était la stabilité de la matière, un phénomène qui, du point de vue de la physique antérieure, constitue un pur miracle. Par stabilité, j'entends que ce sont toujours les mêmes substances, avec les mêmes propriétés, qui apparaissent [...]. Ceci est incompréhensible selon la mécanique classique, surtout si l'on admet que l'atome ressemble à un système planétaire. » Et il ajoutait ces paroles précautionneuses, contenant déjà en germe les prémisses des discussions « philosophiques » dont les nouveaux modèles des atomes, le sien puis celui à naître de de Broglie-Schrödinger, seront l'objet : « À cause de la stabilité de la matière, la physique newtonienne ne peut pas être correcte à l'intérieur de l'atome ; tout au plus peut-elle fournir un point de départ. Et, pour la même raison, il ne peut pas y avoir une description visuelle de la structure de l'atome, car une telle description – parce que visuelle, précisément – devrait se servir des concepts de la physique classique, concepts qui ne permettent plus de saisir les phénomènes. Vous comprenez bien que, en tentant de faire une théorie de ce genre, on

---

constante de Planck ne peut donc pas servir de base à une conception purement corpusculaire du rayonnement. Elle constitue plutôt une sorte de pont jeté entre l'aspect ondulatoire de la lumière bien connu depuis Fresnel et l'aspect corpusculaire révélé par la découverte de l'effet photoélectrique. » Il conviendra d'avoir ces paroles présentes à l'esprit lorsque nous présenterons la proposition de Louis de Broglie sur le caractère ondulatoire de l'électron.

18. W. Heisenberg, *La Partie et le tout. Le monde de la physique atomique* (*Souvenirs, 1920-1965*), Flammarion, Paris, 1972.

entreprend une tâche a priori impossible. Car nous devons dire quelque chose de la structure atomique, mais nous ne possédons aucun langage qui nous permette de nous faire comprendre. En un sens, nous sommes dans la situation d'un navigateur qui a échoué dans un pays lointain non seulement où les conditions de vie sont tout à fait différentes de celles qu'il connaissait dans sa patrie, mais où il ignore même totalement le langage des gens qui y vivent. Il a besoin de communiquer avec ces gens, mais il ne possède aucun moyen en vue d'une telle communication. Dans une pareille situation, une théorie ne peut même pas prétendre "expliquer", au sens que l'on donne habituellement à ce mot dans les sciences. Il s'agit simplement d'indiquer les corrélations, et d'avancer prudemment en tâtonnant. »

Aussi étrange que cela puisse paraître, la seconde insuffisance majeure du modèle rutherfordien, son incapacité à rendre compte du spectre de raies, spécifique pour chaque type d'atomes, n'a occupé l'attention de Bohr que quelques mois seulement avant la rédaction, en 1913, de ses célèbres trois mémoires *(Trilogie)* proposant son modèle de la structure atomique. Le déclic qui a provoqué l'intérêt de Bohr pour cet aspect spectral du problème et l'a conduit à en fournir, dès ces premiers écrits, une interprétation satisfaisante, est la connaissance qu'il a acquise cette année-là de la (aujourd'hui célèbre) formule de Balmer (Johan, 1825-1898), connue pourtant depuis 1885, l'année de sa naissance. L'établissement de cette formule représente un véritable tour de force : il revenait, en effet, à proposer une expression, correcte de surcroît, pour une série infinie de raies du spectre visible de l'hydrogène (séries de Balmer) sur la base de... quatre fréquences connues. La caractéristique essentielle de cette formule, que nous écrivons aujourd'hui habituellement sous la forme : $\upsilon = R\left(\frac{1}{m^2} - \frac{1}{n^2}\right)$, où R est une constante, dite de Rydberg, est d'exprimer les séries des fréquences en fonction d'une différence entre deux termes, impliquant chacun les carrés de la suite des nombres entiers et liés entre eux par des relations simples. (Par exemple, la première série est obtenue pour m = 1 et n successivement 2, 3, 4, 5, etc., une deuxième série pour m = 2 et n = 3, 4, 5, etc.) Balmer a, paraît-il, été motivé dans son entreprise par ses convictions pythagoriciennes : il pensait que tous les phénomènes assurant l'harmonie du monde pouvaient être expliqués par des combinaisons appropriées de nombres entiers. Quoi qu'il en soit, cette formulation quantitative d'une série de fréquences impliquées dans le spectre de l'atome d'hydrogène, étendue ensuite à d'autres séries de raies et à d'autres atomes – au point de conduire à la généralisation connue sous la dénomination du « principe de combinaison » ou « principe de Ritz », affirmant que « pour chaque sorte d'atome il est possible de trouver une suite de nombres, appelés les termes spectraux, telle que la fréquence de toute raie soit égale à la différence de deux de ces termes » –, représentait un défi supplémentaire pour quiconque se proposait d'établir une théorie convaincante de la structure atomique. Bohr a reconnu lui-même, plus tard, que « cependant, ce furent les lois empiriques régissant les spectres de raies des éléments, lois entièrement incompréhensibles jusqu'alors, qui furent pour nous un premier indice de l'importance décisive du quantum d'action dans la stabilité et le rayonnement des atomes ».

Le mérite historique de Bohr est d'avoir pressenti que les difficultés auxquelles était confrontée la physique atomique de son époque pouvaient se résoudre par l'utilisation des idées de Planck et d'Einstein. Il était conscient que, selon ses propres termes, « en contradiction avec la condition de continuité caractéristique de la description ordinaire des phénomènes, l'indivisibilité du quantum d'action exige l'introduction d'un élément essentiel de discontinuité dans la description des phénomènes atomiques[19] ». Comme on a pu le dire[20] : « La physique et Bohr ont eu tous deux de la chance avec la date de naissance du savant, 7 octobre 1885, car celui-ci a ainsi acquis sa maturité et commencé ses recherches en 1905, exactement au moment où les excitants concepts nouveaux de la théorie quantique et de la théorie de la relativité émergeaient des observations de Planck et de l'imagination d'Einstein. » Spécifiquement, pour l'histoire de l'atomistique moderne, 1913 est une année décisive : c'est l'année où Bohr a montré effectivement comment l'introduction de la constante de Planck dans le modèle atomique planétaire de l'hydrogène, qu'il adoptait, conduisait à la fois à des orbites électroniques stables et à un spectre de raies pour l'émission ou l'absorption du rayonnement électromagnétique.

La démonstration repose sur deux propositions, à proprement parler révolutionnaires, rompant avec les lois de l'électrodynamique classique, jugée inadaptée à la description du monde subatomique. Nous citons leur énoncé dans un des articles classiques de Bohr : « 1) Tout système atomique possède une multiplicité d'états possibles, les "états stationnaires", qui correspondent en général à une série discrète de valeurs de l'énergie ; ces états sont caractérisés par une stabilité particulière, d'après laquelle toute variation d'énergie de l'atome doit être accompagnée d'une "transition" totale de celui-ci d'un état stationnaire à un autre. 2) L'émission et l'absorption de rayonnement par un

---

19. Niels Bohr, *La Théorie atomique et la description des phénomènes physiques*, Gauthier-Villars, 1932, rééd. Éd. Gabay, 1993.
20. H. A. Boorse, L. Motz et J. H. Weaver, *The Atomic Scientists*, New York, John Wiley, 1989.

atome sont liées aux variations possibles d'énergie, la fréquence du rayonnement étant déterminée par la "condition de fréquence" $h\nu = E_1 - E_2$, c'est-à-dire par la différence d'énergie entre l'état initial et l'état final du processus de transition considéré[19]. »

La première hypothèse impliquait que, contrairement aux conceptions classiques qui conduisaient inéluctablement les électrons-planètes à retomber en spirale sur le noyau atomique en raison de la modification continue de leurs orbites, accompagnée d'une perte progressive de leur énergie, seules étaient, en fait, permises à ces particules certaines orbites sélectionnées d'énergie constante, c'est-à-dire, ce qui revient au même, situées à certaines distances fixes par rapport au noyau. Cette quantification de l'énergie était obtenue par la quantification du moment angulaire de l'électron, dont les seules valeurs acceptées étaient les multiples entiers de $h/2\pi$, où h est la constante de Planck. L'expression trouvée, dans un calcul explicite, pour l'énergie des orbites stables, supposées circulaires, dans les atomes du type hydrogénoïde, c'est-à-dire comportant un électron dans le champ d'un noyau de charge Ze (Z = nombre atomique, donc Z = 1 pour l'hydrogène) est : $E_n = -\dfrac{2\pi e^4 Z^2 m}{n^2 h^2}$ et comporte donc, outre des constantes universelles, le paramètre n, premier *nombre quantique* introduit en physique atomique (et qui sera appelé plus tard *nombre quantique principal, vide infra*), qui peut prendre toutes les valeurs entières de 1 à l'infini, n = 1 correspondant à l'énergie la plus basse, donc à l'état le plus stable de l'atome, dit son état fondamental. Des domaines entiers de l'espace sont donc interdits aux orbites stationnaires, tout comme est interdit au positionnement stable d'un grimpeur l'espace compris entre deux barreaux d'une échelle. Aussi longtemps qu'il se trouve sur une orbite d'énergie fixe, l'électron n'émet aucune radiation.

La seconde hypothèse inaugure une ère nouvelle en spectroscopie, quel que soit le domaine des fréquences étudiées, en associant à toute réaction radiative atomique, c'est-à-dire à l'émission et à l'absorption de chaque photon de lumière, une transition, un « saut » entre *deux* états stationnaires. La spectroscopie étant l'un de nos principaux moyens d'exploration des structures subatomiques, le postulat quantique de Bohr sera la clef qui permettra de décrypter les messages que les spectres nous transmettent à leur sujet. Bohr a souligné dès le début le caractère de « processus individuel » que revêt, dans cette proposition, toute modification de l'état de l'atome qui, en passant éventuellement d'un état stationnaire à un autre, n'est soumis qu'à des considérations de probabilité. « D'une manière générale, écrit-il, on peut dire qu'un atome dans un état stationnaire est libre de faire un choix parmi les diverses possibilités de transition vers d'autres états stationnaires[19]. » Situation qui a fait dire à Lederman (PN 1988) que... Démocrite avait bien raison quand il affirmait que « tout dans la nature est le fruit du hasard et de la nécessité », car « les différents états d'énergie sont des nécessités, les seules conditions possibles. Mais nous ne pouvons prédire que les probabilités qu'a un électron de se trouver dans un de ces états possibles. C'est une question de hasard ». On conçoit immédiatement quel champ immense ces perspectives nouvelles ouvrent aux discussions sur les limites de la causalité dans les phénomènes de la nature.

C'est néanmoins la proposition des « sauts » électroniques entre les états stationnaires qui attira le plus de critiques. Comme l'écrit Louis de Broglie parlant des « faiblesses » du modèle hybride de Bohr[17] : « Il reposait sur une alliance très étrange des conceptions et des formules de la dynamique classique d'une part et des méthodes quantiques d'autre part. On y commençait par assimiler l'électron intraatomique à un point matériel de la mécanique classique décrivant bien régulièrement son orbite sous l'influence de forces coulombiennes... Puis, dans cette représentation toute conforme aux idées classiques, on introduisait brusquement, et en quelque sorte de l'extérieur, les conditions de quantification en affirmant que, parmi l'infinité des trajectoires prévues par le calcul dynamique classique, seules étaient stables et physiquement réalisables celles qui se pliaient aux exigences de la quantification. Dès lors, les changements d'état de l'atome ne pouvaient plus consister qu'en transitions brusques accompagnées de cette perte d'énergie par rayonnement et aucun moyen n'apparaissait susceptible de nous permettre une description de ces transitions brusques dans le cadre classique de l'espace et du temps. Entre les transitions, l'atome est dans un état stable, un des “états stationnaires” de Bohr, où il semble ignorer complètement le monde extérieur, car il n'y rayonne point d'énergie électromagnétique malgré les prescriptions précises de la théorie électromagnétique ; puis soudain, il saute de cet état stationnaire à un autre en accomplissant une transition impossible à décrire et à représenter dans l'espèce. Nous voilà maintenant bien loin des conceptions classiques, après les avoir prises comme point de départ. »

Schrödinger critique d'une façon beaucoup plus violente cette idée des « sauts » électroniques, au cours d'une discussion en 1926[18] : « Vous devez comprendre, Bohr, que toute cette idée des sauts quantiques conduit nécessairement à des absurdités. Elle contient l'affirmation selon laquelle, à l'état stationnaire de l'atome, l'électron circule tout d'abord périodiquement selon une orbite quelconque, sans rayonner. Il n'existe aucune explication pouvant justifier le fait qu'il ne rayonne pas ; selon la théorie de Maxwell, il devrait le faire. Puis après, l'électron sauterait de cette orbite à une autre, et rayonnerait au cours de ce saut. Cette transition doit-elle s'effectuer progressivement ou brusquement ? Si c'est progressivement, l'électron doit également changer progressivement de fréquence et d'énergie. Alors, on ne comprend pas comment il peut encore exister des fréquences précises pour les lignes spectrales. Si au contraire la transition s'effectue brusquement, pour ainsi dire par un bond, on peut certes arriver, en utilisant l'image einsteinienne des quanta de lumière, à obtenir la fréquence correcte de la lumière ; mais il faut alors se demander comment l'électron se déplace au cours du saut. Pourquoi n'émet-il pas alors un spectre continu de rayonnement, comme l'exigerait la théorie des phénomènes électromagnétiques. Et par quelles lois son mouvement est-il déterminé lors du saut ? J'en conclus que toute cette idée des sauts quantiques ne peut être qu'absurde. » Ajoutant même : « Si ces damnés sauts quantiques devaient subsister, je regretterais de m'être jamais occupé de théorie quantique. » À quoi Bohr a répondu : « Oui, ce que vous dites est parfaitement juste. Mais cela ne prouve pas qu'il n'existe pas de sauts quantiques. Cela prouve seulement que nous ne pouvons pas nous les représenter. »

Dans l'état des connaissances de l'époque, les deux hypothèses de Bohr étaient révolutionnaires. Or, quel que soit leur fondement idéologique, la justification des révolutions réside essentiellement dans leur succès. Celui des propositions de Bohr fut grand, et d'autant plus particulier qu'il ne reposait que sur des intuitions géniales, certes, fondées sur de profondes réflexions[21], la justification « idéologique » n'apparaissant qu'*a posteriori*, par la mécanique quantique.

Quoi qu'il en soit, ces propositions ont permis de déterminer à la fois le rayon de l'atome d'hydrogène dans son état fondamental, d'une valeur de $0{,}53 \times 10^{-8}$ cm, en très bon accord avec la valeur observée, son potentiel d'ionisation, également fort correctement évalué à 13,54 eV, de retrouver les fréquences correctes de la série spectrale de Balmer (et d'autres séries déterminées depuis) et de calculer l'expression de la constante de Rydberg ($R = \frac{2\pi^2 e^4 Z^2 m}{h^3}$) qui fournit une valeur numérique (109 675 cm^{-1}) en parfait accord avec la constante déduite du spectre observé. L'excellent biographe de Bohr, A. Pais[13] considère cette expression de R, la plus vieille équation dans la théorie quantifiée de la structure atomique, comme aussi l'équation la plus fondamentale que Bohr ait jamais établie. « Elle représente, écrit-il, un triomphe sur la logique. Qu'importe que les orbites distinctes et un état fondamental stable violent les lois de la physique considérées jusque-là comme fondamentales. La nature a dit à Bohr qu'il avait raison, ce qui ne veut pas

21. Voir, à ce sujet, l'introduction et le glossaire de C. Chevalley dans N. Bohr, *Physique atomique et connaissance humaine*, Paris, Gallimard, 1991.

dire naturellement – ajoute-t-il – que la logique doit maintenant être abandonnée mais plutôt qu'il convient de rechercher une logique nouvelle. »

Nous parlerons de cette « logique nouvelle » dans le chapitre suivant. Dans l'immédiat, nous voudrions présenter brièvement quelques développements du modèle de Bohr qui, par le biais de l'approfondissement de la description quantifiée de la structure subatomique qu'il a initiée, ont projeté un éclairage nouveau sur certains problèmes fondamentaux discutés dans cet ouvrage. Il s'agit, en particulier, de la mise en évidence de nouveaux facteurs impliqués dans la classification périodique des éléments et, par voie de conséquence, d'une vision nouvelle sur l'origine de la relation entre l'ordonnancement des atomes qu'elle propose et leurs propriétés chimiques.

Comme nous l'avons indiqué, Bohr a supposé dans son travail historique de 1913 que les orbites des électrons étaient circulaires. Il était conscient de l'approximation qu'il introduisait ainsi, la dépendance du mouvement des électrons de l'inverse du carré de leur distance par rapport au noyau entraînant comme conséquence bien connue une forme plutôt elliptique des orbites. Ce fut le mérite d'Arnold Sommerfeld (1868-1951) d'avoir effectivement substitué les orbites elliptiques aux orbites circulaires. Le résultat a été de montrer que, en raison de la variation relativiste de la masse de l'électron circulant sur de telles orbites, la quantification de l'énergie exigeait alors non plus un mais deux nombres quantiques. Au nombre quantique principal de Bohr fut adjoint, dès 1916, le nombre quantique dit *azimutal* ; puis, peu de temps après, un troisième nombre quantique, dit *magnétique*, introduit en vue de rendre compte de l'effet du champ magnétique sur les raies spectrales. D'une façon imagée, on peut dire que ces trois nombres se rattachent à la quantification, respectivement, de la dimension, de la forme et de l'orientation spatiale des orbites. Bien que le modèle de Bohr n'ait plus cours aujourd'hui, la signification de ces nombres quantiques, dans une interprétation quelque peu différente, il est vrai, reste valable. Dans les notations présentes, on désigne ces nombres par les lettres n, l et m. Ce sont des entiers entre lesquels les règles de quantification établissent les dépendances suivantes : n peut prendre toutes les valeurs entières positives ; pour chaque valeur de n, l peut prendre les n valeurs entières 0, 1, 2... $n - 1$; et pour chacune de ces valeurs de l, m peut prendre les $2l + 1$ valeurs 0, $\pm$ 1, $\pm$ 2..., $\pm$ l. La valeur de n prédominant dans l'expression des énergies, les orbites caractérisées par une même valeur de n restent, en première approximation, groupées ensemble, un groupe ainsi constitué d'orbites elliptiques remplaçant l'orbite circulaire unique de Bohr.

L'introduction de cette triple quantification a amélioré d'une façon significative les performances du modèle de Bohr et a permis, en particulier, de rendre compte de la structure fine des raies spectrales de l'hydrogène (effet Stark).

Le succès d'un tel procédé, somme toute pragmatique, ne laissait pas d'étonner. R. Kronig parle, à propos de sa capacité de décrire les observations expérimentales, « de la coïncidence numérique peut-être la plus remarquable dans l'histoire des sciences » et Bohr lui-même dit, en 1926, donc après l'avènement de la mécanique quantique : « Il est difficile de dire si c'était une chance ou une malchance que les propriétés du mouvement képlérien puissent être associées d'une façon aussi simple avec le spectre de l'hydrogène que nous le croyions à l'époque[13]. » Certains s'aventurent plus loin et Pauli peut ainsi dire à propos de Sommerfeld : « Il croit à certaines relations numériques ; il s'agit presque d'une mystique des nombres, comme autrefois pour les pythagoréens, lorsqu'ils ont étudié les harmoniques des cordes vibrantes. C'est pourquoi nous aurions tendance d'appeler *atomystique* toutes ces considérations », ajoutant toutefois : « mais jusqu'à présent personne n'a rien de mieux à proposer » (cité dans 18). Ces paroles datent, il est vrai, de 1920. Pauli ne savait donc pas encore que, quelques années plus tard, il suggérerait lui-même la nécessité d'un quatrième nombre quantique. Il est vrai aussi que, pour une fois, ce nombre ne sera pas un entier. Nous y reviendrons plus loin.

Vers la fin du premier quart du XXe siècle, le développement du modèle imaginé par Bohr a ainsi multiplié le nombre des variables quantifiées dont dépendait l'état des électrons dans les atomes. Du coup, la question cruciale est de savoir quelle est la manière effective suivant laquelle ces nombres quantiques interviennent dans l'établissement de la structure électronique des atomes autres que l'hydrogène, autrement dit comment s'y placent les électrons disponibles sur les niveaux d'énergie permis. En effet, si, pour l'hydrogène, l'état fondamental doit évidemment comporter la présence de son électron unique sur son orbite de plus basse énergie, le positionnement des électrons dans les atomes plus complexes nécessite la connaissance du nombre d'électrons que chacune de ces orbites peut accepter.

Bohr a été très intéressé par ce problème et a tracé quelques jalons sur la route qui devait conduire à sa solution. Ainsi, il a été très tôt conscient de la nécessité d'admettre *une saturation des orbites* en électrons susceptibles de s'y placer, et cela parce qu'il y voyait la meilleure possibilité de rendre compte éventuellement de la périodicité des propriétés chimiques des éléments. Inspiré, entre autres, par l'ingénieuse suggestion de Walther Kossel (1888-1956) que la stabilité chimique des gaz rares (hélium, néon, argon, etc.[22]) pourrait être due à l'arran-

---

22. Les gaz rares n'étaient pas connus au temps de Mendeleïev et n'ont été ajoutés

gement en « couches fermées » de leurs configurations électroniques et, déduisant qu'une telle configuration devait donc comporter le nombre d'électrons correspondant à leur nombre atomique (donc respectivement 2, 8, 18, etc.), Bohr a énoncé, en 1920, son « *Aufbauprinzip* », le « principe de construction », lequel proposait de déterminer la configuration électronique des atomes par un remplissage progressif des niveaux disponibles, dans l'ordre de leurs énergies croissantes, jusqu'à l'épuisement des électrons disponibles. Sous-jacente à son procédé était une autre hypothèse, qu'il a énoncée clairement, en 1923, sous la forme du « postulat d'invariance et de permanence des nombres quantiques », qui préconisait que les nombres quantiques des électrons déjà présents dans un atome n'étaient pas perturbés par l'adjonction d'un électron supplémentaire. Bien que ces principes ne fussent pas récusables en soi, ils constituaient une règle insuffisante car il y manquait l'indication du nombre d'électrons susceptibles d'être accommodés sur une même orbite. Bohr n'a donc pas réussi à fournir un critère satisfaisant pour l'occupation maximale des couches par 2, 8, 18, etc., électrons. Seul l'énoncé du principe d'exclusion de Pauli permettra d'atteindre ce but. Néanmoins, les efforts de Bohr en ce sens méritent d'être soulignés[13].

– Le monde corpusculaire

« L'atomisme était la doctrine, par excellence, des chosettes. »
Gaston Bachelard

Quelques découvertes qui, même si certaines d'entre elles n'ont été faites qu'après l'avènement de la mécanique ondulatoire, complètent utilement la vision exclusivement polycorpusculaire de la structure atomique, et permettent en outre d'indiquer les développements qu'ont subis, au début de ce siècle, quelques problèmes auxquels la théorie atomique s'est intéressée aux différentes étapes de son histoire.

La première de ces découvertes est celle du neutron, le deuxième constituant fondamental du noyau atomique, une découverte bienvenue qui a permis de résoudre certaines difficultés liées au modèle atomique limité au proton et à l'électron. Le problème majeur résidait dans une incohérence apparente entre la masse mesurée des atomes et celle qu'ils devraient avoir si le nombre de leurs protons était égal à la valeur positive de leur noyau. Par exemple, la masse de l'hélium a une valeur proche de quatre fois celle du proton, alors que la charge du

au tableau périodique, en une nouvelle colonne, qu'à la suite de leur découverte par William Ramsey (1857-1916, PN 1904) et ses élèves, dans les dernières années du XIXe siècle.

noyau n'est que le double de celle de cette particule. Selon la première hypothèse avancée, le noyau d'hélium devait comporter aussi deux électrons qui neutraliseraient la charge de deux protons. Ce modèle a dû être abandonné lors de l'avènement de la mécanique quantique, qui a montré, entre autres, que la fonction d'onde de l'électron était trop étendue pour que cette particule puisse être contenue dans le noyau. L'énigme fut résolue par la découverte, en 1932, par James Chadwick (1891-1974, PN 1935) d'une particule nouvelle, le neutron, de masse sensiblement égale à celle du proton, mais ne portant pas de charge électrique. L'admission du neutron comme deuxième constituant du noyau a permis de résoudre l'incompatibilité[23] en question.

Cette découverte a permis aussi d'élucider la nature des *isotopes*, atomes d'un même élément, manifestant les mêmes (ou presque) propriétés chimiques et physico-chimiques, mais différant entre eux par leur masse. Découverts par Frederick Soddy (1877-1956, PN 1921), en 1913, dans la série des radioéléments, mis en évidence ultérieurment par Francis Aston (1877-1945, PN 1922) pour un grand nombre d'éléments, les isotopes d'un élément se sont révélés être constitués d'un nombre constant de protons et d'électrons mais d'un nombre variable de neutrons. Cette donnée a battu en brèche une des convictions les plus ancrées des fondateurs de l'atomisme concernant l'invariabilité des atomes d'un élément. Dalton lui-même a affirmé ce principe et a eu même l'imprudence d'interdire l'existence du deutérium et de l'eau lourde. Ainsi, il écrivit en 1842 : « Nous n'avons aucune raison de concevoir une diversité de ces particules ultimes dans une substance telle que l'eau. Si cette diversité existait dans l'eau, il faudrait qu'elle existe également dans les éléments qui la constituent, à savoir l'hydrogène et l'oxygène [...]. Si certaines particules de l'eau étaient plus lourdes que les autres, si une parcelle de ce liquide était à une occasion quelconque constituée essentiellement de ces particules lourdes, cela affecterait la gravité spécifique de la masse, ce qui n'est pas connu [...]. Nous pouvons donc conclure que les particules ultimes de tous les

23. On considère aujourd'hui que le proton et le neutron sont des états énergétiques différents d'une même particule, le nucléon. Le neutron, ayant une masse légèrement plus grande (1,674 9 $\times 10^{-27}$ kilogramme) que le proton (1,672 6 $\times 10^{-27}$ kilogramme), représente le nucléon dans l'état de plus grande énergie. Laissé à lui-même, le neutron se transforme en proton avec une période (temps nécessaire pour la transformation de la moitié des neutrons présents) de 12 minutes et avec l'émission d'un électron et d'une autre particule, l'antineutrino. Dans les conditions usuelles qui règnent dans le noyau, les forces nucléaires (« interactions fortes ») empêchent cette transformation, qui n'a lieu que lorsque le nombre des neutrons est très supérieur à celui des protons. Les électrons émis alors constituent le rayonnement β.

corps homogènes sont parfaitement identiques en poids, forme, etc.[24]. » J. J. Thomson affirmait encore, en 1914, que « toutes les particules d'une espèce déterminée ont exactement la même masse », et que « les atomes d'un élément donné sont identiques ». On ne peut évidemment pas reprocher à ces savants éminents de n'avoir pas eu à leur disposition les moyens techniques qui auraient pu leur montrer le caractère erroné de leurs affirmations. Néanmoins, certains ont eu le pressentiment de la possibilité de l'isotopie. Tel fut, en particulier, le cas de William Crookes (1822-1919), célèbre par ses travaux sur le rayonnement cathodique et ses tubes à gaz raréfiés, qui a avancé clairement l'hypothèse que tous les atomes d'un élément donné pourraient ne pas être identiques et que le poids atomique d'un élément pourrait être la moyenne des poids des atomes de poids différents mais de mêmes propriétés chimiques[20]. Remarquable prescience.

Ces considérations nous ramènent vers une résurrection, sous une forme plus évoluée et plus nuancée il est vrai, de l'hypothèse de Prout, selon laquelle tous les éléments devraient dériver d'un atome primordial, qu'il assimilait à celui de l'hydrogène, hypothèse qui a dû être abandonnée devant le constat que les poids atomiques de nombreux éléments n'étaient pas des multiples entiers de celui de l'unité postulée. La démonstration que les atomes de tous les éléments étaient apparemment construits de trois mêmes briques fondamentales, le proton, le neutron et l'électron, a donc ravivé l'hypothèse de Prout. J. J. Thomson écrivait déjà, en 1914[6] : « Puisque l'électron peut être fourni par tous les éléments chimiques, nous pouvons en conclure que les électrons entrent dans la constitution de tous les atomes. Nous avons ainsi fait le premier pas vers... le but où, depuis Prout, ont tendu les efforts de nombreux chimistes : prouver que les atomes des éléments chimiques sont tous construits avec les atomes plus simples, atomes primordiaux, comme on les a appelés. »

Si, ainsi élargie et adaptée aux connaissances nouvelles, l'hypothèse de Prout gagnait en vraisemblance en ce qui concerne la nature universelle des composantes atomiques, sa présomption fondamentale sur la formation de la masse des atomes par la sommation simple de la masse des constituants s'est avérée, en revanche, défectueuse car la loi classique de la conservation de la matière n'est pas valable dans le monde des particules élémentaires : la masse d'un noyau peut être inférieure à la somme des masses de ses constituants. Pour prendre un exemple classique, la perte de masse de l'atome d'hélium par rapport à la somme des masses des particules le constituant est de 0,032. Ce « défaut de masse » représente l'énergie émise lors de la formation du noyau et

24. Dalton, *A New System of Chemical Philosophy*, Londres, 1842.

s'explique sur la base de la relation d'Einstein $E = mc^2$ (dans l'exemple précédent, cette énergie approche 28×10^6 électronvolts). Elle équivaut à l'énergie de cohésion des particules dans le noyau.

Puisque nous venons de mentionner la stabilité du noyau, nous devons nécessairement parler aussi de son... instabilité. Celle-ci, mise en évidence comme nous l'avons déjà vu vers la fin du siècle dernier par la découverte de la radioactivité naturelle de l'uranium et du thorium, fut confortée, en 1919, par Rutherford, qui réussit la transmutation de l'atome d'azote en atome d'oxygène sous l'effet du bombardement par les particules α, réalisant ainsi le vieux rêve des alchimistes et fondant, en même temps, la chimie nucléaire[25], puis a acquis un statut plus général par la découverte, en 1934, par Frédéric (1900-1958, PN 1935) et Irène (1897-1957, PN 1935) Joliot-Curie de la radioactivité artificielle, pour culminer avec la découverte, en 1938-1939, de la fission de l'uranium par Otto Hahn (1879-1968, PN 1944) et Fritz Strassman (1902-1980), ouvrant l'ère de l'énergie atomique. Bohr, qui a si efficacement réussi, en 1913, à formuler une théorie rendant compte de la stabilité des édifices atomiques, fut aussi celui qui, vingt-six ans plus tard, en 1939, devait interpréter correctement le mécanisme de la fission nucléaire. Corrélativement, l'instabilité naturelle de certains éléments et la possibilité d'induire une instabilité dans les noyaux d'autres éléments confirmaient l'importance de la proposition qu'il a en grande partie inspirée, à savoir que « la grande stabilité des éléments provient de ce que les réactions physico-chimiques ordinaires n'atteignent pas le noyau, mais ne modifient que les liaisons des électrons dans l'atome[19] ». Quant aux processus de désintégration radioactive eux-mêmes, pour lesquels il reconnaît qu'ils « semblent avoir lieu sans excitation extérieure » et dont une des caractéristiques essentielles est que « si l'on considère un certain nombre d'atomes de radium, tout ce que l'on peut dire c'est qu'il y a une probabilité déterminée pour qu'une certaine fraction de ce nombre se désintègre par seconde », il y voit un « exemple remarquable de l'insuffisance de la description causale, insuffisance étroitement liée à certains caractères fondamentaux de notre description des phénomènes atomiques ». Voici deux mots, *probabilité* et *causalité*, qui constitueront les centres des discussions qui vont se multiplier avec l'avènement de la mécanique quantique, se poursuivre longuement, et dans lesquelles Bohr jouera un rôle essentiel. En fait, on peut dire que c'est la contribution de Bohr, amplifiée par les apports de la mécanique quantique, qui a sonné le glas du rêve

25. La réalisation du rêve essentiel des alchimistes, à savoir la fabrication de l'or à partir d'un autre élément, n'a eu lieu qu'en 1949, lorsque le physicien américain Dempster a réussi la transmutation de l'atome de mercure en l'atome d'or.

de ceux qui, pendant longtemps, ont cru à l'universalité des explications mécaniques, rêve formulé de la façon la plus frappante, peut-être, par Pierre Simon Laplace dans sa célèbre affirmation[26] : « Une intelligence qui, pour un instant donné, connaîtrait toutes les forces dont la nature est animée et la situation respective des êtres qui la composent, si d'ailleurs elle était assez vaste pour soumettre ces données à l'Analyse, embrasserait dans la même formule les mouvements des plus grands corps de l'univers et ceux du plus léger atome : rien ne serait incertain pour elle, et l'avenir, comme le passé, serait présent à ses yeux. » Cette affirmation faisait du microcosme atomique une réplique rigoureuse du macrocosme planétaire. Il commençait à devenir évident, depuis Bohr, qu'il n'en était pas ainsi. L'évidence devait éclater avec l'avènement de la mécanique quantique.

2. L'atome ondulatoire

> Barton : *« S'il existe des structures qui ont tantôt un aspect d'onde, tantôt un aspect de particule, il faut sans doute créer de nouveaux concepts. Peut-être faudrait-il appeler de telles structures des "ondicules", et la mécanique quantique est alors une description mathématique du comportement de ces ondicules. »*
> Heisenberg : *« Non, cette réponse est trop simpliste pour moi. Il ne s'agit pas ici d'une propriété particulière des électrons, mais d'une propriété de toute la matière et de tout le rayonnement. Que tu considères des électrons ou des pierres, tu trouveras toujours les deux aspects – particules et ondes. Simplement, les aspects quantiques se manifestent de façon beaucoup plus frappante pour les structures atomiques que pour les objets de l'expérience quotidienne. »*
>
> Dans W. Heisenberg, *La Partie et le tout (Souvenirs, 1920-1965)*

> *« Il faut toujours aller trop loin. »*
> William James

– La relation de de Broglie

Si le rayonnement peut avoir une double nature, ondulatoire et corpusculaire, pourquoi la matière, considérée jusqu'ici comme seulement corpusculaire, n'aurait-elle pas aussi des propriétés ondulatoires ? Question qui nous paraît aujourd'hui presque naturelle. À l'époque

26. P. S. Laplace, *Essai philosophique sur les probabilités*, Paris, 1814.

(dans les années 1920), il fallait de la clairvoyance et de l'audace pour la poser et du génie pour y répondre. Louis de Broglie (1892-1987, PN 1929) a révélé ces qualités le 25 novembre 1924 en soutenant, devant un jury quelque peu sceptique et réticent[27], sa thèse de doctorat ès sciences intitulée, *Recherches sur la théorie des quanta,* que, selon les propres paroles de l'illustre savant dans la préface à la réédition de sa thèse, en 1963, « l'on peut considérer comme ayant été à l'origine de tout le développement des théories formant ce que l'on nomme aujourd'hui mécanique ondulatoire ou mécanique quantique ».

Il fallait cette clairvoyance et ce courage tout simplement parce que, comme il le dit encore lui-même[28] : « Jamais l'électron n'avait manifesté de propriétés nettement ondulatoires analogues à celles que la lumière manifeste dans les phénomènes d'interférences ou de diffraction. Prêter à l'électron, en l'absence de toute preuve expérimentale, des propriétés ondulatoires pouvait paraître une fantaisie d'un caractère peu scientifique. » Il estimait néanmoins « que l'on pouvait très légitimement se demander si cette étrange dualité des ondes et des corpuscules, dont la lumière fournit un si remarquable et déconcertant exemple, ne traduisait pas dans le plan des phénomènes la nature profonde et cachée du quantum d'action et si l'on ne devait pas s'attendre à retrouver une dualité du même ordre partout où la constante de Planck manifestait sa présence ». De plus, « l'intervention de nombres entiers pour caractériser les états stationnaires des électrons atomiques apparaissait même comme assez symptomatique. Les nombres entiers se rencontrent, en effet, fréquemment dans toutes les branches de la physique où l'on a à considérer des ondes : en élasticité, en acoustique, en optique. Ils interviennent dans les phénomènes d'ondes stationnaires, d'interférences et de résonance. Il était donc permis de penser que l'interprétation des conditions de quantification conduirait à introduire un aspect ondulatoire des électrons intraatomiques ».

S'ajoutait à cela la conviction que la théorie hybride, donc quelque peu artificielle, de Bohr, avec ses succès remarquables mais aussi ses échecs (elle ne rendait pas compte, par exemple, des variations de l'intensité des raies spectrales de l'hydrogène et s'était vite révélée insuffisante pour le traitement quantitatif d'atomes di- et polyélectroniques ou de molécules, même les plus simples), ne pouvait représenter

27. Jury présidé par Jean Perrin et composé d'Élie Cartan et Charles Mauguin, auxquels s'est joint Paul Langevin.
28. L. de Broglie, *La Physique nouvelle et les quanta,* Paris, Flammarion, 1987.

qu'une étape intermédiaire dans la construction d'une doctrine cohérente et solide de la structure atomique[29].

Historiquement, il apparaît qu'à l'origine de la réflexion de de Broglie se trouvait l'idée d'associer une masse au photon, en rapprochant la loi de Planck $E = h\upsilon$ de la loi d'Einstein $E = mc^2$. Mais, selon les paroles d'un excellent biographe[30], « il remarqua alors que le seul aspect de son raisonnement qui fût spécifique des quanta de lumière était qu'il se donnait une fréquence lumineuse pour en déduire une masse ; il eut alors l'idée géniale d'étendre son raisonnement à n'importe quel corpuscule matériel en se donnant *a priori* une masse, celle du corpuscule, laquelle définit une énergie $E = mc^2$, qui permet d'associer au corpuscule, une fréquence υ telle que $E = h\upsilon$. Élémentaire, Dr. Watson, n'est-ce pas ?

Cette idée, toujours renforcée par la théorie de la relativité et par des considérations physiques et mathématiques exploitant, en particulier, le rapprochement opéré par Jacobi entre le principe de moindre action de Maupertuis et le principe du temps minimum de Fermat, considérations trop complexes pour être présentées ici (voir réf. 30), l'a conduit à énoncer sa proposition historique, qui a changé de fond en comble notre vision du monde microscopique et qui est résumée dans la formule : $\lambda = \frac{h}{p}$. Énoncée au début pour l'électron, étendue ensuite à toutes les particules matérielles, cette hypothèse proclame qu'à tout corpuscule matériel on peut associer une onde dont la longueur d'onde λ est reliée à la quantité de mouvement p (= mv) du corpuscule par la relation indiquée, dans laquelle h désigne la constante de Planck. La formule affirme donc la double nature, corpusculaire et ondulatoire, de toutes les particules matérielles. Un des aspects remarquables de cette proposition est que son application au cas des électrons atomiques permet de comprendre aisément l'origine des conditions de quantification. Selon les propres paroles de de Broglie[28] : « Elles expriment que l'onde associée à l'électron est en résonance (que les crêtes rencontrent les crêtes et les creux les creux) sur la longueur de sa trajectoire ; en d'autres termes, elles expriment que l'onde associée à un état stationnaire de l'électron atomique est elle-même une onde stationnaire au sens de la théorie des ondes », c'est-à-dire comporte des vibrations dont la configuration dans l'espace ne varie pas avec le temps. Pratiquement, les états stationnaires correspondent aux orbites pour lesquelles

---

29. Il a été dit que Bohr a élaboré sa théorie de l'atome d'hydrogène en utilisant la mécanique classique le lundi, le mercredi et le vendredi et la mécanique quantique le mardi, le jeudi et le samedi.
30. G. Lochak, *Louis de Broglie*, Paris, Flammarion, 1992.

un nombre entier de longueurs d'onde peut s'accommoder sur leur circonférence. Le *mystère* de la quantification est ainsi dissipé : celle-ci découle naturellement du caractère d'onde stationnaire attribué à l'électron dans l'atome.

L'énoncé de l'hypothèse de de Broglie a eu un effet stimulant immédiat sur les développements de la physique atomique expérimentale et théorique. Elle a reçu, dès 1927, une confirmation expérimentale éclatante, dans le cas de l'électron justement, par les expériences de Davisson (Clinton, 1881-1958, PN 1937) et Germer (Lester, 1896-1971) et de Thomson (George Paget, 1892-1975, PN 1937)[31], qui obtinrent, indépendamment, des effets de diffraction électronique par des réseaux métalliques. En outre, dans chaque cas, la quantité de mouvement du faisceau électronique étant connue, le diagramme de diffraction calculé avec la longueur d'onde donnée par la relation de de Broglie coïncidait correctement avec le diagramme expérimental. Aujourd'hui, comme on le sait, la diffraction des électrons est un phénomène couramment utilisé (le microscope électronique en est l'exemple le plus connu) ainsi d'ailleurs que celle des neutrons et des protons. La diffraction des ondes atomiques a dû attendre plus longtemps et ne fut réalisée qu'en 1991 avec les atomes de l'hélium par Jürgen Mlynek et ses associés à Constance, en Allemagne, puis un peu plus tard, la même année, avec le sodium, puis le calcium, par D. E. Pritchard et ses collaborateurs au célèbre Massachusetts Institute of Technology, à Cambridge, aux États-Unis[32], démontrant d'une façon définitive le caractère ondulatoire de ces unités constitutives des éléments. La réalisation d'une diffraction atomique est nettement plus ardue que celle des électrons, en particulier à cause de la masse relativement élevée des atomes, donc, en vertu de la formule de de Broglie, de la longueur d'onde relativement courte (par exemple, pour un atome d'hélium se déplaçant à 1 000 m/s, vitesse typique pour un gaz à température ordinaire, la longueur d'onde est de l'ordre d'un angström c'est-à-dire de 10^{-10} m), ce qui rend beaucoup plus difficile la mise au point des dispositifs optiques appropriés. Il n'empêche qu'une véritable optique atomique est en vue et que l'on peut s'attendre à une réalisation rapprochée d'interféromètres et de microscopes atomiques.

---

31. Dans l'atomistique, lorsque l'on parle des Thomson, il faut faire bien attention aux prénoms : G. P. Thomson est le fils de J. J. Thomson. Il est, certes, amusant de constater que, si le père a découvert le corpuscule électron, le fils a complété son œuvre en montrant que c'était aussi une onde. De cette manière, la famille peut se vanter d'avoir mis en évidence les deux aspects de la « personnalité » électronique.
32. Voir D. Carnal et J. Mlynek, « L'Optique atomique », *La Recherche*, 1992, 23, 1134-1142.

– La mécanique ondulatoire de Schrödinger ou quand les orbites deviennent des orbitales

« Si seulement je connaissais plus de mathématiques ! »
Lettre de Schrödinger à Willy Wien du 27.12.1925

L'impact de la formule de de Broglie sur le développement des méthodes théoriques d'étude de la structure atomique (et moléculaire) s'est manifesté très vite. La contribution la plus célèbre, et pour beaucoup la plus importante, qui a suivi dans les deux ans à peine la publication du travail du savant français, fut celle d'Erwin Schrödinger (1887-1961, PN 1933), créateur de la « mécanique ondulatoire », dont les règles régissent le comportement de l'onde de de Broglie. Il annonce lui-même l'ambition et la signification de sa contribution dès les premiers paragraphes de son premier article sur le sujet, publié en 1926 : « Dans cette communication, je voudrais montrer tout d'abord, sur l'exemple le plus simple possible d'un atome d'hydrogène (sans relativité ni perturbation), que les règles habituelles de quantification peuvent être remplacées par une autre condition, dans laquelle il n'est plus question de “nombres entiers”. Ces nombres entiers s'introduisent de la même manière naturelle que le nombre entier des nœuds d'une corde vibrante. Cette nouvelle conception est susceptible de généralisations étendues et je crois qu'elle touche de très près la véritable essence des conditions de quanta[33]. »

Au fondement de cette nouvelle mécanique se trouve l'*équation d'onde*, dite équation de Schrödinger. Sans vouloir ni pouvoir entrer dans les détails de sa « dérivation », qui, inspirée par les travaux de Hamilton établissant une analogie entre la mécanique newtonienne d'une particule et l'optique géométrique d'un rayon, fut présentée d'une façon plutôt élaborée par Schrödinger lui-même[34], nous indiquerons ici très schématiquement un mode de « dérivation » moins rigoureux mais rapide, en nous bornant à sa forme la plus simple, indépendante du temps et non relativiste (avec la masse de l'électron considérée comme indépendante de sa vitesse). Le point de départ est l'équation classique indiquant la dépendance spatiale de l'amplitude Ψ d'une onde :

$$\Delta \Psi + k^2 \Psi = 0$$

où Δ est l'opérateur laplacien, égal, en coordonnées cartésiennes, à

33. E. Schrödinger, *Mémoires sur la mécanique ondulatoire*, Paris, Félix Alcan, 1933.
34. Pour les détails voir, par exemple, l'excellent ouvrage de Walter Moore : *Schrödinger, Life and Thought*, Cambridge, Cambridge University Press, 1989.

$$\Delta = \frac{\partial^2}{\partial x^2} + \frac{\partial^2}{\partial y^2} + \frac{\partial^2}{\partial z^2}$$

et où le paramètre k est égal à $\frac{2\pi}{\lambda}$, de sorte que :

$$\Delta \Psi + \frac{4\pi^2}{\lambda^2} \Psi = 0$$

En remplaçant λ par l'expression de de Broglie, $\lambda = \frac{h}{mv}$, on obtient :

$$\Delta \Psi + \frac{4\pi^2 m^2 v^2}{h^2} \Psi = 0$$

D'autre part, l'énergie totale d'une particule est la somme de son énergie cinétique et de son énergie potentielle, $E = \frac{1}{2} mv^2 + V$, d'où l'on tire $mv^2 = 2\,(E - V)$, ce qui, substitué dans l'équation précédente, donne :

$$\Delta \Psi + \frac{8\pi^2 m}{h^2} (E - V)\, \Psi = 0$$

C'est l'équation de Schrödinger, dans laquelle, la particule mise en jeu étant l'électron, Ψ est la fonction d'onde électronique.

L'équation trouvée est une équation aux dérivées partielles linéaires du second ordre. Sous réserve d'imposer à la fonction d'onde les conditions que l'on exige, en général, des fonctions intervenant en physique, à savoir d'être continue (sans coupures brusques), uniforme (une seule valeur pour un jeu de coordonnées donné) et finie (pas de valeur infinie), une telle équation n'aura de solutions que pour certaines valeurs de la constante E. Ces valeurs sont les *valeurs propres* de l'équation et représentent les énergies permises aux électrons. Ainsi, un des grands accomplissements de cette nouvelle mécanique est, comme l'a annoncé Schrödinger, que la quantification de l'énergie y découle naturellement de la forme mathématique de son équation fondamentale et n'y est pas introduite de façon arbitraire, comme dans le modèle de Bohr.

À chaque valeur permise de l'énergie correspondent une ou plusieurs fonctions Ψ satisfaisantes, dites *fonctions propres*, décrivant le corpuscule dans cet état énergétique. On nomme couramment ces fonctions *orbitales*, substantif destiné à une grande carrière en mécanique ondulatoire. En effet, s'il est évident que cette nouvelle façon de caractériser l'électron a pour effet d'évincer la notion antérieure d'orbites en tant que trajectoires précises du mouvement de ces corpuscules dans l'atome, sa signification sera l'objet de beaucoup de discussions et de controverses dont nous serons conduits à parler à plusieurs reprises dans ce chapitre. Étant donné l'importance de l'enjeu, on se doit de préciser un aspect essentiel de ces divergences d'opinions.

– La signification de la fonction d'onde : l'avènement de l'interprétation probabiliste

« Si l'électron nous a servi à comprendre beaucoup de choses, nous n'avons jamais bien compris l'électron lui-même. »
Louis de Broglie

« La vraie science est philosophique. »
Max Born

À l'origine du débat se trouve la signification que Schrödinger lui-même attribuait à ses résultats. Nous avons déjà eu l'occasion de mentionner, à propos des critiques qu'a suscitées chez certains le modèle atomique de Bohr, les objections avancées par Schrödinger contre l'idée même d'orbites électroniques distinctes et (horreur !) des « sauts quantiques » entre elles. L'équation d'onde était, pour son créateur, une tentative, réussie selon lui, pour échapper à cette conception bohrienne de la discontinuité de la structure atomique. En effet, suivant en cela Louis de Broglie, Schrödinger considérait l'onde comme une propriété « réelle » de l'électron, comme sont réelles les ondes acoustiques ou lumineuses. Il la concevait comme siège de vibrations physiques, s'exerçant dans toutes les directions de l'espace. Les états stationnaires des électrons étaient alors assimilés aux nœuds de ces vibrations et les spectres de raies atomiques interprétés comme des transitions entre différents modes de vibration, transitions lisses et continues, remplaçant très avantageusement, selon lui, les « imaginaires » sauts quantiques.

Quant aux propriétés particulaires que les électrons exhibaient dans certaines circonstances, elles n'étaient, pour Schrödinger, qu'une manifestation particulière de leur nature ondulatoire provenant de la possibilité de l'identification de la particule avec un « paquet d'ondes », terme décrivant une superposition d'ondes de fréquences voisines, interférant d'une façon constructive dans une région limitée de l'espace, se déplaçant à une vitesse dite « de groupe » et dont le mouvement évoquait le mouvement d'une particule au sens classique. Ce point de vue fait disparaître la dualité onde-corpuscule : les ondes simulent l'effet des particules en se rassemblant en paquets[35].

---

35. Pour plus de détails sur ces vues de Schrödinger et leur évolution au cours des années, voir Michel Bitbol, *La Clôture de la représentation,* introduction extensive au livre de Schrödinger sur *La Nature et les Grecs* (Éd. du Seuil, 1992), et, du même auteur, *L'Éclosion,* introduction également extensive à un autre livre de Schrödinger, *L'Esprit et la matière* (Éd. du Seuil, 1990). Comme l'écrit M. Bitbol : « Plus tard, en dépit de toutes les difficultés inhérentes à la notion de paquets d'onde, Schrödinger persiste à assimiler les corpuscules à des états d'excitation d'un conti-

Cette conception monolithique de Schrödinger s'est heurtée toutefois, dès le début, à de sérieuses difficultés. Parmi les principales objections avancées figuraient : a) la nature complexe de la fonction d'onde, dont l'expression fait intervenir le symbole imaginaire $i = \sqrt{-1}$ et qu'il est donc difficile de considérer comme représentant une vibration physique ; b) le fait que, pour les systèmes à deux ou plusieurs (N) particules, ces fonctions dépendent non plus des trois coordonnées spatiales mais des 3N coordonnées dans « un espace de configuration » à 3N dimensions, notion difficilement utilisable par l'entendement humain pour la description spatio-temporelle concrète de l'électron, et c) la démonstration, initialement donnée par Hendrik Lorentz (1853-1928, PN 1902), que « les paquets d'ondes », conçus par Schrödinger pour représenter l'état particulaire de l'électron, ne s'y prêtaient en fait guère car, confinés à se mouvoir dans un petit espace, ils devaient se dissiper, se disperser rapidement.

Une interprétation très différente de la signification de la fonction d'onde, qui fut combattue pendant une période par quelques savants éminents mais acceptée rapidement par la majorité, et qui est aujourd'hui quasi unanimement admise, est due à Max Born (1882-1970, PN 1954). Énoncée en 1926, elle représentait une approche fondamentalement nouvelle, introduisant d'une manière explicite un mode de vision probabiliste dans notre description de l'univers subatomique. Lederman la considère comme constituant « le plus dramatique et plus important changement dans notre regard sur le monde depuis Newton[10] ». Tenant compte du caractère complexe de la fonction d'onde, le principe de Born s'énonce de la façon suivante : « Le carré du module de la fonction d'onde Ψ mesure en chaque point et à chaque instant la probabilité pour que le corpuscule associé soit observé à ce point à cet instant[36]. » Le carré du module peut être considéré comme le carré de l'amplitude de l'onde Ψ, c'est-à-dire comme son intensité au sens ordinaire de la théorie des ondes.

Cette interprétation probabiliste de la fonction d'onde nous contraint à modifier profondément notre façon « habituelle » et, pour ainsi dire, « naturelle » de concevoir la localisation d'un corpuscule. Avec ce nouveau point de vue, au lieu de pouvoir affirmer que le corpuscule se trouve, à l'instant t, en un point A de coordonnées x_1, y_1, z_1,

---

nuum ondulatoire, et leur localisation à des régions d'intensité particulière de ce continuum. »

36. Une fonction complexe fait intervenir dans son expression le symbole imaginaire i tel que par définition $i^2 = -1$. On appelle fonction complexe conjuguée d'une fonction f et l'on écrit f* une fonction obtenue en substituant - -i à i dans l'expression de f. Le carré du module de la fonction f est le produit ff*. On l'écrit $|f|^2$. Il est toujours réel.

on peut seulement dire qu'il existe une certaine probabilité de le rencontrer en ce point, et qu'il est plus ou moins probable de le rencontrer en A plutôt qu'en un autre point B de coordonnées x_2, y_2, z_2, suivant que la fonction de probabilité $|\Psi|^2$ a une plus ou moins grande valeur en A qu'en B, à l'instant t. Comme l'onde Ψ occupe, en général, une vaste région de l'espace (en principe elle s'étend même jusqu'à l'infini), le corpuscule peut donc se trouver n'importe où dans cette région. Aucune *certitude* n'existe sur sa localisation, seule peut être connue la *probabilité* de sa présence à tel ou tel point. Le changement de conception par rapport à l'interprétation de Schrödinger est radical : alors que ce dernier voyait dans la fonction d'onde la représentation d'une réalité ondulatoire matérielle, Born ne lui attribue plus que le rôle d'une information sur les possibilités de l'évolution future du système électronique qu'elle représente. La fonction d'onde devient une *fonction de probabilité.* Le saut conceptuel est vertigineux. Einstein écrira : « Sur ce point, la théorie des quanta d'aujourd'hui diffère fondamentalement de toutes les théories physiques précédentes. Au lieu de fournir un modèle de description des événements réels dans l'espace-temps, elle fournit les distributions de probabilité des mesures possibles en fonction du temps[37]. »

Nous décrirons plus loin l'attitude que le grand savant adoptera par rapport à cette proposition radicale. Ici, nous ne citerons que celle de Schrödinger, qui n'est guère enthousiaste : « Un trait déconcertant de l'interprétation probabiliste, c'était et c'est, écrit-il en 1953[38], que la fonction d'onde est estimée varier de deux façons entièrement distinctes : tant qu'aucun observateur n'interfère avec le système, on la fait obéir à l'équation d'onde tandis qu'à chaque observation on la fait changer en une fonction propre de l'opérateur associé au mesurage exécuté, fonction propre appartenant à la valeur propre qu'on a touchée. En outre le changement n'a lieu que pour l'observateur qui s'informe du résultat. Si vous êtes présent, mais n'êtes pas informé du résultat, alors, même si vous avez la plus minutieuse connaissance à la fois de la fonction d'onde avant la mesure et des appareils utilisés, la fonction d'onde modifiée ne vous concerne pas, elle est pour ainsi dire inexistante ; pour vous il y a au mieux une fonction d'onde se rapportant au dispositif de mesure plus le système considéré, une fonction d'onde avec laquelle celle qui est adoptée par l'observateur connaissant le résultat de la mesure n'a aucun rapport particulier. »

37. A. Einstein, *Conceptions scientifiques,* Paris, Flammarion, 1990.
38. *Louis de Broglie, physicien et penseur,* sous la dir. de A. George, Paris, Albin Michel, 1953.

Ces propos se rattachent à la difficulté qu'il y a à visualiser la nature de l'opération conduisant à la localisation de l'électron en un point précis de l'espace lorsque nous le détectons, par exemple, par scintillation sur un écran fluorescent, difficulté qui a donné lieu à beaucoup de réflexions. La description de ce phénomène implique que la fonction d'onde de l'électron, qui, en l'absence de notre intervention, était étalée dans l'espace d'une manière plus ou moins régulière, est brutalement concentrée dans une région très restreinte. On dit habituellement qu'il y a *« réduction »* – les Anglo-Saxons disent « effondrement » – du paquet d'ondes. Ce qu'il convient de souligner, c'est que cette modification de la structure de la fonction d'onde est le résultat de notre intervention, qu'elle est provoquée par l'expérience de la détection, par la mesure que nous effectuons.

Le pronom « nous » revêt en outre une signification précise : il concerne un être doué de conscience. Selon une thèse défendue, en particulier, par le mathématicien John von Neumann (1903-1957) et le physicien Eugene Wigner (1902-1994, PN 1963) aucun dispositif ou stratagème de mesure, aussi perfectionné et compliqué qu'il puisse être, ne saurait provoquer la « réduction » de la fonction d'onde. C'est seulement lorsque le résultat de la mesure pénètre et se concrétise dans la conscience d'un être humain – celle d'un animal, même développé, n'y suffisant pas – que la fonction d'onde « s'effondre » en une réalité observable.

La relation entre les ondes de probabilité distribuées dans l'espace et les observations expérimentales localisant le corpuscule auquel elles sont censées être associées, ou qui est censé leur être associé, sera un des enjeux majeurs des discussions, à mi-chemin entre la science et la philosophie, sur la signification de la mécanique quantique, le déterminisme (ou plutôt l'indéterminisme) des phénomènes observés, la « réalité » du monde sous-jacent et le rôle de l'observateur et de la mesure dans la vision que nous pouvons en avoir.

– Les électrons dans les atomes et le tableau périodique des éléments

> *« Il semble que ce qui s'attire ce soit des systèmes de nombres quantiques différents et que ce qui se repousse ce soit des systèmes de nombres quantiques identiques. »*
>
> Gaston Bachelard

Appliquée par Schrödinger lui-même à l'atome d'hydrogène (en posant $V = -\frac{e^2}{r}$ dans l'équation d'onde), sa méthode introduit d'une façon « naturelle » les trois nombres quantiques *n, l* et *m* et leurs dépendances mutuelles. Elle fournit, pour l'expression des énergies permises, la même formule que celle de Bohr, avec sa seule dépendance en *n*, nombre quantique principal : $E_n = -\frac{2\pi^2 me^4}{n^2 h^2}$

Pour $n = 1$ on obtient l'état fondamental de l'atome, les nombres supérieurs fournissant les divers états excités.

À chaque valeur de *n* (valeur propre de l'énergie) correspondent une ou plusieurs orbitales (fonctions propres)[39]. Ces dernières dépendent, en plus du nombre quantique principal, du nombre quantique azimutal *l*, qui fournit l'information sur la forme de la distribution spatiale du nuage de charge auquel on peut assimiler l'électron.

Signalons, en effet, une représentation, fort commode et utile, adoptée très souvent, surtout en chimie, qui présente ce corpuscule comme étalé en une sorte de nuage dont la densité, en chaque point, serait la probabilité de présence correspondante. Il est bon d'avoir toujours présent à l'esprit que, quelle que soit son utilité pratique, cela n'est qu'une représentation picturale. Ainsi, lorsque, dans cette optique, on calcule des « répartitions » électroniques et que l'on dit, par exemple, que la charge en un petit domaine est $\frac{1}{5}$ e (e étant la charge de l'électron), cela signifie que tout se passe comme si le domaine contenait un cinquième d'électron ; en termes exacts, il faudrait dire qu'il existe une chance sur cinq de rencontrer un électron dans le domaine considéré. Un électron entier, inutile de le dire : nous ne voyons jamais des fractions d'électron.

Cela dit, et quelle que soit la représentation utilisée, la description des orbitales atomiques ne manque pas de pittoresque. Ainsi, à $l = 0$ correspondent des orbitales traduisant une distribution sphérique de l'électron autour du noyau : la probabilité de présence de l'électron varie selon sa distance au noyau mais conserve une valeur constante sur la surface d'une sphère centrée sur ce noyau. La figure 10 représente schématiquement ce type d'orbitales, que l'on nomme orbitales *s* ; il y a des orbitales 1*s*, 2*s*, 3*s*, etc., correspondant à $n = 1, 2, 3$, etc., qui ont toutes la même forme générale (sphérique). Elles diffèrent entre elles par leurs dimensions et par l'allure de la fonction de distribution radiale (définie par D(r)

39. La solution, détaillée ou abrégée, de l'équation de Schrödinger pour l'atome d'hydrogène est présentée dans un très grand nombre d'ouvrages traitant de la mécanique quantique. Il peut être amusant de rapporter, pour l'histoire anecdotique de cette extraordinaire aventure intellectuelle, que Schrödinger n'a pas su résoudre lui-même son équation pour l'atome d'hydrogène. Il a eu des difficultés avec sa partie radiale, exprimée en coordonnées polaires sphériques. D'où son exclamation : « Si seulement je connaissais plus de mathématiques ! » C'est le célèbre mathématicien Hermann Weyl (1885-1955) qui l'a orienté sur la voie de la solution[34].

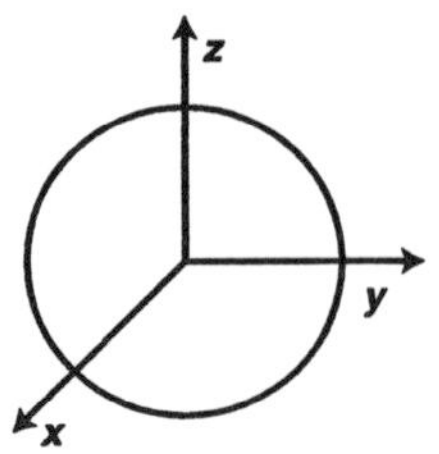

Figure 10. – Forme des orbitales *s*.

$= 4\pi^2 r^2 |\psi|^2 dr$), indiquant la probabilité de présence de l'électron en fonction de la distance au noyau *(figure 11)*. Pour l'état fondamental de l'atome d'hydrogène, cette fonction montre un maximum correspondant exactement au rayon de Bohr (0,53 Å). Toutefois, si, dans le modèle de Bohr, l'électron était strictement localisé sur l'orbite ayant cette dimension pour rayon, il ne conserve, dans le modèle de Schrödinger, qu'une grande probabilité de se trouver à cette distance. Une probabilité non négligeable est associée avec d'autres distances.

Dans le cas de l'hydrogène, les orbitales 2*s*, 3*s*, etc., ne sont occupées que dans ses états excités mais, dans les atomes polyélectroniques, elles peuvent être occupées déjà dans l'état fondamental, comme nous le verrons plus loin. Remarquons que le saut d'un électron d'une orbitale à une autre, par excitation par exemple, signifie une modification de la fonction d'onde le décrivant, ce qui illustre la fluidité de la distribution du nuage de charge associé.

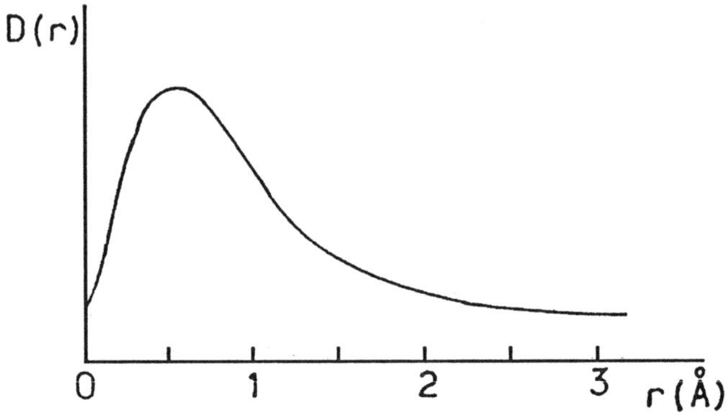

Figure 11. – Fonction de distribution radiale de l'orbitale 1*s*.

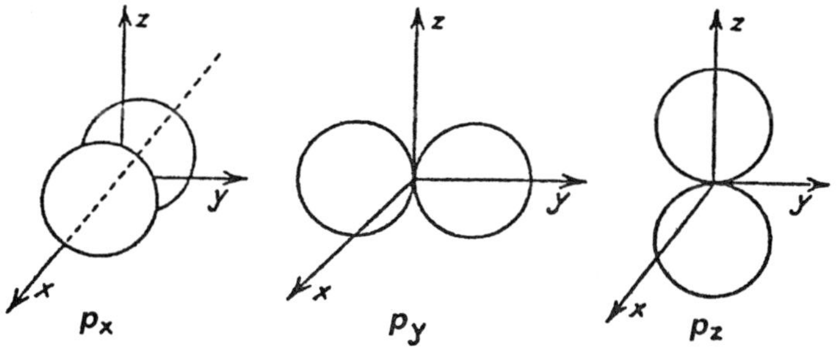

Figure 12. – Forme des orbitales *p*.

La *figure 12* indique schématiquement la forme de l'orbitale atomique correspondant à $l = 1$, que l'on nomme orbitale *p*. Une telle orbitale est représentée par deux volumes sphériques égaux et tangents à l'origine ; elle ne possède donc plus la symétrie sphérique autour du noyau. Il peut y avoir trois orbitales *p* équivalentes mais dirigées suivant les trois axes du trièdre de référence et que l'on note p_x, p_y, p_z. Cette subdivision correspond à l'existence d'un troisième nombre quantique *m* (nombre quantique magnétique) qui, pour chaque valeur de *l*, peut prendre les $2l + 1$ valeurs 0, $\pm$ 1, $\pm$ 2,..., $\pm$ *l*. Les orbitales *p* de plus basse énergie correspondent à $n = 2$ et sont notées : orbitales 2*p*.

La *figure 13* indique schématiquement la forme des orbitales correspondant à $l = 2$, nommées orbitales *d* ; la forme des orbitales correspondant à $l = 3$ et nommées orbitales *f* est encore plus complexe. Pour une valeur donnée de *n*, il y a cinq orbitales *d* et sept orbitales *f* équivalentes entre elles, à l'orientation dans l'espace près. Les orbitales *d* de plus basse énergie correspondent à $n = 3$, et les orbitales *f* à $n = 4$, etc.

Le cas des atomes autres que l'hydrogène est naturellement plus complexe. D'une manière globale, il est néanmoins possible de dire que

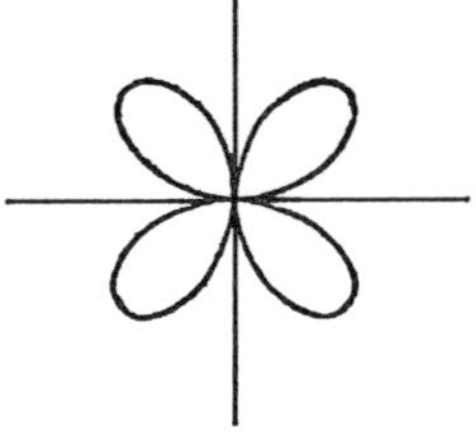

Figure 13. – Forme d'une orbitale *d*.

les électrons y occupent des orbitales atomiques tout à fait analogues, quant à leur forme générale, à celles que nous avons décrites à propos de l'hydrogène. Toutefois, il est évident que les orbitales d'une même catégorie, orbitales *1s* par exemple, appartenant à différents atomes n'auront pas les mêmes dimensions dans l'espace. D'une manière générale, plus l'atome est complexe, plus les orbitales internes sont proches du noyau. De même, les énergies des mêmes orbitales seront également différentes dans les différents atomes. Si leurs valeurs relatives semblent conserver un ordre presque constant pour tous les éléments, cet ordre diffère néanmoins de celui obtenu précédemment dans l'hydrogène par deux caractéristiques :

a) Les orbitales de même nombre quantique principal mais de nombre quantique azimutal différent n'ont plus la même énergie.

b) Dans les couches supérieures, il y a, en général, une inversion partielle de l'ordre des énergies entre certains états des couches voisines. Dans les atomes polyélectroniques, l'ordre général des énergies des orbitales atomiques est, en fait, le suivant : $1s < 2s < 2p < 3s < 3p < 3d \simeq 4s < 4p < 4d \simeq 5s < 5p < 6s < 5d < 6p \simeq 4f < 7s < 6d < 5f$...

Le tableau II (p. 350) résume la classification des fonctions d'onde atomiques jusqu'à $n = 4$. On remarque que l'ensemble des fonctions correspondant à une même valeur de n forme une *couche* électronique.

La dernière colonne du tableau contient la réponse à une question majeure, rencontrée à plusieurs reprises dans cet ouvrage, qui concerne la nature des facteurs responsables de la structure du tableau de Mendeleïev dans sa relation avec la périodicité de la réactivité chimique des atomes. Depuis l'avènement du concept des orbites électroniques, le problème se ramenait essentiellement à la détermination du nombre d'électrons susceptibles d'être simultanément sur chacune de ces orbites. Le problème persiste lorsque les orbites sont remplacées par des orbitales.

La solution a été trouvée après que fut adjoint aux trois nombres quantiques *n, l, m* un quatrième, dit nombre quantique de spin, résultant du fait que ce corpuscule se comporte comme s'il était animé d'un mouvement de rotation sur lui-même, donnant naissance à un moment de rotation propre, appelé spin. La découverte de cette caractéristique, en 1925, due à Samuel Goudsmit (1902-1978) et George Uhlenbeck (1900-1988), a permis de rendre compte de la structure hyperfine des raies spectrales observées dans un champ magnétique (effet Zeeman). La caractéristique particulière du nombre quantique de spin est qu'il ne peut prendre que deux valeurs : + 1/2 et - 1/2 (en unités $\frac{h}{2\pi}$)[40].

40. Le spin électronique est un effet relativiste. Il ne peut donc être déduit de l'équation de Schrödinger qui n'englobe pas de tels effets. La théorie relativiste de

Ce fut Wolfgang Pauli (1900-1958, PN 1945) qui eut le mérite d'énoncer, dès 1926, la proposition spécifiant le mode de comportement obligatoire des électrons par rapport aux quatre nombres quantiques, fournissant ainsi la recette cherchée pour la règle de construction des édifices électroniques des atomes. C'est le célèbre *principe d'exclusion* qui affirme que *deux électrons dans un même système ne peuvent se trouver dans le même état*, c'est-à-dire ne peuvent avoir leurs quatre nombres quantiques égaux. La conclusion essentielle de ce principe est que, lorsque deux électrons ont les trois nombres quantiques *n, l* et *m* (qui définissent une orbitale) identiques, ils doivent avoir des nombres quantiques de spin différents. Une orbitale atomique ne peut donc contenir que deux électrons et encore à condition que leurs spins soient, comme l'on dit, opposés ou antiparallèles. On désigne de tels électrons comme étant couplés.

À ce très important principe il convient encore d'ajouter les règles dites de Hund. Ces règles spécifient qu'en présence de plusieurs orbitales libres équivalentes, les électrons se placent toujours de façon à en occuper le plus grand nombre possible ; de plus, deux électrons occupant seuls deux orbitales équivalentes ont leurs spins parallèles.

Avec cet ensemble de prescriptions, nous sommes en mesure de décrire les états électroniques de tous les atomes. Pour cela, il suffit de connaître le nombre d'électrons dont dispose chaque atome et l'ordre des orbitales permises. On occupe alors progressivement chaque orbitale par les électrons disponibles, en commençant par les orbitales de plus basse énergie et en obéissant au principe de Pauli et aux règles de Hund. Quelques exemples simples illustreront le procédé employé : l'hydrogène ne possède qu'un seul électron, qui occupera donc nécessairement, dans l'état fondamental de l'atome, l'orbitale 1*s*. L'élément suivant, l'hélium, dispose de 2 électrons qui, tous deux, se placeront sur son orbitale 1*s*, avec des spins antiparallèles. Dans l'atome de lithium, 2 électrons occuperont l'orbitale 1*s* et le troisième sera placé sur l'orbitale 2*s*. Dans l'atome de carbone, qui dispose en tout de 6 électrons, on aura 2 électrons sur l'orbitale 1*s* (spins antiparallèles), deux autres sur l'orbitale 2*s* (spins antiparallèles) et deux autres sur les orbitales 2*p* ; conformément aux règles de Hund, ces deux derniers électrons se placeront sur deux orbitales 2*p* différentes et auront leurs spins parallèles. Dans l'oxygène, qui dispose de 8 électrons, 2 seront sur l'orbitale 1*s*, 2 sur l'orbitale 2*s*, 2 (avec des spins antiparallèles) sur une des trois orbitales 2*p*, disons $2p_z$, un sur l'orbitale $2p_x$ et un sur l'orbitale $2p_y$, les spins de ces deux derniers électrons étant parallèles, etc.

---

l'électron, établie par Dirac (Paul Adrian Maurice, 1902-1984, PN 1933), corrige cette déficience.

Couche	*n*	*l*	État	*m*	Nombre maximal d'électrons	
K	1	0	*s*	0	2	
L	2	0	*s*	0	2	8
		1	*p*	0, ± 1	6	
M	3	0	*s*	0	2	18
		1	*p*	0, ± 1	6	
		2	*d*	0, ± 1, ± 2	10	
N	4	0	*s*	0	2	32
		1	*p*	0, ± 1	6	
		2	*d*	0, ± 1, ± 2	10	
		3	*f*	0, ± 1, ± 2, ± 3	14	

Tableau II : Valeurs possibles des nombres quantiques ***n, l, m***
et notations spectroscopiques.

La *figure 14* (page suivante) contient une description imagée de cette distribution électronique : chaque case représente une orbitale permise et les flèches symbolisent les électrons qui les occupent ; de plus, des flèches opposées signifient les spins antiparallèles et des flèches pointant dans la même direction, des spins parallèles. À droite de la figure se trouve une notation abrégée, utilisée souvent pour la description des états atomiques ; sa signification est immédiate, l'exposant indiquant le nombre d'électrons dans l'état désigné entre parenthèses.

De cette façon, il est facile d'évaluer le nombre maximal d'électrons que peut contenir chaque couche électronique. Ainsi, il est immédiatement visible que la couche K contiendra au maximum deux électrons (une seule orbitale $n = 1$, $l = 0$, $m = 0$, mais deux spins possibles) ; la couche L contiendra au maximum 2 électrons *s* et 6 électrons *p* donc 8 en tout, et ainsi de suite (voir la dernière colonne du tableau II). On peut voir facilement que le nombre maximal d'électrons que peut contenir au total une couche *n* est $2n^2$ (règle de Stoner).

Ces nombres fournissent la clef de la classification périodique des éléments. Le tableau III (p. 352) représente la distribution des électrons sur les « couches » électroniques successives pour les vingt pre-

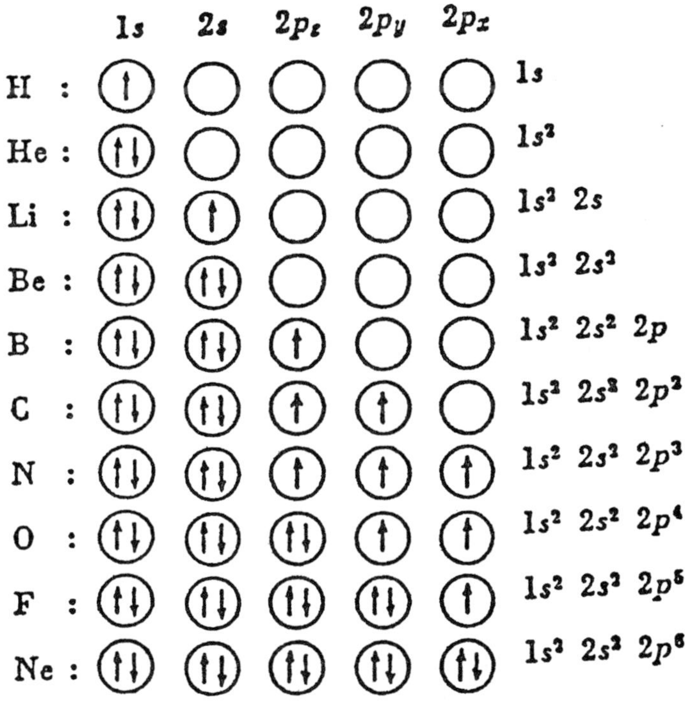

Figure 14. – Distributions électroniques.

miers et quelques autres éléments du tableau périodique, sélectionnés de manière à mettre en évidence les facteurs de similitude auxquels on pourrait rattacher la périodicité des propriétés chimiques.

De ce point de vue, la caractéristique la plus frappante est la présence d'un nombre identique d'électrons d'une même catégorie sur la couche périphérique, la plus externe, des éléments chimiquement apparentés. Ainsi, par exemple, tous les métaux alcalins ont, sur leur couche périphérique, un électron du type *s*. Dans le lithium, c'est un électron 2*s*, dans le sodium un électron 3*s*, dans le potassium un électron 4*s*, etc. Or, pour passer du lithium au sodium, il faut compléter l'orbitale 2*s* et remplir les trois orbitales 2*p*. Le sodium apparaîtra donc, dans la classification périodique, à la huitième place après le lithium. Pour une raison tout à fait analogue, sept éléments sépareront le potassium du sodium. En revanche, la couche M ($n = 3$) comportant, en plus de 2 électrons *s* et 6 électrons *p*, 10 électrons *d*, le rubidium ne viendra qu'à la 18ᵉ place après le potassium, etc.

Couche							
Numéro atomique	Élément	K	L	M	N	O	P
1	H	1					
2	He	2					
3	Li	2	1				
4	Be	2	2				
5	B	2	3				
6	C	2	4				
7	N	2	5				
8	O	2	6				
9	F	2	7				
10	Ne	2	8				
11	Na	2	8	1			
12	Mg	2	8	2			
13	Al	2	8	3			
14	Si	2	8	4			
15	P	2	8	5			
16	S	2	8	6			
17	Cl	2	8	7			
18	Ar	2	8	8			
19	K	2	8	8	1		
20	Ca	2	8	8	2		
35	Br	2	8	18	7		
36	Kr	2	8	18	8		
37	Rb	2	8	18	8	1	
53	I	2	8	18	18	7	
54	Xe	2	8	18	18	8	
55	Cs	2	8	18	18	8	1
56	Ba	2	8	18	18	8	2

Tableau III. – Distribution des électrons sur les « couches » électroniques.

Le tableau IV représente le tableau périodique des éléments connus arrêté à l'élément 103. (En fait, le dernier élément connu aujourd'hui porte le numéro 109.) Bien que l'étude détaillée de la structure électronique de tous les atomes de ce tableau, englobant donc les terres rares et les transuraniens, mette en lumière des relations plus complexes que celles rapportées, les analogies présentées suggèrent fortement un rôle

	I	II	III	IV	V	VI	VII	VIII	VIII	VIII	I	II	III	IV	V	VI	VII	0
1	1 H HYDROGÈNE 1,00797																	2 He HÉLIUM 4,0026
2	3 Li LITHIUM 6,939	4 Be BÉRYLLIUM 9,0122											5 B BORE 10,811	6 C CARBONE 12,01115	7 N AZOTE 14,0067	8 O OXYGÈNE 15,9994	9 F FLUOR 18,9984	10 Ne NÉON 20,183
3	11 Na SODIUM 22,9898	12 Mg MAGNÉSIUM 24,312											13 Al ALUMINIUM 26,9815	14 Si SILICIUM 28,086	15 P PHOSPHORE 30,9738	16 S SOUFRE 32,064	17 Cl CHLORE 35,453	18 A ARGON 39,948
4	19 K POTASSIUM 39,102	20 Ca CALCIUM 40,08	21 Sc SCANDIUM 44,956	22 Ti TITANE 47,90	23 V VANADIUM 50,942	24 Cr CHROME 51,996	25 Mn MANGANÈSE 54,9381	26 Fe FER 55,847	27 Co COBALT 58,9332	28 Ni NICKEL 58,71	29 Cu CUIVRE 63,54	30 Zn ZINC 65,37	31 Ga GALLIUM 69,72	32 Ge GERMANIUM 72,59	33 As ARSENIC 74,9216	34 Se SÉLÉNIUM 78,96	35 Br BROME 79,909	36 Kr KRYPTON 83,80
5	37 Rb RUBIDIUM 85,47	38 Sr STRONTIUM 87,62	39 Y YTTRIUM 88,905	40 Zr ZIRCONIUM 91,22	41 Nb NIOBIUM 92,906	42 Mo MOLYBDÈNE 95,94	43 Tc TECHNÉTIUM 98,906	44 Ru RUTHÉNIUM 101,07	45 Rh RHODIUM 102,905	46 Pd PALLADIUM 106,4	47 Ag ARGENT 107,870	48 Cd CADMIUM 112,40	49 In INDIUM 114,82	50 Sn ÉTAIN 118,69	51 Sb ANTIMOINE 121,75	52 Te TELLURE 127,60	53 I IODE 126,9044	54 Xe XÉNON 131,30
6	55 Cs CÉSIUM 132,905	56 Ba BARYUM 137,34	57 à 71 LANTHANIDES (ci-dessous)	72 Hf HAFNIUM 178,49	73 Ta TANTALE 180,948	74 W TUNGSTÈNE 183,85	75 Re RHÉNIUM 186,21	76 Os OSMIUM 190,2	77 Ir IRIDIUM 192,22	78 Pt PLATINE 195,09	79 Au OR 196,967	80 Hg MERCURE 200,59	81 Tl THALLIUM 204,37	82 Pb PLOMB 207,19	83 Bi BISMUTH 208,980	84 Po POLONIUM 209	85 At ASTATE 210	86 Rn RADON 222
7	87 Fr FRANCIUM 223	88 Ra RADIUM 226,025	89 Ac ACTINIUM 227	90 Th THORIUM 232,038	91 Pa PROTO-ACTINIUM 231,036	92 U URANIUM 238,019	93 à 103 URANIDES (ci-dessous)											

LANTHANIDES	57 La LANTHANE 138,91	58 Ce CÉRIUM 140,12	59 Pr PRASÉODYME 140,907	60 Nd NÉODYME 144,24	61 Pm PROMÉTHIUM 147	62 Sm SAMARIUM 150,35	63 Eu EUROPIUM 151,96	64 Gd GADOLINIUM 157,25	65 Tb TERBIUM 158,924	66 Dy DYSPROSIUM 162,50	67 Ho HOLMIUM 164,930	68 Er ERBIUM 167,26	69 Tm THULIUM 168,934	70 Yb YTTERBIUM 173,04	71 Lu LUTÉTIUM 174,97
URANIDES	93 Np NEPTUNIUM 237,048	94 Pu PLUTONIUM 242	95 Am AMÉRICIUM 243	96 Cm CURIUM 247	97 Bk BERKELIUM 247	98 Cf CALIFORNIUM 249	99 Es EINSTEINIUM 254	100 Fm FERMIUM 253	101 Md MENDÉLÉVIUM 256	102 No NOBELIUM 254	103 Lr LAWRENCIUM 257				

Tableau IV. – Classification périodique des éléments

primordial des électrons de la couche périphérique dans la réactivité chimique des atomes et mettent ainsi en évidence la base *structurale* de ces analogies, base qui remplace le critère de *masse* atomique ayant servi à Mendeleïev pour la construction de son tableau.

Naturellement, cette corrélation – à ce stade, il ne s'agit en effet que d'une corrélation – nécessite une explication, qui devra rendre compte de la manière dont les électrons déterminent effectivement la réactivité des atomes et, en particulier, comment les interactions interatomiques, dont ils sont supposés être les médiateurs, peuvent conduire à la formation d'édifices moléculaires stables, aux propriétés nouvelles et spécifiques. C'est là un problème ancien qu'Aristote opposait déjà à la théorie des associations de contact proposée par les atomistes de l'Antiquité. Malgré les suggestions qualitatives diverses à ce sujet avancées à différentes époques, seule la mécanique quantique saura trouver une réponse satisfaisante à cette question. Nous en rendrons compte dans la section consacrée à la société des atomes.

– L'atome matriciel et le principe d'incertitude de Heisenberg

« Toutes les autorités paraissent s'être mises d'accord sur le fait qu'à la base, ou presque, de tout dans le monde physique se trouve la formule mystique $qp - pq = \frac{ih}{2\pi}$. *»*

Sir Arthur Eddington

La courte période qui s'est écoulée entre la présentation de la relation de de Broglie (1924) et la formulation des bases de la mécanique ondulatoire par Schrödinger (1926) paraît laisser peu de temps à l'apparition d'une autre contribution théorique dans le même domaine de la pensée qui soit d'une stature et d'une importance comparables. Néanmoins, cela s'est produit avec l'énoncé, en 1925, par Werner Heisenberg (1901-1976, PN 1932), d'une autre version de la nouvelle mécanique, sous la forme de « mécanique matricielle ».

La méthodologie proposée par Heisenberg s'inspire d'une exigence rigoureuse de ce qui doit constituer, selon lui, la base de la représentation du monde subatomique, tel qu'il nous est accessible. À l'origine, se trouve la conviction, fortement affirmée, qu'il ne convient d'utiliser, dans une théorie physique descriptive de ce monde, que des quantités directement observables[41] : « Si l'on veut clarifier ce que l'on entend

41. Pour le développement des idées de Heisenberg, voir l'excellente biographie de D. C. Cassidy, *Uncertainty. The Life and Science of Werner Heisenberg*, New York, Freeman, 1992.

par "la position d'un électron", il convient de décrire une expérience à l'aide de laquelle "la position d'un électron" peut être mesurée ; sinon cette expression n'a aucun sens. » Or, Heisenberg constate que les orbites atomiques, si chères à Bohr, ne sont pas observables, et ne peuvent donc pas constituer la base recherchée. Seules sont accessibles à nos déterminations expérimentales les raies spectrales, c'est donc sur elles que doit s'asseoir une représentation acceptable de la structure électronique des atomes. Or, les caractéristiques de ces raies dépendent des paires d'orbites impliquées dans les transitions. Par conséquent, affirme-t-il, toutes les grandeurs qui sont utilisées pour décrire les électrons dans les atomes doivent être associées avec de telles paires. Techniquement, afin de réaliser son ambition, Heisenberg a fait appel, pour décrire les grandeurs définissant l'état de l'électron dans l'atome, aux matrices, tables à double entrée, comportant des rangées et des colonnes de nombres. En réalité, Heisenberg n'a pas fait appel aux matrices car... il en ignorait l'existence. Il les a réinventées, pour les besoins de la cause. Du même coup, il fallait aussi qu'il redécouvre l'algèbre qui permet de manipuler de telles tables et dont les règles peuvent être très différentes de celles qui régissent les opérations sur les nombres isolés. Son premier article sur le sujet n'a pas été d'une clarté éclatante, comme l'écrit Weinberg (PN 1979)[42] : « J'ai essayé à plusieurs reprises de lire l'article de Heisenberg et bien que je pense comprendre la mécanique quantique, je n'ai jamais compris les motivations de Heisenberg dans le développement mathématique de ses idées. » Et il ajoute : « Les physiciens théoriciens essaient de jouer dans leurs travaux les plus importants un des deux rôles : ils sont soit des sages, soit des magiciens. Le physicien-sage raisonne d'une façon ordonnée sur les problèmes physiques à partir d'idées fondamentales sur la façon dont la nature devrait être... Les physiciens-magiciens ne paraissent pas raisonner du tout mais sautent par-dessus toutes les étapes intermédiaires vers une nouvelle vision de la nature... Il n'est en général pas difficile de comprendre les articles des physiciens-sages, alors que les articles des physiciens-magiciens sont souvent incompréhensibles. En ce sens l'article de Heisenberg de 1925 était de la magie pure. » Einstein paraît avoir été d'un avis semblable lorsqu'il a écrit dans une lettre à Besso[43] : « La chose la plus intéressante livrée dernièrement par la théorie est la théorie de Heisenberg-Born-Jordan des états quantiques. Un véritable calcul des sorcières où apparaissent des déterminants infinis (matrices) à la place des coordonnées cartésiennes.

---

42. S. Weinberg, *Dreams of a Final Theory,* Londres, Vintage, 1993.
43. Dans *Albert Einstein, Michèle Besso, Correspondance 1903-1955,* Paris, Hermann, 1972.

C'est éminemment ingénieux et suffisamment protégé, par une grande complexité, envers toute preuve de fausseté. » La remarque d'Einstein est d'autant plus frappante qu'elle se réfère non plus à l'article original de Heisenberg mais à la version perfectionnée de sa théorie, à l'élaboration de laquelle ont collaboré les deux autres savants cités.

La situation ne paraît pas avoir beaucoup évolué depuis, tout au moins pour le grand public et, comme le dit l'excellent biographe de Heisenberg, D. Cassidy : « La nouvelle mécanique a été [et est] quasi incompréhensible pour les non-spécialistes[41]. » Un tel jugement a l'avantage de nous dispenser de la nécessité d'en donner une description ici. Nous adopterons cette solution de facilité d'autant plus volontiers que, d'une part, comme l'ont démontré Schrödinger le premier et Dirac plus tard, la mécanique ondulatoire et la mécanique matricielle sont mathématiquement équivalentes et, d'autre part, parce que, en pratique, le formalisme de Schrödinger fut et est aujourd'hui beaucoup plus utilisé dans l'exploration des structures atomiques et moléculaires que ne l'est celui de Heisenberg. Aussi, la dénomination courante que l'on utilise aujourd'hui en parlant de « mécanique quantique » s'adresse surtout à sa version selon Schrödinger.

Sans nous attarder donc sur le formalisme de Heisenberg, il nous paraît cependant utile de souligner ici un aspect important de sa représentation du monde subatomique. Utiliser la notation matricielle pour décrire les différentes variables physiques associables à l'électron, telles sa position ou son impulsion, réduit considérablement, sinon élimine, la possibilité de représenter la réalité atomique selon les modèles habituels. En pleine discussion sur la nature ondulatoire ou (et) corpusculaire de l'électron, Heisenberg propose de substituer à ces images mentales, qu'il juge défectueuses, un formalisme mathématique qui, pour lui, constitue en fait la seule perception possible de la réalité, en fait la seule réalité. Cette adoption de l'abstraction pure comme étant la plus sûre, voire l'unique, traduction de la vérité ultime ne contribue évidemment pas à populariser ce formalisme. Il peut être intéressant, en revanche, de souligner la relation que Heisenberg lui-même a établie entre sa vision du monde et la forme particulière de l'atomisme développée plus de deux millénaires auparavant par Platon (voir chapitre IV), relation qui définit en même temps sa position par rapport à l'atomisme classique de Démocrite : « Dans la philosophie de Démocrite, tous les atomes sont faits de la même substance (si l'on a là le droit d'employer le mot "substance"). Les particules élémentaires en physique moderne ont une masse, au même sens limité dans lequel elles ont d'autres propriétés. Étant donné que masse et énergie, d'après la théorie de la relativité, sont essentiellement le même concept, nous pouvons dire que toutes les particules élémentaires consistent en énergie. Cela pourrait s'interpréter en tant que définissant l'énergie comme la substance primordiale du monde. Elle a en vérité la propriété essentielle qui appartient au mot “substance”, à savoir qu'elle se conserve[44]. » La vision du monde de Platon est, remarque-t-il, toute différente : « Les particules élémentaires dans le *Timée* de Platon sont non de la substance, mais des formes mathématiques. La formule “Toute chose est nombre” est attribuée à Pythagore. Les seules formes mathématiques dont on disposait à l'époque étaient des formes géométriques comme les solides réguliers ou les triangles définissant leur surface ; en théorie quantique actuelle, il ne peut y avoir de doute que les particules élémentaires seront également pour finir des formes mathématiques, mais d'une nature bien plus complexe. » Et ailleurs : « Les triangles fondamentaux (de Platon) ne peuvent être considérés comme de la matière, car ils n'ont aucune dimension dans l'espace ; c'est seulement quand ils sont assemblés pour former un solide régulier qu'une unité de matière est créée. Les plus petites parties de la matière ne sont pas les Entités fondamentales, comme dans la philosophie de Démocrite, mais sont des formules. Là, il est tout à fait évident que la forme est plus importante que la substance qui compose cette forme. »

C'est, apparemment, l'avis de Heisenberg, qui, dans une interview accordée en 1963, s'exprimait dans les termes suivants[45] : « Les ondes et les particules font certainement partie de notre langage habituel [...] mais puisque la physique classique n'est pas valable dans ce domaine [atomique] pourquoi persister à utiliser de tels concepts ? Pourquoi ne pas dire simplement que nous ne pouvons pas les utiliser avec une grande précision ? Lorsque nous dépassons le cadre de la théorie classique, nous devrions nous rendre compte que nos mots usuels ne s'appliquent plus. Ils n'embrassent pas la réalité physique et par conséquent un nouveau formalisme mathématique est tout aussi approprié parce qu'il nous dit ce qui peut être et ce qui ne le peut pas. » En fin de compte, ce sont donc les matrices qui, pour lui, représentent la réalité atomique. Comme le dit J. L. Heilbron[46] : « Dans la métaphore romantique d'Heisenberg, la physique moderne enlève aux atomes les derniers lambeaux de personnalité. Démocrite les a privés de couleur et de goût, mais leur a laissé l'extension, la position et la vitesse. Pour l'atome de la physique moderne, toutes ces propriétés sont des quantités dérivées. » Une telle attitude relève du problème de l'adéquation entre les structures mathématiques produites par le cerveau humain et les struc-

44. W. Heisenberg, *Physique et philosophie,* Paris, Albin Michel, 1961.
45. Cité dans S. Petruccioli, *Atoms, Metaphors and Paradoxes,* Cambridge, Cambridge University Press, 1993.
46. J. L. Heilbron, « The earliest missionaries of the Copenhagen spirit », *Revue de l'histoire des sciences,* 1985, 35, 195-230.

tures des phénomènes, problème que nous nous garderons bien d'aborder.

Quoi qu'il en soit, il est un résultat important du combat implacable de Heisenberg visant à éliminer de la théorie atomique des quantités non observables : son célèbre, très célèbre – et à juste titre – *principe d'incertitude* dont l'avènement marque une coupure décisive dans l'évolution de nos conceptions sur les limites des données accessibles à l'expérimentation scientifique et, par là, sur la question angoissante du déterminisme ou de l'indéterminisme dans les phénomènes naturels.

Bien que le principe d'incertitude puisse être considéré comme une conséquence purement algébrique de la théorie matricielle[47], on peut l'introduire d'une façon plus imagée, comme l'a fait d'ailleurs Heisenberg lui-même, en faisant appel à une expérience fictive, que l'on appelle souvent l'« expérience du microscope de Heisenberg ». Supposons que nous désirions déterminer avec le plus de précision possible le mouvement d'un électron, sa position et son impulsion dans un atome et que nous nous servions dans ce but d'un microscope. Pour localiser au mieux l'électron nous avons un intérêt évident à utiliser un microscope à très haute résolution, ce qui exige l'emploi d'un rayonnement de courte longueur d'onde, en l'occurrence le rayonnement gamma. Toutefois, nous savons que le choc provoqué par l'impact du photon sur l'électron modifie les caractéristiques de son mouvement, sa direction et son impulsion (effet Compton). Plus nous cherchons à déterminer avec précision la position de l'électron, en augmentant la fréquence de la radiation utilisée, plus nous rendons agressifs les photons utilisés dans ce but (puisque leur énergie est donnée par $E = h\nu$) et plus nous perturbons donc, par le fait même de notre expérience, la détermination de la variable, « canoniquement conjuguée », d'impulsion. Et réciproquement, bien sûr. Résultat attristant, peut-être, mais incontournable, fixant les limites infranchissables qu'impose, aux

47. Il est lié au fait signalé que l'algèbre matricielle n'obéit pas aux mêmes règles que l'algèbre des nombres. Par exemple, alors que la multiplication des nombres est toujours commutative ($a \times b = b \times a$), il n'en est pas nécessairement de même pour la multiplication des matrices. Ainsi, si nous désignons par q la position de l'électron et par p son impulsion, le produit pq, représentant une mesure de la position suivie par la mesure de l'impulsion, n'est pas égal au produit qp, c'est-à-dire de la mesure de l'impulsion suivie par la mesure de la position. Cette divergence implique que la mesure d'une de ces quantités perturbe la mesure de l'autre, d'où il résulte qu'il n'est pas possible de déterminer avec précision ces deux quantités simultanément. C'est la signification essentielle du principe d'incertitude. G. Lochak (*Louis de Broglie, op. cit.*) cite la boutade de Dirac : « La mécanique quantique n'est que la mécanique classique écrite dans une algèbre non commutative », et ajoute : « Ce qui n'était pas fait pour éclaircir les idées. »

réponses que nous attendons aux questions que nous posons au monde atomique, la façon même dont nous les posons.

Le principe d'incertitude de Heisenberg fixe ces limites. Exprimé par la relation :

$$\Delta q \, \Delta p \geqslant \frac{h}{2\pi}$$

il spécifie que le produit de l'incertitude sur la position de la particule et de l'incertitude sur son impulsion est toujours au moins égal à la constante de Planck divisée par 2π. Une relation de même nature s'applique à l'autre couple de grandeurs conjuguées que sont l'énergie et le temps. En physique quantique, l'acquisition d'une connaissance perturbe ou détruit la possibilité d'acquisition d'une autre connaissance qui, dans la physique classique, était tout à fait accessible. Comme le dit Bachelard[48] : « Jusqu'à Heisenberg les erreurs sur les variables indépendantes étaient postulées comme indépendantes. Chaque variable pouvait donner lieu séparément à une étude de plus en plus précise [...]. Avec le principe d'incertitude d'Heisenberg il s'agit d'une corrélation objective des erreurs. » Aucun appareil de mesure n'est capable de circonvenir ce principe, qui représente une propriété intrinsèque du monde des particules élémentaires et, par voie de conséquence, des atomes. C'est la très petite valeur de la constante de Planck qui occulte sa perception dans le monde macroscopique et nous permet de déterminer, avec toute l'apparence d'une précision illimitée, la position et l'impulsion d'une balle de tennis en pleine volée ou d'un TGV lancé sur les rails.

Le principe d'incertitude est lourd de conséquences conceptuelles et ébranle certaines des convictions les plus profondes qui ont été pendant des siècles, sinon des millénaires, à la source même de l'attitude scientifique envers l'exploration du monde, à savoir la conviction que les phénomènes de la nature sont régis par un déterminisme rigoureux. Bien sûr, certains philosophes, à l'instar de David Hume (1711-1776), ont parfois mis à mal la notion même de causalité. Mais c'étaient des philosophes et il pouvait donc paraître naturel qu'ils s'essayent à ce type de gymnastique intellectuelle. Les savants, eux, à moins de se contredire eux-mêmes, ne pouvaient être que déterministes. « Une science qui ne serait pas déterministe ne serait plus une Science » affirmait Henri Poincaré, en 1912[15]. Or, voilà que l'avènement d'une constante universelle, découverte par un des leurs, et qui a acquis un droit de cité dans les sciences, introduit, dans l'exploration de la dimension subatomique du monde, un « flou quantique » qui remet en ques-

48. G. Bachelard, *Le Nouvel Esprit scientifique*, Paris, PUF, 1934.

tion les fondements mêmes de la démarche déterministe. Certes, personne n'ignorait depuis le XIXe siècle que la description globale de certains phénomènes physiques observables ne pouvait être présentée correctement qu'en faisant appel aux lois du calcul des probabilités et aux méthodes statistiques. Toutefois, on supposait toujours que cela ne tenait qu'au nombre très élevé et à l'incoordination des « phénomènes élémentaires » contribuant au « phénomène global », mais que ces phénomènes élémentaires eux-mêmes obéissaient à un déterminisme rigoureux. Le principe d'incertitude a banni cet agréable optimisme du royaume de l'infiniment petit en y introduisant un indéterminisme authentique, intrinsèquement lié à la nature même de cet univers. En effet, si nous ne pouvons pas déterminer simultanément la position et l'impulsion d'une particule à un instant donné, que devient le rêve d'un Laplace[26] qui prétendait pouvoir, à partir d'une telle connaissance, jointe à celle des forces agissantes, prévoir d'une façon certaine le mouvement futur de cette particule jusqu'à la fin des âges ? Le rêve s'effondre, mais il faut souligner que « dans la formulation rigoureuse d'une loi de causalité, ce qui est en question ici ce n'est pas la conclusion mais les prémisses[49] », à savoir la possibilité de fixer avec précision « les conditions initiales » des événements à venir. C'est cette imprécision qui rompt la jonction déterministe entre l'état antérieur et l'état postérieur, le présent et le futur, dans le monde des infiniments petits. À l'échelle quantique, la certitude doit céder la place aux probabilités et aux statistiques.

On peut dès à présent signaler que cet état de choses n'était pas du goût de tous les savants, y compris les plus éminents. Certains, comme Louis de Broglie, refusaient d'admettre l'*acausalité* intrinsèque du monde subatomique. Ainsi, après avoir remarqué que « l'évolution de l'onde ψ entre deux mesures est entièrement déterminée par sa forme initiale et par l'équation de propagation : qu'elle obéit par suite à un déterminisme rigoureux, mais qu'il n'en résulte nullement un déterminisme rigoureux des phénomènes observables et mesurables, chaque observation ou mesure nouvelle venant apporter des éléments nouveaux et rompre l'évolution régulière de l'onde ψ », il ajoute : « mais il nous semble parfaitement loisible de penser que la physique reviendra un jour ou l'autre dans les voies du déterminisme et qu'alors le stade actuel de cette science nous apparaîtra comme ayant constitué une étape momentanée pendant laquelle l'insuffisance de nos conceptions nous a forcés à renoncer provisoirement à suivre exactement le déterminisme des phénomènes de l'échelle atomique. Il est possible que notre impuissance actuelle à suivre le fil de la causalité dans le monde

49. D. Cassidy, *Scientific American,* mai 1992, 106-108.

microscopique soit due à l'emploi de concepts tels que ceux de corpuscule, d'espace, de temps, etc. ; ces concepts que nous avons construits à partir des données de notre expérience macroscopique courante, nous les avons transposés dans la description microscopique et rien ne nous assure, bien au contraire, qu'ils y soient adaptés à la représentation de la réalité[17] ».

À l'autre extrême, certains[50] affirmeront « qu'il ne faut pas déduire [du principe d'incertitude] que nous sommes incapables de déterminer simultanément la position et le mouvement d'un électron, mais bien plutôt que l'électron ne possède pas ces deux attributs simultanément. Ces deux concepts, pris ensemble, n'ont pas de sens pour l'électron. Ce qui est vrai pour l'électron l'est aussi pour toutes les autres particules, de même que pour l'atome pris dans son ensemble. »

D'autres encore ont essayé d'amortir le choc intellectuel que représente le passage d'une physique déterministe à une physique probabiliste. Tel est le cas de Hans Reichenbach, écrivant[38] : « Avec la relation d'incertitude de Heisenberg, la Physique des ondes matérielles a établi le principe que la nature est gouvernée par des lois probabilistes, et non par des lois causales [...]. Le philosophe des sciences ne jugera pas cette conclusion aussi révolutionnaire qu'elle paraît aux philosophes d'inclination métaphysicienne. Dès l'interprétation statistique par Boltzmann du second principe de la thermodynamique, une transition de la conception causale à la conception statistique est restée une éventualité qu'on ne pouvait mettre de côté. En fait, une formulation plus attentive du principe de causalité avait conduit à ce résultat, que la notion de causalité n'a de sens que comme une affirmation attachée à un passage aux limites dans la théorie des probabilités. L'on admettait que de cette manière la probabilité de la prévision pouvait approcher d'aussi près qu'on le voulait la limite 1. Le principe d'incertitude vient imposer à ce processus d'approximations une limite inférieure à 1 : telle est la signification logique du principe de Heisenberg. Historiquement, l'indéterminisme quantique apparaît bien plus comme une évolution que comme une révolution dans les principes de la Physique. »

D'autres, enfin, exalteront plutôt la supériorité conceptuelle (et pratique) des probabilités par rapport aux « certitudes ». Ainsi, L. Rosenfeld écrit[38] : « C'est bien s'élever, en effet, dans le règne de la connaissance rationnelle que de se débarrasser d'une entrave métaphysique. On est trop accoutumé à regarder le déterminisme comme le symbole d'une "certitude" scientifique, à laquelle on oppose métaphysiquement le caprice et l'arbitraire. Probabilité ne veut pas dire hasard sans règle, mais juste l'inverse : ce qu'il y a de réglé dans le hasard. Une

50. B. d'Espagnat et E. Klein, *Regards sur la matière. Des quanta et des choses, op. cit.*

loi statistique est avant tout une loi, l'expression d'une régularité, un instrument de prévision. La portée du calcul des probabilités n'est pas moindre que celle des méthodes classiques ; elle est en fait beaucoup plus grande, puisque ce calcul s'applique à une immense variété de situations où les lois déterministes, à supposer qu'elles existent, ne nous sont d'aucun secours. En remplaçant la conception déterministe par celle plus large et plus souple de probabilité, nous ne perdons pas au change : loin d'amoindrir nos moyens de prévision scientifique, nous en augmentons la puissance. » Autrement dit, « il ne faudrait surtout pas croire – comme le remarque Bachelard – que probabilité et ignorance soient synonymes du fait que la probabilité s'appuie sur l'ignorance des causes[48] ».

Ces citations ne sont là que pour laisser entrevoir le magnifique terrain de joutes intellectuelles qu'a offert aux esprits ébahis des physiciens du XXe siècle l'avènement de la mécanique quantique. Ils s'y aventureront avec courage toujours, détermination (pour ne pas dire obstination) souvent, imprudence et témérité parfois, tels de preux chevaliers au service des Dames de leur choix. Nous donnerons une esquisse de ces tumultueux tournois.

3. Les savants-philosophes

« C'était une ancienne tradition passée de l'Égypte en Grèce, qu'un dieu ennemi du repos des hommes était l'inventeur des sciences. »

Jean-Jacques Rousseau

« J'ai essayé d'expliquer à ces philosophes l'interprétation de la théorie quantique. Après mon exposé, il n'y a eu ni opposition ni questions difficiles ; mais je dois avouer que c'est précisément cela qui m'a le plus choqué. Car si, de prime abord, on n'est pas horrifié par la théorie quantique, on ne l'a certainement pas comprise. Probablement mon exposé était-il si mauvais que personne n'a compris de quoi il était question. »

Niels Bohr dans W. Heisenberg,
La Partie et le tout (Souvenirs 1920-1965)

« Personne ne comprend la mécanique quantique. »

Richard Feynman

L'avènement de la mécanique quantique a propulsé à l'avant-scène de la réflexion scientifique une série de propositions qui, toutes, bouleversaient bon nombre d'idées acquises et secouaient les fondements conceptuels sur lesquels s'était construite la physique classique, préquantique. La dualité onde-particule entremêlant dans la représentation des mêmes entités fondamentales deux concepts apparemment inconciliables, l'apparition du quantum d'action dont la valeur très petite mais non nulle introduit une différenciation entre nos modes de représentation du monde de l'infiniment petit et du monde du « grand », la prédominance, sinon l'exclusivité, accordée aux probabilités dans la description de l'évolution du premier (avec comme conséquence la mise en question de la validité, à son niveau, des règles du déterminisme), l'interrogation sur le rôle de l'observateur dans l'étude du monde à l'échelle atomique à l'aide d'appareils d'expérience composés eux-mêmes d'atomes, tous ces problèmes avançaient au premier plan des interrogations intellectuelles la question primordiale de la nature de la « réalité », sinon de son existence même. Par la nature des propositions précitées, les savants qui en furent les auteurs se trouvèrent inéluctablement impliqués dans une réflexion et des discussions débordant le cadre strictement scientifique pour pénétrer dans le domaine réservé habituellement plutôt aux philosophes, et cela d'autant plus qu'ils étaient probablement les seuls, ou presque, à dominer suffisamment les fondements et les méthodologies des théories scientifiques concernées pour pouvoir en tirer, en connaissance de cause, les conséquences. Einstein, qui admettait volontiers[37] qu'il « a souvent été dit, et certainement non sans raison, que l'homme de science est un mauvais philosophe », estimait néanmoins qu'« à l'heure actuelle, où l'expérience nous force à chercher une base plus neuve et plus solide, le physicien ne peut plus abandonner tout simplement au philosophe l'examen critique des fondements théoriques ; car c'est lui qui sait et sent certainement le mieux où le bât le blesse ».

Quoi qu'il en soit, le débat, devenant philosophique, était destiné à être éternel, ses enjeux ambitieux en garantissant la pérennité. Comme le dit Schrödinger[51] : « La véritable difficulté de la philosophie réside dans la multiplicité spatiale et temporelle des individus qui observent et pensent. Si tout se passait dans une seule conscience, la situation serait fort simple. »

En fait, le débat, né en même temps que les premiers concepts quantiques, est toujours d'actualité. Des dizaines de livres, des centaines d'articles, des milliers de pages lui ont été consacrés et continuent à l'être.

Outre les grandes biographies ou écrits autobiographiques des principaux protagonistes (voir, par exemple, 13, 15, 21, 29, 30, 34, 41) et des ouvrages classiques de haute technicité (tel, par exemple, 52), plusieurs livres récents sont consacrés exclusivement à une description

51. E. Schrödinger, *Ma conception du monde,* Paris, 1961.

détaillée de cette confrontation d'idées, dont ils relatent les péripéties presque jour par jour, parfois heure par heure (voir, par exemple, 50, 53, 54, 55, 56, 57). Pleine de controverses quelquefois fort agitées[57], de raisonnements subtils autour d'« expériences de pensée » *(thought experiments)* constituant souvent autant de paradoxes, cette description est rendue difficile par l'évolution, parfois même par un changement radical, des opinions de certains participants au cours du temps.

Nous nous bornerons ici à n'esquisser que les grandes lignes de ce débat. Il est difficile de faire autrement, vu l'abondance de la matière à traiter et l'espace limité que l'équilibre de cet ouvrage permet de lui consacrer. À défaut de trouver une solution originale au dilemme qu'une telle situation pose, on résumera surtout les positions prises par ses deux protagonistes les plus éminents, Niels Bohr et Albert Einstein, qui symbolisent les deux pôles de la discussion autour desquels se sont rassemblés, sans nécessairement partager totalement l'opinion de ces chefs de file, les autres savants-philosophes impliqués. Leur débat sera salué en des termes tels que « combat de géants » ou « lutte de titans ». Dans cette controverse, Bohr sera le porte-étendard de la nouvelle vision du monde inspirée par la mécanique quantique, fait d'autant plus frappant que, quels que soient ses mérites dans l'introduction de la notion de quantification au sein de l'univers atomique, il n'est pas lui-même l'inventeur de la méthodologie quantique au même titre que, disons, Schrödinger ou Heisenberg. Einstein sera, pour une fois, le défenseur des concepts plus orthodoxes et symbolisera une attitude plutôt conservatrice.

---

52. M. Jammer, *The Philosophy of Quantum Mechanics,* New York, Wiley Interscience, 1974. Cet ouvrage contient une bibliographie extensive du sujet.
53. J. Baggott, *The Meaning of Quantum Theory,* Oxford, Oxford University Press, 1992.
54. F. Selleri, *Le Grand Débat de la théorie quantique,* Paris, Flammarion, 1986.
55. H. R. Pagels, *The Cosmic Code. Quantum Physics as the Language of Nature,* Londres, Penguin Books, 1983.
56. « Bohr et la complémentarité », *Revue d'histoire des sciences,* 1985, 38, 195-351.
57. J. L. Heilbron résume ainsi l'atmosphère du Ve congrès Solvay, tenu à Bruxelles en octobre 1927, qui fut le champ de la première grande confrontation d'idées sur le sens des nouvelles découvertes : « Lorentz a commencé la discussion générale en rejetant le principe d'incertitude d'Heisenberg... Bohr a répondu avec référence à son discours de Côme. Pauli s'est déclaré d'accord avec Bohr. Dirac a attaqué le réalisme de Schrödinger... et Pauli a attaqué celui de De Broglie. Heisenberg a insisté sur le fait que c'est l'observateur et pas la nature qui choisit le genre du phénomène dévoilé. Einstein a objecté que l'interprétation d'Heisenberg violait la théorie de la relativité. Schrödinger et de Broglie ont profité de l'occasion pour réaffirmer leurs positions, etc. » (« The earliest missionaries of the Copenhagen spirit », *art. cit.*).

– Bohr

« Il est aussi vrai de dire que le sujet connaissant est un produit de la matière que de dire que la matière est une simple représentation du sujet connaissant. »

A. Schopenhauer

« L'observateur est aussi nécessaire à la création de l'univers que l'univers l'est à la création de l'observateur. »

J. Wheeler

Dans le débat sur la signification de la mécanique quantique, Bohr doit sa position privilégiée, centrale, au concept de « complémentarité » qu'il y a introduit et dont il a fait l'assise de sa vision philosophique générale du monde. Dans un certain sens, tout le débat tournera autour de la signification de ce concept et de ses conséquences. L'idée fut exposée pour la première fois par Bohr à Côme, en Italie, en septembre 1927, à l'occasion d'un colloque international en l'honneur du centenaire de la mort de Volta. Elle fut réaffirmée par son auteur un mois plus tard au célèbre V^{e} congrès Solvay, à Bruxelles. Le corps de doctrine qu'elle représente est néanmoins désigné aujourd'hui couramment sous la dénomination de « l'interprétation de Copenhague » de la mécanique quantique, hommage bien justifié au rayonnement culturel que l'activité de Bohr a conféré à sa cité natale. Je n'ai rencontré qu'un auteur qui ait objecté à cette appellation, à savoir Rudolf Peierls[58]. Encore son objection est-elle plutôt un hommage accentué. Il écrit, en effet : « Parler de l'interprétation de Copenhague autorise à penser qu'il existe plusieurs interprétations de la mécanique quantique. Or, il n'y en a qu'une. »

À la base de l'approche « complémentariste » de Bohr de la description du monde atomique se trouve un constat qui, comme le dit C. Chevalley[59], oppose, paradoxalement, deux impossibilités, à savoir « l'impossibilité de maintenir les concepts de la physique classique dans leur emploi habituel lorsqu'on traite des phénomènes atomiques et l'impossibilité également de remplacer ces concepts par d'autres et de reconstruire ainsi un langage quantique qui pourrait fournir des phénomènes atomiques une description adéquate. Le paradoxe lui-même se résume ainsi en une absence de mots : la mécanique quantique n'a pas de mots pour dire ce qui est son objet. [...] La complémentarité est un essai pour répondre à la question de savoir comment parler des phé-

58. Dans *The Ghost in the Atom*, D. C. W. Davies et Y. R. Brown (éd.), Cambridge, Cambridge University Press, 1986.
59. C. Chevalley, « Complémentarité et langage dans l'interprétation de Copenhague », *Revue d'histoire des sciences*, 1985, 38, 251-292.

nomènes atomiques en conservant l'usage du langage naturel en physique. »

Par rapport à notre propos, le concept de complémentarité prend sa signification majeure en relation avec la dualité onde-particule des constituants fondamentaux de la nature et de l'atome lui-même. Dans cette optique, le sens de ce terme n'est toutefois pas celui qu'aurait peut-être tendance à lui attribuer un lecteur non averti. En effet, cette notion se réfère habituellement à une opération de sommation, de fusion harmonieuse de fragments qui se complètent, s'emboîtent, et dont l'ensemble produit une entité unifiée, une image synthétique, fusionnée. La complémentarité telle que la conçoit Bohr est, elle, caractérisée, au contraire, par l'incompatibilité foncière et permanente des éléments juxtaposés, une inadaptation mutuelle qui ne leur permet, tout au plus, qu'une « coexistence pacifique », et cela encore à condition de toujours s'éviter, s'éluder. La complémentarité de Bohr est une cohabitation reposant sur une exclusion mutuelle, un « apartheid » de qualités.

Une des descriptions les plus structurées que Bohr en ait donnée figure dans un résumé qu'il a fait lui-même de sa conférence de Côme[19], qui traduit bien l'esprit qui a présidé à l'intronisation de ce concept et met en évidence l'abondance et l'enchevêtrement des problèmes qu'il a immédiatement suscités : « Le succès considérable de la mécanique ondulatoire de Schrödinger avait fait renaître chez de nombreux physiciens l'espoir d'arriver à une description des phénomènes atomiques adoptant les mêmes idées directrices que les théories de la physique classique, sans introduire ce trait d'« irrationalité » qui avait caractérisé jusqu'alors les applications de la théorie quantique. J'ai soutenu au contraire, dans cette conférence, que le postulat fondamental de l'indivisibilité du quantum d'action lui-même est précisément, au point de vue classique, un élément irrationnel, qui nous oblige fatalement à renoncer à une description causale dans l'espace et dans le temps, et qui nous conduit, en raison de la connexion entre les phénomènes et leur observation, à un mode de description complémentaire ; ce mode de description est ainsi appelé parce que toute application de concepts classiques y exclut l'emploi simultané de certains autres concepts classiques, tout aussi nécessaires en d'autres circonstances à l'explication des phénomènes. [...] J'avais surtout pour but de montrer que cette complémentarité est fondamentale pour l'interprétation non contradictoire des méthodes de la théorie quantique. Heisenberg venait d'apporter une contribution très importante à cette discussion en mettant en évidence une incertitude essentielle des mesures, étroitement liée à la limitation du domaine d'application des concepts mécaniques ; il a montré en effet que toute mesure permettant de suivre les mouvements des « individus » isolés implique nécessairement une perturbation dans le cours des phénomènes, ce qui introduit un élément d'incertitude, déterminé par le quantum d'action [...]. C'est pour cette raison que toute observation se fait aux dépens de la connexion entre la marche du phénomène avant l'observation et sa marche après l'observation. D'une manière générale, la grandeur finie du quantum d'action ne permet pas de faire entre phénomène et instrument d'observation la distinction nette qu'exigent le concept ordinaire d'observation et, par suite, les idées cinématiques classiques. Devant cette situation, on ne s'étonnera pas de ce que le contenu physique des méthodes de la mécanique quantique se borne à l'énoncé de lois statistiques, qui relient entre eux les résultats de mesures caractérisant les différentes possibilités d'évolution des phénomènes. »

Transposée au problème de la dualité onde-corpuscule des entités subatomiques tel l'électron, l'idée de « complémentarité » apparaît ainsi comme une prescription indiquant comment employer ces deux images concurremment, sans tomber sous le coup de l'accusation d'être en situation de contradiction interne. C. Chevalley affirmera[59] que « la fonction unique de la complémentarité est d'éviter au physicien de tomber dans le ridicule autrefois dénoncé par Aristote, et qui consisterait à dire que les contraires appartiennent en même temps au même objet », et, plus loin, « la complémentarité est quelque chose qui appartient à l'ordre du discours, et non à l'ordre des choses. Elle relève d'une problématique strictement épistémologique, en ce sens que ce ne sont pas les choses mêmes qui sont complémentaires, mais leur description, la représentation que nous nous en faisons. Ainsi, la "notion de complémentarité caractérise simplement les réponses que nous recevons" [Bohr], elle est "une tentative d'adaptation aux faits expérimentaux des formes ordinaires de notre intuition" *[ibid.]* ».

D'une façon plus explicite, si, en physique classique, les deux descriptions, ondulatoire et corpusculaire, paraissant mutuellement exclusives, l'une d'elles au moins serait présumée fausse, il en est tout différemment en physique quantique : les deux sont également valables, estime Bohr, sous réserve de reconnaître qu'elles ne sauraient l'être simultanément. Sous réserve aussi de ne pas s'interroger pour savoir si l'électron *est* une particule ou une onde, mais seulement s'il *se comporte comme* une particule ou comme une onde. En mécanique quantique, la première de ces interrogations est, selon Bohr, dépourvue de sens, alors que la seconde trouve une réponse facile à condition que soient spécifiées les conditions expérimentales dans lesquelles on se place. Dans la conception de Bohr, la complémentarité n'abolit donc pas l'incompatibilité entre les comportements, ondulatoire et particulaire, de l'électron mais constitue seulement un constat du fait que les deux descriptions sont nécessaires pour décrire les propriétés globales de cette entité. La logique de cette proposition se fonde sur l'argument que, grâce aux relations d'incertitude, conséquences elles-mêmes de l'existence du quantum d'action, les deux propriétés ne peuvent jamais être en conflit car elles n'existent jamais en même temps. « On attend sans cesse la bataille entre l'onde et le corpuscule – écrit Louis de Broglie[28] : elle ne se produit jamais parce qu'il n'y a jamais qu'un adversaire présent. » La « complémentarité » de Bohr est celle de deux aspects qui se contredisent, sont inconciliables, mais qu'il est nécessaire d'évoquer *tour à tour*, selon les circonstances pour décrire complètement les comportements des entités subatomiques. Comme le dit Bohr lui-même : « Tout ce que l'on peut exiger dans un domaine d'expérience nouveau est de pouvoir lever toutes les contradictions apparentes. Quelque différents que soient les phénomènes atomiques observés dans des conditions expérimentales différentes, on peut les dire complémentaires en ce sens que chacun d'eux est bien défini et que, dans leur ensemble, ils épuisent toute connaissance définissable des objets considérés. Le formalisme de la mécanique quantique, dont le seul propos est d'unifier des observations obtenues dans des conditions expérimentales décrites par des concepts physiques simples, donne d'un très vaste domaine d'expérience une description complémentaire exhaustive. »

Ce que l'analyse de Bohr met en évidence par contrecoup, c'est l'inadaptation de nos concepts habituels, inspirés par notre expérience journalière du monde macroscopique (concepts tels qu'onde ou particule, mais aussi causalité, réalité, objectivité, etc.) à la description des phénomènes atomiques. Comme, en même temps, nous ne pouvons toutefois pas nous passer de ces concepts si nous voulons exprimer d'une façon intelligible le contenu de notre expérience, il nous faut trouver un moyen de nous en servir, mais qui sera nécessairement un moyen non conventionnel. Présentée de cette façon, la complémentarité, comme Bohr aime à le répéter souvent, n'exprime que des rapports parfaitement évidents. C'est une recette indiquant comment vivre avec un dilemme. Or, après tout, Paul Valéry n'a-t-il pas dit qu'il « n'est de Science que d'action. Elle est l'ensemble des recettes qui réussissent toujours. Tout le reste n'est que littérature[60] ».

Intimement associée au concept de complémentarité, se trouve une révision de l'attitude que doit avoir le scientifique par rapport à l'observation de la nature et à l'image de celle-ci.

Au centre de cette nouvelle attitude apparaît la reconnaissance du rôle « actif » de l'appareillage expérimental, donc de l'observateur, dans ce domaine. Dans le monde de l'infiniment petit nous ne sommes pas, nous ne pouvons pas être, des spectateurs passifs et objectifs d'une

---

60. Paul Valéry, *Vues*, Paris, La Table ronde, 1950.

nature « telle qu'elle est », qui constituerait une réalité physique indépendante, préexistante (et survivante) à notre intervention. « Parler de choses qui restent elles-mêmes quand personne ne les observe est un langage raisonnable pour le monde à grande échelle ; mais il ne faut pas croire que le même langage puisse être appliqué sans précautions à petite échelle. Les règles du langage ne représentent pas des vérités philosophiques ; elles résultent d'habitudes acquises dans notre interaction avec notre environnement », écrit Hans Reichenbach[38]. L'image que nous obtenons, que nous pouvons obtenir de la nature, est déterminée par le caractère de l'instrument de mesure que nous utilisons. C'est son choix qui décide de la face de la complémentarité que nous allons pouvoir contempler. Pour Bohr, le terme « phénomène » doit nécessairement englober l'objet et le mode d'observation utilisé.

Cette situation résulte de l'interaction perturbatrice inévitable entre l'objet et l'instrument d'expérience. Une telle interaction existe évidemment aussi dans le monde du « grand » et de l'« infiniment grand ». Seulement, la perturbation y est négligeable, pratiquement sans effet sur nos mesures. Une des conséquences de cet état de choses est que les lois physiques qui régissent notre vie quotidienne nous apparaissent comme parfaitement déterministes. La description complémentariste du monde de l'infiniment petit, conséquence du quantum d'action et du principe d'incertitude, ne permet plus de retrouver le même déterminisme strict[61]. La rigueur des valeurs sûres y est remplacée par des renseignements probabilistes et statistiques. Nous avons déjà indiqué (dans le chapitre précédent) les différentes prises de position de quelques savants éminents par rapport à cette situation. Une des conséquences principales qu'en a tirées Bohr est la mise en cause (si l'on peut parler ainsi) des notions habituelles de causalité, « code trop étroit pour embrasser les lois toutes particulières qui régissent les processus atomiques individuels », et de réalité, « mot que nous devons réapprendre à utiliser[62] ». L'effet perturbateur de l'interaction nous force (c'est une première dans l'histoire de la science) à abandonner la distinction si commode entre l'observateur et l'objet de l'observation et cette situation impose des limites à la signification de l'information

---

61. On peut peut-être indiquer à cet endroit un aspect quelque peu paradoxal de la situation. L'équation fondamentale de la mécanique quantique, l'équation de Schrödinger, est déterministe. Les niveaux d'énergie des atomes et des molécules sont parfaitement déterminés. De même, si l'on connaît la fonction d'onde à un moment donné, on la connaît à n'importe quel moment ultérieur. Comme le dit S. Ortoli (dans *L'Homme face à la science*, Paris, Criterion, 1992) : « Le seul problème est que ça cesse d'être déterministe dès qu'il y a mesure et, bien évidemment, c'est le seul moment où l'on peut observer. »
62. N. Bohr, *Physique atomique et connaissance humaine*, Paris, Gallimard, 1991.

obtenue. La part d'arbitraire qu'elle introduit dans la caractérisation de ce que l'on considère comme « objet » oblige à remettre en question la conception classique d'une réalité physique indépendante. L'opinion de Bohr est que cette notion n'a, en fait, pas de sens. Selon ses propres paroles : « Notre tâche n'est pas de découvrir l'essence de choses, dont nous ignorons de toute manière le sens, mais uniquement de développer des concepts qui nous permettent de parler des phénomènes de la nature d'une façon productive. » Dans cette citation le mot « phénomène » se réfère naturellement à la définition qu'il en donne lui-même et qui englobe d'une façon indissociable l'objet d'étude et les moyens utilisés pour cette étude. Ailleurs, il écrit : « Le monde quantique n'existe pas. Il y a seulement une description quantique abstraite. C'est une erreur de croire que la tâche de la physique est de trouver comment est faite la nature. La physique s'intéresse uniquement à ce que nous pouvons dire sur la nature. » Pour Bohr, écrit Selleri : « La physique doit s'occuper exclusivement de l'acte d'observation, toute référence à une réalité élémentaire inobservée devant être bannie du raisonnement scientifique [...]. Seuls les actes de mesure sont réels. » Arthur Eddington a exprimé ce point de vue d'une façon plus concrète : « Selon ses procédés, la physique étudie non pas ces inscrutables qualités du monde matériel, mais des relevés d'appareils d'observation. Les relevés reflètent, il est vrai, les fluctuations des qualités du monde ; mais ce que nous connaissons exactement ce sont les relevés, non les qualités. Les premiers ressemblent aux secondes comme un numéro de téléphone à un abonné. »

– Einstein

> *« Il se peut que tu me rêves, me dit A. Mais ce qu'il y a de troublant, c'est que je te rêve aussi. Et il se peut que je te rêve, mais il me semble bien, alors, que tu me rêves aussi... Il serait au moins surprenant que tant de monde rêve en même temps et puisse tenter de se comprendre en échangeant tant de rêves. Ou alors un réseau de rêves si bien coordonnés mériterait à coup sûr le nom de réalité. »*
>
> Jean d'Ormesson

Le concept de complémentarité, tel que l'a formulé Bohr, et les conséquences qui en découlent pour la description quantique du monde ont suscité, nous l'avons dit, un débat prodigieux, poursuivi pendant des décennies et dont les répercussions se font sentir encore de nos jours. Tous les créateurs du formalisme de la mécanique quantique et bon nombre de leurs successeurs y furent et y sont encore impliqués, les avis émis représentant une vaste mosaïque d'opinions nuancées. Il faudrait un épais volume (plusieurs sont parus récemment, comme nous l'avons signalé) pour en résumer seulement les grandes lignes. Nous nous bornerons à présenter ici essentiellement la position prise par l'opposant le plus décidé, et aussi le plus prestigieux, aux idées de Bohr : Albert Einstein. Le débat entre ces deux géants de la science moderne, qui concerne, au-delà du principe de complémentarité, le sens même de notre perception du monde, contient souvent des raisonnements délicats et propose des « expériences de pensée » dont la conception implique des détails techniques qu'il serait fastidieux d'évoquer ici, nous nous en tiendrons donc aux lignes générales.

Dans toutes les descriptions du point de vue de l'illustre savant figure en bonne place, sinon en exergue, sa célèbre phrase : « Dieu ne joue pas aux dés. » Effectivement, ces mots méritent une mention privilégiée, car ils traduisent un aspect essentiel de l'attitude d'Einstein vis-à-vis des affirmations fondamentales de la nouvelle mécanique, à savoir son rejet catégorique de l'interprétation probabiliste, purement statistique, présentée comme le but final de la connaissance du monde matériel. Ce caractère indéterministe de la théorie quantique offusquait sa conviction profonde sur la nature des lois régissant la marche de l'univers. Il était persuadé que l'aspect statistique de la théorie résultait seulement de notre incapacité actuelle à mettre en évidence les lois déterminantes sous-jacentes. Ce n'était « qu'un simple expédient provisoire ». Heisenberg, très impliqué lui-même dans ce débat, écrit dans ses Mémoires[18] : « Einstein n'était pas prêt à accepter le caractère essentiellement statistique de la nouvelle théorie quantique. Bien entendu, il n'objectait pas contre le fait de faire des prédictions probabilistes là où l'on ne connaissait pas parfaitement tous les paramètres d'un système donné. Après tout, la mécanique statistique antérieure et la thermodynamique reposaient bien sur de telles prédictions. Mais ce qu'Einstein ne voulait pas admettre, c'est qu'il fût fondamentalement impossible de connaître tous les paramètres nécessaires à une détermination complète des processus. “Dieu ne joue pas aux dés, dit-il souvent dans ces discussions.” »

Voilà répétée la phrase célèbre[63]. Mais, s'il est naturel qu'on la rapporte en premier lieu à l'attitude anti-indéterministe d'Einstein, elle traduit une prise de position plus vaste qui s'adresse à la préoccupation intime, existentialiste, de tout savant-philosophe, en fait de tout

63. Dans son aversion pour le jeu de dés, Einstein fut précédé, au XVIIIe siècle, par le cardinal Melchior de Polignac (1661-1742), un « anti-Lumières », qui dans son poème « Anti-Lucrèce » récusait l'épicurisme parce que, entre autres, la stabilité des lois physiques lui paraissait incompatible avec une multiplicité de « coup de dés ».

homme : le sens de la « réalité », avec, en toile de fond, l'interrogation sur le degré de corrélation (ou d'opposition) entre, d'une part, la réalité que certains appellent « observée » ou encore « étudiée », « pensée », « empirique », etc., et la réalité « objective », comme le dira Einstein, et que d'autres appelleront « réalité en soi » ou encore « indépendante », « intrinsèque », etc., sans que l'on puisse garantir d'ailleurs que les différents adjectifs de chaque catégorie aient tout à fait la même signification pour tous les acteurs de la pièce. Il convient d'y adjoindre aussi des termes tels que « réalisme ouvert », « proche », « mathématique », « objectivité forte » et « faible », « réalité voilée » (qui paraît particulièrement approprié), etc., que l'on rencontre également souvent[50].

Einstein s'exprime lui-même sur ce sujet essentiel en 1953, donc deux ans avant sa mort : « Je ne doute aucunement que la théorie quantique actuelle (plus exactement la "mécanique quantique") ne soit la théorie la plus parfaite compatible avec l'expérience, pour autant qu'on fait reposer la description sur les concepts de point matériel et d'énergie potentielle comme concepts élémentaires. Mais ce que je trouve de non satisfaisant dans la théorie se situe ailleurs, dans l'interprétation que l'on donne de "la fonction Ψ". En tout cas, ceci est à l'origine de ma conception d'une thèse qui se trouve catégoriquement rejetée par les plus grands théoriciens actuels. Il y a quelque chose comme "l'état réel" d'un système physique, qui existe objectivement, indépendamment de toute observation ou mesure, et qui peut en principe se décrire par les moyens d'expression de la physique... Cette thèse concernant la réalité n'a pas le sens d'un énoncé clair en soi, en raison de sa nature "métaphysique" ; elle a seulement le caractère propre d'un programme. Tous les hommes, y compris les théoriciens quantiques, tiennent fermement en effet à cette thèse sur la réalité, tant qu'ils ne discutent point les fondements de la théorie quantique. [...] Nul ne doute, par exemple, qu'à un instant déterminé le centre de gravité de la lune n'occupe une position déterminée, en l'absence même d'un observateur quelconque – réel ou potentiel. Laisse-t-on choir cette thèse sur la réalité considérée en pure logique et arbitrairement, que c'est alors une rude affaire d'échapper au solipsisme. Au sens indiqué plus haut, je ne rougis pas de mettre le concept "d'état réel d'un système" au centre même de ma méditation... Maintenant, il n'y a aucun doute que la fonction Ψ ne soit une manière de description d'un "état réel". La question est alors si cette description d'un état réel a un caractère complet ou incomplet. C'est selon l'attitude qu'on adopte à l'égard d'une telle question, que l'on en vient aux difficultés[38]. »

Essayons de cerner de plus près le sens de la conviction – de la foi pourrait-on presque dire – d'Einstein, quant à l'existence d'une « réalité objective ». A. Pais, à qui nous devons, à la fois, une remarquable biographie de Bohr et une biographie d'Einstein non moins réussie[64], est donc particulièrement bien placé lorsqu'il écrit : « Ayant ainsi expliqué le concept de phénomène de Bohr, je peux maintenant affirmer en une courte phrase les objections d'Einstein contre la physique quantique : l'usage que fait Bohr du "phénomène" est inacceptable à Einstein. Contrairement à l'opinion que la notion du phénomène englobe irrévocablement les détails spécifiques des conditions de l'observation expérimentale, Einstein estimait que l'on devait chercher un cadre théorique plus profond, qui permet la description des phénomènes indépendamment de ces conditions. C'est cela qu'il entendait par la dénomination de *réalité objective.* Il était presque solitaire dans sa conviction que la mécanique quantique est logiquement cohérente, mais qu'elle est une manifestation *incomplète* d'une théorie sous-jacente dans laquelle une description objectivement réelle est possible, position qu'il a maintenue jusqu'à sa mort. »

Heisenberg, qui a beaucoup discuté avec Einstein sur ce thème, résume ainsi la gravité du dilemme auquel devait faire face l'auteur de la théorie de la relativité : « Je réalisais à quel point il est difficile pour un physicien d'abandonner les idées qui ont jusque-là constitué la base de sa pensée et de son travail scientifique. Pour Einstein, l'œuvre de sa vie avait consisté à analyser ce monde objectif des phénomènes physiques qui se déroulent dans le temps et l'espace, indépendamment de nous, selon des lois fixes. Pour lui, les symboles mathématiques de la physique théorique devaient reproduire ce monde objectif et, par conséquent, rendre possibles des prédictions concernant son comportement futur. Et maintenant, on venait lui affirmer qu'au niveau des atomes un tel monde objectif, dans l'espace et le temps, n'existait pas ; et que les symboles mathématiques de la physique théorique ne pouvaient reproduire, à ce niveau, que le possible et non le réel. Einstein n'était pas prêt à accepter qu'on lui enlevât – c'est ce qu'il devait ressentir – le sol sous les pieds[18] ».

En fait, Einstein écrivait, déjà en 1926, dans une lettre à Bohr[59] : « La mécanique quantique est très impressionnante. Mais une voix intérieure me dit qu'elle n'est pas encore la vraie chose *(the real thing).* La théorie produit beaucoup mais ne nous approche nullement du secret du Vieux *(the Old One).* » Il n'aura jamais changé d'opinion.

Revenons maintenant aux mots « complète » ou « incomplète », associés à l'opinion d'Einstein sur la mécanique quantique. Effectivement, lorsque l'on reconnaît, comme le fait volontiers Einstein, que les méthodes de la mécanique quantique rendent compte avec une remar-

---

64. A. Pais, *« Subtle is the Lord... ». The Science and the Life of Albert Einstein,* Oxford, Oxford University Press, 1982.

quable efficacité des observations expérimentales concernant le monde atomique, mais qu'en même temps on récuse les interprétations que ses auteurs attribuent à ces observations – en objectant, en particulier, que celles-ci ne vont pas assez loin dans l'élucidation des relations causales régissant les phénomènes et dans la caractérisation d'une réalité que l'on croit fermement devoir exister indépendamment des observateurs – quoi de mieux à faire que de proclamer le caractère « incomplet » du formalisme contesté.

C'est ce qu'Einstein a fait, avec force, tout au long de son débat avec Bohr, au grand dam de ce dernier d'ailleurs, pour qui le postulat de complémentarité représentait, au contraire, la représentation la plus « complète » que l'on pouvait obtenir de la nature du monde matériel.

Einstein n'était évidemment pas homme à se borner à proclamer une vérité en laquelle il croyait. Il a aussi essayé de la démontrer, sa tentative la plus célèbre étant exprimée dans un article publié dans *Physical Review* en mai 1935, en collaboration avec Boris Podolsky et Nathan Rosen, sous le titre : « La description quantique de la réalité physique peut-elle être considérée comme complète ? » Selon l'habitude du temps, la réponse à cette question était avancée sous forme d'une « expérience de pensée », connue en général comme le « paradoxe EPR[65] », un des nombreux paradoxes qui ont jalonné le débat sur le sens de la mécanique quantique et en ont périodiquement dramatisé le déroulement[66]. C'est le seul « paradoxe » dont nous esquisserons ici le contenu. À sa base se place la définition de ce que les auteurs appellent « un élément de réalité » : « Si, en ne perturbant aucunement un système, on peut prédire avec certitude (c'est-à-dire avec une probabilité égale à l'unité) la valeur d'une quantité physique, alors il existe un élément de la réalité physique correspondant à cette quantité. Chaque élément de la réalité physique (objective) doit avoir une contrepartie dans la théorie physique. Nous appellerons ceci la condition de complétude. »

Considérons donc, avec les auteurs de l'article, le problème de deux particules qui interagissent et ensuite se séparent. Alors que la physique classique permet de déterminer ou de prévoir la position et l'impulsion de chacune de ces particules (q_1, p_1 et q_2, p_2) à n'importe quel moment

65. Parmi ces « expériences de pensée » ou « paradoxes » les plus célèbres, signalons ceux des « deux fentes de Young », de « l'écran suspendu » et de la « boîte à photons » de Bohr, du « chat de Schrödinger », etc.
66. On pense aux paroles de Jean d'Ormesson (dans *La Douane de mer, op. cit.*) : « Le monde, où la logique et la nécessité règnent avec une rigueur implacable, n'est qu'un immense paradoxe. Quand nous obtenons des réponses – et la science en obtient beaucoup –, c'est que nous oublions la vraie question. Et quand nous posons la vraie question, nous n'obtenons pas de réponse. »

en observant l'état de l'une d'elles, la mécanique quantique ne permet, elle, en vertu du principe d'incertitude, la détermination exacte simultanée de ces deux grandeurs pour aucune de ces particules. Toutefois, on peut montrer que, selon cette même nouvelle mécanique, il est possible de déterminer simultanément et exactement la *différence* entre les positions des deux particules ($q = q_1 - q_2$) et la *somme* de leurs impulsions ($p = p_1 + p_2$). Il en résulte que si, après la séparation des particules, nous mesurons p_1, on peut en déduire p_2, sans perturber aucunement la particule 2, d'où on conclut, selon la définition EPR, que p_2 est un élément de réalité. De même, si nous mesurons q_1, on peut en déduire q_2, sans perturber la particule 2. Donc q_2 est également un élément de réalité. Ainsi p_2 et q_2 sont des éléments de réalité, alors que la mécanique quantique nous enseigne qu'ils ne peuvent pas l'être simultanément.

C'est cette constatation qui a induit Einstein et ses collaborateurs à estimer que la mécanique quantique est une théorie « incomplète ». « L'exigence de simultanéité – écrivent-ils – fait que la réalité de q_2 et de p_2 dépend du processus de mesure effectué sur *1* qui ne perturbe le système *2* d'aucune manière. Aucune définition raisonnable de réalité ne peut permettre cela. » En effet, pour Einstein, cette dépendance introduirait un mystérieux « couplage immédiat d'objets séparés dans l'espace ». Or, puisque, selon la relativité restreinte, aucun signal ne peut se propager plus vite que la lumière, il suffit, d'une manière générale, que deux événements soient suffisamment éloignés dans l'espace et rapprochés dans le temps pour que l'on puisse être certain qu'ils ne peuvent exercer aucune influence l'un sur l'autre. Certains auteurs (voir par exemple réf. 50) qualifient cette vision des choses du nom de *principe de séparabilité d'Einstein.*

Avec ce terme de « séparabilité », ou plutôt son opposé « la non-séparabilité », nous débordons le débat Bohr-Einstein sur le « paradoxe EPR » et pénétrons au cœur d'un des problèmes les plus ardus de la mécanique quantique. Le débat a eu le mérite de l'avoir mis à l'ordre du jour. L'article EPR a eu une résonance et une « carrière » extraordinaires : d'Espagnat et Klein[50] estiment qu'il « a sans doute été le plus cité et le plus discuté de toute l'histoire de la physique ». Le plus cité, je ne sais pas, le plus discuté sûrement. Il faudrait un volume pour rendre compte de ces discussions. Nous n'en indiquerons ici qu'un aspect essentiel. Ainsi, Bohr, après des accusations « d'ambiguïté » quant à la signification de l'expression « en ne perturbant aucunement un système », que contient la définition des « éléments de réalité » selon EPR – à laquelle il a opposé la clarté et la « complétude » de la complémentarité – a finalement concrétisé son objection dans l'affirmation qu'en mécanique quantique il n'était, en fait, pas possible de séparer les entités 1 et 2, que l'on y avait *toujours* affaire au système englobant 1 et

2. Aussi surprenante, sinon même choquante, que pouvait paraître à l'époque cette affirmation, elle décrit une des propriétés fondamentales du monde subatomique et représente, sous la dénomination de « non-séparabilité quantique », une des conceptions les plus avancées de ce formalisme (63, 67). Il est admis aujourd'hui que la plupart des états d'un système quantique composé (par exemple de deux particules) sont « non séparables ». Ils ne sont même jamais séparables si les deux particules sont identiques. Cela implique que la caractérisation de l'état quantique d'un système composé ne permet pas une *fixation* univoque des états de ses constituants mais uniquement une *corrélation* entre leurs états possibles. Ainsi, pour un système composé de deux particules A et B, il n'est pas possible d'affirmer que A est au point de coordonnées x_1, y_1, z_1, et B au point de coordonnées x_2, y_2, z_2. Le positionnement inverse, A au point x_2, y_2, z_2 et B au point x_1, y_1, z_1, est tout autant justifié. L'état descriptif du système doit combiner ces deux possibilités. Le positionnement univoque des composants du système cède la place à la seule corrélation entre les positionnements possibles : *si* A est en x_1, y_1, z_1, *alors* B est en x_2, y_2, z_2.

Il est, à beaucoup de points de vue, remarquable qu'après d'ardues discussions théoriques – à propos desquelles il faut signaler, en particulier, les importants travaux de John Bell (les « inégalités de Bell ») – de non moins ingénieux travaux expérimentaux, en particulier ceux effectués en France par Alain Aspect en 1982 sur la corrélation entre les polarisations des photons, ont apporté une confirmation expérimentale de la non-séparabilité quantique[67]. Elle est reconnue aujourd'hui comme un acquis essentiel de la nouvelle mécanique. Elle résulte de ce que la fonction d'onde est étalée dans l'espace, ou comme l'on dit « non locale ». Par conséquent, une mesure effectuée en un endroit « affecte instantanément la matérialité de ce qui se trouve en d'autres endroits » et cela quelle que soit la distance qui les sépare. Autrement dit, la fonction d'onde du système de deux particules ne se sépare pas en deux fonctions d'onde distinctes lorsque les particules se séparent dans l'espace. Elle se « distend » seulement, en quelque sorte. L'univers de la mécanique quantique est intrinsèquement holistique.

Revenons encore, pour un court instant, à Einstein et à sa conviction que la mécanique quantique est une théorie « incomplète », c'est-à-dire que, contrairement à ce que prétendaient les auteurs de ce formalisme, la fonction d'onde ne fournit pas tous les renseignements nécessaires à la description des états du système. Cette conviction, il l'a gardée jusqu'à la fin de sa vie. Ainsi, il affirmait en 1953, deux ans avant sa mort,

---

67. Pour une présentation simple voir, par exemple, J. M. Lévy-Leblond, « Théorie quantique : un débat toujours actuel », *La Recherche*, 1986, 17, p. 394.

que : « La description par la fonction Ψ est une description incomplète. On est alors forcé de conclure qu'il devrait y avoir une description plus complète. On sera conduit aussi à l'opinion que, dans les lois propres de la nature, doivent entrer les données d'une description complète et non pas d'une incomplète. En outre, on peut difficilement éviter le soupçon que le caractère statistique de la théorie ne soit conditionné par le caractère incomplet de la description, et qu'il ait quoi que ce soit à faire avec les choses telles qu'elles sont[38]. »

Pour autant que l'on ne veuille pas abandonner la mécanique quantique – tout simplement d'ailleurs parce que l'on ne dispose pas d'une méthode plus efficace – comment arriver alors à une complétude dans la description du monde de l'infiniment petit ? Un des moyens, qui paraît naturel à certains, serait d'associer à la fonction d'onde des « variables cachées » (certains distinguent même des variables cachées « internes » et « externes »), dont la nature et les valeurs devraient permettre d'arriver à une description qui obéisse à la condition de complétude, ce par quoi Einstein entendait un retour à un substrat déterministe pour l'ensemble des phénomènes physiques. Il faut remarquer que le grand savant lui-même n'a jamais utilisé le terme de « variables cachées » dans aucun de ses articles ni aucune de ses lettres. D'autres l'ont fait, dans l'ensemble sans résultat, tout au moins jusqu'ici. Le célèbre mathématicien John von Neumann (1903-1957) a même construit un théorème, fameux, montrant mathématiquement qu'aucun paramètre caché ne saurait rendre déterministe la mécanique quantique dans sa forme admise, cela à la grande satisfaction de Bohr, Born, Pauli, Heisenberg et d'autres adeptes de l'indéterminisme quantique. Toutefois, il apparaît aujourd'hui que les prétentions de ce théorème furent exagérées[54].

A. Pais résume ainsi la leçon que l'on peut tirer de ce long débat : « Le dialogue entre Bohr et Einstein a eu un résultat positif : il a forcé Bohr à exposer les principes de la complémentarité dans un langage continuellement plus précis. » Jugement d'autant plus significatif qu'il figure dans le volume consacré à... Einstein.

– Les autres

« La ressemblance n'existe pas en soi : elle n'est qu'un cas particulier de la différence, celui où la différence tend vers zéro. »
Claude Lévi-Strauss

Il peut paraître quelque peu cavalier de parler – à la suite de notre présentation du débat Bohr-Einstein – des autres, lorsqu'ils ont pour noms Max Planck, Louis de Broglie, Erwin Schrödinger, Werner Heisenberg ou Wolfgang Pauli. Le fait est, néanmoins, que, quelles que soient ces personnalités et la teinte d'individualité dans leur attitude vis-à-vis de la mécanique quantique et des problèmes qu'elle soulève, leurs opinions les classent, tout au moins à première vue, en deux groupes, centrés autour des pensées d'Einstein et de Bohr.

On peut s'en rendre compte en suivant, par exemple, la démarche de Selleri[54], qui a posé, virtuellement, à l'ensemble de ces savants trois questions et les a classés selon la nature de leurs réponses.

Les interrogations de Selleri s'adressent à trois problèmes qu'il nomme lui-même :

1) Problème de réalité : « Est-ce que les entités fondamentales de la physique atomique, telles que les électrons, les photons, etc., existent réellement, indépendamment des observations effectuées par les physiciens ? »

2) Problème de compréhensibilité : « Si la réponse à la question précédente est affirmative, est-il possible de comprendre la structure et l'évolution des objets et des processus atomiques, dans le sens de former des images spatio-temporelles en rapport avec leur réalité ? »

3) Problème de causalité : « Peut-on formuler les lois physiques de telle manière qu'une ou plusieurs causes puissent être attribuées aux effets observés ? »

Je me permettrai, étant donné le contexte de cet ouvrage, d'étendre l'enquête de Selleri dans deux directions. D'une part, en ajoutant à l'adresse des savants-philosophes une quatrième question, les réponses fournies complétant utilement, je crois, l'image que nous pouvons nous faire de leur vision globale du monde. Cette question se référera à leurs convictions religieuses. Elle peut, naturellement, être posée de diverses manières, plus ou moins élaborées. Je l'exprimerai de la façon la plus simple et la plus directe, en me référant au :

4) Problème de conviction : croyez-vous en Dieu ? Si oui, quelle image vous en faites-vous ?

Compte tenu de ce que je sais de leurs réponses, la deuxième interrogation, subsidiaire, paraît indispensable pour la clarification de la réponse à la première, fondamentale.

La deuxième direction dans laquelle je me propose d'étendre cette enquête implique la soumission des trois premières questions à... Pie XII. J'indiquerai les raisons qui m'ont incité à m'adresser spécifiquement à ce pape quand j'indiquerai ses réponses. Tout le monde comprendra, bien sûr, qu'il ne saurait être question (si je puis dire) de lui poser également la quatrième question.

Étudions d'abord les réactions des savants quanticiens aux trois interpellations de Selleri. Appuyant sa conclusion sur de nombreuses citations des écrits originaux, cet auteur conclut que, globalement, à l'instar d'Einstein, Planck, de Broglie et Schrödinger apportent des réponses positives aux trois premières questions, alors que, à l'instar de

Bohr, Born, Pauli, Heisenberg et Dirac (pour ne citer, dans les deux cas, que les personnalités les plus représentatives) y répondent négativement.

Cette bipolarité globale admise, il convient néanmoins de reconnaître qu'il existe, au sein de chaque groupe, des nuances significatives qui, sur certains aspects spécifiques des problèmes, vont jusqu'à rapprocher les positions de leurs membres de celles des membres du groupe opposé, au point de faire franchir aux « adversaires » la ligne médiane qui, *a priori*, les sépare. On observe aussi des changements d'attitude, des volte-face, en fonction du temps, qui placent certains d'entre eux, alternativement, tout au moins sur certains points, dans l'un ou dans l'autre camp.

Ainsi, parmi les opposants à la « réalité » du monde extérieur, la prise de position de Heisenberg est beaucoup plus tranchée que celle de Bohr ou de Born. L'auteur du principe d'incertitude ira jusqu'à affirmer que « la particule élémentaire de la physique moderne est encore plus abstraite que l'atome des Grecs », qu'elle « n'est pas une particule matérielle dans l'espace et le temps, mais seulement, d'une certaine manière, un symbole grâce à l'introduction duquel les lois de la nature prennent une forme particulièrement simple ». L'onde de probabilité de Born signifie, selon lui, « une tendance à quelque chose. C'était une version quantitative de l'ancien concept de "potentia" de la philosophie d'Aristote. Elle introduit quelque chose se situant au milieu entre l'idée d'un phénomène et ce phénomène lui-même, une étrange sorte de réalité physique à égale distance entre la possibilité et la réalité[44] ». Duhem serait heureux de savoir qu'il a reçu ainsi, pour ses idées aristotéliciennes, la caution d'un si éminent savant.

Heisenberg sera aussi le plus intransigeant des indéterministes, épousant à ce sujet également le point de vue extrême. En revanche, Dirac, classé pourtant dans le même « camp », écrit, en 1976, il est vrai : « Je pense qu'il pourrait bien se trouver que, finalement, ce soit Einstein qui ait eu raison, car la forme actuelle de la mécanique quantique ne saurait être considérée comme définitive. Je pense qu'il est très vraisemblable que, dans l'avenir, nous pourrons obtenir une mécanique quantique améliorée, dans laquelle il y aura retour au déterminisme[68]. »

À l'opposé, dans le camp des « réalistes », de Broglie souligne nettement la différence qu'il perçoit entre le principe de causalité et le problème, plus difficile, du déterminisme : « Je ne me suis jamais prononcé sur le déterminisme parce qu'il s'agit là d'un problème philosophique beaucoup plus général. Or, je ne suis pas philosophe et je ne me sens

68. P. A. M. Dirac dans *Directions in Physics*, H. Hora et J. R. Shepanski (éd.), New York, Wiley, 1976.

pas qualifié pour me prononcer sur ce problème... C'est un tout autre problème que celui de la causalité en physique parce que le principe de causalité, c'est seulement un cadre qu'on se fixe et à l'intérieur duquel s'exerce notre activité de physicien » (cité dans 30).

Quant à Schrödinger, Moore[34] considère que, s'il croit en la réalité des objets, il fait néanmoins la moitié du chemin vers les idées de Bohr et de Heisenberg lorsqu'il déclare : « Notre cerveau, en vertu d'une capacité limitée, ne peut pas poser à la Nature une question qui aurait permis une série continue de réponses. Les observations, les résultats individuels des mesures, sont les réponses de la nature à notre interrogation discontinue. Pour cette raison, elle concerne non pas l'objet seul mais plutôt la relation entre sujet et objet. Il n'est plus tellement évident que la répétition d'observations doive conduire à la limite, à la connaissance exacte de l'objet. » Quant à son opinion sur le problème du déterminisme, Selleri[54] estime qu'elle est mitigée et cite sa réponse à la question de savoir si, oui ou non, le comportement d'un seul atome est déterminé par une causalité rigide : « Il n'y a probablement pas moyen d'en décider expérimentalement. Par le raisonnement pur, il nous est évidemment permis de dériver le hasard des lois, ou les lois du hasard, selon notre préférence. »

Concernant de Broglie et Schrödinger, il convient aussi de souligner le virage, ou plutôt les virages, qu'ils ont effectués tous les deux dans leur jugement sur certaines propositions fondamentales de la mécanique quantique. Ainsi, partisans, au début de leur carrière, de la réalité matérielle de l'onde Ψ, ils ont tous deux cédé, après le Vᵉ congrès Solvay, à la pression de l'« opinion générale » et se sont ralliés (Schrödinger d'une façon plus restrictive que de Broglie) à l'interprétation probabiliste, quitte à revenir (Schrödinger assez rapidement, de Broglie seulement vers les années cinquante) à leurs premières convictions. Le trajet intellectuel de Louis de Broglie est, à cet égard, particulièrement poignant ; il a en effet ressenti beaucoup d'amertume devant l'incompréhension que son attitude a rencontrée de la part de certains collègues (voir 30). Il a lui-même résumé l'évolution de sa pensée dans la préface qu'il a rédigée, en 1963 à la réédition de sa thèse de doctorat de 1924[69] : « Au moment où je m'avançais ainsi hardiment sur un terrain entièrement inexploré (1923), j'étais convaincu qu'il fallait aboutir à une véritable synthèse des notions d'onde et de corpuscule en conservant les images précises de réalités physiques que l'on avait toujours attribuées à ces deux notions. Pendant les trois années qui ont suivi la soutenance de ma Thèse, j'ai tenté de construire, d'une façon assez

---

69. L. de Broglie, *Recherches sur la théorie des quanta,* 1924, rééd., Paris, Masson, 1963.

imparfaite je dois le reconnaître, une théorie conforme au but que je me proposais. Je n'ai pas à rappeler ici, car je l'ai fait plusieurs fois ailleurs dans ces dernières années, comment à l'époque du Conseil Solvay d'octobre 1927 ma théorie se heurta à une vive opposition et comment, découragé par les objections qui lui furent faites, je me ralliai, avec peut-être toujours quelques réticences, à l'interprétation bien différente qui fut opposée à la mienne par des savants éminents et qui est restée depuis lors l'interprétation "orthodoxe" de la Mécanique quantique... Il y a une dizaine d'années, après de nouvelles réflexions approfondies sur ce problème capital de la Physique contemporaine, je suis revenu à l'idée que mes tentatives d'il y a 35 ans, si insuffisantes qu'à juste titre elles aient pu paraître, étaient cependant orientées dans la bonne voie. Un examen attentif des objections faites à la théorie orthodoxe par les illustres physiciens que je viens de nommer (Planck, Einstein, Schrödinger) et par quelques autres m'ont amené à conclure que cette interprétation aboutit à certaines conclusions paradoxales et vraiment peu acceptables qui se dissimulent sous un élégant et précis formalisme mathématique. À mon avis, ces conclusions paradoxales proviennent toutes du fait que l'on a renoncé à l'image claire du corpuscule conçu comme une concentration d'énergie étroitement localisée dans l'espace au cours du temps et que, abandonnant l'idée que l'onde est un processus physique se propageant réellement dans l'espace, on a fini par considérer la fonction d'onde comme un simple artifice mathématique permettant de calculer des probabilités.

« J'ai donc repris mon ancienne tentative de considérer le corpuscule comme une très petite région de haute concentration du champ incorporée à une onde étendue, mais j'y ai introduit des éléments nouveaux qui me paraissent l'avoir un peu améliorée. »

Il ne paraît guère opportun d'entrer ici dans les détails techniques de ces « améliorations », qui seront traduites par plusieurs versions d'une théorie dite de « la double solution ». On en trouvera un exposé accessible dans la référence 38. Il convient néanmoins de mentionner pour le moins le nom de David Bohm (1917-1992), physicien-philosophe anglais qui a joué un rôle particulièrement important dans l'évolution des idées de de Broglie et a apporté des contributions originales au débat sur le sens de la mécanique quantique[70].

Cette très courte esquisse du chassé-croisé des réflexions et des opinions sur la signification de la révolution quantique et sur la portée de ses propositions, sinon de ses conséquences, illustre la richesse et la

70. Disparu en 1992, D. Bohm laisse un ouvrage, écrit en collaboration avec B. J. Hiley, *The Undivided Universe : an Ontological Interpretation of Quantum Theory,* Londres, Routledge, 1993, qui résume ses idées essentielles.

complexité du débat et aussi sa dynamique continue. Le paradigme de la nouvelle mécanique a cela de particulier qu'il paraît comporter des fissures dont on ne sait pas si, et si oui, quand, elles pourront être comblées. Il offre par là un champ idéal aux recherches épistémologiques. (Pour un résumé des tentatives récentes, voir par exemple 71, 72.)

– Les savants quanticiens et la religion

> *« En un mot, nos moyens d'investigation laissent loin derrière eux nos moyens de compréhension. »*
>
> Paul Valéry

La nouveauté des concepts introduits par les deux grandes révolutions scientifiques du XXe siècle, la théorie de la relativité et la mécanique quantique, l'étrangeté troublante des paradoxes que ces concepts suggèrent, les interrogations philosophiques qu'ils suscitent, les inquiétudes métaphysiques qu'ils éveillent – à quoi s'ajoute l'impression d'une accélération inusitée de l'évolution scientifique qui fait dire à Paul Valéry « qu'il en résulte que toute la partie verbale, théorique, explicative de notre savoir devient essentiellement provisoire » et « que la réalité (au sens de la Science) est une sorte de fonction du temps[60] » – tous ces facteurs ont dû probablement contribuer à l'intérêt qu'ont manifesté les principaux savants impliqués dans ces révolutions pour la relation entre la science et la religion. Planck[73], Schrödinger[74], Heisenberg[18] ont consacré à ce thème des chapitres entiers dans certains de leurs écrits, Einstein s'y réfère à maintes reprises (voir, par exemple, 18, 76). De toute évidence, les préoccupations intellectuelles de ces savants débordent le cadre des pures considérations scientifiques et même philosophiques. Comme le dit le physicien-philosophe anglais Arthur Eddington (1882-1944) : « Le système de la physique est à présent formulé de façon à rendre presque évident que c'est un aspect partiel de quelque chose de plus vaste... Le problème du monde scientifique est une partie d'un problème plus large, celui de toute l'expérience [...]. On pourra dire, peut-être, que la conclusion à tirer des arguments de la science moderne est que la religion devient pos-

---

71. B. Jarrosson, *Invitation à la philosophie des sciences*, Paris, Éd. du Seuil, 1992.
72. J.-P. Longchamp, *Science et croyance*, Paris, Desclée de Brouwer, 1992.
73. M. Planck, *Autobiographie scientifique*, Paris, Albin Michel, 1960.
74. E. Schrödinger, *L'Esprit et la matière*, Paris, Éd. du Seuil, 1990.
75. A. Einstein, *Comment je vois le monde*, Paris, Flammarion, 1979.

sible pour un scientifique raisonnable, aux alentours de l'année 1927[76]. »

Presque tous les fondateurs de la nouvelle mécanique se sont penchés sur le problème des relations entre la science et la religion, et manifestent, dans ce domaine, autant d'ingénieuses différences que dans leurs jugements sur la signification scientifique et philosophique de leurs découvertes. Leur attitude présente en fait une palette de variantes, allant de l'athéisme pur jusqu'à une foi relativement conventionnelle. À l'une de ces extrémités se place Dirac, qui se distingue de quasiment tous les savants évoqués en adoptant, par rapport aux religions conventionnelles du monde occidental, une attitude de rejet violent. « Dirac ne paraissait guère avoir du goût pour la tolérance », écrit à son sujet Heisenberg, qui reproduit dans ses Mémoires[18] toute une diatribe de Dirac contre la religion, dans laquelle on trouve des réflexions du genre : « Si l'on est honnête – et, comme scientifique, on doit être honnête avant tout –, on doit reconnaître que la religion contient une foule d'affirmations fausses pour lesquelles il n'existe aucune justification dans la réalité. Déjà le concept de "Dieu" n'est qu'un produit de l'imagination humaine [...]. Je ne vois pas en quoi l'hypothèse de l'existence d'un Dieu tout-puissant pourrait nous aider. Ce que je vois, au contraire, c'est que cette hypothèse conduit à se poser des questions absurdes [...]. La religion est une sorte d'opium que l'on donne au peuple pour le faire rêver de bonheur et pour le consoler de l'injustice qu'il subit. » La violence de cette attitude, raconte Heisenberg, a attiré la réplique suivante de Pauli : « Notre ami Dirac a lui aussi sa religion. Et cette religion a pour premier commandement : Dieu n'existe pas, et Dirac est son prophète. »

L'attitude de Schrödinger est plus composée. En même temps, son aventure religieuse est certainement une des plus originales pour un savant occidental. On l'admettra facilement, je pense, quand on saura, par exemple, que, dans le chapitre sur la science et la religion de son ouvrage *L'Esprit et la matière*[74], le mot « Dieu » n'apparaît jamais. Comme le dit Moore[34] : « Schrödinger n'avait aucun besoin de Dieu dans sa vision du monde. » Il rejetait les religions monothéistes traditionnelles, le christianisme, le judaïsme, l'islam, mais, à la différence de Dirac, sans accusations violentes et même sans une antipathie manifeste, tout simplement parce qu'il les trouvait trop naïves. Il fut attiré, en revanche, par les écrits mystiques de l'Inde et ceux des gnostiques chrétiens, qui lui fournissaient un système de pensée basé sur la conviction que « le soi et le monde sont un et qu'ils sont le tout[34] ». Finale-

---

76. A. S. Eddington, *The Nature of the Physical World*, Cambridge, Cambridge University Press, 1928.

ment, il a adhéré au Vedanta. Ironie du sort : c'est, de tous les systèmes spirituels de l'Inde antique, celui qui a le plus catégoriquement nié l'existence des atomes.

Bohr présente une autre variante de savant religieux, ayant rompu tôt dans sa vie avec le luthéranisme, au sein duquel il était né. « Le concept d'un Dieu personnel m'est étranger », disait-il[18]. En même temps, il montrait toutefois de la compréhension pour la nature particulière du message religieux. Son attitude tolérante dans ce domaine traduisait peut-être son penchant vers la « complémentarité » et paraît être liée, comme en témoignent les citations qui suivent, à son refus d'une distinction nette entre un monde « objectif » et un monde « subjectif[18] » : « On doit se rendre compte, avant toutes choses, que la religion n'utilise pas du tout le langage de la même manière que le fait la science. Le langage de la religion s'apparente davantage à celui de la poésie qu'à celui de la science. De prime abord, certes, on aurait tendance à penser que dans la science il s'agit d'obtenir des informations sur des faits objectifs, alors que dans la poésie il s'agit de réveiller des sentiments subjectifs. Mais cette division du monde en une face objective et une face subjective me paraît ici beaucoup trop radicale [...]. La position de cette coupure peut dépendre du mode d'observation ; elle peut jusqu'à un certain point être choisie arbitrairement. Peut-être devrait-on concevoir ces diverses formes comme des modes de description complémentaires qui s'excluent certes mutuellement, mais qui se conjuguent en ce sens que c'est seulement l'ensemble de ces modes qui fournit une idée de la richesse qui émane de la relation des hommes avec le grand contexte général. »

L'antagonisme (sur le fond d'une amitié profonde et durable) entre Bohr et Einstein dans le domaine philosophique s'est étendu au plan des idées religieuses. Si, tout comme Bohr, Einstein ne croit pas non plus en un Dieu anthropomorphe – « Je crois, écrit-il, au Dieu de Spinoza qui se révèle dans l'harmonie de toute chose et non dans un Dieu qui s'occupe de tous les actes et du destin de chaque individu » –, si, tout comme Bohr, il se détache tôt de la religion de la communauté au sein de laquelle il est né, la communauté hébraïque – tout en proclamant à maintes reprises son appartenance au peuple juif et son attachement à son héritage spirituel et à sa tradition –, Einstein sera un homme religieux, « profondément religieux » même, estime Pais[64]. Mais sa religiosité est « cosmique », par quoi il entend qu'elle « consiste à s'étonner, à s'extasier devant l'harmonie des lois de la nature dévoilant une intelligence si supérieure que toutes les pensées humaines et toute leur ingéniosité ne peuvent révéler, face à elle, que leur néant dérisoire ». C'est une expérience intime et illuminante qu'il décrit en des termes émouvants[75] : « L'être éprouve le néant des souhaits et volontés humaines, découvre l'ordre et la perfection là où le monde de la nature correspond au monde de la pensée. L'être ressent alors son existence individuelle comme une sorte de prison et désire éprouver la totalité de l'Étant comme un tout parfaitement intelligible [...]. » Ses exigences vont loin : « Je désire savoir comment Dieu a créé le monde. Je ne suis pas intéressé par tel ou tel phénomène, ni par le spectre d'un élément chimique. Je veux connaître ses pensées, le reste n'est que détails. » À ce niveau élevé d'aspiration, la religion et la science ne sont pas conflictuelles, elles se complètent plutôt : « La science sans la religion est boiteuse, et la religion sans la science est aveugle », écrit-il. Individualiste, il ne se sent en résonance spirituelle qu'avec un seul philosophe, Baruch Spinoza, à qui il voue une grande admiration. Une des sources de cette préférence paraît être le panthéisme du penseur hollandais, une autre, son attitude « déterministe » : « Bien qu'il ait vécu, écrit Einstein, trois cents ans avant notre temps, la situation spirituelle à laquelle Spinoza a eu à faire face ressemble beaucoup à la nôtre. La raison en est qu'il a été absolument convaincu de la dépendance causale des phénomènes, à une époque où les succès des efforts pour établir la connaissance des relations causales entre les phénomènes naturels était encore très modeste[64]. »

Une autre citation d'Einstein, dans laquelle il fait visiblement allusion à l'excommunication de Spinoza par la communauté juive d'Amsterdam, est intéressante[75] : « Aucune Église n'enseigne la religion cosmique. Nous imaginons que les hérétiques de tous les temps de l'histoire humaine se nourrissaient de cette forme supérieure de la religion. Pourtant, leurs contemporains les suspectaient souvent d'athéisme mais parfois, aussi, de sainteté. Considérés ainsi, des hommes comme Démocrite, François d'Assise, Spinoza se ressemblent profondément. » On peut apprécier dans ces paroles l'hommage implicite rendu par le grand savant à Démocrite, qu'il place sur le même piédestal que Spinoza, opérant ainsi un curieux rapprochement entre le grand visionnaire des atomes et un adversaire, discret il est vrai, de cette doctrine (voir chapitre XIII, réf. 21).

Max Planck est un autre modèle de savant profondément religieux, persuadé qu'il n'y a pas de contradictions entre la religion et la science, qu'elles sont au contraire non seulement parfaitement compatibles mais complémentaires, et cela (à la différence de la vision de Bohr) dans le sens classique du terme. Ainsi écrit-il[73], « rien ne se dresse sur notre route (et notre effort intellectuel instinctif pour une description unifiée du monde l'exige) pour identifier l'une avec l'autre ces deux forces partout agissantes et cependant mystérieuses : l'ordre de l'univers qu'impliquent les sciences de la nature et le Dieu que suppose la religion. Par suite, la divinité que les personnes religieuses cherchent à se donner plus étroitement à elles-mêmes sous ses symboles tangibles, est consubstantielle à la puissance qui agit d'accord avec les lois naturelles pour lesquelles les données des sens du savant offrent un degré certain d'évidence. » Il ne voit de différence entre les deux approches que dans les structures de leurs logiques internes : « Tandis que religion et science de la nature requièrent toutes deux la croyance en Dieu dans leurs activités, pour la première Dieu est le point de départ, pour la dernière le but de tous les processus de pensée. Pour la première il est la base, pour la dernière le couronnement de l'édifice que constitue toute vue généralisée du monde. » Sa discussion, pourtant longue, de la relation entre la science et la religion[73] ne contient aucune indication sur une préférence confessionnelle particulière de ce savant, qui est d'origine familiale protestante. Si l'on en juge par une lettre qu'il a écrite quelques mois avant sa mort (citée dans 15), son attitude n'impliquait pas une croyance « en un Dieu personnel, sans parler du Dieu chrétien ».

La position de Heisenberg enfin : il est également ouvert à une interaction complémentaire entre la science et la religion, dont il voit la manifestation dans la nécessaire cohabitation, dans les créations de l'esprit scientifique, de la rigueur du formalisme mathématique avec le flou imagé de concepts classiques (parmi lesquels il place « onde » et « corpuscule »). De ce point de vue, l'avènement de la mécanique quantique constitue pour lui un facteur favorisant cette interaction : « Dans la science, écrit-il[18], l'ordre central peut être reconnu par le simple fait que l'on peut employer des métaphores telles que : la nature est créée selon ce dessein-là. Et c'est en ce point que ma conception de la vérité est reliée à l'état de choses auquel se réfèrent les religions. Je pense que toutes ces corrélations peuvent être mieux pensées maintenant, depuis que l'on a compris la théorie quantique. Car, dans cette théorie, nous pouvons formuler dans un langage mathématique abstrait un ordre unifié s'étendant sur de très vastes domaines ; et, cependant, nous voyons simultanément que, lorsque nous voulons décrire dans le langage naturel les conséquences de cet ordre, nous sommes réduits à nous servir de paraboles, c'est-à-dire de modes d'interprétation complémentaires qui contiennent des paradoxes et des contradictions apparentes. »

Ces exemples témoignent de la place que la réflexion religieuse a prise chez les plus éminents physiciens modernes, relativistes et quanticiens. Elle trouve sa source dans le changement important que le développement de leurs recherches a provoqué dans leur perception des problèmes fondamentaux qui sont au cœur de l'interrogation scientifique : problèmes de la réalité, de la compréhensibilité, de la causalité. Pour bon nombre d'entre eux, cette réflexion se déroule en dehors du contexte des religions traditionnelles et superpose, en quelque sorte, leurs concepts religieux à leurs concepts scientifiques, sans interférences perturbatrices entre eux, en quoi elle diffère de l'attitude des nombreux savants des siècles précédents (en particulier du XVIe au XIXe) qui mêlaient des arguments religieux à leur évaluation des données scientifiques elles-même. C'est une religiosité sublimée, exprimant souvent une admiration étonnée devant la beauté et l'ordre harmonieux du monde, conçue comme une adjonction d'un complément à la construction scientifique et cela que cette complémentarité soit comprise dans le sens bohrien d'une coexistence des oppositions ou dans le sens classique d'un assemblage solidaire des parties en un tout unificateur.

En tout cas, Dieu, quel qu'il soit, paraît plutôt avoir affermi son droit de cité dans le monde vu par le prisme de la physique moderne, relativiste et quantique. Plus généralement, on constate que l'avènement de cette nouvelle physique a accru l'intérêt pour le « problème de Dieu » d'un public plus vaste, ouvert à la culture scientifique et qui, autrement, y serait peut-être plus indifférent. Dans le développement de la science, il s'agit là d'une évolution assez particulière pour être soulignée[77]. Elle trouve son expression dans la parution régulière de livres de physique moderne qui, d'une manière plus ou moins étendue, évoquent le problème des relations entre la science et la religion, souvent sous la forme d'une interrogation sur le rôle possible ou probable, sinon certain, de « Dieu » dans la création et la marche de l'univers, avec des conclusions variables, bien sûr. C'est, en particulier, le cas d'ouvrages de haute vulgarisation scientifique, écrits par des savants souvent réputés, et d'une excellente qualité. On peut signaler à ce sujet des livres tels que *God and the New Physics* de P. Davies (Penguin Books, 1990), *Other Worlds,* du même auteur (Penguin Books, 1980), *Dream of a Final Theory,* de S. Weinberg (Vintage, 1993), *The Cosmic Code,* de H. Pagels (Penguin Books, 1982), *The Ghost in the Atom,* de P. Davies et J. R. Brown (Cambridge University Press, 1986), *La Mélodie secrète,* de Trinh Xuan Thuan (Fayard, 1988), *Dieu et la science* de J. Guitton, G. et I. Bogdanov (Grasset, 1991), etc.

4. Pie XII

Les lecteurs ont probablement remarqué que nous n'avons pratiquement pas parlé dans la dernière partie de cet ouvrage, consacrée à l'avènement de l'atomisme scientifique, de l'attitude des autorités reli-

77. Par exemple, Herman Boerhaave, médecin et chimiste hollandais (1668-1738), se demandait, au siècle des Lumières : « Pourquoi le christianisme, prêché autrefois par les ignorants, avait fait tant de progrès et en faisait si peu, prêché par des savants ? »

gieuses par rapport à ce développement. En fait, si l'on tient compte de la section précédente, nous paraissons avoir accordé plus d'attention à l'attitude des savants atomistes vis-à-vis de la religion qu'à celle des hommes de religion vis-à-vis de l'atomisme. La raison en est simple. L'avènement de l'exploration scientifique de l'atome a coïncidé avec une nette diminution de l'antagonisme de l'Église chrétienne envers l'idée et la théorie de l'atomicité de la matière. La hache de guerre paraît être enterrée, ce qui ne signifie naturellement pas que l'Église se rallie à tous les entendus et sous-entendus de la théorie atomique, ou qu'elle consent à voir, dans le jeu des atomes et des molécules, le fin mot sur la nature de l'univers et surtout de l'homme. Son antiatomisme affiché cède néanmoins la place à une acceptation de plus en plus obligée d'une théorie dont l'expérience affirme de plus en plus le bien-fondé. Lorsque la vision atomique du monde devient incontournable, l'Église l'adopte sagement, tout au moins pour ce qu'elle est sans discussion possible : la base structurale du monde matériel. Elle montre en cela beaucoup plus de clairvoyance que n'en a manifestée le positivisme. Il est vrai qu'elle est forcée d'affronter, au cours du XIXe siècle et au-delà, d'autres difficultés, plus dangereuses pour sa doctrine que l'atomicité, telles les découvertes sur la chronologie géologique, attribuant à la terre un âge bien supérieur aux 5 000 à 6 000 ans que lui accorde la Bible, et surtout les hypothèses sur le transformisme des espèces, culminant dans la théorie darwinienne d'une évolution qui inclut ouvertement l'homme, en opposition formelle avec la fixité des espèces et la création individualisée de l'homme, enseignées par l'Église (voir sur ces sujets, par exemple, 78). Ces nouveaux fronts soulagent celui de l'antiatomisme. En fait, certains aspects de l'évolution de la théorie atomique au cours du premier quart du XXe siècle inclinent même l'Église à une attitude plus ouverte à son égard. Par exemple, l'Église trouvera, dans la découverte de la structure composée de l'atome et dans sa mutabilité par radioactivité naturelle puis artificielle, des raisons de satisfaction. Pie XII, souverain pontife de 1939 à 1958, l'exprimera ouvertement dans un discours prononcé le 30 novembre 1941 devant l'Académie pontificale des sciences, réunie en séance plénière : « Qui aurait pu imaginer, il y a seulement cent ans, les énigmes qui se trouvent enfermées dans cette si minuscule particule qu'est l'atome chimique, dans l'espace d'un millionième de millimètre ! On considérait alors l'atome comme un globule homogène. La toute nouvelle physique vit en lui un microcosme dans le véritable sens du mot, dans lequel se cachent de si profonds mystères que, malgré les expériences les plus fines et l'utilisation des instruments mathématiques les plus modernes, la recherche

---

78. G. Minois, *L'Église et la science. Histoire d'un malentendu*. II, *op. cit.*

est aujourd'hui encore seulement au début de ses conquêtes de la connaissance de la structure de l'atome et des lois élémentaires qui en règlent l'énergie et le mouvement. Ainsi, maintenant, apparaît plus que jamais manifeste le changement continuel et les transformations des choses matérielles, jusqu'à l'atome chimique retenu pendant si longtemps immutable et impérissable. Un seul est l'immutable et l'éternel : Dieu[79]. » Il reviendra sur cet aspect de la « mutabilité des choses » d'une façon beaucoup plus étendue dans un autre discours, prononcé également à une réunion plénière de l'Académie pontificale des sciences, le 7 juin 1949.

De tous les papes du XXe siècle, Pie XII sera celui qui s'exprimera de la façon la plus extensive sur le problème de l'atomicité et, en particulier, sur les interrogations scientifico-philosophiques qu'a soulevées l'avènement de la mécanique quantique, et qui ne pouvaient laisser l'Église indifférente. Il le fera dans deux discours tenus devant l'Académie pontificale des sciences, le premier, déjà mentionné, le 30 novembre 1941, le second le 21 février 1943. Longs exposés, excellemment structurés, témoignant de la connaissance profonde qu'avait ce pape des sujets abordés. À les lire, on a presque l'impression d'assister à des cours magistraux, constituant une véritable mise au point sur les connaissances de l'époque.

Pour notre propos, l'intérêt majeur des interventions de Pie XII réside dans ses prises de position sur les questions philosophiques qui ont constitué le fond du débat Bohr-Einstein, relaté dans la section précédente. Sans jamais se reporter expressément à ce débat, Pie XII y est impliqué *de facto* par ses prises de position. On peut du reste remarquer que pratiquement tous les grands savants qui ont contribué au triomphe de la théorie atomique et au développement de la mécanique quantique (à l'exception toutefois d'Einstein) ont fait partie de l'Académie pontificale des sciences : Bohr, Planck, Schrödinger, Rutherford, élus en 1936, de Broglie et Heisenberg, élus en 1955, Dirac élu en 1961. Pie XII a eu ainsi l'occasion de s'entretenir avec eux personnellement.

Si nous devions situer globalement, en quelques mots, la position de ce pape par rapport aux problèmes soulevés dans le débat Bohr-Einstein, nous dirions qu'il était définitivement du côté d'Einstein. En fait, on constate une remarquable convergence des points de vue de ces deux personnalités sur les problèmes fondamentaux de la réalité et de la compréhensibilité du monde et du déterminisme.

---

79. Discours adressés par les souverains pontifes Pie XI, Pie XII, Jean XXIII, Paul VI, Jean-Paul II à l'Académie pontificale des sciences, de 1936 à 1986, Pontificia Academia Scientiarum, 1986.

Ainsi, à propos de la réalité et de la compréhensibilité, Pie XII proclame dans son discours de 1943 : « Ne dites pas que la matière n'est pas une réalité mais une abstraction forgée par la physique, que la nature est en soi inconnaissable, que notre monde sensible est un autre monde en soi, où le phénomène qui est apparence du monde extérieur nous fait rêver la réalité des choses qu'il cache. Non : la nature est réalité, et réalité connaissable. Si les choses apparaissent et sont muettes, elles ont cependant un langage qui nous parle, qui jaillit de leur sein, comme l'eau d'une source éternelle... imprimant en nous une image ou similitude qui est un moyen au service de notre intellect pour nous conduire à nouveau à la réalité des choses. [...] Ne commettez pas de bévue, comme ces philosophes et scientifiques qui estimèrent que nos facultés cognitives ne connaissent autre chose que leurs propres mutations et sensations, de sorte qu'ils furent conduits à dire que notre intellect arriverait à avoir seulement la science des similitudes reçues des choses ; et donc seules les images des choses, et non pas les choses elles-mêmes, seraient l'objet de notre science et des lois que nous formulons au regard de la nature. Erreur manifeste ! [...] La science, qui exalte un Copernic ou un Galilée, Kepler ou Newton, Volta ou Marconi, ou d'autres fameux et méritoires chercheurs du monde physique qui, à l'extérieur, nous entoure, serait un beau rêve d'un esprit éveillé ; un beau fantôme du savoir physique ; l'apparence se substituerait à la réalité et à la vérité des choses ; et tout aussi vraies seraient l'affirmation et la négation d'une même chose. Non ; la science n'est pas dans les rêves, ni dans les similitudes des choses : elle est dans les choses elles-mêmes au moyen de l'image que nous recueillons d'elles. »

Par ailleurs, les lecteurs qui ont suivi avec nous l'historique de l'établissement du Tableau périodique des éléments, clef de voûte de la conception atomique du monde, ne pourront qu'être frappés par l'argument suivant de Pie XII, voyant dans la manière même dont cette découverte s'est développée, un témoignage en faveur de la réalité du monde : « Lorsque Lothar Meyer et Mendelejew en 1868 mirent en ordre les éléments chimiques dans ce simple schéma présenté de nos jours comme le système naturel des éléments, ils étaient profondément convaincus d'avoir trouvé un classement régulier basé sur les propriétés et tendances internes, un classement suggéré par la nature dont les développements progressifs promettaient les découvertes les plus pénétrantes de la constitution et de l'être de la matière. De fait, de là partit toute la recherche atomique moderne. Au moment de la découverte, la soi-disant économie mentale n'était pas prise en considération car ce schéma primitif montrait encore de nombreuses lacunes, il ne pouvait s'agir de conventions, car les qualités de la matière même imposaient un tel ordre. Ceci est simplement un exemple parmi tant d'autres, à travers lesquels les plus géniaux scientifiques du passé et du présent en sont venus à la noble certitude d'être les héraults d'une vérité, identique et commune à tous les peuples et les générations qui foulent le sol de notre globe et regardent vers le ciel ; une vérité, s'appuyant dans son essence sur une *adaequatio rei et intellectus*, qui n'est autre que la conformité acquise, plus ou moins parfaite, plus ou moins accomplie, de notre intellect à la réalité objective des choses naturelles, et en cela consiste la vérité de notre savoir. »

On remarquera l'identité, pour Pie XII, de la « réalité » avec la « vérité », peut-être avec un peu plus de chaleur pour cette dernière expression. Déjà en 1939, dans un discours prononcé devant l'Académie pontificale le 9 décembre, il a eu ces belles phrases : « De même que nous ne créons pas la nature, nous ne créons pas davantage la vérité : nos doutes, nos opinions, nos négligences ou nos négations ne la changent pas... Entre Dieu et nous, il y a la nature... La vérité scientifique est fille de la nature et petite-fille de Dieu. »

La parenté avec la position d'Einstein est évidente. Une même proximité d'idées caractérise les vues de Pie XII sur le déterminisme. Comme le grand savant, le pape croit qu'un ordre causal définitif (qui, pour lui, est « révélateur de la main de Dieu dans l'univers ») sera un jour mis en évidence là où, pour l'instant, semblent régner des lois purement statistiques : « Ne vouloir voir que les lois statistiques dans le monde est une erreur des temps modernes, comme se rendre étranger à la nature du génie humain, lequel seul des sens apprend ce qu'ensuite il rend digne de l'intellect... Le système scientifique, richement connecté et bien organisé du macrocosme, renferme, cela est hors de doute, de nombreuses lois statistiques, lesquelles cependant, considérant la multitude des éléments, atomes, molécules, électrons, photons, etc., ne sont pas, quant à la sécurité et à l'exactitude, notablement inférieures aux lois strictement dynamiques. En tout cas, elles sont fondées et pour ainsi dire ancrées aux lois rigidement dynamiques du microcosme, bien que la connaissance des lois microcosmiques nous soit dans les détails encore totalement cachée, malgré les efforts puissants déployés au cours de nouvelles et courageuses recherches pour entrer dans l'activité mystérieuse de l'intérieur de l'atome. Petit à petit, les voiles pourront tomber et le caractère apparemment non causal des phénomènes microcosmiques pourra disparaître : un règne de l'ordre, nouveau et merveilleux, de l'ordre jusque dans les particules les plus minimes, sera découvert. »

Finalement, bien que je m'éloigne par là des considérations philosophiques au profit d'un problème beaucoup (ô combien !) plus concret, mais concernant toujours les atomes, je ne peux terminer cette section sans citer ce passage du discours de Pie XII du 21 février 1943 : « Les singulières transformations de l'atome ont, au cours de nombreuses années, occupé uniquement les chercheurs de la science pure. Sans aucun doute, la grandeur de l'énergie qui s'y développait était surprenante, mais, comme les atomes sont extrêmement petits, on ne pensait pas sérieusement qu'ils puissent un jour acquérir une importance pour la pratique elle-même. Aujourd'hui en revanche, une telle question a pris un aspect inattendu suite aux résultats sur la radioactivité artificielle. Il a été en effet établi que lors de la désagrégation subie par un atome d'uranium bombardé par un neutron, deux ou trois neutrons se rendent alors libres, chacun desquels se lance seul et peut rencontrer et briser un atome d'uranium. De cette façon, les effets se multiplient et il peut arriver que le choc perpétuellement croissant des neutrons sur les atomes d'uranium fasse augmenter en un laps de temps le nombre des neutrons devenus libres, et que, proportionnellement, la somme d'énergie se développe jusqu'à une mesure énorme et à peine imaginable... Mais, par-dessus tout, il serait important qu'on ne laissât pas s'effectuer un tel processus sous la forme d'explosions mais que l'on en freinât le cours par des moyens chimiques, adaptés et vigilants. Dans le cas contraire, il pourrait s'ensuivre, non seulement sur le lieu, mais pour toute notre planète, une catastrophe périlleuse. »

En pleine guerre, Pie XII était donc non seulement au courant du développement des recherches sur la fission nucléaire, mais également conscient de la possibilité de fabrication des armes nucléaires. Il se peut que l'appréhension de cette possibilité ait joué un rôle dans l'attention soutenue qu'il a manifestée pour la science des atomes. Les papes qui lui ont succédé, Jean XXIII, Paul VI, Jean-Paul II, se sont pour leur part trouvés confrontés avec des développements très importants dans d'autres domaines de la science, en particulier en biologie moléculaire et en astrophysique. Ces développements, qui notamment ont permis à l'homme de décrypter les secrets de l'hérédité et d'aller sur la Lune, exceptionnellement lourds de conséquences potentielles pour le sort de l'humanité, ont nécessairement déplacé l'attention de ces souverains pontifes vers les sciences du vivant et de l'univers. Ce n'est pas qu'ils les aient négligées auparavant ou qu'ils aient négligé l'atomistique après. C'est, tout simplement, que la dynamique même de l'évolution scientifique fait que chaque époque a ses sujets privilégiés.

5. La société des atomes : le mariage

« Pour moi le plus grand supplice serait d'être seul au paradis. »
Goethe

Parmi les objections les plus importantes soulevées contre la théorie atomique de l'Antiquité, et cela dès sa naissance, il y avait l'apparente difficulté, selon beaucoup l'impossibilité, d'expliquer, dans le cadre de cette théorie, comment des substances douées de propriétés nouvelles pouvaient apparaître par une simple juxtaposition d'atomes indivisibles, indéformables et impénétrables, même si ces corpuscules disposaient sur leur surface de différents crochets, hameçons et autres aspérités favorisant leur assemblage mécanique. Déjà, Aristote faisait de cette objection un de ses arguments principaux contre cette théorie (voir chapitre V, 1). Cicéron lui emboîta le pas lorsqu'il écrivit : « Étant donné qu'il y a dans l'étude de la nature deux questions à envisager, l'une, de savoir quelle est la matière d'où est produite chaque chose, l'autre de savoir quelle est la force qui fait qu'elle se produit, ils [les atomistes] ont disserté sur la matière, mais la force et la cause efficiente, ils l'ont laissée de côté. »

Le problème constituera le talon d'Achille de la théorie atomique pratiquement jusqu'au XXe siècle, en fait jusqu'à l'avènement de la mécanique quantique. On admettra l'existence de molécules en tant qu'assemblages d'atomes bien avant d'avoir élucidé la nature des forces assurant leur cohésion et celle des transformations structurales apparemment inéluctables qui, seules, pouvaient en faire des entités unifiées, douées de personnalités nouvelles. En effet, déjà au niveau des structures diatomiques élémentaires, le tout s'avère être beaucoup plus que la somme des parties et la simple addition des unités de base ne saurait donc en rendre compte. À tout point de vue autre que pondéral, $H + H = H_2$ (symbole de la molécule d'hydrogène) est différent de 2H. Même dans la société chimique la plus primitive, les fruits de l'union originelle des atomes manifestent des propriétés *émergentes* dont la nouveauté et l'abondance, croissant avec le nombre d'atomes liés, sont à la base de l'évolution et de la complexification progressive du monde.

Le passage de la notion qualitative de l'union des atomes à celle, plus quantitative et structurale, de *liaison chimique* exige l'élucidation des facteurs responsables de la formation et de la cohésion de ces associations. L'amorce de cette élucidation, dans la direction qui devait s'avérer juste, est décelable dans les travaux de Newton, qui, le premier, a proposé explicitement de substituer aux interactions mécaniques l'action de forces physiques. Il est remarquable de constater que, bien qu'auteur d'une loi d'attraction gravitationnelle universelle, il s'est rendu compte de la nécessité d'envisager l'implication, dans les interactions chimiques, à côté de la composante gravitationnelle, de composantes électriques et magnétiques, ainsi d'ailleurs que de forces répulsives (voir chapitre XII, 2). Son élève Boscovitch développa substantiellement la thèse de l'importance, dans ce domaine, *du jeu d'équilibre* entre les forces d'attraction et celles de répulsion (voir chapitre XIII, 4).

De *possible*, le rôle des forces électriques, perçu par Newton, devint *probable* au XIXe siècle, à la suite du développement des travaux sur les phénomènes électriques. À cet égard, l'invention par Volta, en 1800, de la pile électrique mérite une mention particulière, par la démonstration qu'elle a fournie que des réactions chimiques pouvaient effectivement résulter de tels phénomènes[80]. La théorie électrochimique des combinaisons chimiques de Berzelius (voir chapitre XVIII, 1) aura, malgré ses multiples insuffisances, le mérite de traduire dans une forme concrète l'idée du rôle des charges électriques dans la formation de ces combinaisons.

De *probable*, le rôle décisif des forces électriques dans la formation des associations interatomiques devint certain à la fin du XIXe et au début du XXe siècle avec la découverte de l'électron, puis de la structure planétaire de l'atome (voir chapitre XIX, 1). J. J. Thomson envisagea, dès 1904, un mécanisme pour la formation de ce que l'on appelle aujourd'hui la *liaison ionique*, consistant en une interaction entre des ions porteurs de charges opposées, générés par le transfert d'électrons des atomes « électropositifs » vers les atomes « électronégatifs[81] ». Des développements postérieurs insisteront sur l'avantage particulier de tels transferts dans les cas où ils permettent aux atomes impliqués d'acquérir, par ce biais, des couches électroniques externes de deux et surtout de huit électrons, qui représentent les configurations des gaz rares, caractérisés par une grande inertie chimique et considérés donc comme particulièrement stables (voir chapitre XIX, 2). Ce modèle, purement électrostatique, se révélera assez bien adapté, tout au moins en première approximation, à la description des liaisons interatomiques dans de nombreux composés de la chimie minérale, dans lesquels interviennent souvent les éléments fortement électronégatifs ou électropositifs, dont la couche électronique superficielle (reconnue déjà par J. J. Thomson et par Bohr comme impliquée préférentiellement sinon exclusivement dans les interactions interatomiques) n'est pas trop éloignée de celle des gaz rares, n'en différant que par le défaut ou l'excès de un ou de deux électrons. En revanche, son application à la chimie organique n'a connu qu'une carrière éphémère. Walther Kossel

---

80. Paul Valéry *(Vues, op. cit.)* verra dans les découvertes de Volta « le commencement d'une ère des faits nouveaux » dans l'histoire de l'humanité : « Si l'histoire fût une discipline raisonnée et qui se fît une politique bien définie de l'importance relative des événements qu'elle retient, elle enseignerait, je pense, que le fait le plus neuf, le plus riche en conséquences reconnaissables dans notre vie présente et universellement ressenties qui se soit passé entre 1789 et 1815, n'est peut-être pas le grand drame du type historique traditionnel que constituent la Révolution et l'Empire [...]. L'événement le plus important de la période comprise entre 1789 et 1815 est l'invention de la pile et la découverte du courant électrique par Volta en 1800. »

81. Pour les détails voir, par exemple, B. Vidal, *La Liaison chimique : le concept et son histoire*, Paris, J. Vrin, 1929.

(1888-1956) a bien proposé, en 1916, des structures en forme d'ions intramoléculaires polyvalents pour les dérivés fondamentaux du carbone mais on s'est vite rendu compte qu'un tel formalisme ne répon-

H^+ Cl^-
- +
(par ex. H^+ - C - H^+ pour CH_4 et Cl^- + C + Cl^- pour CCl_4),
- +
H^+ Cl^-

dait pas aux exigences de la description des composés de la chimie organique. Les ions C^{4-} ou C^{4+} n'y sont guère observés. La liaison dominante, dans la grande majorité de tels composés, doit donc être d'un type différent. En l'absence d'une idée claire sur sa constitution, elle sera longtemps symbolisée par un trait unissant les atomes liés, ce qui ne dépassait guère le stade d'une description imagée de l'association, sans aucune valeur explicative. Cette situation n'était d'ailleurs pas réservée aux composés organiques, le même problème se posait à propos des molécules diatomiques formées de deux atomes identiques (molécules que nous appelons aujourd'hui « homonucléaires »), pour lesquelles il n'était pas possible d'invoquer une structure ionique.

Les perspectives que la découverte de l'électron a ouvertes sur le rôle de ces particules dans la formation des liaisons ioniques suggéraient fortement leur implication dans la structure de toutes les liaisons. La question cruciale était évidemment : de quelle manière ? Bohr a, dès 1913, proposé un modèle de la molécule d'hydrogène dans lequel la liaison entre les deux atomes était constituée par leurs deux électrons circulant ensemble sur une orbite placée perpendiculairement à l'axe de la molécule, à mi-distance entre les deux noyaux. Le modèle a eu le mérite de suggérer explicitement l'origine électronique de la liaison, mais, comme nous le savons aujourd'hui, il était inexact.

Un développement significatif selon le même axe de pensée est dû à Gilbert Newton Lewis (1875-1946), qui, le premier, a proposé de remplacer le trait d'union avec lequel on représentait couramment les liaisons chimiques dans les composés apolaires ou faiblement polaires par deux points symbolisant les deux électrons impliqués. Petite modification picturale mais dont la portée fut grande. Cette nouvelle présentation affirmait que ce type de liaison était formé par la mise en commun, dans l'espace internucléaire, des électrons fournis par les atomes liés. Grâce à lui, l'expression *paire* ou *doublet électronique* entrait pour toujours dans le langage des chimistes. Irving Langmuir (1881-1957, PN 1932) attribua quelque temps plus tard à une telle liaison la dénomination de *covalente*, qu'elle garda.

Lewis a appliqué son concept de paires électroniques à l'explication de la configuration de différents types de composés, souvent en relation avec l'idée de la constitution en octet de la couche électronique externe des atomes, ce qui l'a conduit à un modèle cubique de ceux-ci (remplacé dans le cas des composés du carbone par un modèle tétraédrique, avec les électrons des liaisons situés sur les quatre arêtes). Ce type de modèle fut développé également par Langmuir. L'histoire, comme on le sait, ne le retiendra pas[80]. En revanche, l'idée fondamentale de la constitution de la liaison chimique par une interaction liante entre les électrons de valence des atomes a gagné, grâce à Lewis, un droit de cité en chimie. Lewis a même eu le mérite d'affirmer qu'il « n'était pas nécessaire de considérer les deux types de combinaison chimique, correspondant aux composés très polaires et très peu polaires, comme différents en espèce, mais comme différents en degré[82] » et il symbolisait cette conviction en déplaçant le doublet électronique de la liaison vers l'un ou l'autre des atomes liés, selon la direction et le degré de la polarité présumée. On peut voir, dans cette tentative, une prescience de la notion, qui s'avérera fort utile dans l'avenir, du « caractère partiellement ionique des liaisons covalentes ».

Nous pouvons donc affirmer que, vers les années 1920, l'idée que la liaison chimique, y compris la liaison covalente, était de nature électronique, était largement acceptée. Ce qui manquait complètement, c'est la compréhension des facteurs qui permettaient à une telle cohabitation de deux particules porteuses de charges négatives, placées entre deux autres particules porteuses de charges positives, autrement dit à un ensemble de corpuscules entre lesquels devaient s'exercer de multiples attractions mais aussi des répulsions, de produire des entités stables, c'est-à-dire des édifices moléculaires.

La réponse à cette question cruciale a été fournie par la mécanique quantique vers la fin de la deuxième et au cours de la troisième décennie de notre siècle. Deux méthodes principales ont été proposées par cette mécanique nouvelle pour traiter ce problème. Elles sont connues sous les noms de méthode des *orbitales moléculaires* et méthode des *liaisons de valence*. La méthode des liaisons de valence est historiquement la plus ancienne – elle a débuté en 1927 par le célèbre travail de Walter Heitler (1904-1981) et Fritz London (1900-1954) sur la structure de la molécule d'hydrogène – et a connu beaucoup de succès[83]. Nous nous

---

82. G. N. Lewis, « The atom and the molecule », *Journal American Chemical Society*, 1916, 38, 762.
83. La méthode des liaisons de valence est techniquement difficile à utiliser pour des recherches quantitatives dans les systèmes moléculaires un tant soit peu volumineux. Elle est, en revanche, très prisée par les praticiens dans son expression qualitative, connue sous la dénomination de théorie de la résonance ou de mésomérie, car elle fait appel à la représentation des structures moléculaires par des combinaisons des formules courantes et habituelles des chimistes. Œuvre de beaucoup de chercheurs, elle doit surtout sa renommée à Linus Pauling (1901-1994,

bornerons cependant à n'esquisser que la méthode des orbitales moléculaires et cela pour trois raisons : elle est la conséquence la plus naturelle de l'extension aux problèmes moléculaires des principes décrits antérieurement pour les atomes ; elle est techniquement beaucoup plus simple que la méthode des liaisons de valence et pratiquement la seule à être utilisée aujourd'hui dans les travaux quantitatifs ; et parce que les deux méthodes conduisent à des résultats tout à fait semblables en ce qui concerne la réponse à la question qui nous préoccupe ici, la nature des forces assurant la stabilité des liaisons chimiques.

La méthode des orbitales moléculaires est l'œuvre de nombreux savants – parmi ses fondateurs les plus importants figurent Robert Mulliken (1896-1986, PN 1966) et Friedrich Hund (1896-1988)[84] –, et repose sur l'idée fondamentale selon laquelle, tout comme l'on pouvait décrire un électron dans un atome par une certaine fonction représentant son *orbitale atomique*, de même on peut décrire un électron dans une molécule par une autre fonction représentant son *orbitale moléculaire.* La différence existant entre ces deux types d'orbitales est que la première est monocentrique tandis que la seconde doit être polycentrique, puisque chaque électron y est soumis à l'action simultanée de plusieurs noyaux. La méthode se pose donc pour but de déterminer, en premier lieu, la forme de l'orbitale ψ de chaque électron de la molécule et naturellement son énergie. Comme dans le cas d'un atome, $|\psi|^2$ représentera alors la probabilité de trouver l'électron ou, dans un langage plus imagé, la densité du nuage électronique en chaque point de l'espace. Comme dans le cas d'un atome également : chaque orbitale ne pourra contenir que deux électrons, à spins antiparallèles ; dans l'état fondamental de la molécule, on occupera progressivement les orbitales de plus basse énergie jusqu'à l'épuisement des électrons disponibles ; dans l'état excité de la molécule, un ou plusieurs électrons passeront d'une des orbitales occupées dans l'état fondamental à une ou plusieurs orbitales libres dans cet état.

En outre, l'approche le plus souvent adoptée et qui correspond à l'approximation classique de la méthode, consiste à admettre que l'orbitale moléculaire d'un électron peut être considérée comme une combinaison linéaire des orbitales atomiques correspondant à cet élec-

PN 1954), dont le célèbre ouvrage, *The Nature of the Chemical Bond* (Ithaca, Cornell University Press, 1939), la bible de cette méthode, est présent dans tous les laboratoires de chimie du monde.

84. Pour les détails sur la méthode des orbitales moléculaires, voir par exemple A. et B. Pullman, *Les Théories électroniques de la chimie organique,* Paris, Masson, 1952 ; C. A. Coulson, *Valence,* Oxford, Oxford University Press, 1952 ; A. et B. Pullman, *Quantum biochemistry,* New York, Interscience, 1963 ; R. S. Mulliken et W. C. Ermler, *Diatomic Molecules,* New York, Academic Press, 1977.

tron dans les atomes isolés. Le procédé est connu sous le nom de l'approximation LCAO (linear combination of atomic orbitals) de la méthode des orbitales moléculaires, et on peut l'illustrer avec ses principaux résultats sur l'exemple particulièrement simple de la molécule d'hydrogène.

Soit A et B les deux atomes d'hydrogène et soit ψ_A et ψ_B les fonctions d'onde atomiques correspondant aux électrons des atomes A et B, lorsque ces atomes sont séparés. Ce sont alors simplement les fonctions d'onde des électrons *1s* de l'hydrogène. L'approximation LCAO conduit alors à décrire la forme générale de l'orbitale moléculaire ψ d'un électron dans la molécule H_2 par une combinaison linéaire des orbitales atomiques :

$$\psi_{AB} = \psi_A + \lambda\psi_B$$

le carré de λ mesurant les contributions respectives des orbitales atomiques à l'orbitale moléculaire. Dans le cas d'une molécule diatomique symétrique telle que H_2, on doit nécessairement avoir $\lambda = \pm 1$.

En posant qu'une fonction de cette forme est solution de l'équation de Schrödinger du problème, on est conduit, dans le cas d'une molécule d'hydrogène, aux résultats suivants :

– Il existe dans cette molécule deux niveaux permis d'énergie électronique. Si nous désignons par E_0 l'énergie d'un électron *1s* dans un atome d'hydrogène isolé, un de ces niveaux aura une énergie E^+ inférieure à $2E_0$, l'autre une énergie E^- supérieure à $2E_0$.

– Au niveau E^+ correspond une orbitale moléculaire

$$\psi^+ = \psi_A + \psi_B$$

au niveau E^- une orbitale moléculaire

$$\psi^- = \psi_A - \psi_B$$

– L'état fondamental de la molécule s'obtient en plaçant les deux électrons de la molécule sur l'orbitale E^+. Conformément au principe de Pauli, ces électrons ont des spins antiparallèles.

– L'orbitale E^- peut également être partiellement ou totalement occupée mais les états correspondants sont des états excités de la molécule dont nous ne parlerons pas ici.

Le calcul explicite des énergies et de la forme des fonctions d'onde qui leur sont associées peut se faire dans différentes approximations techniques de la méthode. Les caractéristiques générales des résultats obtenus, quelle que soit l'approximation utilisée pour l'état fondamental auquel nous bornerons ici notre présentation, sont représentées schématiquement dans les *figures 15* et *16*.

La *figure 15* représente l'évolution de l'énergie potentielle électrique du système en fonction de la distance entre les atomes liés. Si on se rappelle que les énergies potentielles attractives sont comptabilisées avec le signe négatif, on constate que la courbe décrivant l'évolution de E^+ traduit une prédominance aux grandes distances des forces d'attraction,

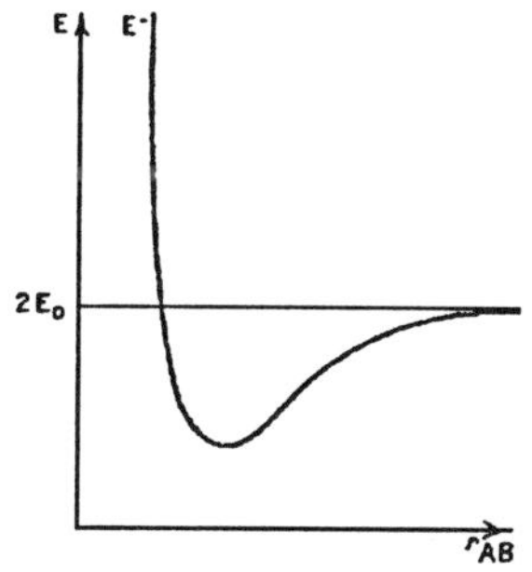

Figure 15. – Évolution de l'énergie potentielle lors de la formation de la molécule d'hydrogène.

qui augmentent progressivement lors de l'approche des atomes jusqu'à l'apparition d'un minimum d'énergie bien accusé. Aux distances plus courtes, l'attraction cède la place à une rapide et très forte répulsion, due à la trop grande proximité des noyaux. L'existence d'un minimum annonce la formation d'un composé stable. Dans les calculs perfectionnés, la méthode reproduit *exactement* les valeurs expérimentales caractéristiques de ce minimum, à savoir de la distance d'équilibre (0,74 Å) et de l'énergie de dissociation (3,6 eV) de la molécule.

La *figure 16* représente l'allure générale des contours d'isodensité du nuage électronique associé avec l'orbitale ψ^+. On constate que, pour cette orbitale, les électrons ont tendance à se concentrer dans la région comprise entre les deux noyaux. C'est, en fait, la présence des électrons dans l'espace compris entre les noyaux qui permet de tenir ensemble

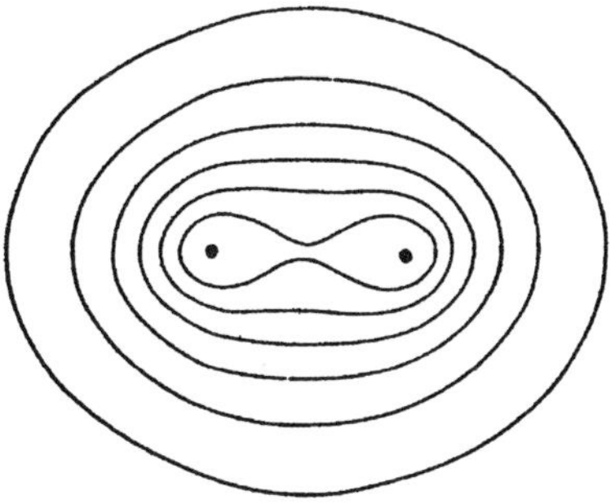

Figure 16. – Courbes d'isodensité électronique pour l'orbitale ψ^+ de la molécule d'hydrogène.

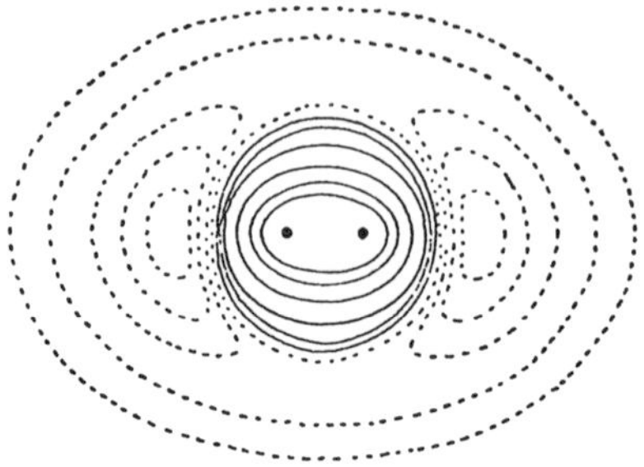

Figure 17. – Courbes d'isodensité électronique différentielle dans l'état fondamental de la molécule d'hydrogène : les courbes pleines représentent des gains de densités par rapport à la somme de celles de deux atomes d'hydrogène placés à une distance équivalente, les courbes en pointillés représentent des pertes.

les atomes et assure la stabilité de la liaison dans l'état fondamental de la molécule. En l'absence de ce ciment internucléaire, les atomes n'auraient tendance qu'à se repousser. On comprend donc facilement pourquoi une orbitale du type ψ^+ est dite *liante.*

La *figure 17* illustre, d'une façon particulièrement évocatrice, la situation qui prévaut dans l'état fondamental de H_2. Elle présente la variation différentielle des densités électroniques entre leurs valeurs dans la molécule et la somme de leurs valeurs dans les deux atomes d'hydrogène placés à la même distance : les courbes pleines illustrent les gains de densité et les courbes en pointillé les pertes. L'image obtenue traduit éloquemment le rôle de colle internucléaire que joue la concentration des électrons dans cette région.

Il faut naturellement avoir présent à l'esprit que les distributions électroniques représentées dans les *figures 16* et *17* sont tridimensionnelles. On constate alors qu'elles ont, dans la molécule H_2, une symétrie de révolution autour de l'axe de la liaison. On nomme de telles liaisons « liaisons σ ». Elles correspondent aux liaisons simples des formules chimiques habituelles. Dans la molécule H_2, nous observons, en plus, une symétrie du nuage électronique par rapport au plan perpendiculaire à l'axe et équidistant des noyaux. Cette dernière symétrie se perd naturellement dans les molécules diatomiques formées d'atomes différents (« hétéronucléaires »). Dans de telles molécules, le nuage électronique est déplacé vers l'atome le plus électronégatif (λ de la formule $\psi = \psi_A + \lambda\psi_B$ est alors différent de l'unité). Cette situation traduit le caractère partiellement polaire de la majorité des liaisons covalentes, déjà envisagé, comme nous l'avons signalé, par Lewis.

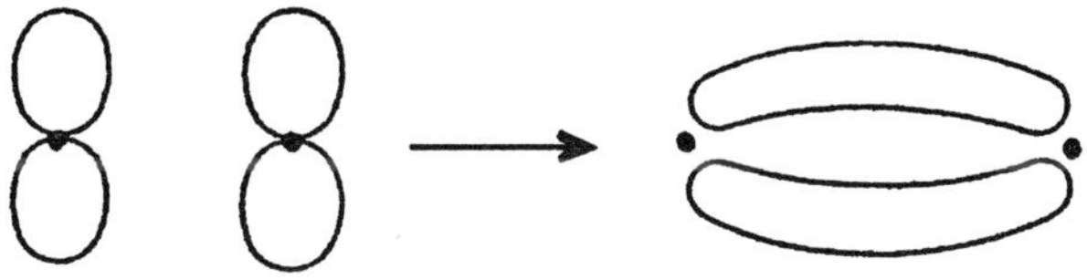

Figure 18. – Représentation schématique de la formation d'une orbitale π liante par recouvrement latéral de deux orbitales *p*.

Le cas de la molécule H_2 est naturellement le plus simple. Le passage aux molécules tant soit peu plus complexes apporte beaucoup de renseignements complémentaires. Il met en évidence, par exemple :

– L'existence d'autres types de liaison, telle la « liaison π », obtenue par couplage *latéral* de deux orbitales atomiques du type *p* (alors que leur couplage axial donne naissance à une liaison σ), qui n'a plus de symétrie de révolution autour de l'axe intranucléaire mais correspond à la localisation du nuage électronique dans deux volumes allongés, situés de part et d'autre d'un plan passant par l'axe interatomique *(figure 18)* ; ce type de liaison caractérise les liaisons multiples (doubles et triples) des formules chimiques.

– L'intervention, dans la formation des liaisons chimiques, surtout dans les composés polyatomiques, non pas des orbitales atomiques pures du type *s*, *p*, etc., mais d'orbitales *hybrides*, correspondant à un mélange pondéré des précédentes. Ces orbitales ont un très fort caractère directionnel *(figure 19)*, symbolisant une sorte de *démarche prénuptiale* des atomes, et leur orientation dans l'espace joue un rôle décisif dans la stéréochimie des édifices moléculaires : ainsi, par exemple, la richesse de la chimie organique résulte, en grande partie, de la possibi-

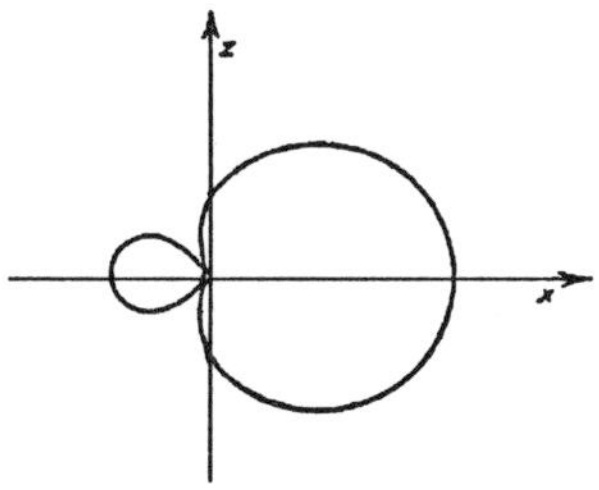

Figure 19. – Représentation schématique d'une orbitale hybride entre les orbitales *s* et *p*.

lité que possède l'atome de carbone d'assumer trois états d'hybridation différents *(figure 20)*.

– La distinction entre les *liaisons localisées* dans lesquelles le couplage n'implique essentiellement que deux orbitales atomiques, une en provenance de chaque atome, et les *liaisons délocalisées*, obtenues par la fusion en un continuum de plusieurs orbitales atomiques. De telles liaisons appartiennent en général au type π et se produisent dans les molécules possédant plusieurs liaisons doubles partant d'atomes adjacents, l'exemple classique étant le benzène *(figure 21)*.

– L'existence des liaisons à un (exemple H_2^+) ou trois (exemple hydrures de bore) électrons.

– Le cas particulier que représentent les métaux, dans lesquels les liaisons ne sont plus localisées dans des directions particulières mais sont formées par des électrons « itinérants », se déplaçant dans l'ensemble du réseau que forment les atomes constitutifs de ces matériaux. Les niveaux d'énergie électronique, caractéristiques des molécules, y sont remplacés par des bandes.

Tous ces aspects diversifiés de la liaison chimique sont certes fascinants et méritent davantage qu'une mention. Un exposé plus détaillé dépasserait notre propos, qui est de répondre à l'interrogation, née avec la théorie atomique antique et qui a préoccupé autant ses partisans que ses adversaires pendant vingt-cinq siècles : quels sont les facteurs qui président aux interactions entre les atomes et donnent naissance aux composés polyatomiques doués de propriétés nouvelles ? Compte tenu de ce que nous savons sur la liaison ionique, dont la compréhension ne pose pas de problème majeur, l'essentiel de la réponse est déjà fourni par les résultats de l'étude de la liaison covalente de la molécule d'hydrogène. Il est manifeste que la *liaison chimique est de nature électronique.* Dans la classification générale, en quatre catégories (gravitationnelle, forte, faible et électromagnétique, voir, par exemple réf. 85), des interactions auxquelles est soumise la matière, la cohésion des édifices chimiques est attribuée quasi entièrement à la dernière. Que la liaison soit constituée par deux (liaison simple), quatre ou six (liaisons multiples) électrons, qu'elle implique deux (liaisons localisées) ou plus de deux (liaisons délocalisées) noyaux, elle doit sa formation et sa stabilité à la *mise en commun* des électrons entre les noyaux atomiques qui forment le squelette moléculaire. Cette mise en commun se fait par le biais du *recouvrement* des orbitales atomiques impliquées, ou, ce qui est équivalent, par l'*interpénétration* des nuages électroniques qui leur sont associés. Dans la méthode des liaisons de valence on parle, pour décrire cette situation, de l'*échange des électrons* entre les atomes concernés et

85. A. Rousset, *Les Nouvelles Frontières de la connaissance,* Paris, Ellipses, 1983.

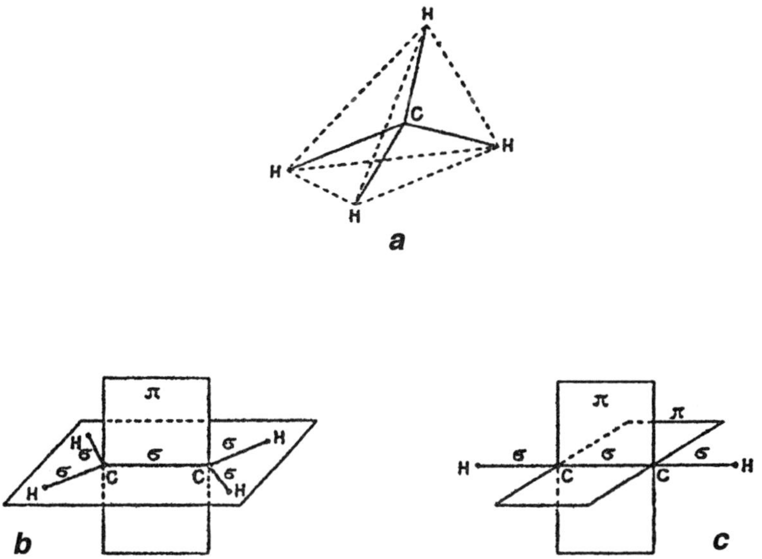

Figure 20.

a) Le carbone dans l'état d'hybridation tétraédrique, dit sp^3 (résultant du mélange de trois orbitales $2p$ et une orbitale $2s$), est à la base de la structure du méthane et des composés apparentés. Les quatre liaisons CH sont du type σ et forment un angle de 109°28' entre elles.

b) Le carbone dans l'état d'hybridation trigonal, dit sp^2 (résultant du mélange de deux orbitales $2p$ et une orbitale $2s$), est à la base de la structure de l'éthylène et des composés apparentés. Il comporte trois liaisons hybrides du type σ, localisées dans un même plan et formant un angle de 120° entre elles, et une liaison π située dans le plan perpendiculaire au précédent et formée par la fusion latérale de deux orbitales $2p$.

c) Le carbone dans l'état d'hybridation digonal, dit sp, est à la base de la structure de l'acétylène et de ses dérivés. Il comporte deux liaisons hybrides σ colinéaires et deux liaisons π situées dans deux plans perpendiculaires.

des *forces d'échange* résultant de l'*indiscernabilité* de ces particules élémentaires.

Ces résultats relèguent au musée de l'histoire de la science – à moins que ce ne soit de la philosophie – l'hypothèse des crochets ou des hameçons à l'aide desquels les anciens proposaient de relier les atomes entre eux. Du même coup, la rupture avec la conception classique va bien au-delà de cette relégation. Si la découverte de la structure complexe des atomes a fait voler en éclats la notion de son indivisibilité, l'élucidation de la nature de la liaison chimique a porté le coup de grâce à ses caractéristiques supposées d'impénétrabilité et d'indéformabilité.

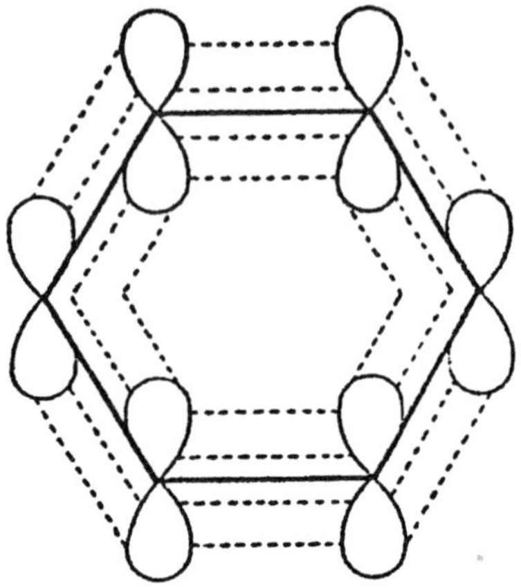

Figure 21. – Représentation schématique de liaisons π délocalisées dans le benzène.

Loin de constituer des entités éternellement inviolables, figées dans leur dignité de corpuscules immuables, les atomes sont des constructions composées, déformables, ouvertes aux perturbations et même aux pénétrations venant de l'extérieur. C'est la rançon qu'ils doivent payer pour pouvoir former des sociétés. Comme partout, cela implique la capacité, sinon l'obligation, de donner et de recevoir.

La rupture avec la conception classique paraît donc totale. L'atome ne conserve plus son nom que par la grâce d'une longue tradition[86]. Faut-il pour autant diminuer la portée historique, philosophique et scientifique du message grec ? La question est fréquemment posée sous la forme : la théorie atomique de l'Antiquité est-elle l'authentique précurseur de la théorie atomique moderne ? Les réponses varient énormément d'un auteur à l'autre. Schrödinger écrit : « On a souvent posé cette question, et les opinions à ce sujet sont fort divergentes. Gomperz, Cournot, Bertrand Russell et J. Burnet répondent “oui”. Benjamin Farrington répond “en quelque sorte”, en ajoutant que les deux théories ont de nombreux points communs. Charles Sherrington répond “non”, en insistant sur le caractère purement qualitatif de l'atomisme de l'Antiquité et sur le fait que son idée fondamentale, exprimée

86. Cette grâce ne lui serait certainement pas accordée par le chimiste L. B. Guyton du Morveau, qui écrivait, en 1782 : « Les noms doivent être autant que possible adaptés à l'essence des choses [...]. Si nous ne connaissons pas suffisamment une qualité qui pourrait servir de base à l'attribution d'un nom, un nom qui n'exprime rien est préférable à celui qui exprimerait un concept erroné. »

dans le mot atome (qui veut dire insécable ou indivisible), a rendu ce nom tout à fait inapproprié. » Mais, ajoute Schrödinger : « Je n'ai pas connaissance d'une réponse négative de ce type provenant d'un helléniste. » Son avis personnel est tranché : « Toutes les caractéristiques fondamentales de la théorie antique ont survécu dans les théories modernes jusqu'à nos jours. Ces caractéristiques ont certes été accentuées et largement retravaillées, mais elles sont restées inchangées, du moins si l'on se réfère aux normes du philosophe de la nature et non à la perspective myope du spécialiste. »

D'autres attirent l'attention sur la validité, toujours à l'ordre du jour, du concept de particules élémentaires. Heisenberg écrit : « Nous pouvons nous demander comment nos vues actuelles sur l'atome et la mécanique quantique peuvent se comparer à ce concept ancien. Historiquement, le mot “atome” en physique et en chimie modernes a été appliqué à autre chose que son objet durant la renaissance de la science au XVIIe siècle, car les plus petites particules appartenant à ce qu'on appelle un élément chimique sont encore des systèmes assez complexes formés d'unités plus petites. On donne aujourd'hui à ces unités le nom de particules élémentaires et il est évident que, si quelque chose en physique moderne devait se comparer aux atomes de Démocrite, ce devraient être les particules élémentaires comme le proton, le neutron, l'électron, le méson... Il reste que certaines assertions de l'ancienne philosophie sont assez proches de celles de la science moderne. Cela montre tout simplement jusqu'où on peut aller en combinant la connaissance ordinaire que nous avons de la Nature – sans faire d'expériences – avec l'effort inlassable pour introduire quelque ordre logique dans cette connaissance, afin de la comprendre à partir des principes généraux. »

Dans cette optique, ce que les atomistes grecs n'ont pas prévu, c'est l'existence d'une étape intermédiaire entre l'élémentaire élémentaire et l'élémentaire dérivé. Nous savons aujourd'hui que la chimie est fondée, dans sa pratique courante, sur l'existence de ces élémentaires dérivés que sont les atomes. Cette réalité a été magistralement pressentie par le grand chimiste du XIXe siècle Kekulé, lorsqu'il écrivit : « En tant que chimiste, je considère l'hypothèse des atomes, non seulement comme recommandable mais comme absolument nécessaire en chimie. Même si le progrès de la science devait conduire un jour à une théorie sur la constitution des atomes chimiques – toute importante qu'une telle connaissance puisse être pour la philosophie générale de la matière – cela ne saurait faire que peu de différence en chimie. L'atome chimique restera toujours l'unité chimique. »

Sous la seule réserve que Kekulé ne pouvait évidemment pas prévoir l'existence de la chimie nucléaire, sa remarque résume fort bien, semble-t-il, la situation. L'atome se révèle bien être divisible mais pas de la manière dont les opposants à l'atomisme défendaient la divisibilité indéfinie et illimitée de la matière.

Avant de terminer ce chapitre, je voudrais dire quelques mots à propos d'un type de liaison très particulier et cela pour trois raisons : cette liaison est suffisamment différente de celles étudiées auparavant pour mériter une mention spéciale ; elle est d'une très grande importance en chimie et peut-être encore plus en biologie, et elle fournit une réponse à une interrogation explicite posée par un philosophe du XVIIIe siècle, partisan de la théorie corpusculaire, et qui était aussi, peut-être, déjà sous-jacente dans l'esprit de celui par qui tout a commencé, à savoir Thalès de Milet.

Commençons par cette interrogation exprimée par Locke dans un passage de son *Essai sur l'entendement humain* (voir chapitre XII, 3) : « Les corpuscules, qui composent ce fluide que nous appelons eau, sont d'une si extraordinaire petitesse, que je n'ai pas encore ouï dire que personne ait prétendu apercevoir leur grosseur, leur figure distincte ou leur mouvement particulier. Et ils sont si fort détachés les uns des autres que la moindre force les sépare d'une manière sensible. Bien plus, si nous considérons leur perpétuel mouvement, nous devons reconnaître qu'ils ne sont point attachés l'un à l'autre. Cependant, qu'il vienne un grand froid, ils s'unissent et forment un solide : ces petits atomes s'attachent les uns aux autres et ne sauraient être séparés que par une grande force. Qui pourra trouver les liens qui attachent si fortement ensemble les amas de ces corpuscules qui étaient auparavant relâchés ; qui nous fera connaître le ciment qui les joint si étroitement l'un à l'autre, nous découvrira un grand secret jusqu'à cette heure entièrement inconnu. » Comment ne pas penser que cette interrogation devait préoccuper également Thalès et que c'est la capacité de l'eau d'exister sous les formes vapeur, liquide et solide qui l'a incité à voir en elle la substance primordiale ?

La liaison particulière qui est impliquée dans ce phénomène et que l'on nomme *liaison hydrogène*, découverte par M. L. Huggins en 1919, fournit la réponse à l'interrogation citée. C'est une liaison de très faible énergie, entre 5 et 10 kcal/mole (donc beaucoup plus faible que ne l'est une véritable liaison chimique), qui consiste en un atome d'hydrogène lié, d'une part, par une liaison covalente à un atome électronégatif d'une molécule et, d'autre part, par une liaison lâche, à un autre atome électronégatif de la même ou d'une autre molécule. Ici, nous nous bornerons seulement à ce dernier cas. La représentation symbolique de ce type de liaison est illustrée dans la figure 22 sur l'exemple du dimère de l'eau. Les interactions impliquées sont de nature essentiellement électrostatique, la liaison lâche provenant de l'attraction de l'hydrogène de la molécule de gauche – qui, du fait du caractère partiellement ionique des liaisons OH, est porteur d'une charge positive fractionnaire – pour

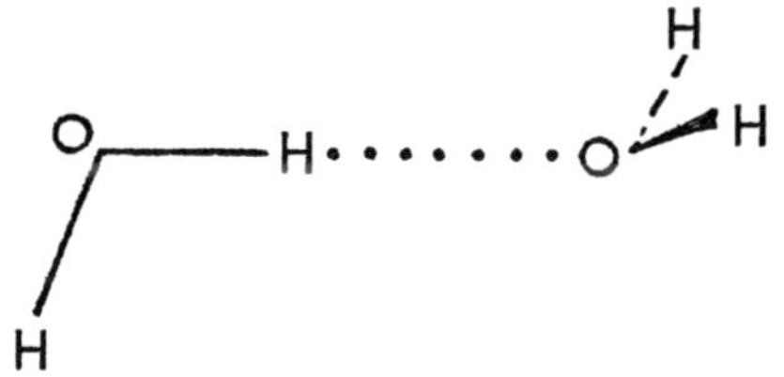

Figure 22. – Dimère de l'eau, formé par liaison hydrogène.

un doublet électronique libre, présent sur la couche périphérique de l'atome d'oxygène de la molécule de droite. Le chimiste anglais H. E. Armstrong a nommé cet hydrogène de jonction l'« hydrogène bigame », par quoi il lui a donné un droit supplémentaire de figurer dans ce chapitre, consacré au mariage dans la société des atomes.

L'existence de tels dimères a été effectivement mise en évidence dans la vapeur d'eau. Remarquons, toutefois, que la capacité de former des dimères n'épuise pas l'aptitude d'une molécule d'eau à former des liaisons hydrogène : en fait, tout d'abord, puisqu'elle comporte deux liaisons OH, elle peut former deux liaisons hydrogène avec les oxygènes de deux autres molécules d'eau. D'autre part, son oxygène possède, sur sa couche électronique superficielle, quatre électrons répartis en deux paires, dites « libres », dont les directions de localisation forment, avec les deux liaisons OH, un tétraèdre approximativement régulier. Ces deux paires libres peuvent former deux liaisons hydro-

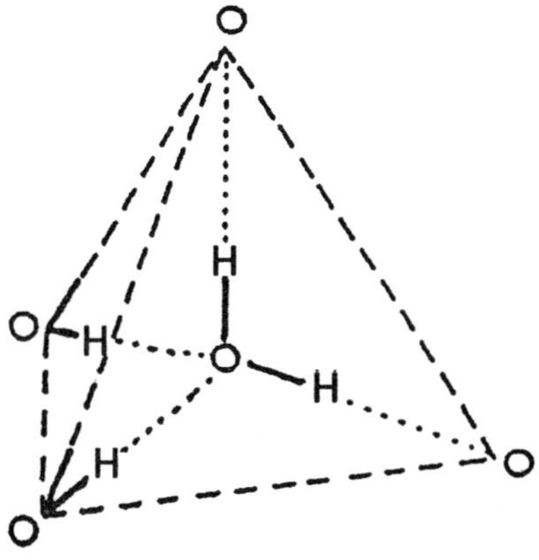

Figure 23. – Possibilités de formation de liaisons hydrogène par une molécule d'eau.

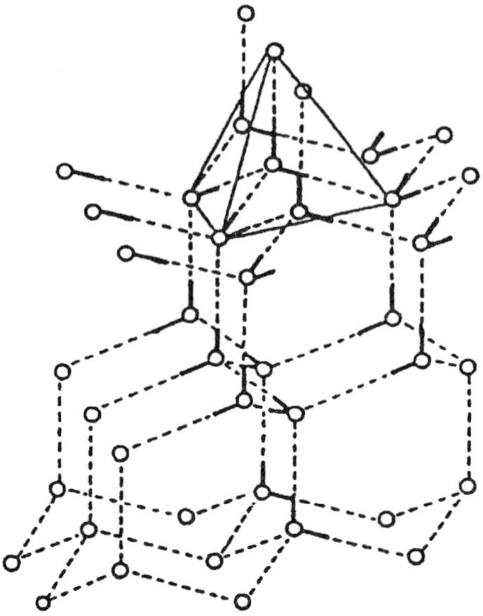

Figure 24. – La structure « hexagonale » de la glace.

gène avec les hydrogènes de deux molécules d'eau différentes. Au total, une molécule d'eau peut donc être ainsi liée à quatre autres molécules d'eau, dans une configuration approximativement tétraédrique, schématisée sur la figure 23. Lorsqu'une telle molécule d'eau est totalement entourée d'autres molécules semblables et que sa capacité de liaisons hydrogène est saturée, un oxygène d'une autre molécule se trouve à chaque sommet de la pyramide et peut alors être, lui-même, le centre d'une pyramide semblable : c'est la structure que l'eau adopte dans la forme cristalline la plus stable de la glace, illustrée schématiquement dans la figure 24.

Dans la vapeur d'eau, les molécules ont peu de chance de venir en contact et seuls les dimères ont été observés. Dans la glace, le tétraèdre est rigidifié. Qu'advient-il dans l'eau liquide ? C'est à partir de la glace que l'on peut le mieux le comprendre : lorsque la glace fond, sous l'effet d'un apport de chaleur, des liaisons hydrogène se déforment, certaines se cassent, un certain désordre apparaît. L'ensemble des connaissances existantes sur l'eau liquide permet actuellement de considérer sa structure comme un réseau tridimensionnel de liaisons hydrogène, localement tétraédriques, et contenant un assez grand nombre de liaisons hydrogène distendues et déformées, certaines carrément brisées. La présence des liaisons distendues et la relative facilité des distorsions permettent au réseau une grande labilité, modifiant les proximités et rendant possibles les échanges de molécules en son sein.

Ainsi, c'est la liaison hydrogène qui représente « le grand secret » au dévoilement duquel rêvait Locke, et peut-être aussi Thalès de Milet. Il est regrettable qu'ils ne le connaîtront jamais. À moins qu'ils n'en devisent au paradis des philosophes. Auquel cas ils peuvent s'y émerveiller du rôle, qu'ils n'ont même pas pu envisager, que ce « grand secret » joue aussi dans les phénomènes de la vie, grâce en particulier à la contribution que la liaison hydrogène apporte à la structure des protéines et, encore plus, à celle des acides nucléiques, où elle est la base des associations entre les paires des purines et pyrimidines complémentaires et donc de la transmission de l'information génétique.

Addendum. Nous avons écrit que les études de la liaison chimique par les méthodes quantiques relèguent au musée l'hypothèse des crochets à l'aide desquels Leucippe et Démocrite proposaient de lier les atomes entre eux. Or, je ne peux résister à la tentation de rapporter ici un curieux résultat de travaux très récents (voir *La Recherche,* avril 1994, 25, 450-451) qui relativise quelque peu ce jugement. En effet, il y a quelque temps, des théoriciens, E. Björkenskjöld et P. B. Calamares et, plus récemment, H. A. Dok et K. Billol, avaient prévu que, dans certains états très excités de certains atomes, le nuage électronique devait s'étendre très loin du noyau (jusqu'à trois à quatre fois le diamètre atomique) et qu'en s'effilant avec la distance, il devait finir par s'incurver au niveau de ses extrémités. L'existence de tels « atomes crochus » a été mise en évidence très récemment par W. Loudmer sur l'exemple du phosphore (en bombardant cet atome avec un faisceau d'ions d'hélium). Conformément aussi aux prédictions théoriques, les expériences montrent la formation d'assemblages de plusieurs (deux à quatre) atomes « crochus », liés les uns aux autres par les extrémités de leurs nuages électroniques. Naturellement, la jonction des phosphores crochus n'est pas un effet mécanique mais met en jeu les interactions quantiques de leurs nuages électroniques. Néanmoins on peut dire que... tout vient à point à celui qui sait attendre. Leucippe et Démocrite pourraient prétendre avoir eu, même si ce n'est que très occasionnellement et partiellement, raison !

6. Le nanomonde : l'atome visible et tangible

> *« Thomas, appelé Didyme... leur dit : Si je ne vois dans ses mains la marque des clous, et si je ne mets mon doigt dans la marque des clous, je ne croirai point. »*
>
> Évangile selon saint Jean 20, 24-25

> *« La dame dans l'audience était têtue. "Avez-vous jamais vu un atome ?" insistait-elle... Ma réponse à cette épineuse question commence toujours par une tentative de généraliser le mot "voir"... Finalement en désespoir de cause, je demande : "Avez-vous jamais vu le Pape ?" Oui, bien sûr, est la réponse habituelle. "Je l'ai vu à la télévision." Vraiment ? Ce que la dame a vu était un jet d'électrons frappant le phosphore étalé sur la face interne d'un écran en verre. Mon évidence pour l'atome, ou le quark, est juste aussi bonne. »*
>
> Leon Lederman

L'invisibilité à laquelle les atomes paraissaient être condamnés pour l'éternité était un axiome que, jusqu'aux temps très récents, même les plus ardents partisans de la théorie atomique n'osaient mettre en doute. Certains adversaires de la théorie allaient jusqu'à puiser, dans cette apparente impossibilité d'une connaissance visuelle, un argument pour refuser toute valeur scientifique à une hypothèse qui ne devait, selon eux, jamais être vérifiée par l'expérience et relèverait donc pour toujours de la métaphysique. La petitesse présumée des atomes paraissait, en effet, les mettre hors de portée d'une perception par l'appareil sensoriel de l'homme, même si celui-ci devait être rendu plus efficace par le développement éventuel des techniques d'exploration de la matière.

L'avenir a donné tort à ces savants et penseurs timorés. Les premières indications sur la possibilité d'approcher la dimension atomique sont apparues vers le milieu du XXe siècle avec l'invention, par Erwin W. Müller, du microscope ionique à effet de champ (field ion microscope). La véritable percée dans ce domaine devait toutefois se produire au cours de la dernière décennie avec l'avènement de la « microscopie à champ proche » et, en particulier, du microscope électronique à effet tunnel et du microscope à force atomique. De ces deux inventions, c'est la première qui a fourni les résultats les plus nombreux et les plus spectaculaires, de sorte que le sigle STM, tiré de son nom anglais (Scanning Tunnelling Microscope), a gagné droit de cité universel dans le langage scientifique.

Le STM a été mis au point par Gerd Binning et Heinrich Rohrer, du Laboratoire IBM de Zurich, qui ont reçu ensemble, pour cette remarquable réussite, le prix Nobel de physique de 1986 (qu'ils ont partagé avec E. Ruska, inventeur, il y a quelques décennies déjà, du microscope électronique). Selon le principe général de la microscopie à champ proche, le STM explore la surface des métaux et des semi-conducteurs à l'aide d'une sonde constituée par une pointe en tungstène extrêmement fine, dont l'extrémité consiste souvent en une imperfection formée de quelques atomes (dans un microscope idéal cette extrémité consisterait en un seul atome), qui la balaye à une distance très faible, inférieure à un nanomètre (10^{-9} m). Lorsque l'on applique, entre la pointe et la surface, une faible tension électrique, on observe, à l'étonnement de tout physicien classique, préquantique, un passage des électrons à travers le vide séparant la pointe de la surface, dans un sens ou dans l'autre, selon le signe de la tension. Un tel passage est, en effet, impossible en physique classique car il met en jeu une barrière de potentiel normalement infranchissable pour les électrons. Son apparition dans le STM est, en revanche, explicable par la mécanique quantique, qui l'attribue à l'« effet tunnel », concept introduit pour la première fois par George Gamow (1904-1968) à propos de l'émission des particules alpha par des éléments radioactifs, et qui permet, dans la nouvelle mécanique, à une particule élémentaire de passer *à travers* une barrière de potentiel qu'autrement elle est incapable de franchir.

Le courant généré dans le STM est appelé parfois courant tunnel. Une de ses caractéristiques essentielles est d'être extrêmement sensible à la distance qui sépare la pointe exploratrice de la surface explorée. Par conséquent, lorsque la pointe balaye la surface, les dénivellations que celle-ci comporte à l'échelle atomique suffisent pour moduler d'une façon perceptible l'intensité du courant. Un dispositif approprié permet de relever ces variations (en pratique, un système électronique ajuste plutôt la distance entre la sonde et la surface de manière que le courant reste constant) et fournit, à l'aide d'un ordinateur, une image topographique de la surface sur laquelle on distingue nettement les réseaux et les couches atomiques et, en leur sein, les atomes individuels. Le pouvoir de résolution de l'appareil est déterminé en grande partie par la précision avec laquelle on contrôle le déplacement de la pointe. Cette précision paraît atteindre actuellement 10^{-12}m. Vers la fin de la dernière décennie, les images ainsi obtenues ont même reçu la consécration de la couleur. Toutefois, il s'agit là non pas des couleurs vraies, mais de couleurs conventionnelles que l'ordinateur a pour instruction d'associer aux différents motifs de données numériques fournies par la mesure des intensités du courant. Un des principaux avantages de la couleur est de permettre l'identification des différentes espèces d'atomes.

Le microscope à force atomique (Atomic Force Microscope ou AFM), développé également à l'instigation de Binning, remplace le *courant tunnel* par un *contact direct* entre la sonde et la surface. La sonde est constituée, dans ce cas, par une fine pointe de diamant montée sur un bras mobile (dit *« cantelever »*). L'image obtenue traduit alors les variations des forces intermoléculaires entre la pointe et la surface, en fonction du déplacement du bras mobile. L'appareil a l'avantage de pouvoir visualiser les surfaces aussi bien des matériaux conducteurs que des isolants.

Pour apprécier les résultats, les images sont certainement plus expressives que les mots. Ainsi, la *figure 25* (voir cahier hors-texte) présente une image, obtenue par le STM, d'atomes d'or sur un support de mica. On distingue remarquablement les atomes individuels, qui sont distants entre eux d'environ 2,8 Å On voit aussi, sur cette image, deux défauts de la surface : une cavité qui laisse visible une couche d'or inférieure et une zone, à côté, où les atomes forment une chaîne. La *figure 26* représente deux images d'une surface de silicium, sur laquelle on distingue nettement les motifs réguliers formés par les atomes. La *figure 27* dévoile les « marches monoatomiques » sur le bord d'une surface de silicium. La *figure 28*, obtenue, celle-ci, par AFM, donne une image du plan atomique des atomes de soufre sur la surface du matériau lamellaire isolant $MnPS_3$.

Devant ces images, on ne peut s'empêcher d'adresser une pensée, passagère, à Auguste Comte et de reconnaître que ce grand ennemi des atomes avait bien raison de se méfier du microscope, au point d'en déconseiller l'usage. Sans ce « maudit » appareil, la matière aurait gardé encore pour longtemps sa saine structure compacte et continue, ce qui aurait permis aux philosophes résistants aux aventures de l'esprit de vivre tranquillement dans un monde sans surprises majeures.

La visualisation des surfaces à la résolution atomique, toute importante qu'elle soit pour la démonstration définitive de la structure granulaire de la matière, ne constitue toutefois qu'une première étape dans la marche accélérée vers un véritable « domptage » de l'atome, selon l'expression réussie de H. Ch. von Bayer[87]. L'exploit consiste à utiliser le STM non seulement pour regarder, mais pour déplacer individuellement les atomes des surfaces ou, plus fréquemment, les atomes adsorbés sur une surface (« adatomes »), de leurs positions d'origine vers de nouvelles destinations choisies. L'opération est exécutable grâce à l'extrême précision avec laquelle on peut positionner la pointe du STM face à l'atome ciblé et à la possibilité que l'on a alors, en approchant la pointe de cette particule, d'augmenter la force que celle-ci subit au point que, en déplaçant la pointe parallèlement à la surface, on entraîne avec elle, par glissement, l'atome adsorbé. Il suffit ensuite

87. Pour un excellent exposé du sujet, voir H. Ch. von Bayer, *Taming the Atom*, Random House, New York, 1992.

de libérer celui-ci à l'emplacement choisi en augmentant la distance entre la pointe et la surface. En fait, on peut aujourd'hui non seulement faire glisser les « adatomes » sur une surface, mais aussi les transférer en les soulevant, les transportant dans cette position surélevée et les déposant à l'endroit voulu. Les exploits particulièrement remarquables réalisés par cette technique l'ont été aux laboratoires de recherche IBM en Californie par Donald Eigler et ses associés[88], qui ont réussi, par exemple, à « écrire » par ce procédé le sigle de leur entreprise, IBM, avec 35 atomes de xénon adsorbés sur une surface de nickel *(figure 29)* et à fabriquer un commutateur électronique dont la partie mobile est constituée par un seul atome de xénon déplaçable à volonté, par l'application d'une impulsion électrique de signe approprié, entre des positions stables sur la pointe et la surface[89]. Plus récemment, ils sont parvenus à construire un « corail quantique », en bâtissant une barrière circulaire, composée de 48 adatomes de fer, sur une surface de cuivre *(figure 30)*, ce qui leur a permis d'étudier les densités locales des états électroniques à l'intérieur du cercle ainsi délimité[90]. Une construction intéressante est représentée par le « volcan », formé de sept atomes de xénon sur une surface de platine, de la *figure 31.* Ajoutons que ces manipulations peuvent être faites dans des circonstances semblables avec des molécules individuelles à la place d'atomes[91-92]. Un exemple particulièrement amusant est offert par la figure de la couverture, qui représente un *dessin moléculaire* du plus petit *bonhomme* du monde, connu comme « the CO man ». En effet, ce dessin est formé à partir de 28 molécules diatomiques CO, placées perpendiculairement au plan du substrat de sorte que, un atome (l'oxygène) de la molécule cachant l'autre (le carbone), nous avons l'impression d'un *dessin atomique.*

Parallèlement au dévoilement et à la visualisation de la composition corpusculaire de la matière massive, un autre axe de recherches, d'une certaine manière encore plus ambitieux, s'est donné pour objectif la mise en évidence d'*atomes individuels*, isolés dans un espace vide[86]. En

---

88. Pour une présentation d'ensemble, voir P. Zeppenfeld, D. M. Eigler et E. K. Schweizer, « On manipule même les atomes », *La Recherche,* 1992, 23, 360-362.
89. D. M. Eigler, C. P. Lutz et W. E. Rudge, « An atomic switch realized with scanning tunnelling microscope », *Nature,* 1991, 352, 600-603.
90. M. F. Crommie, C. P. Lutz et D. M. Eigler, « Confinement of electrons to quantum corals on a metal surface », *Science,* 1993, 262, 218-220.
91. J. S. Foster, J. E. Frommer et P. C. Arnett, « Molecular manipulation using a tunnelling microscope », *Nature,* 1988, 331, 324-326.
92. G. Dujardin, R. E. Walkup et Ph. Avouris, « Association of individual molecules with electrons from the top of a scanning tunnelling microscope », *Science,* 1992, 255, 1232-1235.

effet, si les images STM indiquent nettement la composition atomique des surfaces étudiées, elles reflètent en même temps leur apparente continuité résultant, outre des limites du pouvoir de résolution du STM, des interactions réelles qui existent entre les atomes assemblés dans tout matériau compact. Dans ces conditions, la seule preuve indiscutable et définitive de l'existence des atomes ne saurait être que l'isolement d'atomes individuels, coupés par un vide environnant de toute interaction parasitaire, susceptible d'entretenir une suspicion sur leur individualité propre.

Le héros indiscutable de cette grande aventure, couronnée de succès, est Hans Dehmelt (PN 1989). Étrangement peut-être, à première vue, la première particule obtenue dans ces conditions extrêmes était... l'électron. Dehmelt a réussi, en 1973, à en maintenir un seul en captivité solitaire, le distinguant ainsi pour toujours, tout au moins symboliquement, de tous les autres électrons de l'univers. La prison qui a eu l'honneur d'héberger cet hôte privilégié est connue sous la dénomination de trappe de Penning et consiste en une petite boîte de cuivre et de verre dans laquelle l'électron réside entre deux électrodes chargées négativement et entourées d'un champ magnétique. L'isolement de l'électron a été obtenu en laissant s'échapper de la trappe, l'un après l'autre, les électrons qui y séjournaient, jusqu'à ce qu'il n'en restât qu'un seul. Sa présence était détectée par le signal de la fréquence radio qu'il émettait. L'emprisonnement de l'électron solitaire a duré dix mois, au bout desquels il a accidentellement frappé une paroi du piège, échappant ainsi pour toujours à ses gardiens[93]. Aujourd'hui, le piégeage des électrons individuels est obtenu facilement dans de nombreux laboratoires et des techniques sont même développées qui permettent leur manipulation[94].

Après l'électron, le temps de la capture et de la captivité est venu aussi pour l'atome individuel. La trappe qui a permis cet exploit fut conçue et construite par Wolfgang Paul (PN 1989, en même temps que Dehmelt) suivant le même principe que celle de Penning avec, toutefois, un champ électrique oscillant remplaçant le champ magnétique[95]. Les entités happées étaient des ions et la trappe sera connue comme « piège à ion ». Le premier succès est dû à Dehmelt et Toschek, qui ont réussi, en 1978, à isoler dans ce piège un nuage composé de quelques ions de baryum. Un an plus tard, ils ont perfectionné leur

93. R. S. Van Dyck, P. B. Schwinberg et H. G. Dehmelt, *Physical Review,* 1986, D34, 722.
94. Pour une revue, voir, par exemple, M. Devoret, D. Estève et C. Urbina, « Single electron transfer in metallic nanostructures », *Nature,* 1992, 360, 547-553.
95. Pour une revue, voir W. Quint, W. Schleich et H. Walther, « Le piégeage des ions », *La Recherche,* 1989, 1194-1205.

technique au point de pouvoir produire une photographie d'un ion de baryum isolé. La photo en couleur bleu pâle, couleur vraie cette fois-ci, constituait la première visualisation de la réalité d'un atome individuel. Elle est reproduite dans la *figure 32*.

Le piégeage des atomes se révèle grandement facilité par leur refroidissement et l'on assiste, depuis quelques années, à un prodigieux développement de l'emploi des lasers dans ce but[96-97]. En utilisant plusieurs faisceaux lasers de direction et de fréquence bien ajustées, on arrive en effet à réduire la vitesse moyenne d'agitation des atomes d'un gaz au point de descendre à une température de quelques microkelvins seulement. Les atomes deviennent alors comme englués dans ces faisceaux lumineux, une sorte de « mélasse optique », dans laquelle ils peuvent être capturés par un « piège magnéto-optique », obtenu en entourant la zone de la « mélasse » par un champ magnétique statique. On a réussi à piéger de cette manière des atomes d'hélium, de sodium, de rubidium, de césium, de magnésium et de calcium. Un agencement judicieux de faisceaux lasers a permis récemment de créer un potentiel lumineux périodique, formant une matrice de lumière dans laquelle des atomes de césium ont été happés, dans les puits de potentiel, « à la manière d'œufs que l'on range dans une boîte alvéolée[97] ». Les auteurs de cet exploit ont pu ainsi obtenir des structures ordonnées à une et, plus récemment, à deux ou trois dimensions, où « pour la première fois, l'ordre atomique est imposé par la lumière ».

Ce dernier exemple illustre les extraordinaires possibilités technologiques qu'offrent l'exploration et la domination de la matière à l'échelle considérée ici, qui est celle globalement du nanomètre. En fait, on désigne sous le terme de « nanotechnologies » l'ensemble des techniques permettant l'observation, la construction, l'usinage, la manipulation et le contrôle d'objets ou de formes de taille nanométrique. Au sens strict du terme, ceux-ci devraient occuper un volume de moins de 10^3 nm^3. En pratique, le terme est appliqué souvent à des objets dont une des dimensions, au moins, est de l'ordre du nanomètre. Des résultats importants ont déjà été obtenus par l'utilisation de ces techniques d'avant-garde[98]. Beaucoup, beaucoup d'autres sont à espérer. La conquête du « nanomonde » vient seulement de commencer.

---

96. A. Aspect et J. Dalibard, « Le refroidissement des atomes par laser », *La Recherche*, 1994, 25, 30-37.
97. G. Grynberg, « Une matrice de lumière pour ranger les atomes », *La Recherche*, 1993, 24, 896-897.
98. Pour un exposé d'ensemble et une bibliographie détaillée, voir : *Nanotechnologies et micromachines. Observatoire français des techniques avancées*, Masson, Paris, 1993.

Arrivé à ce stade de notre récit, comment ne pas adresser une pensée émue aux auteurs antiques de la théorie atomique. Voilà leur rêve, l'atome, qui devient réalité. Certes, cette réalité n'est pas une copie conforme du rêve. L'atome composé d'aujourd'hui n'est pas l'atome compact et insécable dont Démocrite faisait avec hardiesse le substrat constitutif immuable du monde matériel. C'est au-delà des atomes qu'il faudra rechercher les particules pouvant prétendre éventuellement à la qualité d'« élémentaires ». Nous y reviendrons dans l'Épilogue. Il n'empêche que, dans l'élaboration du monde, les atomes occupent une position privilégiée. Personnalisés dans un nombre limité de types, définissant des éléments chimiques distincts, ils représentent les entités fondamentales dont sont formées toutes les substances existantes ; ils sont les intermédiaires incontournables entre les corpuscules subatomiques et les édifices moléculaires et supramoléculaires qui déterminent la composition et la structure de tous les objets. Cette place privilégiée des atomes dans la constitution du monde garantit à jamais une place identique dans l'histoire de la pensée à ceux qui en ont conçu l'idée. Bien sûr, les atomes auraient été découverts sans Démocrite mais, s'il n'y avait eu son audacieuse hypothèse, l'humanité aurait été privée d'une aventure intellectuelle fascinante. Que de réflexions profondes ou erronées, de commentaires élogieux ou acerbes, de discussions amicales ou violentes, que de belles phrases auraient été perdus sans l'imagination inspirée d'un philosophe grec, que la tradition décrit comme joyeux et à qui « toute rencontre avec les hommes fournissait matière à rire ». Horace affirme que, s'il revenait sur terre, Démocrite continuerait à rire. Pour Juvénal, ce serait un signe de grande sagesse. (*Figures 25 à 32* : voir cahier hors texte.)

Épilogue provisoire

« Voici nos mythes, nos erreurs que nous eûmes tant de peine à dresser contre les précédentes !... Tout n'est pas faux dans ce qui fut abandonné. Tout n'est pas vrai dans ce qui se révèle. »
Paul Valéry

« L'être physique... ne se montre pas tout entier. La physique sera donc toujours douteuse. »
Bernard de Fontenelle

Les atomes dont – en mettant de côté les isotopes – nous distinguons autant de types qu'il y a d'éléments chimiques constituent les briques dont sont faites les substances qui forment le monde matériel. Ces briques elles-mêmes, nous le savons aujourd'hui, sont formées de grains plus petits. Les grains reconnus sont au nombre de trois : l'électron, le proton et le neutron. La multiplicité des atomes qualitativement distincts paraît ainsi pouvoir être rapportée aux différentes combinaisons d'un nombre relativement restreint de particules subatomiques. Au-delà d'une apparente pluralité d'espèces atomiques se dessine la possibilité d'une unité plus profonde de la matière. Le rêve de Démocrite est-il donc tout simplement repoussé du niveau atomique au niveau subatomique ?

Posée d'une façon explicite, cette interrogation revient à se demander si les trois particules précitées peuvent être considérées comme « élémentaires », dans le sens démocritien des corpuscules insécables, irréductibles à des entités plus petites et s'il n'existe pas, à côté de ces trois composantes atomiques majeures, d'autres particules individualisables, dont certaines pourraient prétendre également au titre d'élémentaires ?

La réponse sommaire à la première de ces questions est que, dans la limite des connaissances actuelles, l'électron est effectivement une particule élémentaire, alors que le proton et le neutron ne le sont pas. La réponse sommaire à la seconde question est que, effectivement, il existe d'autres particules qui, en plus de l'électron, sont aujourd'hui considérées comme élémentaires. Leur nombre est limité, mais ce n'est certainement pas par manque de candidats potentiels. Grâce au développement extraordinaire de la physique nucléaire et de la physique des grandes énergies, des centaines de particules ont été mises en évidence durant ces dernières décennies qui, à un moment ou à un autre, ont pu prétendre à la qualification enviable et combien sollicitée d'élémentaires.

Il a fallu une remarquable conjonction d'efforts des expérimentateurs et des théoriciens pour discerner et légitimer les prétendants valables (tout au moins provisoirement) et écarter ceux qui, selon toutes les apparences, ne l'étaient pas[1].

À la base de cet effort, se trouve la division de cette masse de particules disponibles en deux grandes catégories dont l'électron d'une part, le proton et le neutron de l'autre, sont respectivement les représentants les plus significatifs. Deux catégories, de dimensions, d'ailleurs, très inégales.

Ainsi, l'électron est le prototype de la famille des *leptons*, groupe restreint qui ne comporte que six membres. En plus de l'électron, ce sont le *muon* et le *tau*, une sorte d'électrons lourds, porteurs comme l'électron d'une charge négative unitaire, et trois *neutrinos*, de masse très faible (ou nulle) et électriquement neutres. Toutes ces particules ont des dimensions inférieures à la limite expérimentalement accessible de 10^{-20} m, limite que les théoriciens font reculer jusqu'à 10^{-31} m. Une caractéristique des leptons est de n'être sensibles qu'à une ou deux des

---

1. Nous ne pouvons donner ici qu'une esquisse très rapide du sujet, tant ses dimensions sont vastes. Le lecteur intéressé pourra consulter utilement plusieurs ouvrages récents qui donnent une présentation accessible à des non-spécialistes. Voir par exemple : a) L. Lederman, *The God Particle,* Londres, Bantam Press, 1993 ; b) H. Ch. von Bayer, *Taming of the Atom,* New York, Random House, 1992 ; c) S. Weinberg, *Dreams of a Final Theory,* Londres, Vintage, 1993 ; d) S. Hawking, *Une brève histoire du temps,* Paris, Flammarion, 1989 ; e) A. Rousset, *Les Nouvelles Frontières de la connaissance,* Paris, Ellipses, 1993 ; f) H. R. Pagels, *The Cosmic Code,* Londres, Penguin Books, 1982 ; g) S. Weinberg, *Les Trois Premières Minutes de l'univers,* Paris, Éd. du Seuil, 1978 ; h) T. X. Thuan, *La Mélodie secrète,* Paris, Fayard, 1991 ; i) P. Davies, *God and the New Physics,* Londres, Penguin Books, 1983 ; j) J. Gribbin, *À la poursuite du « Big Bang »,* Paris, Flammarion, 1993.

trois interactions fondamentales qui, à côté de la gravitation, dont le rôle est négligeable dans le monde de l'infiniment petit, constituent les forces régissant l'univers. Ainsi, les neutrinos ne sont sensibles qu'aux interactions faibles, ce qui leur permet de traverser même les échantillons les plus compacts de la matière pratiquement sans encombre, alors que l'électron et ses variantes lourdes sont sensibles aux interactions faibles et aux interactions électromagnétiques. Les six particules citées sont considérées comme dépourvues de structure interne, donc comme effectivement élémentaires. Signalons encore que la durée de vie de l'électron est considérée comme infinie[2], à la différence de celle de muon et du tau, qui est très courte (10^{-6} - 10^{-12} secondes).

Le proton et le neutron appartiennent, eux, au groupe des *hadrons*, au sein duquel se retrouve la grande majorité des particules « potentiellement élémentaires », générées dans les grands accélérateurs dans lesquels des corpuscules dotés de haute énergie bombardent des cibles fixes ou entrent en collision avec leurs semblables. En fait, un grand nombre des hadrons ne constituent que des états excités du proton et du neutron (qui ne sont eux-mêmes, comme nous l'avons déjà indiqué, que des états énergétiques différents d'une même particule, le nucléon) et ont une très courte durée de vie (entre 10^{-6} et 10^{-23} secondes).

Par ailleurs, laissé à lui-même, le neutron (le neutron libre, donc) est instable avec une durée de vie d'environ 12 minutes, au bout de laquelle il se désintègre en un proton, un électron et un antineutrino. Il ne doit sa permanence dans les noyaux atomiques qu'aux *interactions fortes* qui y ont leur siège. Le proton libre ne paraît pas éternel non plus, mais l'échelle de temps impliquée dans son « instabilité » est d'une tout autre dimension : il aurait, selon les théories les plus avancées (celle de la grande unification, *vide infra*), une durée de vie de 10^{32} années, qui dépasse donc très largement l'âge estimé de l'univers (qui est de l'ordre de 10^{10} années).

La caractéristique essentielle des hadrons, du point de vue de notre exposé, est que ce ne sont pas des particules élémentaires. Après avoir découvert que la grande masse des hadrons peut être organisée en quelques familles aux propriétés distinctes, Murray Gell-Mann (PN 1969) a montré dans une remarquable anticipation mathématique que l'on pouvait rendre compte de cette situation en postulant qu'ils étaient tous composés d'un nombre limité de particules plus fondamentales, ponctuelles, nommés *quarks*. Le nombre de quarks, fixé initialement à trois, dénommés up (u), down (d) et strange (s), a finalement été porté

---

2. L'estimation de la durée de vie de l'électron (comme de toute particule) est faite sous réserve qu'il ne rencontre pas son antiparticule, le positron, rencontre qui provoquerait leur annihilation mutuelle.

à six en ajoutant aux trois précédents les quarks charme (c), beauty (b) et top (t)[3]. On parle de six « saveurs » de quarks, chaque « saveur » étant par ailleurs associée avec trois « couleurs », rouge, vert et bleu, étant bien entendu que les termes « saveur » et « couleur » ne correspondent naturellement pas à la signification courante de ces termes, mais traduisent leurs différentes caractéristiques quantiques. Signalons-en une, particulièrement frappante, à savoir que les quarks portent des charges électriques fractionnaires.

Un résultat important de cette nouvelle conception est que le proton et le neutron ne sauraient plus être considérés comme des particules élémentaires. Ils seraient constitués chacun de trois quarks : le proton de deux quarks *u* et d'un quark *d*, le neutron de deux quarks *d* et d'un quark *u*. La réalité d'une telle structure composée fut mise en évidence par Richard Taylor, Jerome Friedman et Henry Kendall à l'aide des études sur la diffusion aux grands angles, par les protons, de faisceaux d'électrons de haute énergie, découverte pour laquelle ils reçurent ensemble le prix Nobel de physique de 1990. Toutefois, il convient de souligner que, si la structure composée des protons et des neutrons est démontrée, aucun quark n'a jamais pu être détaché de ces entités et n'a jamais pu être observé isolé à l'état libre. Le proton et le neutron comportent des parties, mais qui restent indissolublement liées. Les quarks sont *« confinés »* dans l'intérieur du proton et du neutron. Ils peuvent s'y déplacer, mais sans pouvoir s'en échapper. En relation avec le curieux fait que nous avons mentionné, à savoir qu'ils portent individuellement des charges électriques fractionnaires, signalons que leurs associations stables doivent, en revanche, porter des charges entières 0, $\pm$ 1, $\pm$ 2. Ainsi, la charge du quark *u* étant de 2/3 et celle du quark *d* de – 1/3 (en unité de charge électronique), on voit aisément que l'association *uud* (proton) conduit à une charge totale 1 et l'association *udd* (neutron) à une charge 0.

La proposition selon laquelle la structure de la matière implique six leptons et six quarks fait partie du *modèle standard* de l'univers. Nous disons « fait partie » car, pour avoir le modèle complet, il faut ajouter, à ces douze particules élémentaires de la matière, les particules qui constituent les forces régissant leurs interactions. En effet, si, en physique classique, la matière et les forces apparaissent comme des concepts distincts, l'avènement de la théorie quantique a conduit à réviser complètement ce point de vue, en mettant en évidence que

3. Au moment où j'écrivais ces lignes, un des quarks, le top, était encore hypothétique. Quelques jours après, le *New York Times* annonçait dans son édition datée du 26 avril 1994, relayée par *Le Monde* du 28 avril, la mise en évidence de ce dernier quark par les chercheurs du Fermilab de Chicago.

l'énergie est transmise par quanta. Nous avons déjà rencontré un exemple de cette situation à propos de l'énergie du champ électromagnétique, dont les quanta s'appellent les photons. Ceux-ci peuvent donc être considérés comme les particules élémentaires de ce champ. L'action du champ électromagnétique entre deux particules chargées, disons deux électrons ou un proton et un électron, est due à l'échange des photons, que l'on dit *messagers*, entre ces particules. Comme nous le verrons vers la fin de cet épilogue, dans nos commentaires sur le vide, cet échange implique en fait une trame complexe de particules *virtuelles*, de durée de vie très courte et indétectables. La loi de Coulomb est la conséquence de cet échange. La théorie qui décrit ces interactions porte le nom d'*électrodynamique quantique*. De la même manière, la force faible (portée 10^{-16} cm), reconnue pour la première fois par Enrico Fermi (1901-1954, PN 1938) en 1930, et qui est responsable de certains processus de désintégration radioactive et, généralement, de toutes les réactions dans lesquelles intervient un neutrino, a pour vecteurs les particules messagères désignées comme bosons W^-, W^+, et Z^0, dont la mise en évidence a valu le prix Nobel de physique 1984 à Carlo Rubbia et Simon Van der Meer[4]. L'interaction forte (portée 10^{-13} cm), qui lie les quarks pour former les protons et les neutrons, et ces derniers pour former les noyaux atomiques, et qui a la curieuse propriété de s'affaiblir à courte distance mais de croître sans limite quand la distance s'allonge, a pour vecteurs les *gluons* (dont on distingue huit variantes). La théorie qui décrit cette interaction porte le nom de *chromodynamique quantique*, à cause de l'implication de la « couleur » des quarks dans ses modalités[5]. Une particule, pour l'instant hypothétique, le *graviton*, représente les quanta de la gravitation[6].

---

4. En fait, le terme *boson* a une signification générique plus vaste et s'applique à toutes les particules d'interaction. En revanche, les particules de la matière sont des *fermions*. Il est utile de noter que les bosons ont un spin entier ou nul alors que les fermions sont caractérisés par des spins demi-entiers et aussi que, tandis que les fermions ne sont ni créés ni détruits dans l'univers d'aujourd'hui (sauf par annihilation avec leurs antiparticules), les bosons peuvent être créés et détruits.
5. Avant l'avènement des quarks, l'interaction assurant la stabilité des noyaux, et que l'on appelait nucléaire, avait été attribuée, dès 1934, par Hideki Yukawa (1907-1981, PN 1949), à l'échange des particules massives entre le proton et le neutron. Cette remarquable prédiction fut confirmée par la découverte du méson π (ou pion) en 1947 par C. F. Powell (1903-1969, PN 1950). Aujourd'hui, les *mésons* constituent un des deux sous-groupes en lesquels on divise les hadrons : tout comme le proton et le neutron (qui appartiennent à l'autre sous-groupe, dit des *baryons*), les mésons sont « composés » de quarks, mais à la différence des baryons ils n'en comportent que deux (un quark et un antiquark, en fait).
6. En revanche, l'existence des ondes gravitationnelles a été mise en évidence très récemment par Russel Hulse et Joseph Taylor, découverte qui a valu à leurs auteurs le prix Nobel de physique de 1993.

Dans cette vision *corpusculaire* de l'univers, on distingue donc douze particules élémentaires de la matière et autant de particules élémentaires des forces interactives, soit vingt-quatre en tout, nombre qui monte à trente-six si l'on tient compte du fait que chaque quark « existe » en trois couleurs, et à soixante si on y adjoint les antiparticules de la matière.

Une remarque importante s'impose. Dans la mesure où notre présentation s'est développée selon l'optique démocritienne, l'accent a été mis sur l'aspect corpusculaire du modèle standard et a introduit une certaine distinction formelle dans la présentation des particules de la matière et celle des champs de forces environnants. Ce faisant, nous avons pu donner l'impression que cet aspect fournissait le reflet le plus valable de la réalité physique. Attitude qui, si elle était maintenue, serait d'autant plus regrettable qu'elle risquerait d'occulter l'image considérée aujourd'hui comme la plus plausible de cette réalité et qui, d'une part, unifie les concepts de particules et de champs et, de l'autre, affirme, en fait, la primauté du champ sur la particule.

Cette image est le fruit d'un remarquable effort de synthèse de deux contributions théoriques majeures du XXe siècle, à savoir de la théorie de la relativité, avec sa loi fondamentale de l'équivalence de la masse et de l'énergie, et de la mécanique quantique, effort dans lequel se sont illustrés, entre autres, des savants aussi éminents que Pascual Jordan, Max Born, Werner Heisenberg, Wolfgang Pauli, Eugene Wigner, Paul Dirac, Enrico Fermi, Richard Feynman, Julian Schwinger et qui a conduit à ce que l'on appelle aujourd'hui *la théorie quantique relativiste des champs*. Dans cette nouvelle théorie, dont nous ne pouvons indiquer ici que le principe, la réalité fondamentale, sous-jacente, du monde est constituée par l'existence et l'interaction d'un ensemble de champs. L'intensité de ces champs indique, selon les préceptes de la théorie quantique, pour chaque point de l'espace, la probabilité d'y trouver les quanta qui leur sont associés, c'est-à-dire les paquets d'énergie qui constituent les particules élémentaires observées par les expérimentateurs ou postulées par les théoriciens. Tout comme le photon est le quantum du champ électromagnétique, l'électron est le quantum du champ électronique, et ainsi de suite. C'est indûment que nous avons tout à l'heure introduit une différence apparente dans la façon d'envisager la nature profonde des quanta de matière et des quanta de champ. La réalité profonde ce sont les champs et il y a autant de champs *fondamentaux* qu'il y a de particules *élémentaires* : dans l'état actuel de nos connaissances, la nature apparemment élémentaire des leptons, des quarks et des particules messagères des forces d'interaction désigne autant de champs fondamentaux. La réalité n'est qu'un vaste ensemble de champs interagissant entre eux en permanence par l'intermédiaire de leurs quanta-particules. La représentation dualiste du monde disparaît au profit d'une vision plus homogène.

Plus homogène, c'est vrai. Mais est-ce suffisant pour satisfaire les physiciens (et les philosophes) ? On devine facilement que non, car ce qu'ils recherchent, depuis Thalès, ce n'est pas l'homogénéisation mais l'unification de cette vision, en un « principe » fondamental dans l'Antiquité, en une équation mathématique commune dans les Temps modernes. Or, de ce point de vue, le modèle standard ne saurait les contenter. Lederman écrit[1a] : « En tant que résumé compact de tout ce que nous savons, le modèle standard a deux défauts majeurs, un esthétique et un concret. Notre sens esthétique nous indique qu'il y a trop de particules, trop de forces[7]... Le problème concret est celui de l'incohérence. Lorsque l'on utilise les théories des champs de forces, qui sont en accord impressionnant avec toutes les données, pour prédire les résultats des expériences effectuées aux très hautes énergies, elles proposent des absurdités physiques. »

Des efforts nombreux se poursuivent actuellement, tendant à l'amélioration du modèle. Le plus significatif a pour objectif l'*unification* des interactions fondamentales en un seul formalisme mathématique. Le succès de cette tentative se limite pour l'instant à l'unification des interactions électromagnétique et faible en une interaction électrofaible, exploit remarquable qui a valu le prix Nobel 1979 à ses auteurs : Steven Weinberg, Abdus Salam et Sheldon Glashow. L'étape suivante pourrait être la *grande unification* qui étendrait ce formalisme de manière à y inclure l'interaction forte. L'extension éventuelle de l'unification à la gravitation rencontre des difficultés pour l'instant insurmontables.

Un aspect intéressant de la quête pour la grande unification est qu'elle constitue, en même temps, une enquête sur le lointain, le plus

---

7. L'objection « esthétique » prend parfois l'allure d'un argument pratique. Ainsi, la présence de la pléiade des particules observées paraît à certains d'autant plus surprenante que l'on constate qu'il n'y a dans la nature qu'un nombre très restreint – en fait quatre – de particules stables : l'électron, le proton, le neutron (dans le noyau) et le neutrino, et que toute la matière est constituée des trois premiers. (Le neutrino paraît surtout nécessaire dans certains types de réaction, par exemple la désintégration radioactive des noyaux, mais ne joue aucun rôle significatif dans la structure brute de la matière et n'aspire visiblement qu'à se promener librement dans l'univers.) De plus, réduisant le proton et le neutron aux deux quarks, le up et le down, qui les forment par triplets indissociables, on peut dire que presque tout, dans l'univers d'aujourd'hui, est composé de ces deux quarks et de l'électron. Au point que certains auteurs n'hésitent pas à affirmer que « pour autant que l'on puisse le dire, si toutes ces autres particules cessaient soudainement d'exister, l'univers ne serait que très peu changé ». On ne peut pas s'empêcher de penser que l'affirmation est peut-être un peu risquée et que l'expérience qui permettrait de la vérifier pourrait bien apporter quelques surprises.

lointain passé du monde. Dans une certaine mesure, le voyage vers la grande unification est aussi le voyage vers le « big-bang ». En effet, tout porte à croire que l'univers a commencé dans l'unité et que les diversifications des forces et de la matière observées aujourd'hui ne sont que le fruit de son évolution. On trouve, dans les ouvrages spécialisés, des descriptions très imagées de ces transformations avec un luxe de détails impressionnant. C'est presque comme si vous y étiez. En bref, et très schématiquement, ce processus peut se résumer comme suit. L'unification des forces nécessite des températures très élevées (ou des énergies très grandes, ce qui revient au même), en fait tellement élevées qu'elles ne furent présentes que... au commencement de l'univers. On admet aujourd'hui que 10^{-43} seconde après le big-bang (« temps de Planck », limite inférieure de nos possibilités actuelles de concevoir l'image physique du monde, en deçà de laquelle se situe l'ère de l'« obscurité théorique[8] »), lorsque la température de l'univers (qui avait alors 10^{-33} cm de diamètre[9]) atteignait 10^{32} K, les trois forces, l'électromagnétique, la nucléaire forte et la nucléaire faible, étaient effectivement réunies en une seule, la force électronucléaire. Les particules de lumière et de matière étaient alors indifférenciées. À 10^{-35} seconde, lorsque la température est descendue à 10^{27} K, une première scission a séparé de cet ensemble la force nucléaire forte, laissant réunies la force nucléaire faible et la force électromagnétique, autrement dit la force électrofaible. À 10^{-12} seconde (température 10^{15} K), la force électrofaible se scinda à son tour en une force électromagnétique et une force faible.

Parallèlement à cette évolution des forces, il s'est produit progressivement la « cristallisation » de l'univers. À 10^{-43} seconde, le monde se présente sous forme de « vide quantique » *(vide infra)*. Le monde matériel proprement dit naît dans la période dite « inflationniste », correspondant à une extension extrêmement rapide de l'univers (facteur 10^{50}), qui a eu lieu entre 10^{-35} et 10^{-32} seconde. Pendant cette période, apparaissent les particules élémentaires d'aujourd'hui, les quarks,

8. Cette « obscurité théorique » provient en majeure partie de notre incapacité à élucider le rôle qu'a dû jouer alors la gravitation. Compte tenu de la compression extrême de l'univers et de sa grande densité avant 10^{-43} seconde, ce rôle devait être aussi important que celui des trois autres interactions fondamentales. Or, la physique actuelle ne sait pas décrire le comportement de la matière et de la lumière lorsque la gravitation est aussi forte.

9. L'abbé Georges Lemaître (1894-1966), un des pères de la cosmologie moderne et de la conception d'un big-bang – sans qu'il ait utilisé ce terme, qui ne fut introduit qu'en 1950 par l'astronome anglais Fred Hoyle –, fut le premier à émettre l'idée, en 1927, que l'univers était né d'une expansion continue d'un état originel superdense, qu'il a baptisé du nom d'« atome primordial ». Il attribuait toutefois à cet atome la dimension d'une sphère trente fois plus grande que celle du soleil.

l'électron, les neutrinos, ainsi que leurs antiparticules. La formation de baryons se produit à 10^{-6} seconde (température 10^{13} K) et une « ère hadronique », pendant laquelle ce type de corpuscules domine la scène, dure jusqu'à 10^{-4} seconde (température 10^{12} K). Elle sera alors remplacée par une « ère leptonique », toute cette évolution se faisant sur le fond continu de la matérialisation de l'énergie, de l'annihilation de la matière, de la compétition entre la matière et le rayonnement et entre la matière et l'antimatière[10]. Comme nous le savons, la matière est le grand vainqueur de ces duels (sinon nous ne serions pas là[11]). Elle le doit, d'une part, à « l'épuisement » progressif des photons, dont l'énergie diminue constamment avec l'extension et le refroidissement de l'univers, au point de leur enlever à terme la possibilité d'entraver l'organisation du monde matériel, et d'autre part, admettons-le, à une heureuse préférence intrinsèque, minime mais réelle, de la nature pour la matière plutôt que pour l'antimatière, préférence dont le célèbre physicien soviétique Andreï Sakharov (1921-1989) fut le premier à concevoir le motif. Cette « violation de symétrie » est aujourd'hui attribuée, dans la théorie de la grande unification, à l'effet d'un boson hypothé-

---

10. Dans cet épilogue « provisoire », et qui reste donc ouvert sur l'avenir, il nous paraît indispensable de mentionner les très intéressants développements récents sur les interactions « constructives » entre la matière et l'antimatière. Enrico Fermi et Edward Teller furent les premiers à envisager, dès 1947, la possibilité d'existence d'entités formées de particules porteuses de charges électriques opposées autres que les combinaisons usuelles constituées de protons et d'électrons. De tels « atomes exotiques » ont effectivement pu être préparés. L'un des plus intéressants, car d'une durée de vie suffisante (quelques microsecondes) pour pouvoir être étudié par des moyens spectroscopiques, est « l'atome d'hélium antiprotonique », c'est-à-dire l'atome d'hélium dans lequel un antiproton a été substitué à un des électrons. On désigne cette nouvelle structure par le symbole pHe^{+}. Un tel atome métastable peut aussi être considéré comme une « molécule diatomique exotique », dans laquelle un noyau a la charge + 2 et l'autre la charge – 1. On a donné à de telles entités le nom d'« atomcules ». Des recherches actives sont en cours en vue de la production de l'atome « doublement exotique » que serait l'antihydrogène, composé d'un antiproton et d'un positron (voir, par exemple, R. J. Hughes, « New light on antiprotonic atoms », *Nature,* 1994, 368, 813-814, et J. Eades, R. Hughes et C. Zimmermann, « Antihydrogen », *Physics World,* juillet 1993, 44-48).

11. Il faut préciser que la primauté de la matière sur le rayonnement dans l'univers d'aujourd'hui se réfère à la comparaison des valeurs de leur contenu énergétique total, selon la formule d'Einstein $E = mc^2$: l'énergie de la matière est quatre mille fois plus grande que celle du rayonnement. La situation est inversée si l'on compare le nombre de particules : il y a environ un milliard de photons pour une particule de matière. Remarquons que le même rapport du nombre de particules existait pendant l'ère de la domination du rayonnement (un million d'années) qui a précédé celle de la matière. Seulement, alors que le contenu énergétique des particules de la matière n'a pas varié pendant cette période, l'énergie des photons a décru continuellement avec l'extension et le refroidissement progressif de l'univers.

tique superlourd, dit boson X, capable de transformer les quarks en antiquarks ou en leptons, et inversement. Quoi qu'il en soit, la diversification des forces fondamentales et des particules élémentaires, la mise en place donc des éléments essentiels de la complexité du monde, paraissent avoir été accomplies, conséquences du refroidissement et de l'extension de l'univers, en moins d'une seconde après sa « création ». Le reste suivra en son temps. Les premiers noyaux atomiques (ceux du deutérium ou hydrogène lourd et d'hélium 4) se forment vers la 100ᵉ seconde (température 10^6 K), les premiers atomes (hydrogène, hélium) seulement quelque 700 000 ans après (température 4 000 K), la sortie de la matière de l'état de plasma entraînant le découplage du rayonnement, rendant ainsi l'univers transparent. Les atomes plus lourds, dont l'oxygène, futur compagnon privilégié de l'hydrogène, verront le jour nettement plus tard, au sein des étoiles, au cours de la « nucléosynthèse stellaire », trois à quatre milliards d'années après le « commencement ».

Nous venons de parler de la matière, que Démocrite reconnaissait, des forces, qu'il ignorait, il nous reste encore à résumer, d'une façon aussi brève que possible, l'image que l'on se fait actuellement du vide, dont Démocrite faisait le deuxième « principe », le deuxième constituant du monde, à égalité conceptuelle avec les atomes. La séparation entre ces deux réalités était, chez lui, complète. Le vide était partout où il n'y avait pas d'atomes, il remplissait l'espace interatomique. En revanche, le caractère compact des atomes leur interdisait toute possibilité d'en contenir tant soit peu en leur intérieur. Les deux réalités fondamentales étaient irréductibles l'une à l'autre. Irréductibles et indifférentes.

La mécanique quantique a changé cette vision des choses en bouleversant complètement notre conception du vide[12]. En effet, d'après cette nouvelle mécanique, le vide, même « le plus noir », n'est jamais complètement dépourvu de champ électromagnétique. Ce champ y fluctue et ses fluctuations aléatoires ont pour conséquence... de le peupler de particules. La clef du mécanisme réside dans la quatrième relation d'incertitude de Heisenberg, qui précise la limite imposée à la détermination simultanée des variables « canoniquement conjuguées » de l'énergie et du temps, à savoir que le produit de l'incertitude sur l'énergie et de l'incertitude sur le temps doit être supérieur à la constante de Planck divisée par 2 π suivant la formule $\Delta E \, \Delta t > \frac{h}{2\pi}$. Cela implique que plus la durée de vie d'une particule est courte, plus

12. Sur ce thème particulier, on consultera utilement l'ouvrage récent de M. Cassé, *Du vide et de la création,* Paris, Odile Jacob, 1993.

son énergie est incertaine. Une conséquence importante de cette proposition est qu'elle permet la création d'une particule à partir du vide sous la seule condition que ce soit pour un temps court, d'autant plus court que la particule est plus massive. De ce fait, les fluctuations quantiques du champ électromagnétique produisent constamment des couples particule-antiparticule. La quantité d'énergie nécessaire pour ce faire est empruntée au vide auquel elle doit, toutefois, être restituée d'autant plus rapidement que l'emprunt était plus élevé. Les particules créées par ce processus effectuent ce remboursement en s'annihilant dans le laps, minuscule, de temps prescrit. Soumises à des conditions aussi draconiennes, elles sont indétectables : on les nomme *virtuelles*.

La banque d'énergie que représente le vide fonctionne d'une façon continue. Grâce à elle, le vide, loin d'être vide, est rempli en permanence par une multitude de particules virtuelles de toute espèce et même, si l'on veut, de tous les degrés de virtualité, chaque paire virtuelle pouvant donner naissance à une paire de virtualité de degré supérieur. Le vide ainsi conçu est désigné comme « l'état d'énergie minimum, sans particules réelles, de tous les champs », ou « l'espace sans particules réelles » ou encore « l'océan de particules virtuelles ».

Dans ces conditions, le mécanisme permettant de dépasser le stade de la virtualité est tout indiqué : il implique la fourniture d'une énergie suffisante pour garantir la matérialisation des particules. Il n'est d'ailleurs pas difficile d'évaluer la quantité d'énergie dont on a besoin, selon la nature, en fait selon la masse, des particules, ou plutôt des paires particule-antiparticule que l'on désire voir naître[13]. Dans de telles opérations, plutôt que d'exprimer les masses des particules en unités de poids, on préfère le faire en unités d'énergie, sur la base de la formule $E = mc^2$. La masse de l'électron (qui est de $9{,}109 \times 10^{-31}$ kg) est alors de 0,511 MeV (1 MeV = 1 mégaélectronvolt = 10^6 eV) et celle du proton (qui est de $1\,673 \times 10^{-27}$ kg) de 938 MeV $\simeq$ 1 GeV (1 GeV = 1 gigaélectronvolt = 10^9 eV). Une autre représentation se réfère à la température plutôt qu'à l'énergie, la transformation s'obtenant à l'aide

13. Nous avons souvent parlé de la masse des particules comme si cela allait de soi. En fait, la question de savoir pourquoi les particules élémentaires ont des masses différentes, très différentes même, et comment elles les acquièrent est un des problèmes non résolus les plus ardus de la physique actuelle. C'est ici l'occasion pour mentionner, à défaut de pouvoir faire davantage, le nom de Peter Higgs, auteur de la théorie la plus avancée sur ce sujet, selon laquelle une particule non encore découverte, dite naturellement particule de Higgs (ou boson de Higgs, émanation du champ de Higgs), aux propriétés très spéciales, serait responsable de cette distribution de masses. La recherche de cette particule constitue, selon Carlo Rubbia, « l'une des intrigues policières les plus intéressantes de ces dernières années ». C'est à elle que se réfère L. Lederman dans le titre de son livre : *The God Particle, op. cit.*

de la formule E = kT où k est la constante de Boltzmann (k = 0,000 086 7 eV). Un électronvolt équivaut à environ 10 000 K, 1 MeV à 10^{10} K, 1 GeV à 10^{13} K. Or, pour produire une paire de particule-antiparticule à partir de l'énergie électromagnétique, il faut que les photons qui doivent accomplir cet exploit aient une énergie égale ou supérieure au seuil que représente la somme des énergies de repos de cette paire, soit 1 MeV pour la création d'une paire électron-positron et 2 GeV pour la création d'une paire proton-antiproton (ou neutron-antineutron). Ces énergies sont obtenues couramment aujourd'hui dans les accélérateurs de particules. Elles furent également présentes, lors du big-bang initial, dans les premières fractions de seconde (jusqu'à 10^{-5} s) pour produire les paires proton-antiproton, et pendant cinq secondes pour produire les paires électron-positron.

Dans cette nouvelle optique, la barrière que Démocrite a dressée entre le vide et la matière s'estompe. Dans le langage qui définit le vide comme l'état d'énergie minimum de tous les champs, les particules réelles sont « des modes propres de l'excitation de ces champs ». « Le vide est l'état latent de la réalité, la matière, composée de particules élémentaires, l'état manifeste. » Les deux « principes » se fondent en un seul dont ils ne sont que deux expressions différentes.

La complémentarité vide-matière ou, ce qui pour nous revient maintenant au même, particules virtuelles - particules matérielles se traduit explicitement de plusieurs manières. En premier lieu, les particules virtuelles constituent, selon la théorie quantique des champs, les forces qui s'exercent entre les particules matérielles. C'est à leur échange que l'on ramène toutes les interactions qui se produisent dans la nature entre les corpuscules ou les objets matériels. Il apparaît souhaitable aujourd'hui à beaucoup que la définition même d'une particule matérielle élémentaire soit étendue de manière à englober le nuage de particules virtuelles qui constituent les forces dont cette particule est le siège.

Mais il y a bien plus. Le vide classique, qu'il soit interatomique, comme il l'a été depuis Démocrite jusqu'à la fin du XIXe siècle, ou également intraatomique, comme il l'est devenu au début du XXe siècle avec la découverte de la structure planétaire de l'atome[14], n'était pas supposé exercer d'influence sur les caractéristiques physiques des particules matérielles. La situation change avec l'avènement du vide quantique : la théorie prédit et l'expérience confirme l'existence d'effets d'interaction entre ce vide moderne et la matière, effets qui vont au-delà d'une transmission des forces et constituent une véritable ingérence dans les propriétés de celle-ci.

14. « L'atome est aussi poreux que le système solaire », disait A. Eddington.

À ces effets contribue d'une façon significative un phénomène dit de la *polarisation du vide*, qui complète la représentation quantique de la réalité dynamique de celui-ci. Ainsi, lorsqu'une paire électron-positron virtuelle apparaît dans le champ électrique liant un électron à un proton, l'électron matériel aura tendance, aussi fugitive que soit l'existence de cette paire, à attirer vers lui le positron virtuel et à repousser l'électron virtuel, imposant de cette manière à la paire une orientation dans l'espace. Le vide devient polarisé. Il est remarquable que cet effet, tout faible qu'il soit, se manifeste d'une façon observable. Ainsi, dans un atome d'hydrogène, il se traduit par une perturbation, très faible, certes, mais chiffrable, de l'énergie de l'électron. Les calculs de l'électrodynamique quantique, tenant compte de l'influence combinée de la fluctuation et de la polarisation du vide, ont permis d'évaluer les perturbations que ces effets devaient avoir sur la structure fine de certaines raies spectrales de l'atome d'hydrogène. Cette prédiction a été vérifiée quantitativement par l'expérience due à W. E. Lamb, à qui elle a valu le prix Nobel de physique de 1955. L'effet porte d'ailleurs le nom d'effet Lamb (Lamb shift).

Une autre conséquence de l'effet de polarisation du vide est la diminution apparente qu'il produit de la charge de l'électron. À cause de l'effet d'écran que forment autour de cette particule les charges électriques des paires virtuelles, orientées par cette polarisation, la valeur de la charge de l'électron est plus faible pour un observateur extérieur qu'elle ne l'est réellement. La réduction est d'autant plus forte que l'écran est plus épais, c'est-à-dire que la distance augmente. Autrement dit, la charge de l'électron n'est pas constante et la faute en est au... vide quantique.

Les effets précités ne sont pas les seuls à mettre en évidence l'interdépendance des propriétés du vide et de la matière. Une autre illustration de cette dépendance est fournie par l'effet Casimir, du nom de son auteur, un physicien hollandais de renom, qui a montré, en 1948, que les fluctuations quantiques du vide réalisées entre deux plaques d'un condensateur étaient capables de produire une force attractive, inversement proportionnelle à la quatrième puissance de la distance séparant ces plaques. Plus significatifs pour nous, car se rapportant directement aux entités atomiques, sont les résultats plus récents de D. Kleppner montrant, en 1985, que ce que l'on appelle *l'émission spontanée* du rayonnement par les atomes, considérée jusque-là comme leur propriété intrinsèque et invariable, pouvait être modulée et même totalement inhibée en modifiant la nature quantique du vide, par un changement de la géométrie du récipient dans lequel s'effectuait la mesure (pour plus de détails, voir réf. 1b).

Il est évident, d'après cet ensemble de données, que la dualité fondamentale et catégorique que Démocrite a introduite entre les atomes et le vide n'a plus de raison d'être. Non seulement le vide a envahi l'atome au point d'occuper la quasi-totalité de son volume, non seulement les particules atomiques et subatomiques sont plongées dans un véritable océan de particules virtuelles avec lesquelles elles interagissent continuellement, mais même leurs propriétés les plus intimes n'échappent pas à l'influence de ce milieu. Le vide de Démocrite, cadre inerte pour les ébats des atomes, cède la place aujourd'hui à un vide actif, participant à la structuration et à la gestion de l'univers. Pis (ou mieux ?), il apparaît même comme la source primordiale possible dont cet univers a jailli par « une gigantesque fluctuation originelle », quelle que soit la signification que l'on attribue à cette expression[15]. Grâce au flou quantique et à l'équivalence einsteinienne de la matière et de l'énergie, les deux « principes » de Démocrite fusionnent en un seul. Examinés de près, ils conservent, il est vrai, une certaine spécificité, qui se traduit par la dualité des champs fermionique et bosonique[4], mais fondamentalement ils ne sont que deux aspects d'une même réalité.

Ainsi la théorie des atomes, qui aurait dû en fait s'appeler, d'après sa formulation originelle, la théorie des atomes *et* du vide, a parcouru un long chemin et a subi, durant cette course, qui fut souvent une course d'obstacles, beaucoup de transformations substantielles. Il a fallu vingt-cinq siècles pour aller de l'atome invisible et indivisible à l'atome divisible et visible, de l'atome corpuscule à l'atome corpuscule-onde, du vide vide et inerte au vide plein et actif, pour apprendre à annihiler la matière et à matérialiser le vide. Avec une telle leçon du passé, qui ne se demanderait légitimement quelles surprises nous réservent les vingt-cinq siècles à venir ? Charles Coulson, qui enseignait la chimie quantique (quantum chemistry) à l'université d'Oxford dans les années 1940-1960, a reçu un jour une lettre qui lui était adressée en tant que « professor of phantom chemistry ». La désignation ne lui a pas déplu, pour autant qu'elle signifiait la poursuite indéfinie d'une vérité insaisissable. À ce titre, ne devrions-nous pas tous nous sentir les destinataires de cette missive ?

15. Cette perspective suscite beaucoup de discussions sur sa signification éventuelle pour la vision religieuse de la création du monde, discussions dont se font écho plusieurs des ouvrages cités dans la référence 1.

Légendes des illustrations du cahier hors-texte

Figure 25 : Images obtenues par STM des atomes de l'or déposés sur du mica (avec l'aimable autorisation de Burleigh Instruments GmbH).

Figure 26 : Deux images STM d'une surface de silicium (avec l'aimable autorisation de Burleigh Instruments GmbH).

Figure 27 : Les « marches monoatomiques » sur les bords d'une surface de silicium (avec l'aimable autorisation de Omicron Vakuumphysik GmbH).

Figure 28 : Image AFM du plan atomique d'atomes de soufre sur la surface du matériau lamellaire isolant $MnPS_3$ (avec l'aimable autorisation de René Clément et Isabelle Lagadic, Université Paris-Sud).

Figure 29 : Premier exemple d'*écriture atomique* : composition du sigle IBM par 35 atomes de xénon sur une surface de nickel (avec l'aimable autorisation de IBM Corporation, Almaden Research Center).

Figure 30 : Un « corail quantique » assemblé, en positionnant d'une façon appropriée, par le STM, 48 atomes de fer sur une surface de cuivre (grossissement environ 4,45 millions de fois) (avec l'aimable autorisation de IBM Corporation, Almaden Research Center).

Figure 31 : Un « volcan » de sept atomes de xénon déposés sur une surface de platine (avec l'aimable autorisation de IBM Corporation, Almaden Research Center).

Figure 32 : J'aime montrer cette photo à mes collègues, en leur demandant quelle est sa composante qui les frappe le plus. Ils n'indiquent jamais la bonne. Celle-ci est le petit point bleu visible presque au milieu (un peu vers le bas) de la grande surface noire de la photo. Ce point est l'atome individuel de baryum (« Astrid »), seul dans le vide (avec l'aimable autorisation du Dr Dehmelt).

Légende de l'illustration de la couverture

« The CO man », le plus petit « bonhomme » du monde, construit à l'aide du microscope à effet tunnel, en fixant sélectivement 28 molécules diatomiques CO sur une surface de platine, avec le carbone attaché à la surface et l'oxygène pointant vers l'observateur. Le « bonhomme » mesure 50 Å de hauteur. (Avec l'aimable permission de IBM Corporation, Research Division, Almaden Research Center, San José, Californie, États-Unis.)

Table des matières

Deuxième partie

QUELQUES REPRISES AU COURS D'UNE LONGUE RELÂCHE (Ier-XVe siècles)

Troisième partie

LA RENAISSANCE ET LE SIÈCLE DES LUMIÈRES

LE TEMPS DES SCIENCES

Claude ALLÈGRE, *L'Écume de la Terre.*
Claude ALLÈGRE, *Économiser la planète.*
Claude ALLÈGRE, *Introduction à une Histoire naturelle.*
Jacques ARSAC, *La Science et le sens de la vie.*
Jean-Pierre CHANGEUX, *L'Homme neuronal.*
Gilles COHEN-TANNOUDJI et Michel SPIRO, *La Matière espace-temps. La logique des particules élémentaires.*
Yves COPPENS, *Le Singe, l'Afrique et l'homme.*
Antoine DANCHIN, *L'Œuf et la poule. Histoire du code génétique.*
Jean-Pierre DIGARD, *L'Homme et les animaux domestiques. Anthropologie d'une passion.*
Pierre DOUZOU, *Le Chaud et le froid. Les conflits du vivant.*
Pierre DOUZOU, *Les Bricoleurs du septième jour.*
Pierre DOUZOU, *Nouveaux Regards entomologiques.*
John C. ECCLES, *Évolutions du cerveau et création de la conscience.*
Bernard D'ESPAGNAT et Étienne KLEIN, *Regards sur la matière. Des quanta et des choses.*
Bernard D'ESPAGNAT, *Le Réel voilé.*
Alain FOUCAULT, *Climat. Histoire et avenir du milieu terrestre.*
Stephen Jay GOULD, *Quand les poules auront des dents. Réflexions sur l'histoire naturelle.*
Claude HAGÈGE, *L'Homme de paroles.*
Émile HÉNOCQ, *Un mal étrange : l'allergie.*
François JACOB, *Le Jeu des possibles. Essai sur la diversité du vivant.*
Marc JEANNEROD, *Le Cerveau-machine. Physiologie de la volonté.*
Ervin LASZLO, *Aux racines de l'univers.*
André LEROI-GOURHAN, *Mécanique vivante. Le crâne des vertébrés, du poisson à l'homme.*
André LEROI-GOURHAN, *Le Fil du temps. Ethnologie et préhistoire 1920-1970.*
Gérard LUCOTTE, *Ève était noire.*
André LWOFF, *Jeux et combats.*
Paolo MAFFEI, *La Comète de Halley. Une révolution scientifique.*
Philippe MEYER, *L'Homme et le sel.*
Philippe MEYER, *La Révolution des médicaments. Mythes et réalités.*
Claude OLIEVENSTEIN, *Destin du toxicomane.*
Jean-Claude PECKER, *Sous l'étoile Soleil.*
Jean-Jacques PETTER, *Le Propre du singe.*
David et Ann PREMACK, *L'Esprit de Sarah.*
Jacques RUFFIÉ, *Traité du vivant.*
Émilio SEGRÈ, *Les Physiciens classiques et leurs découvertes. De la chute des corps aux ondes hertziennes.*
Émilio SEGRÈ, *Les Physiciens modernes et leurs découvertes. Des rayons X aux quarks.*
Pierre THUILLIER, *D'Archimède à Einstein. Les faces cachées de l'invention scientifique.*
Pierre THUILLIER, *Les Passions du savoir. Essais sur les dimensions culturelles de la science.*
TRINH XUAN THUAN, *La Mélodie secrète.*
Jean-René VANNEY, *Le Mystère des abysses. Histoires et découvertes des profondeurs océaniques.*
Daniel WIDLÖCHER, *Les Logiques de la dépression.*

Le présent ouvrage est publié
dans la collection « Le temps des sciences »
grâce à la collaboration de Jean Staune.

Cet ouvrage a été composé par
PARIS PHOTOCOMPOSITION, PARIS
75017 Paris

Impression réalisée sur CAMERON par
BRODARD ET TAUPIN
La Flèche

pour le compte des Éditions Fayard
en avril 1995

Imprimé en France
Dépôt légal : avril 1995
N° d'édition : 8140 – N° d'impression : 6324 L-5
ISBN : 2-213-59463-5
35-60-9463-01/7